思科网络技术学院教程
CCNA Exploration：网络基础知识

Network Fundamentals
CCNA Exploration Companion Guide

[美] Mark A. Dye
Rick McDonald
Antoon W. Rufi
著

思科系统公司 译
中国思科网络技术学院 校

人民邮电出版社
北京

图书在版编目（CIP）数据

思科网络技术学院教程. CCNA Exploration：网络基础知识 /（美）戴伊（Dye, M. A.），（美）麦克唐纳（McDonald, R.），（美）鲁菲（Rufi, A. W.）著；思科系统公司译. —北京：人民邮电出版社，2009.1（2023.3重印）
 ISBN 978-7-115-19062-8

Ⅰ. 思… Ⅱ. ①戴…②麦…③鲁…④思… Ⅲ. 计算机网络－高等学校－教材 Ⅳ. TP393

中国版本图书馆CIP数据核字（2008）第166715号

版 权 声 明

Network Fundamentals, CCNA Exploration Companion Guide(ISBN: 9781587132087)
Copyright © 2008 Cisco Systems, Inc.
Authorized translation from the English language edition published by Cisco Press.
All rights reserved.

本书中文简体字版由美国 Cisco Press 授权人民邮电出版社出版。未经出版者书面许可，对本书任何部分不得以任何方式复制或抄袭。
版权所有，侵权必究。

思科网络技术学院教程 CCNA Exploration：
网络基础知识

- ◆ 著　　[美] Mark A. Dye　Rick McDonald
　　　　　Antoon W. Rufi
　　译　　思科系统公司
　　校　　中国思科网络技术学院
　　责任编辑　李　际
- ◆ 人民邮电出版社出版发行　北京市丰台区成寿寺路11号
　　邮编　100164　电子邮件　315@ptpress.com.cn
　　网址　http://www.ptpress.com.cn
　　三河市君旺印务有限公司 印刷
- ◆ 开本：787×1092　1/16
　　印张：21　　　　　　　　2009年1月第1版
　　字数：615千字　　　　　 2023年3月河北第40次印刷

著作权合同登记号　图字：01-2007-4725号

ISBN 978-7-115-19062-8/TP

定价：40.00元（附光盘）
读者服务热线：(010)81055410　印装质量热线：(010)81055316
反盗版热线：(010)81055315

内容提要

思科网络技术学院项目是 Cisco 公司在全球范围推出的一个主要面向初级网络工程技术人员的培训项目。

本书为思科网络技术学院 CCNA Exploration 第 4 版课程的配套书面教材，此课程是 4 门新课程中的第 1 门，主要内容包括：通信和网络的基本概念介绍，OSI 和 TCP/IP 模型介绍，应用层和传输层协议、服务，IP 寻址、网络编址和路由基础，数据链路层和物理层的介绍，以太网技术及其原理，网络设计和布线，Cisco 路由器和交换机的基本配置。每章的最后还提供了复习题，附录中给出答案和解释。术语表中描述了有关网络的术语和缩写词。

本书作为思科网络技术学院的指定教材，适合准备参加 CCNA 认证考试的读者。另外本书也适合各类网络技术人员参考阅读。

关于作者

Mark A. Dye,是加兹登社区学院 Bevill 中心的技术和培训管理者,他也管理并任教于思科网络技术学院。现在他是思科网络技术学院项目的全职评估人和课程开发人员。从 1985 年开始,Mark 运营着一个私人技术咨询公司。Mark30 多年的经历包括医疗设备工程师、野战勤务工程师、客服监督、网络工程师和教师。

Rick McDonald,在克奇坎的阿拉斯加东南大学教授计算机和网络课程。他开发了利用 Web 会议和 NETLAB 工具进行远距离实验培训的方法。Rick 在任全职教师前曾工作于航空工业。他也曾在北卡罗莱纳州思科网络技术学院教授 CCNA 和 CCNP 课程,并是 CCNA 教师培训人员。

Antoon "Tony" W. Rufi 是 ECPI 技术学院的计算机和信息科学的副院长。他也在思科网络技术学院讲授 CCNA、CCNP、网络安全、无线 LAN 基础和 IP 电话课程。成为 ECPI 教师之前,他在美国空军工作了将近 30 年,致力于电子和计算机项目。

关于技术审稿人

Martin S. Anderson 是 BGSU Firelands 计算机科学技术的教师和项目指导。BGSU Firelands 位于俄亥俄州休伦湖,是鲍林格林州立大学的地区学院。Martin 有 30 多年的网络计算机工作经验,并于 20 世纪 70 年代中期开始创立小型家族企业。他从 2002 年开始在 BGSU Firelands 教授 CCNA 课程。

Gerlinde Brady 从1999年开始在卡夫里略学院(一个地区级思科网络技术学院)讲授思科CCNA和CCNP课程。她从德国汉诺威大学获得教育硕士学位,从蒙特里国际研究学院获得(英语/德语)翻译学位。她的IT工作经历包括LAN设计、网络管理、技术支持和培训。

献　　辞

感谢与我生活了 30 多年的妻子。Frances，你对生活的热情及对人们的同情点亮了平凡的生活。我的孩子，Jacob、Jonathan、Joseph、Jordan、Julianna 和 Johannah 分享了我们的冒险经历。我儿子们所选择的这些女孩们，Barbie 和 Morgan 也是我的女儿。最后，还有我的孙子 Jacob Aiden。所有这些都是我最大的动力。

——Mark Dye

感谢我的母亲，Fran McDonald，她一直在寻找生活中的灵感。

——Rick McDonald

感谢我的妻子，没有她的理解和支持，我将不能花费大量的时间来完成本书。

——Tony Rufi

致　　谢

来自 Mark Dye：

我要感谢 Cisco Press 的 Mary Beth Ray 和 Dayna Isley，他们无限的耐心使得本书成为可能。同时也要为他们的洞察力而感谢技术编辑，Marty Anderson 和 Gerlinde Brady。我还要感谢本书的其他作者，Rick McDonald 和 Tony Rufi，他们以专业精神共同完成了本书的其他部分。

还要特别感谢思科的 Telethia Wills，我们已经合作了很多年，Telethia 已经指导了很多项目并给予我与如此多优秀人们合作的机会。

来自 Rick McDonald：

我要感谢合作者，Mark 和 Tony，为他们的才干和学识以及花费的大量时间感谢他们。在项目开始和进行过程中有繁重的工作要做，Mary Beth 以极大的善意使我与他们合作。

Gerlinde Brady 和 Marty Anderson 作为技术编辑做了大量优秀的工作。在整个工作期间，你们的建议和更正直接提高了本书的质量。

Mary Beth Ray 一直致力于本书的出版，在我迷失时给我方向和鼓励。Mary 指导项目和适应学生需求方面的能力应该得到充分的赞扬。Mary Beth 谢谢你的耐心和信心。非常感激！

Dayna Isley 总会让我惊讶于她发现错误和纠正我提交的不必要的复杂句子的能力。我敢肯定很多次我在电话中都能感觉到她的眼睛在眨动，但她在整个出版过程中以她的幽默和善良耐心地帮助我。我还要感谢阿拉斯加东南大学的 Sarah Strickling，她帮助我完成了反馈和建议的栏目。以及费尔班克斯阿拉斯加大学远程教育中心的 Chris Lott 和 Christen Bouffard，他们帮助我理解了很多现在人们思想、学习和工作的新技术和方法，我已经将一些想法写进了本书。

来自 Tony Rufi：

我要感谢我的合作者，Mark Dye 和 Rick McDonald，帮助我完成了如此有趣的工作。也要感谢 ECPI 技术学院这些年所有支持我的人们，尤其是那些提供思科技术的人们。

前　　言

本书中使用的图标

命令语法规则

本书中用于表示命令语法的规则同 IOS 命令手册一致。命令手册中的表示规则描述如下：
- **粗体**字代表输入的是命令或关键字。在实际配置例子和输出（非常规的命令语法）中，粗体字代表用户手工输入的命令（如 **show** 命令）；
- *斜体*字指用户实际输入的参数值；
- 竖线（|）用于分割可选的、互斥的选项；
- 方括号（[ ]）表示可选项；
- 花括号（{ }）表示必选项；
- 方括号中的花括号[{ }]表示必须在任选项中选择一个。

介绍

思科网络技术学院项目是采用 e-learning 方式，为全世界的学生提供学习信息技术的项目。Cisco CCNA Exploration 包括 4 门课程，提供全面的从基础到高级应用和服务的网络知识。本课程既强调理论概念也包含实践应用，同时提供获得设计、安装、运行和维护小型到中型网络（包括企业网络和服务供应商环境）的技能。网络基础课程是第 1 门课，它是学习网络的基础。

本书是官方提供的用于网络学院 CCNA Exploration 在线教程 4.x 版的补充课本。作为课本，本书与在线教程提供相同的有关网络概念、技术、协议和设备的介绍。

本书强调关键主题、术语和练习并提供了更多解释和例子。你可用在线教程作为直接的指导，使用本指南来巩固对所有知识的理解。

本书的目标

首先，通过提供新鲜的、比在线内容更丰富的资料帮助你学习网络学院 CCNA Exploration 第 1 门课程。其次，有些不能总是方便上网的学员可以使用本书作为在线教材的替代。此种情况，需要教师指导你阅读本书相应的部分和材料。另外，本书作为离线学习资料可以帮助你准备 CCNA 考试。

本书的读者

本书的主要读者是参加网络学院 CCNA Exploration 第 1 门课程的人。很多网络学院将其作为课本使用。也可以将其作为推荐的辅助学习的指导书。

本书的特点

本书的特点集中于主题范围、可读性和实践材料以有助于对所有课程资料的理解。

主题范围

以下列出每章中的主题，以便于你学习时更好地利用时间。

- 目标——在每章的开始列出。目标中指明本章的核心概念，以及在线教程中的相应模块。以问题的形式提出是鼓励你在阅读本章时勤于思考发现答案。
- "How to" 功能——当本书描述需要完成某一特定任务的步骤时，将以 "How to" 列表的方式列出步骤。你学习时，此图标使你在浏览本书时可以很容易发现此功能。
- 注释、提示、注意和警告——用简短的文本框列出有趣的事实、节约时间的方法及一些重要的安全提示。
- 总结——每章最后是对本章关键概念的总结。它提供了本章的大纲，帮助学习。

可读性

作者用相同的风格编辑，有时是重写了一些材料以使本书具有一致性和更强的可读性。此外，为帮助你理解网络术语作了以下改进。
- 关键术语——每章开始列出关键术语表。以在每章中出现的次序排序。
- 术语表——本书中包括了超过 250 条术语的全新术语表。

实践

实践环节更加完美。本书提供大量的将你所学用于实践的机会。你可以发现以下一些有价值的方法来指导你学习。
- 检查理解力的问题及答案——本书对每章后面用于自我检查的复习题进行了更新。这些问题的类型与在线评估一致，附录提供了所有问题的答案和解释。
- （新）挑战性问题和实践活动——附加的——更具挑战性——大多数章节的最后有复习题和实践活动。这些题目类似于 CCNA 考试的复杂程度。此部分包括帮助你准备考试的练习。附录提供了答案。
- Packet Tracer 活动——本书中包含很多使用思科开发的 Packet Tracer 工具的实践活动。Packet Tracer 可以让你建立网络，模拟数据包在网络中的流动过程，并可用基本测试工具确定网络工作是否正常。看到此图标时，你应用 Packet Tracer 完成本书中建议的任务。练习所用的文件已经包括在本书的 CD-ROM 中。

实验和学习指南

- 实验和练习参考——此图标指示动手实验和其他在线教程中的练习。
- （新）Packet Tracer 活动——Packet Tracer 活动练习中包含很多动手实验，让你可以利用 Packet Tracer 完成模拟实验。
- （新）Packet Tracer 综合技能挑战性练习——这些练习需要你将本章所学的几个技能综合运用才能完成。

Packet Tracer 软件和实践活动简介

Packet Tracer 是由思科公司开发的可视化的交互教学工具。实验活动是网络教育的重要组成部分。然而，实验设备是很稀缺的资源。Packet Tracer 提供了模拟网络设备和过程的可视化环境以弥补设备的缺乏。通过 Packet Tracer，学生可以有足够的时间完成标准的实验练习，也可选择在家学习。虽然 Packet Tracer 不能完全代替实际设备，但可允许学生练习实验命令行接口。"e-doing" 可以让学生学习用命令行配置路由器和交换机，这是网络学习的基本内容。

Packet Tracer v4.x 仅通过 Academy Connection 网站对思科网络技术学院提供。在思科网络技术学院学习的读者可以从老师那里获得 Packet Tracer。

本课程中包括 3 类不同的 Packet Tracer 练习。本书使用图标系统向你指明是哪类 Packet Tracer 练习。这些图标试图告诉你练习的目的和你可能要花费的时间。这 3 类 Packet Tracer 练习如下。

 Packet Tracer Activity: 此图标在章节中需要练习或观看某一主题时出现，表明有一个练习。在本书的 CD-ROM 中提供这些练习的文件。此种练习比 Packet Tracer Companion 和 Challenge activities 花费的时间少。

	Packet Tracer Companion：此图标与课程中的动手实验相匹配。你可利用 Packet Tracer 完成模拟的动手实验。Companion Guide 在每章的最后出现。
	Packet Tracer Skills Integration Challenge: 此图标表示这一练习需要你将本章所学的几个技能综合运用才能完成。Companion Guide 在每章的最后出现。

本书是如何组织的

本书主要标题的次序与网络学院在线课程《CCNA Exploration 网络基础》完全一致。在线教程有 11 章，本书也有 11 章与之对应。

为了更便于将此书作为课程的指导用书，在每章内，主要标题与在线课程每个模块的主要部分匹配，只有很少的例外。而主标题下的题目有略微不同。此外，本书使用了很多不同的例子，与在线课程相比更深入一些。因此，学生可以获得更详细的解释，多一套实例来帮助学习。这些新的设计基于网络学院的实际需求，帮助学生理解所有课程的内容。

章节和题目

本书有 11 章，描述如下。

- 第 1 章，"生活在以网络为中心的世界里"，描述通信基础及网络如何支持着我们的生活，本章介绍了数据网络的概念、可扩展性、服务质量(QoS)、安全问题、网络工具和 Packet Tracer。
- 第 2 章，"网络通信"，介绍使网络通信成为可能的设备、介质和协议。本章介绍 OSI 和 TCP/IP 模型、重要的编址和命名结构及数据封装的过程。也将学习到用于网络功能设计、分析和模拟的工具，如 Wireshark。
- 第 3 章，"应用层功能及协议"，介绍网络模型的最高一层，应用层。在此，你将了解协议、服务和应用的关系，将重点介绍 HTTP、DNS、DHCP、SMTP/POP，Telnet 和 FTP。
- 第 4 章，"OSI 传输层"，介绍传输层应实现应用之间数据端到端传输的功能。你将学习 TCP 和 UDP 的通用功能。
- 第 5 章，"OSI 网络层"，介绍从一个网络的设备将数据包路由到不同网络设备的概念。你将学习重要的编址、路径确定、数据包和 IP 概念。
- 第 6 章，"网络编址：IPv4"，集中详细介绍网络编址及如何使用地址掩码，或前缀长度确定子网数量和网络中的主机数量。本章也介绍 Internet 控制消息协议（ICMP）工具，如 ping 和 trace。
- 第 7 章，"OSI 数据链路层"，讨论 OSI 数据链路层如何准备传输网络层数据包及控制对物理介质的访问。本章描述数据通过 LAN 和 WAN 时封装的过程。
- 第 8 章，"OSI 物理层"，介绍与物理层（1 层）相关的功能、标准和协议。你将发现数据是如何成为信号、经过编码沿网络传输的。你也将学习带宽及介质的类型和与之相关的连接器。
- 第 9 章，"以太网"，介绍以太网的技术和运行，包括以太网技术的发展，MAC 和地址解析协议（ARP）。
- 第 10 章，"网络规划和布线"，集中介绍网络的设计和布线。你将运用前面几章所需的知识和技能来确定使用什么电缆，如何连接设备，如何规划地址并测试。
- 第 11 章，"配置和测试网络"，描述利用路由器和交换机上思科 IOS 命令连接和配置小型网络。

本书还包括如下内容。

- 附录,"检查你的理解和挑战问题答案",提供每章后面检查你的理解力问题的答案。也包括挑战性问题的答案。
- 术语表,提供在本书中出现的所有关键术语汇编。

关于光盘

光盘中提供了大量的有用的工具和支持你学习的信息。

- **Packet Tracer Activity Exercise Files(Packet Tracer 练习文件)**——这些文件与贯穿本书的、由 Packet Tracer Activity 图标指示的 Packet Tracer 练习共同使用。
- **Other Files(其他文件)**——在光盘中提供两个参考文件:
  VLSM_Subnetting_Chart.pdf;
  Exploration_Supplement_Structured_Cabling.pdf。
- **Taking Notes(笔记)**——这一部分是每章的学习目标的.txt 文件,可作为大纲使用。写出清晰的、相符的笔记不仅是学习的重要技能,也是取得工作成功的重要能力。此部分包括一个 A Guide to Using a Networker's Journal(使用网络日志指南)PDF 文件,提供有关使用和组织专业日志的有价值的方法以及在日志中应关注或不应关注的问题。
- **IT Career Information(IT 职业信息)**——本部分提供用于职业发展的工具包。通过阅读两章从 "Information Technology: A Great Career" 和 "Breaking into IT" 摘录的内容可以学习更多的将信息技术作为职业的信息。
- **Lifelong Learning(在网络界的终身学习)**——当你开始技术生涯后,你会发现技术的发展和变革日新月异。职业道路为你提供更多的机会学习新的技术和应用。Cisco Press 是你获取知识的关键资源之一。光盘中的这一部分内容向你提供这一方面的信息并指导你如何打开终身学习的资源。

目　　录

第 1 章　生活在以网络为中心的世界里 ·············· 1
1.1　目标 ··· 1
1.2　关键术语 ·· 1
1.3　在以网络为中心的世界相互通信 ········ 2
　　1.3.1　网络支撑着我们的生活
　　　　　方式 ·· 2
　　1.3.2　当今最常用的几种通信工具 ··· 3
　　1.3.3　网络支撑着我们的学习方式 ··· 3
　　1.3.4　网络支撑着我们的工作方式 ··· 4
　　1.3.5　网络支撑着我们娱乐的
　　　　　方式 ·· 5
1.4　通信：生活中不可或缺的一部分 ········ 5
　　1.4.1　何为通信 ································ 6
　　1.4.2　通信质量 ································ 6
1.5　网络作为一个平台 ····························· 6
　　1.5.1　通过网络通信 ························ 7
　　1.5.2　网络要素 ································ 7
　　1.5.3　融合网络 ································ 9
1.6　Internet 的体系结构 ·························· 10
　　1.6.1　网络体系结构 ······················ 10
　　1.6.2　具备容错能力的网络体系
　　　　　结构 ······································ 11
　　1.6.3　可扩展网络体系结构 ··········· 13
　　1.6.4　提供服务质量 ······················ 13
　　1.6.5　提供网络安全保障 ··············· 15
1.7　网络趋势 ·· 16
　　1.7.1　它的发展方向是什么？ ······· 16
　　1.7.2　网络行业就业机会 ··············· 17
1.8　总结 ··· 17
1.9　实验 ··· 18
1.10　检查你的理解 ································· 18

1.11　挑战的问题和实践 ···························· 20
1.12　知识拓展 ··· 20

第 2 章　网络通信 ··· 21
2.1　目标 ··· 21
2.2　关键术语 ·· 21
2.3　通信的平台 ······································ 22
　　2.3.1　通信要素 ······························ 22
　　2.3.2　传送消息 ······························ 23
　　2.3.3　网络的组成部分 ··················· 23
　　2.3.4　终端设备及其在网络
　　　　　中的作用 ······························ 24
　　2.3.5　中间设备及其在网络
　　　　　中的作用 ······························ 24
　　2.3.6　网络介质 ······························ 25
2.4　局域网、广域网和网际网络 ············· 26
　　2.4.1　局域网 ·································· 26
　　2.4.2　广域网 ·································· 26
　　2.4.3　Internet：由多个网络组成
　　　　　的网络 ·································· 26
　　2.4.4　网络表示方式 ······················ 27
2.5　协议 ··· 28
　　2.5.1　用于规范通信的规则 ··········· 28
　　2.5.2　网络协议 ······························ 29
　　2.5.3　协议族和行业标准 ··············· 29
　　2.5.4　协议的交互 ·························· 29
　　2.5.5　技术无关协议 ······················ 30
2.6　使用分层模型 ··································· 30
　　2.6.1　使用分层模型的优点 ··········· 30
　　2.6.2　协议和参考模型 ··················· 31
　　2.6.3　TCP/IP 模型 ························· 31

2.6.4	通信的过程	32
2.6.5	协议数据单元和封装	32
2.6.6	发送和接收过程	33
2.6.7	OSI 模型	33
2.6.8	比较 OSI 模型与 TCP/IP 模型	34

2.7 网络编址 35
 2.7.1 网络中的编址 35
 2.7.2 数据送达终端设备 35
 2.7.3 通过网际网络获得数据 35
 2.7.4 数据到达正确的应用程序 36
2.8 总结 37
2.9 实验 37
2.10 检查你的理解 37
2.11 挑战的问题和实践 39
2.12 知识拓展 39

第 3 章 应用层功能及协议 41
3.1 目标 41
3.2 关键术语 41
3.3 应用程序：网络间的接口 42
 3.3.1 OSI 模型及 TCP/IP 模型 42
 3.3.2 应用层软件 44
 3.3.3 用户应用程序、服务以及应用层协议 45
 3.3.4 应用层协议功能 45
3.4 准备应用程序和服务 46
 3.4.1 客户端——服务器模型 46
 3.4.2 服务器 46
 3.4.3 应用层服务及协议 47
 3.4.4 点对点网络及应用程序 48
3.5 应用层协议及服务实例 49
 3.5.1 DNS 服务及协议 50
 3.5.2 WWW 服务及 HTTP 53
 3.5.3 电子邮件服务及 SMTP/POP 协议 54
 3.5.4 电子邮件服务器进程——MTA 及 MDA 55
 3.5.5 FTP 56
 3.5.6 DHCP 57
 3.5.7 文件共享服务及 SMB 协议 58
 3.5.8 P2P 服务和 Gnutella 协议 59
 3.5.9 Telnet 服务及协议 60
3.6 总结 61
3.7 实验 61
3.8 检查你的理解 62
3.9 挑战的问题和实践 63
3.10 知识拓展 64

第 4 章 OSI 传输层 65
4.1 目标 65
4.2 关键术语 65
4.3 传输层的作用 66
 4.3.1 传输层的用途 66
 4.3.2 支持可靠通信 69
 4.3.3 TCP 和 UDP 70
 4.3.4 端口寻址 71
 4.3.5 分段和重组：分治法 74
4.4 TCP：可靠通信 75
 4.4.1 创建可靠会话 75
 4.4.2 TCP 服务器进程 76
 4.4.3 TCP 连接的建立和终止 76
 4.4.4 三次握手 76
 4.4.5 TCP 会话终止 78
 4.4.6 TCP 窗口确认 79
 4.4.7 TCP 重传 80
 4.4.8 TCP 拥塞控制：将可能丢失的数据段降到最少 80
4.5 UDP 协议：低开销通信 81
 4.5.1 UDP：低开销与可靠性对比 81
 4.5.2 UDP 数据报重组 82
 4.5.3 UDP 服务器进程与请求 82
 4.5.4 UDP 客户端进程 82
4.6 总结 83
4.7 实验 84
4.8 检查你的理解 84
4.9 挑战的问题和实践 86
4.10 知识拓展 86

第 5 章 OSI 网络层 87
5.1 学习目标 87
5.2 关键术语 87
5.3 IPv4 地址 88

目 录

  5.3.1 网络层：从主机到主机的通信 ·············· 88
  5.3.2 IPv4：网络层协议的例子 ····· 90
  5.3.3 IPv4 数据包：封装传输层 PDU ················· 92
  5.3.4 IPv4 数据包头 ················ 92
5.4 网络：将主机分组 ·············· 93
  5.4.1 建立通用分组 ················ 93
  5.4.2 为何将主机划分为网络？····· 95
  5.4.3 从网络划分网络 ·············· 97
5.5 路由：数据包如何被处理 ····· 98
  5.5.1 设备参数：支持网络外部通信 ·························· 98
  5.5.2 IP 数据包：端到端传送数据 ························· 98
  5.5.3 网关：网络的出口 ·············· 99
  5.5.4 路由：通往网络的路径 ····· 100
  5.5.5 目的网络 ···················· 102
  5.5.6 下一跳：数据包下一步去哪 ··· 103
  5.5.7 数据包转发：将数据包发往目的 ·················· 103
5.6 路由过程：如何学习路由 ···· 104
  5.6.1 静态路由 ···················· 104
  5.6.2 动态路由 ···················· 104
  5.6.3 路由协议 ···················· 105
5.7 总结 ···································· 106
5.8 试验 ···································· 106
5.9 检查你的理解 ······················ 107
5.10 挑战问题和实践 ················ 108
5.11 知识拓展 ···························· 109

第 6 章 网络编址：IPv4 ············· 110
6.1 学习目标 ···························· 110
6.2 关键术语 ···························· 110
6.3 IPv4 地址 ·························· 111
  6.3.1 IPv4 地址剖析 ··············· 111
  6.3.2 二进制与十进制数之间的转换 ··························· 112
  6.3.3 十进制到二进制的转换 ······ 114
  6.3.4 通信的编址类型：单播、广播、多播 ················· 118
6.4 不同用途的 IPv4 地址 ········ 121

  6.4.1 IPv4 网络范围内的不同类型地址 ·················· 121
  6.4.2 子网掩码：定义地址的网络和主机部分 ·············· 122
  6.4.3 公用地址和私用地址 ········ 123
  6.4.4 特殊的单播 IPv4 地址 ······ 124
  6.4.5 传统 IPv4 编址 ············· 125
6.5 地址分配 ···························· 127
  6.5.1 规划网络地址 ················ 127
  6.5.2 最终用户设备的静态和动态地址 ·················· 128
  6.5.3 选择设备地址 ················ 129
  6.5.4 Internet 地址分配机构（IANA）····················· 130
  6.5.5 ISP ························ 131
6.6 计算地址 ···························· 132
  6.6.1 这台主机在我的网络上吗？···················· 132
  6.6.2 计算网络、主机和广播地址 ························· 133
  6.6.3 基本子网 ···················· 135
  6.6.4 子网划分：将网络划分为适当大小 ·················· 138
  6.6.5 细分子网 ···················· 140
6.7 测试网络层 ·························· 145
  6.7.1 ping 127.0.0.1：测试本地协议族 ·················· 146
  6.7.2 ping 网关：测试到本地网络的连通性 ·············· 146
  6.7.3 ping 远程主机：测试到远程网络的连通性 ········· 146
  6.7.4 traceroute（tracert）：测试路径 ······················· 147
  6.7.5 ICMPv4：支持测试和消息的协议 ·················· 149
  6.7.6 IPv6 概述 ···················· 150
6.8 总结 ···································· 151
6.9 试验 ···································· 151
6.10 检查你的理解 ···················· 152
6.11 挑战问题和实践 ················ 153
6.12 知识拓展 ·························· 153

第 7 章 OSI 数据链路层 154
7.1 学习目标 154
7.2 关键术语 154
7.3 数据链路层：访问介质 155
7.3.1 支持和连接上层服务 155
7.3.2 控制通过本地介质的传输 156
7.3.3 创建帧 157
7.3.4 将上层服务连接到介质 158
7.3.5 标准 159
7.4 MAC 技术：将数据放入介质 159
7.4.1 共享介质的 MAC 159
7.4.2 无共享介质的 MAC 161
7.4.3 逻辑拓扑与物理拓扑 161
7.5 MAC：编址和数据封装成帧 163
7.5.1 数据链路层协议：帧 163
7.5.2 封装成帧：帧头的作用 164
7.5.3 编址：帧的去向 164
7.5.4 封装成帧：帧尾的作用 165
7.5.5 数据链路层帧示例 165
7.6 汇总：跟踪通过 Internet 的数据传输 169
7.7 总结 172
7.8 试验 173
7.9 检查你的理解 173
7.10 挑战问题和实践 174
7.11 知识拓展 174

第 8 章 OSI 物理层 176
8.1 学习目标 176
8.2 关键术语 176
8.3 物理层：通信信号 177
8.3.1 物理层的用途 177
8.3.2 物理层操作 177
8.3.3 物理层标准 178
8.3.4 物理层的基本原则 178
8.4 物理层信号和编码：表示比特 179
8.4.1 用于介质的信号比特 179
8.4.2 编码：比特分组 181
8.4.3 数据传输能力 182
8.5 物理介质：连接通信 183
8.5.1 物理介质的类型 183
8.5.2 铜介质 184
8.5.3 光纤介质 187
8.5.4 无线介质 189
8.5.5 介质连接器 190
8.6 总结 191
8.7 试验 191
8.8 检查你的理解 192
8.9 挑战问题和实践 193
8.10 知识拓展 194

第 9 章 以太网 195
9.1 学习目标 195
9.2 关键术语 195
9.3 以太网概述 196
9.3.1 以太网：标准和实施 196
9.3.2 以太网：第 1 层和第 2 层 196
9.3.3 逻辑链路控制：连接上层 197
9.3.4 MAC：获取送到介质的数据 197
9.3.5 以太网的物理层实现 198
9.4 以太网：通过 LAN 通信 198
9.4.1 以太网历史 199
9.4.2 传统以太网 199
9.4.3 当前的以太网 200
9.4.4 发展到 1Gbit/s 及以上速度 200
9.5 以太网帧 201
9.5.1 帧：封装数据包 201
9.5.2 以太网 MAC 地址 202
9.5.3 十六进制计数和编址 203
9.5.4 另一层的地址 205
9.5.5 以太网单播、多播和广播 205
9.6 以太网 MAC 207
9.6.1 以太网中的 MAC 207
9.6.2 CSMA/CD：过程 207
9.6.3 以太网定时 209
9.6.4 帧间隙和回退 211
9.7 以太网物理层 212
9.7.1 10Mbit/s 和 100Mbit/s 以太网 212
9.7.2 吉比特以太网 213
9.7.3 以太网：未来的选择 214
9.8 集线器和交换机 215

- 9.8.1 传统以太网：使用集线器 ... 215
- 9.8.2 以太网：使用交换机 ... 216
- 9.8.3 交换：选择性转发 ... 217
- 9.9 地址解析协议（ARP） ... 219
  - 9.9.1 将 IPv4 地址解析为 MAC 地址 ... 219
  - 9.9.2 维护映射缓存 ... 220
  - 9.9.3 删除地址映射 ... 222
  - 9.9.4 ARP 广播问题 ... 223
- 9.10 总结 ... 223
- 9.11 试验 ... 223
- 9.12 检查你的理解 ... 224
- 9.13 挑战问题和实践 ... 225
- 9.14 知识拓展 ... 225

第 10 章 网络规划和布线 ... 226
- 10.1 学习目标 ... 226
- 10.2 关键术语 ... 226
- 10.3 LAN：进行物理连接 ... 227
  - 10.3.1 选择正确的 LAN 设备 ... 227
  - 10.3.2 设备选择因素 ... 228
- 10.4 设备互连 ... 230
  - 10.4.1 LAN 和 WAN：实现连接 ... 230
  - 10.4.2 进行 LAN 连接 ... 234
  - 10.4.3 进行 WAN 连接 ... 237
- 10.5 制定编址方案 ... 239
  - 10.5.1 网络上有多少主机？ ... 240
  - 10.5.2 有多少网络？ ... 240
  - 10.5.3 设计网络地址的标准 ... 241
- 10.6 计算子网 ... 242
  - 10.6.1 计算地址：例 1 ... 242
  - 10.6.2 计算地址：例 2 ... 245
- 10.7 设备互连 ... 246
  - 10.7.1 设备接口 ... 246
  - 10.7.2 进行设备的管理连接 ... 247
- 10.8 总结 ... 248
- 10.9 试验 ... 249
- 10.10 检查你的理解 ... 249
- 10.11 挑战问题和实践 ... 250
- 10.12 知识拓展 ... 252

第 11 章 配置和测试网络 ... 253
- 11.1 学习目标 ... 253
- 11.2 关键术语 ... 253
- 11.3 配置 Cisco 设备：IOS 基础 ... 254
  - 11.3.1 Cisco IOS ... 254
  - 11.3.2 访问方法 ... 254
  - 11.3.3 配置文件 ... 256
  - 11.3.4 介绍 Cisco IOS 模式 ... 257
  - 11.3.5 基本 IOS 命令结构 ... 259
  - 11.3.6 使用 CLI 帮助 ... 260
  - 11.3.7 IOS 检查命令 ... 264
  - 11.3.8 IOS 配置模式 ... 266
- 11.4 利用 Cisco IOS 进行基本配置 ... 266
  - 11.4.1 命名设备 ... 266
  - 11.4.2 限制设备访问：配置口令和标语 ... 268
  - 11.4.3 管理配置文件 ... 271
  - 11.4.4 配置接口 ... 274
- 11.5 校验连通性 ... 276
  - 11.5.1 验证协议族 ... 276
  - 11.5.2 测试接口 ... 277
  - 11.5.3 测试本地网络 ... 280
  - 11.5.4 测试网关和远端的连通性 ... 281
  - 11.5.5 trace 命令和解释 trace 命令的结果 ... 282
- 11.6 监控和记录网络 ... 286
  - 11.6.1 网络基线 ... 286
  - 11.6.2 捕获和解释 trace 信息 ... 287
  - 11.6.3 了解网络上的节点 ... 288
- 11.7 总结 ... 290
- 11.8 试验 ... 291
- 11.9 检查你的理解 ... 292
- 11.10 挑战问题和实践 ... 293
- 11.11 知识拓展 ... 293

附录 检查你的理解和挑战问题答案 ... 294

术语表 ... 307

第 1 章
生活在以网络为中心的世界里

1.1 目标

在学习完本章之后，你应该能够回答下面的问题。
- 网络如何影响我们的日常生活？
- 数据网络在以人为本的网络中扮演怎样的角色？
- 数据网络的关键组件有哪些？
- 融合网络带来了哪些机遇和挑战？
- 网络体系结构有怎样的特征？

1.2 关键术语

本章使用如下关键术语：

数据网络	可扩展性
源	协作工具
网络	网际网络
路由器	Packet Tracer
Internet	数据包
网云	内部网
下载	服务质量
IP（网际协议）	外部网
即时消息	带宽
TCP（传输控制协议）	无线技术
实时	优先排队
融合	标准
博客	身份验证
容错能力	比特
播客	防火墙
冗余	二进制
维基	单点失效

目前，我们正处于利用技术延伸和加强以人为本的网络的关键转折时期。Internet 的全球化速度已超乎所有人的想象。社会、商业、政治以及人际交往的方式正紧随这一全球性网络的发展而快速演变。在下一个开发阶段中，革新者们将以 Internet 作为努力的起点，创造旨在利用网络功能的新产品和新服务。随着开发人员不断地挑战极限，Internet 的网络互连功能亦将在这些产品和服务中扮演越来越重要的角色。

本章将介绍我们的社会关系和业务关系越来越倚重的数据网络平台。本章主要讲解一些基本原理，目的是让网络工程师们了解在设计、构建和维护现代网络的过程中可能遇到的各种服务、技术和问题。

1.3 在以网络为中心的世界相互通信

人类是为日常需要而依赖于相互交流的社会性动物。贯穿人类历史，除了极少数特例外，人们为了安全、食物和伙伴关系而依赖于不同的社会网络结构。人们对网络的利用已经有很长的历史。

人们交流的方式在不断改变。随着历史的技术发展，人类交流的方法也在进步。语言与手势曾经是人们交流的全部方式，而现在 Internet 使人们能够即时地与数以千计的在远方使用计算机的人们分享文件、图片、声音和视频等资源。

1.3.1 网络支撑着我们的生活方式

仅仅在几年前，绝大多数人只在本地层次上通信，因为与远方的人通信既复杂又昂贵。人们面对面的或是通过电话进行的大多数是语言交流，邮政服务递送的多数是书面信息，电视播送的是单一方向的视频通信。这些方法仍然在被使用，但 3 种方法正融合为一种基于网络的通信技术。更广泛的使用与更低的消费使 Internet 通信改变了商家与顾客的交易方式，人们分享信息与资源的方式和与朋友、亲人联络的方式。

与通信技术的每次进步一样，稳定的数据网络的创建和互连技术也正在深刻地影响着我们的生活。早期的*数据网络*局限于在相连的计算机系统之间交换基于字符的信息。如今的*网络*已演变为在多种不同类型的设备之间传送语音、视频流、文本和图片。以前各自为政的各种不同通信形式现在都整合到了同一个公共平台中。这个平台提供了大量新的可选通信方法，使人们可以即时进行直接互动。

由于网络互连的出现，*Internet* 的使用在 20 世纪 90 年代广泛普及。早期的万维网使用者多数是使用网络交换信息的大学研究者，但其他一些个人和公司很快想出怎样获益于网络通信。这推动了商业的发展与许多其他行业的形成。

Internet 通信的即时性促成了全球社区的形成。而这些社区又进一步推动了不同地域或时区的人们之间的社会互动。

技术可能是当今世界最重要的变革动因，有了它的帮助，国界、地理距离以及自然限制变得越来越无关紧要，障碍也越来越少。用来交流思想和信息的网上社区的形成可能会提高全球的生产力。Internet 将各地的人们连接到一起并让他们无拘无束地彼此通信，人们可以利用它提供的平台开展业务、处理紧急事务、向个人传达信息以及支持教育、科研以及政府事务。

Internet 正以令人难以置信的速度成为我们日常生活中不可或缺的一部分。对于将网络视为个人生活重要一部分的数百万用户而言，构成网络的各种电子设备和介质之间的复杂互连是透明的。

过去，数据网络只是在企业之间传输信息，如今它已转化为改善世界各地人们的生活质量。一天当中，Internet 提供的资源可帮助人们：

- 在线查看当前天气状况来决定穿着；

- 查找通往目的地的最畅通路线，同时显示来自网络摄像机的天气和交通视频；
- 在线查看银行账户余额和支付账单；
- 享用午餐时通过网吧接收和发送电子邮件或拨打 IP 电话；
- 从世界各地的专家那里获取保健信息和营养建议，并发布到论坛上和别人分享相关的保健或治疗信息；
- 下载新的烹饪食谱和烹饪方法来烹制一顿丰盛的晚餐；
- 发布您的照片、家庭视频和各种经历和体验，与朋友或世界各地的人们分享；
- 使用网络电话服务；
- 在在线拍卖行进行买卖交易；
- 用即时通信和聊天进行商业与个人活动。

1.3.2 当今最常用的几种通信工具

像过去人们适应电话和电视这样新奇的技术一样，公众已经欣然接受使用 Internet 作为日常生活的工具。随着 Internet 的出现和广泛使用，许多新的沟通形式也应运而生，它们使个人能够创建全球各地的人们都可以访问的信息。现今流行的通信工具包括即时消息、博客、播客和维基。

*即时消息（IM）*不是一项新技术，但最近技术上的进步增加了它的使用者。IM 是在两个或更多使用者间进行的文本的*实时*通信。这种基于早期的 Internet 中继聊天（IRC）的服务已经扩展到包括声音、图像、视频分享和文件传输的服务。IM 不同于电子邮件，电子邮件发送后会有延迟，而 IM 正像它的名字，是即时的。IM 作为一种越来越受欢迎的工具，被客服中心用来帮助顾客和朋友之间相互通信。

第一代网络是一个被人们用来查找统计数据、教育资源和商业信息的空间。但网络已经逐渐变成不仅能够使人们获得信息，同样能够使人们贡献信息的空间。网络用户们以各种各样的方式成为网络内容的创造者。博客、播客、维基这样的社会性软件工具的出现和使用令用户们能够互动和向网络贡献内容。

博客，即网络日志，是人们能够发表对任何可以想象的话题的观点与看法的网页。博客使无论是专业还是非专业的人能够同样发表他们的观点，这些观点（不论是好还是坏）未经筛选与编辑。这很重要，因为它表明人们获取信息的方式由原来的依赖于传统的媒体中由专家提供的内容转变为依赖于其他用户提供的个人知识。

*播客*是一种基于音频的介质（medium），它最初的设计目的是使人们可记录音频并将其转换用于 iPod（一种由 Apple 公司制造的用于音频播放的小型便捷式设备）。记录音频并将其保存到计算机文件的功能并不新颖。然而，播客允许人们将录制品提供给广大网友。音频文件被放置到某个网站（或博客或维基）上，其他人可下载它并在自己的计算机、笔记本计算机和 iPod 上播放该录制品。

*维基*是由公众创建的网络内容的另一个例子。博客是由个人创建，而维基网页是由一群分享信息的人一起创建、编辑的。最为人熟知的维基的例子是维基百科，一个由公众贡献内容和编辑的在线百科全书。数以千计的人们向维基百科贡献他们的专业知识，并且所有人可以免费使用这些信息。很多团体创建他们自己的维基用来指导团队成员，很多组织创建他们专用的维基作为内部的*协作工具*。

1.3.3 网络支撑着我们的学习方式

Internet 和协作工具的进步已经成为推动教育发展的主要力量。随着网络的可靠性和可用性的增加，更多的社会机构依赖于网络技术行使它们主要的教育工作。比如，远程教育从前只局限于书信，视频或是视频、语音会议的形式。随着更新的协作工具与更强的网络技术的出现,在线学习使远方的学生能够参与互动学习和实时评估。课程可以使用文件共享、维基、在线视频和在线考试软件增加学习的机会。学生的学习可以更少地依赖于地理和时间条件,从而使以前因为这些条件而不能参与这些课程的学生有机会参与。

无论是面对面教学还是在线教学,其方法都由于像维基这样的工具的引入而改变。传统的教育方式中,教师提供课程的内容,班级成员通过讨论获取知识。由于在线工具对于学生来说同样方便可用,现在很多班级注重分享学生们的观点与专业知识。这对于很多学生和教师们来说将是一个有深远意义的改变,然而这只是技术进步对社会传统产生影响的一个例子。

教育的管理工作方面也发生了改变。你可能参加了一个在线课程并且用网上银行账号支付。你的最终成绩可能会发布到学校的网站上,而你可能从来没有面对面地见过你的导师。这是教育的商业化的一面,当新的管理工具可用的时候它也随之改变。

我们所学这门课程的结构是一个网络变革改变教育方式的一个例子。提供本课程的思科网络技术学院项目便是全球在线学习的一例应用典范。教师提供课程提纲并制定完成此课程内容的初始进度表。网络学院项目通过交互式课程提供多种形式的学习体验,补充和丰富了教师传授的专业知识。该计划还提供文本、图片、动画以及名为 *Packet Tracer* 的模拟网络环境工具。Packet Tracer 提供了构建虚拟的网络结构的方法并模拟了多种网络设备功能。

学生们可通过各种在线工具,如电子邮件、电子公告板/讨论板、聊天室和即时消息与教师和同学互相交流,也可以通过链接访问课件以外的学习资源。混合电子教学则兼备教师上课和计算机教学两种教学方式的优点。学生们可以根据自身的进度和专业水平进行在线学习,同时又可以与教师交流以及使用其实际资源。

网络除了有益于学生之外,还改善了课程的管理和经营。这些在线功能包括入学注册、举办考试和发放成绩册。

用网络来提供高效且经济的员工培训,已越来越受到商业界的认可。在线学习可以减少耗时费钱的奔波之苦,同时又能确保所有员工都经过适当培训,可以安全高效地完成本职工作。

在线课件及其使用可以为企业带来了许多好处。其中包括以下内容。

- **最新最准的培训资料**——厂商、设备制造商与培训提供商之间的协作可确保课件与最新流程和程序步调一致。发现并纠正教材中存在的错误后,所有员工均可立即使用新课件。
- **适用对象范围广泛**——在线培训与出差计划、教师资源或实际开班的规模无关。企业可以为员工指定必须完成培训的最终期限,然后员工可在方便的时间访问课件。
- **教学质量一致稳定**——教学质量不会像教师亲身教授课程那样,随教员变化而产生差异。在线课程提供一致的核心教学内容,教师可以在此基础之上增加专业知识。
- **成本降低**——除了降低耗在路途上的费用和时间外,在线培训还可为企业带来其他削减成本的机会。修订和更新在线课件的成本通常低于更新纸质教材的成本。而且还可以减少和免除教员培训用的设施。

许多企业还提供在线的客户培训。这些课件可帮助客户以最正确的方式使用企业提供的产品和服务,从而减少了求助热线或客户服务中心的电话量。

1.3.4 网络支撑着我们的工作方式

计算机网络的进步对商业产生了巨大的影响。很多经济学家把近几十年的经济增长的很大程度上归因于由商务技术的进步而带来的商业生产力的增强。

很多公司使用协同工作软件包来互动的创建文档和实时的对工程做贡献,这些软件包可以使人们形成分布式工作组——即一些处在不同地理位置的人协同工作。这些协作工具表明了全球性商业网络化的趋势,现在,它们已经对大型和小型的商业活动都起到了重要的作用。

不同的公司使用不同类型的网络。雇员们可以在 Internet 上交流，或者可以加入在公司***内部网***中的内部工作组，这些工作组只允许公司的内部雇员使用。***外部网***是另一种类型的网络，这种网络允许公司外部的买主们一定程度上获得公司的内部信息。

为了充分利用这些技术工具，公司必须对员工进行持续的培训和教育。在工作中学习和采纳新技术是大多数雇主们所寻求的一项宝贵的技能

前面的例子都显著说明了利用计算机网络进行大型合作工作给人们带来的好处。网络同样使小型商业活动获得成功。设想下面这些基于小型商业活动的场景。

- 一个小书店店主在一个商业地段努力拼搏以求生意的生存，光顾这里的人越来越少，可以预料，一年之内他的生意就将会倒闭。当他准备关闭这家商店的时候，他把书店里一些稀有的书籍的清单发布在网上。几个月以内，网上的交易开始增多，他的书也卖到了更好的价格。很快网上的生意超过了平日店里的生意。四个月以后，他把店址搬到了房价便宜一些的地方，并把生意的重点转向了在网上零售一些稀有的书籍。通过适应不断发展的新技术，书商在商业领域找到了更能获利的发展空间。
- 在阿拉斯加海岸的一条渔船上，船员们从捕捞的鱼里选出最好的一些活鱼，把它们放在船上的一个专门制造的鱼池里。一台网络摄像机监视着鱼池内的情况，这台网络摄像机利用***无线技术***通过卫星接入网络。同时，在华盛顿的一家顶级餐厅内，餐厅的业主只想要那些质量最好的鱼提供给顾客。业主通过网络连接网络摄像机的提供商，提供商实时地提供阿拉斯加渔船上的情况。这样业主可以挑选他想要的鱼。

餐厅向一家海运公司预定了连夜的货运服务。业主在网上跟踪监视货物运送的情况，当得知货物将及时送到时，她可以向顾客们发菜单。这种情形下，两家相隔数千里的公司通过网络协作，以最优的价格提供顶级质量的服务。

在十多年以前，这样的场景是不可能发生的。这些成功的事例，还有其他许多这样的故事，都由于人们在商业中成功的运用了网络技术。

1.3.5 网络支撑着我们娱乐的方式

你已经了解了网络给我们的学习与生意提供了怎样的机会，网络同样也提供了很多娱乐手段。旅游站点可以及时地提供旅馆、航班、游船的情况，卖主们和消费者们都可以得益于此。媒体和娱乐公司在一些站点上提供书籍、游戏、电视节目秀和电影。音乐公司在网站上提供可下载的音乐。网络帮助音乐公司获得了更广泛的市场，节省了开销，但他们也需要面对一些新的挑战，如一些音乐分享站点和版权问题。在线拍卖网站可以提供给各个方面的爱好者和收藏家安全地交换信息和物品的场合。

一些网络技术方面最具创新性的发展开始朝着满足人们对娱乐方面的强烈需求方向发展。网络游戏公司不断地要求更大的带宽和更快的处理速度来改善他们的产品，在线的玩家们也愿意花一些必要的钱购买能提升他们游戏体验的最新的设备。

影片租赁、视频分享和分布式系统都是随着高速网络连接更广泛普及而快速发展的网络新技术。

1.4 通信：生活中不可或缺的一部分

在日常生活中，沟通的形式有很多种，存在于各种环境中。我们对于沟通抱有不同的期望，具体取决于我们所处的场合是 Internet 聊天还是在参加求职面试。每种场合都有相应的预期行为和风格。

这些期望决定了通信的规则，并且其中的一些要素是普遍的。对人类沟通的方式进行一些仔细的

思考会使我们发现一些网络通信的要素。

1.4.1 何为通信

人们相互间的沟通有很多方式。不管这些方式是语言的或非语言的、面对面的或是通过电话的、书信的或是在聊天室中进行的，成功的交流需要一些共同的规则。

通信的规则也被称作协议。一些通信所需的协议包括：

- 标识出发送方和接收方；
- 双方一致同意的通信方法（面对面、电话、信件、照片等）；
- 通用语言和语法；
- 共同约定的传递速度和时间（例如，"请语速放慢些让我听懂。"）；
- 证实或确认要求（例如，"我说得清楚么？""是的，谢谢。"）。

不是所有的通信方式都有共同的用以达成共识的协议。例如一封重要的法律信件需要收件人的签名以示回复，而个人信件则不需要这样的回复。

人们往往并没有清楚意识到他们交流的时候自己所使用的规则，因为这些规则已经深深植入语言与文化之中。比如说话的语调，思考时的中断，打断别人时的礼貌方式等，这些是人们遵循的一些潜在的规则。

1.4.2 通信质量

计算机与网络并不知道这些潜在的规则，但一些相似的协议对于网络设备间的通信是必要的。正像人与人之间的沟通一样，成功的网络通信的标志是信息的接收者所理解的意思与发送者所要表达的意思相同。

要使计算机间能够成功通信需要克服很多潜在的障碍。在计算机网络中发送消息的过程会比较复杂，包括很多步骤和情况，任何一个步骤没有完成好或者任何一种状况没有处理好都会对消息造成毁坏。这些步骤与状况，或者称之为因素，可以被分为内部因素和外部因素两类。

外部因素一般由网络的复杂性和处理消息时所通过的路由设备数量引起。下面是一些外部因素的例子：

- 发送方与收件人之间路径的质量；
- 消息必须变更形式的次数；
- 消息必须重定向或重新分配地址的次数；
- 通信网络中同时传输的其他消息的数量；
- 指定给成功通信的时间。

内部因素包括：

- 消息的大小；
- 消息的复杂程度；
- 消息的重要程度。

较复杂的消息会使接收者更不容易理解，较大的消息更有可能在到达接收者时发生错误和不完整。

1.5 网络作为一个平台

与任何人、任何地方进行可靠通信的能力对个人和公司已经变得越来越重要。除了对消息及时性的要求，还需要把电话、文本、视频这些类型的消息转化成一般的通信形式。对于个人和企业来说，能与身处任意地域的任何人进行可靠通信正变得越来越重要。为了即时传输全世界人们交换的数百万条消息，我们需要依靠很多数据和信息网络互连而成的一张大网。下面几个部分将描述网络通信，构成网络的不同要素，和网络的融合。

1.5.1 通过网络通信

网络直接影响着我们如何生活，并且对于社会各个领域的人们来说扮演着越来越重要的角色。即时可靠地传送数百万条消息的任务非任何一个网络所能完成。因此，一个小型的网络需要连接大小和功能各异的网络在世界各地传送着消息和数据流。

1.5.2 网络要素

数据或信息网络在大小和功能上各有不同，但是，所有网络都有 4 个共同的基本要素。
- **规则或协议**——规则或协议（协议）管理消息如何发送、定向、接收和解释。
- **消息**——消息或信息单位从一个设备传送到另一个设备。
- **介质**——介质是连接这些设备的一种工具，也就是可以将消息从一个设备传输到另一设备的介质。
- **设备**——网络上的设备彼此交换信息。

图 1-1 描述了一个小型的网络，具有规则，消息，一个介质和两个设备。

图 1-1

早期的网络有许多不同的*标准*，因此，彼此之间不能方便地进行通信。现在这些全球标准化的要素使得网络之间很容易通信，而不必考虑设备制造商。

人们使用许多他们并不十分了解的技术或设备。例如，驾驶汽车对很多人来说是一件很普通的事情。当司机启动汽车，换挡和加速，许多系统开始一起工作。汽车之所以运行是因为点火装置启动了汽车，燃料系统控制动力，电器系统运行灯和仪表，以及一个复杂的传动装置选择一个合适的挡次使得汽车根据驾驶员的意向移动。所有这些都发生在车内，却不被司机所看到和意识到，司机只专注于把车安全的开往目的地。大多数的驾驶员对于汽车如何工作知道的很少甚至一点都不知道，但是依然可以有效地使用汽车来达到自己目的地。

在这个例子中计算机网络与汽车很相似。两个在不同网络终端设备上的用户，只有在许多复杂的过程都成功完成的前提下才能通信。这些过程包括消息、一些介质、不同的设备和协议。

一、消息

我们使用消息一词来指代网页、电子邮件、即时消息、电话和其他形式的 Internet 通信。这些消息必须是网络能够携带的。首先，在终端设备上，消息在软件上必须被支持。例如，即时消息和聊天，在会话开始前需要安装一些软件。音频和视频会议需要不同的软件。这些支持通信功能的软件程序被称为服务，并且在开始一个消息和服务之前必须先安装这些软件程序。典型的服务包括电子邮件、IP 电话和万维网的使用。

消息是不是文本、语音或者视频都无所谓，因为所有格式都被转换成*比特*、*二进制*编码的数字信号，在无线、有线铜缆或者光纤上传输。数字信号随着传输介质变化而改变，但是原始消息的内容被完整保留。

二、介质

携带消息的介质在发送者和接收者之间能够变化几次。网络连接可为有线连接或无线连接。

在有线连接中，介质可为传送电信号的铜缆或光信号的光纤。铜介质包括各种电缆，如双绞线电话线、同轴电缆或最常见的 5 类非屏蔽双绞线（UTP）的电缆。网络介质的另一种形式是光纤，它是传送光信号的玻璃或塑料细丝。

在无线连接中，介质为地球的大气或太空，而信号为微波。无线介质可能包括无线路由器与无线网卡计算机之间的家庭无线连接、两个地面站之间的地面无线连接以及地球设备与卫星之间的通信。

在典型的 Internet 传输过程中，消息可能会经过多种介质。

三、设备

几种设备（如交换机和路由器）负责消息从*源*或发送设备到目的设备的正确传输。在目标网络里可能有更多将发送即时消息到接收者的交换机、线缆或者是无线路由器。

人们一般用图形和图标来描述网络。图标或小图片被用来代表网络规划，以便很好地说明网络的设计。图 1-2 显示了不同网络设备的符号。台式计算机、笔记本计算机和 IP 电话代表终端用户，其他的图标描述了网络设备或者用来连接终端设备的介质。这些图标不是指具体设备的模式或特征，它们可以有很大差异。表 1-1 简单地介绍了一些网络符号。

图 1-2 网络设备符号

表 1-1　　　　　　　　　　影响成功通信的内部和外部因素

符　号	描　述
台式计算机	用在家庭或办公室的普通计算机
笔记本计算机	便携式计算机
服务器	在网络中为终端用户提供应用服务的计算机
IP 电话	代替模拟电话线路传送声音数据的数字电话
局域网介质	局域网介质，通常是铜缆
无线介质	描述局域网无线访问
局域网交换机	用于连接局域网最常见的设备
防火墙	为网络提供安全保障的设备
路由器	在网络中帮助定向传送消息的设备
无线路由器	家庭网络中常用的一种路由器
网云	用于概述一组局域网管理控制之外（通常是 Internet 本身的）网络设备
广域网介质	一种 WAN 互连形式，用闪电形状的线条表示

通过标准化各种网络要素，不同公司制造的设备和装置可以一起工作。不同技术领域的专家都可以针对如何开发一个高效网络提出自己的看法，而不必考虑设备的品牌或制造商。

四、规则

只要人进行的通信能够在一瞬间发生，那么数以千计的通信过程就能够在短短一秒钟内完成。为了这样正常工作，网络过程必须严格控制。规则管理过程的每一步，从线缆设计到数字信号被发送。这些规则叫做协议，并且大部分标准化的通信允许在不同区域使用不同设备的用户进行通信。最常用的协议是 *IP*（*网际协议*）和 *TCP*（*传输控制协议*）。这些协议协同工作，就是众所周知的 TCP/IP 协议族。TCP/IP 协议族伴随其他协议工作，例如，可扩展消息出席协议（XMPP），是一个即时消息协议，提供涉及不同设备的通信规则。表 1-2 列出了一些常见的服务和支持这些服务的协议。

表 1-2   服务和它们的协议

服务	协议（"规则"）
万维网（WWW）	HTTP（超文本传输协议）
电子邮件	SMTP（简单邮件传输协议） POP（邮局协议）
即时消息（Jabber, AIM）	XMPP（可扩展消息出席协议）和 OSCAR（开放实时通信系统）
IP 电话	SIP（会话初始协议）

人们一般只会想到抽象意义上的网络。我们创建和发送文本消息后，它几乎立即显示在目的设备上。尽管我们知道在发送设备与接收设备之间存在一个传输消息的网络，但却很少去想构成该基础架构的所有部件和片段。以下说明如何通过规则将网络要素（设备、介质、和服务）组织在一起传输消息的。

1. 一个终端用户在 PC 机上使用应用程序给朋友写了一份即时消息。
2. 这个即时消息转变成能在网络上传输的格式。所有消息格式的类型，文本、声音或者数据，在发送到他们的目的地之前必须转换成二进制比特。在即时消息转换成二进制比特后，它在网络上即将被发送。
3. PC 中的网络接口卡发出用于代表这些比特的电信号，并将其施加到介质上，以至它们能够到达第一台网络设备。
4. 二进制比特在本地区域内从一台设备传送到另一台设备。
5. 如果二进制比特需要离开本地区域网络，它们通常需要经过一台路由器连接到一个不同的网络。将二进制比特路由到其目的设备的过程中，可能要经过十几台甚至数百台设备的处理。
6. 当二进制比特即将到达目的设备时，要再一次通过本地设备传送。
7. 最后，目的设备上的网络接口卡读取二进制比特并将其重新转换为易读取的文本消息。

1.5.3 融合网络

20 世纪通信技术在不同的时间和不同的地方都得到发展。无线广播技术的发展因军事需要而向前推动，而广播电视的发展是为了适应市场的需求。电话则作为有线技术和后来的无线技术而发展。在这个时期内，计算机通信的发展相对较慢。例如，第一个文本电子邮件在 20 世纪 60 年代被发送，但是电子邮件直到 20 世纪 80 年代才流行起来。现在用计算机发送即时消息、打电话和视频都是极普通的事。

这些通信方式的技术和协议很大程度上都是彼此独立发展的，电视、电话和计算机服务的大多数使用者为每个服务分别支付给不同的服务提供者。但是最近在每个领域的发展使得广播和电话技术已经变成被计算机使用的数字技术。这种在一个数字平台上将技术集中在一起称为*融合*。

当电话、广播和计算机通信都使用相同的规则、设备和介质去传送它们的消息时，融合才发生。在一个融合网络中，或者平台上，存在不同的设备，例如电视或手机，使用公共网络底层结构进行通信。

图 1-3 在左边显示了非融合系统的思想，并在右边示范了一个融合网络。

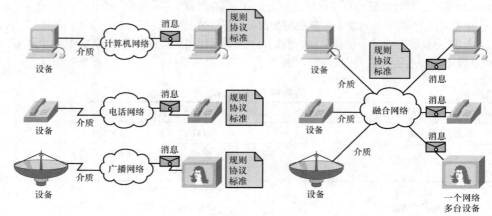

图 1-3　融合

网络技术仍然在发展和融合。随着技术进步的出现，提供的服务已远不止通信，并且实现了共享应用程序。不同类型的通信网络融合到一个平台代表了构建智能信息网络的第一个阶段。我们目前正处于网络演变的这一阶段。下一阶段不仅会将不同类型的消息合并到一个网络中，而且还会将产生、传输和保障消息安全的各个应用程序合并到集成网络设备中。因此，不仅语音和视频会通过同一网络进行传输，而且还将使用相同的设备进行电话交换、视频播放和通过网络路由消息。因此，通信平台将以更低的成本提供更高质量的应用程序功能。

Internet 是融合技术的一个典型例子。Web 站点是网络上最受欢迎的服务之一，它通过网络电话和视频共享网站对用户产生影响，但在几年前很少见。想到这些服务如何在网络上迅速的流行起来，就让人有理由期待一些新的服务来改变人们工作的方式和在网络上进行娱乐的方式。

1.6　Internet 的体系结构

术语*网络体系结构*是指在概念模式上如何构建一个物理网络。就像一个建筑师必须考虑建筑物的功能和用户的需求一样，因此网络工程师设计 Internet 时也要满足网站和用户的需求。Internet 已经远远超过了其当初所预期的大小和用途，证明了如何加强当初规划和实现 Internet 的功能。

1.6.1　网络体系结构

Internet 的设计解决了 4 个基本特性：容错能力、可扩展性、服务质量（QoS）和安全性。下面介绍这些特性，它们的实现将在下一节讨论。

容错能力，简单的定义，就是意味着即使当网络中的一些组件不能工作，它也可以继续执行其正常的功能。**冗余**，或者设备和介质的副本，是容错能力的关键因素。如果一个服务器失败，一个执行相同的功能的备份服务器能够接过该工作任务直到原服务器被修复。如果在一个具有容错能力的网络上数据连接失败，消息将在备份路由器上被路由到目的地。图 1-4 所示的是一个带有不能工作的网络路由器的冗余网络。

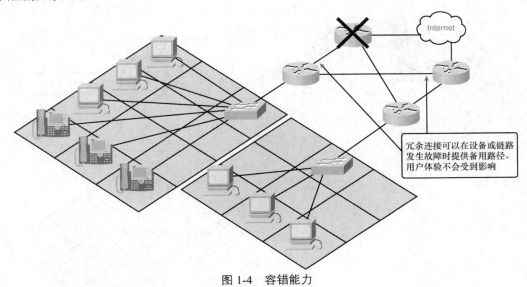

图 1-4 容错能力

可扩展性描述了网络适应将来变化的能力。可升级的网络能够增加新的用户和设备而不必重新设计网络。像前面提到的那样，网络的用途将必然会发生改变，一个拥有可适应性，或者可扩展性的网络能够直接添加新用户而不必重建整个网络。可扩展的网络应能够在内部和外部进行扩展，连接其他的网络形成**网际互联**，能够和用户需求保持同步。

服务质量显示网络所提供服务的执行水平。提供像在线视频和语音之类服务比诸如电子邮件之类的服务需要更多的资源。因为许多技术融合在一个平台上，在这个平台上，不同服务类型的分别处理可以允许一个服务的优先级高于另一个服务。举个例子，网络管理员能决定参加网络会议的数据比电子邮件服务有更高的优先级。通过配置设备来划分不同类型数据的优先级便是 QoS 的一个例子。

如果公众想要在使用 Internet 的同时能够保有隐私的话，那么网络安全就非常重要。用 Internet 进行商业活动的人们需要网络安全来保障他们的财政交易，政府和一些需要个人信息的事务（例如医院）必须保护他们客户的个人隐私。就像一个城镇的公民希望保险和安全一样，网络用户团体也需要安全。没有安全，就会像城镇的公民一样，这些用户将寻找其他的地方进行商业活动。信息加密和局域网网关处的安全设备都是用来实现网络安全的方法手段。

然而，加密和防火墙对保护一个网络是不够的。由于人们使用网际网络来交换机密和企业关键信息，因而对安全和隐私的期望很高，已超出当前体系结构的能力范围。因此，更多的工作已经致力于该领域的研发。与此同时，人们也将利用各种工具和程序来克服网络体系结构中固有的安全缺陷。

图 1-5 显示了路由器上的防火墙设置如何通过控制网络的可用性来增加网络结构的安全性。

1.6.2 具备容错能力的网络体系结构

Internet 设计师将网络的容错能力作为他们设计的一个重点。Internet 最初产生是因为美国国防部（DoD）的研究者想设计一种能承受多个站点和传输设施发生破坏而不中断服务的通信介质。

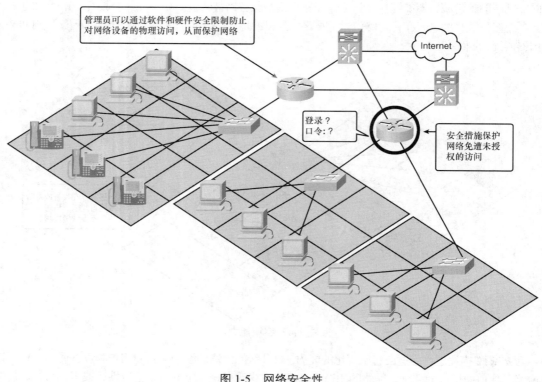

图 1-5　网络安全性

一、电路交换——面向连接的网络

那个时候的网络底层结构是面向电路交换连接的网络。话务员和原始的拨号系统通过建立一个临时电路来连接电话呼叫，该电路是能够将电话信号从发送者传输到接收者的物理连接。这个技术是面向连接的，因为在两个使用者之间任何物理链路断开或出现设备问题都将结束通话。这需要开始一个新的呼叫和提供一个新的电路。

电路交换的设计为消费者提供了新的服务，但它一样存在缺陷。例如，仅仅一个电话呼叫能够占用所有电路，而在原先的呼叫结束之前，没有其他的呼叫能够使用该电路。这个缺陷限制了电话系统的性能并使得它的花费很高，特别是长距离的呼叫。根据美国国防部（DoD）的观点，这种系统在受到敌人的攻击时很容易瓦解。

二、数据包交换——无连接网络

为了解决容错能力的问题，网络发展成包交换无连接网络。在包交换网络里，单个消息被划分为多个数据块，这些数据块称为*包*，它包含发送者和接收者的地址信息。这些包然后沿着不同的路径在一个或多个网络中传输，并且在目的地重新组合。

这些包的传输彼此独立，互不影响，并且通常沿着不同的路由到达目的地。消息通常被划分为数千个包，通常其中的一些包在传输中丢失。协议允许这种情况的发生并且包含了要求重发在途中丢失的数据包的方法。

包交换技术是无连接的，因为它不需要为呼叫建立一个动态连接。这个比电路交换网络更加高效，因为多个用户能够同时使用网络电路。包交换技术具备容错能力，因为它避免了依靠单一电路为服务提供可靠性的危险。如果一条网络路径失败，其他的网络路径能够传送使消息完整。

图 1-6 描述了在原和目的地之间有多条可用路由的包交换网络。

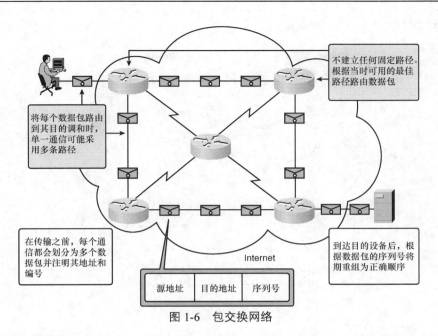

图 1-6 包交换网络

包交换网络是标准的 Internet，但是电路交换网络仍然有一份特殊的市场。今天的电路交换网络允许电路故障和会话恢复，并且一些消费者喜欢来自现代专用电路的可靠性和安全性。电路交换连接比包交换网络连接消费更高，但许多机构需要这个持续有效安全的电路并且愿意支付额外的价钱。

1.6.3 可扩展网络体系结构

可扩展网络能够在它的核心基本没有变化的情况下扩展。Internet 是可扩展设计的例子。Internet 在过去大约 10 年的时间里呈几何级数增长，并且核心设计没有变化。Internet 是通过路由器互连的私有和共有网络的集合。

高层网络服务提供商有大量追踪 Internet 地址的域名服务器。这些信息被复制并和系统中的低层共享。这个分层式，多级别结构允许多数流量不被上层服务器直接处理。这种处理工作的分配意味着底层结构的改变，例如添加新的网络服务提供商（ISP），不会影响上层级别。

图 1-7 显示了分层设计网络。低层之间的流量在 Internet 中不通过上层服务器。这样允许上层更有效的工作并且为高流量的网络提供冗余路径。

虽然 Internet 是一些各自独立被管理的网络的集合，但由于各个网络的管理员对网络的可互连性和可扩展性的标准的依从，网络可以更好的扩展。网络管理者也必须去适应新的那些用以增强 Internet 可用性的标准和协议。不依从网络标准的网络在接入 Internet 时会通信上会遇到一些问题。

1.6.4 提供服务质量

当 Internet 第一次投入公共使用时，人们都叹服于网络能做的工作并且能够容忍网络延迟和消息丢弃。然而，现在，用户已适应了更快的速率和更高的*服务质量*（*QoS*）。

QoS 是指用于管理网络流量拥塞的机制。拥塞是由网络资源超过了它的承载能力而导致的。网络资源的使用受一些不可避免的条件所约束。这些约束包括技术的限制，开销和高带宽服务的本地有效性。网络*带宽*是网络数据承载能力的度量标准。当同时发生的通信试图通过网络时，网络带宽的需求可能超过自己的有效使用带宽。很明显这种情况的处理是为了增加有效带宽的数量。但是，由于前面介绍过的约束限制，这并不是总是可能的。

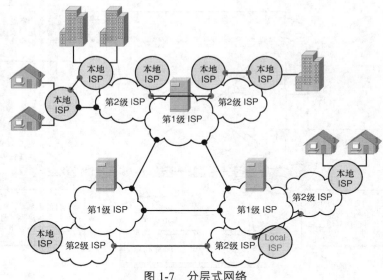

图 1-7　分层式网络

利用 QoS（服务质量），网络管理员可以选择在网络上哪些流量得到优先处理。举例来说，大多数人期望电话服务是可靠的和清晰的。许多公司希望通过在 Internet 上使用 Internet 声传协议（VoIP）服务代替长途电话来节省开支。如果用户不能区分一般电话与 VoIP 电话之间的不同，他们不会注意到这些变化。但如果网络拥塞导致 VoIP 电话耽搁电话并掉线的话，用户将重归使用他们以往昂贵的普通电话服务。网络管理员必须确保语音服务质量尽可能高，她可以通过让语音流量优先其他的 Web 流量做到这一点。

不同公司和机构有不同的需要和优先级。一些公司可能优先考虑语音流量，另一些公司也有可能会优先考虑视频流量，还有一些公司可能要优先考虑运输财务数据。这些不同的需要可以通过对网络流量分类和对每个类别分配优先级而实现。

流量的级别意味着把网站流量分类。因为这么多类型的网络流量存在，指派给每个网络流量的优先级是不实际的。因此，使用一类对时间敏感的通道，如语音和视频及另一类敏感度较低的通道，如电子邮件和文件传输即是一种将流量分为可管理的群的途径。不是每一个网络都会有相同的优先次序，不同的机构根据他们的需要将指定的数据类型划分为不同的类别。流量类型被分类后，便可以排序了。

一个组织决定优先次序的例子可能包括以下内容。

- **对时间敏感的通信**——为如电话或视频发行的服务增加优先级。
- **对时间敏感不敏感的通信**——减少网页检索或电子邮件的优先级。
- **对组织的高重要性**——为产量控制或经济业务数据增加优先级。
- **不必要的通信**——减少优先级或堵塞不需要的活动，像对等文件分享或实况娱乐活动。

进入队列意味进入排。**优先级排队**的例子可以在机场登记处柜台找到。乘客的队列有两类：客运飞机普通乘客的队列和在柜台的末端分开的头等乘客的队列。当航空公司代理变得可利用时，他们将选择先帮助头等队列的乘客，然后才是普通队列长期等待的乘客。普通乘客仍然是重要的，代理商最终将帮助他们，但是航空公司给那些头等窗乘客最好的服务，因为这些消费者可以为公司带来额外的收入。

在网络优先级里，排序与飞机票柜台排队的过程是相似的。网络管理员分配优先级到不同的流量类别并且允许更加重要的类别能更好的使用网络带宽。图 1-8 展示不同的交通种类得以进入带宽的优先级。

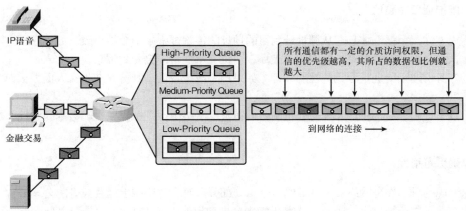

图 1-8 优先级队列

以 VoIP 交通在公司的早期应用为例。如果语音流有比其他方式更好的通道接入公司的带宽，音质将是更好的，并且用户可能会更加满意。满意的用户将使用 VoIP 服务并且可以节约公司的资金。较低的成本和更好的服务对网络管理员提供 QoS 服务来说是最主要奖励办法。

1.6.5 提供网络安全保障

网络安全、Internet 被证明是商业发展的肥沃的土壤,企业间的交易和电子商务每年都在持续增长。在同样的环境下吸引了合法的生意，然而，也吸引了一些骗子和蓄意破坏者。

破坏公司资产的完整性对公司的交易和财务有很严重的影响。因此，网络安全是网络提供者和用户主要关心的问题，网络安全是所有网络管理计划的一个关键部分。

一个网络安全漏洞可能导致各种各样的严重后果，包括以下几个方面：
- 网络故障，导致通信和经济业务损失；
- 个人或企业资金损失；
- 知识产权偷窃，例如项目投标、专利和战略性计划；
- 机要顾客数据曝光。

每个这些例子都能造成顾客对公司丧失信心进而促使他们转向一个更加可靠的供营商。为了保障安全，网络管理员必须考虑两个方面：
- 网络基础设施安全；
- 内容安全。

网络基础设施安全意味着保护设备免受外部连接侵害。锁上计算机室门和使用高质量的密码保护网络设备和软件是众多保护网络基础安全方式中最简单的一种。

巩固网络内容安全意味着保障网络设备中存放的数据和在网络中传输的数据包的安全。网络内容安全意味着确保机密性，维护通信的完整性和保障网络可适用性。

一、确保机密性

通过仅允许预定和授权收件人（个人、进程或设备）读取数据来维护数据隐私。有不同的方法确保数据的机密性。采用强大的用户*身份验证*系统、使用难以猜测的口令以及要求用户频繁更改口令等手段，将有助于限制对通信和联网设备上存储的数据的访问。适时对内容进行加密可确保机密性并减少未经授权披露或窃取信息的情况发生。

二、维护通信完整性

数据完整性表示保证信息在从源地址到目的地址的传输过程中不会被更改。如果在预定收件人收到信息前，信息由于蓄意或意外原因遭到破坏，数据完整性可能会受到损害。

发送方身份通过验证是源完整性的保证。如果用户或设备伪造身份并向收件人提供错误的信息，源完整性就会受损。

使用数字签名、哈希算法和校验和机制可以在整个网络中保证源完整性和数据完整性，从而防止未经授权地修改信息的情况。

三、确保可用性

确保资源的可用性是网络安全计划的一个重要部分。对于一个网上经营业务的公司来说，如果网络不可用则业务将会被推迟或中断。计算机病毒攻击和拒绝服务（DoS）攻击可以使网络不可用。拒绝服务攻击是指外部计算机通过发送大量的服务请求使得正当用户不能使用网络资源。用来防御病毒和拒绝服务攻击的工具包括服务器与桌面机上的反病毒软件，和*防火墙*，这些防火墙是一些路由器和服务器，它们相当与网络的"看门人"来解析进出网络的信息流量。创建冗余的网络基础结构，减少可以引起网络中断的*单点失效*，可以减少这些威胁的影响。

容错性，可扩展性，服务质量和安全是建立一个可靠的和有用的网络的基础。在这本书和在线课程，以及以后的课程中，您将更深入的了解关于这方面的知识。

1.7 网络趋势

对遥远的未来技术作出准确的预测是一项艰巨的任务。关心当前网络的发展趋势可以预知短期内将要进行的发展和一些就业机会

1.7.1 它的发展方向是什么？

通过将多种不同的通信介质融合到单个网络平台中，网络容量成指数倍增长。形成未来复杂信息网络的三个主要趋势是：
- 移动用户数量不断增加；
- 具备网络功能的设备急剧增加；
- 服务范围不断扩大。

以下各节描述每个趋势及其可能造成的影响。

一、移动用户

移动使用的趋势有助于传统工作地点的改变——从工人到特定办公室变为办公地点随工人而转变。更多的移动工作者可以使用手持设备如手机、笔记本计算机及个人数码助理（PDA），它们已从豪华的小工具演变为必要的工具。在城市地区增加的无线服务已使人们从有线的计算机中解脱出来，远离自己的书桌工作。

流动工人和依赖于手持设备的工人需要更多的移动连接数据网络。这方面的需求创造了有更大的灵活性、覆盖面与安全的无线服务市场。

二、功能更强的新设备

计算机只是当今信息网络众多设备中的一种。现在有越来越多的新技术产品可以利用商家提供的各种网络服务。

家庭和小型办公室获得的服务，如无线通信技术及增加带宽，曾经只提供给公司的办事处和教育机构。有网络功能的手机，让用户随时随地在手机服务范围内访问 Internet 和电子邮箱。

原来由手机、个人数字助理（PDA）、管理器和寻呼机提供的多种功能，现在都可以融合到一台手持设备中，通过它就可以不间断地连通服务提供商和内容提供商。在过去，这些设备被认为是"玩具"或奢侈品，如今，它们已成为人们不可或缺的一种通信方式。除移动设备外，还有 IP 语音（VoIP）设备、游戏系统和各式各样的家用和商用装置，它们都可以连接和使用网络服务。

三、服务可用性增强

技术得到广泛认可和网络服务快速创新这两个因素相互促进，形成了一个螺旋式上升的局面。为满足用户需求，人们不断引入新服务，增强旧服务。当用户开始信任这些扩展服务后，又会期望更多功能。网络又会随之发展来支持不断增加的需求。人们依赖网络提供的服务，由此而依赖底层网络体系结构的可用性和可靠性。

这些流动性极高的用户和他们越来越多的可行性设备需要更复杂的更可靠的安全服务。随着这些改进的工具和服务变得对公众有用，公众对网络宽带的需求也随之增加。

日益增长的网络和新的机遇将会满足他们持续增长的需求。跟得上日益增多的网络用户和服务的挑战是训练有素的网络和 IT 专业人士的责任。

1.7.2 网络行业就业机会

新技术的实施不断改变着信息技术领域（IT）。网络架构师，信息安全管理人员及电子商贸专家这些职业在不断吸纳 IT 领域中的软件工程师和数据库管理员加入其中。

随着诸如医院管理，教育等非 IT 领域变得技术性更高，对具有不同领域知识背景的 IT 专业人才的需求将会增长。

1.8 总结

数据网络在人类之间的交流方式上发挥着越来越重要的作用，Internet 和本地网络直接影响着人们的生活，学习和工作。

通过计算机网络传送信息的过程中包含了定义如何跨越介质在用户设备间传递信息的协议。用来传送讯息的媒体和设备类型也都受到适当的协议的限制。

融合的数据网络可以在终端用户间提供不同类型的服务，包括文字，语音和视频邮件。融合网络为企业提供了一个机会，以降低成本和为用户提供各种服务和内容。然而，如果所有的服务都能按照用户的期望而提供，融合网络的设计和管理需要更广泛的网络知识和技能。

一个网络的架构必须提供可扩展性、容错性、服务质量和安全。

QoS 是网络规划一个重要组成部分，它可能影响用户的生产率。网络数据的优先次序可能容许数据类型以高效合理的方式流经网络。

网络基础设施和内容的安全将继续作为网络安全的基本要素，因为它直接影响到用户的隐私。

1.9 实验

练习 1-1 使用 Google Earth 查看世界（1.1.1.4）

可通过 Internet 利用卫星图像探索你的世界。

练习 1-2 识别严重的安全漏洞（1.4.5.3）

完成这一实验后，您将能够使用 SANS 网站迅速查明 Internet 的安全威胁，并解释如何威胁是怎样建立的。

实验 1-1 使用协作工具——IRC 和 IM（1.6.1.1）

本实验您将理解 Internet 中继聊天（IRC）和即时消息（IM）。您还将列出几个在即时消息中涉及的许多数据误用和数据安全问题。

实验 1-2 使用协作工具——Wikis 的和网络日志（1.6.2.1）

在这个实验中，您将会定义术语 *wiki* 和 *博客*。你也将解释利用 wiki 和博客的目的，以及这些技术如何用于协作。

很多动手实验都包含在 Packet Tracer 的实验中，你可以使用它来进行实验仿真。

1.10 检查你的理解

完成下面所有的复习题来检测一下你对于本章中的主题和概念的理解。题目的答案在附录"章节测验和习题答案"中可以找到。

1. 在主要使用文本相互通信的两人或多人之间，他们使用的哪种通信形式属于基于文本的实时通信？
   A. 网络日志
   B. 维基
   C. 即时消息
   D. 博客
2. 哪种网络为客户提供对企业数据（如库存，部件列表订单）的有限访问？
   A. 内部网
   B. 外联网
   C. 网际网络
   D. Internet
3. _____是被用户创建和编辑的协作网络。

4. 出于管理数据的目的，需要使用什么来权衡通信的重要性及其特征？
   A. 网络管理
   B. 网络流量
   C. QoS 策略
   D. 网络评估
5. 管理网络通信过程的规则被称为_____。
6. 对网络通信采取哪些处理后才能使服务质量策略正常发挥作用？（选择两项）
   A. 根据服务质量要求对通信分类
   B. 对应用程序数据的每个分类分配优先级
   C. 始终对 Web 通信分配高优先级处理队列
   D. 始终对数字电影分配高优先级处理队列
   E. 始终对电子邮件通信分配低优先级队列
7. 铜轴电缆和光缆是两种类型的网络_____。
8. 网络体系结构有哪两个部分？（选择两项）
   A. 构成以人为本网络的人
   B. 通过网络传输消息的编程服务和协议
   C. 通过网络传输的数据
   D. 支持网络通信的技术
   E. 运营和维护数据网络的企业
9. 表示网络设备和介质的符号被称为_____。
10. 在当初开发 Internet 时，放弃面向连接的电路交换技术出于哪三个原因？（选择三项）
    A. 电路交换技术要求将单个消息划分为包含编址信息的多个消息块
    B. 早期的电路交换网络在电路出现故障时不能自动建立备用电路
    C. 电路交换技术要求即使两个位置之间当前并未传输数据，也必须在网络端点之间建立开放电路
    D. 通过面向连接的电路交换网络传输消息无法保证质量和一致性
    E. 建立多路并发开放电路获得容错能力成本高昂
11. 开发 Internet 时使用数据包交换无连接数据通信技术出于哪三个原因？（选择三项）
    A. 它能快速适应数据传输设备的丢失
    B. 它能有效利用网络基础架构传输数据
    C. 数据包可同时通过网络采取多条路径传输
    D. 支持按建立连接的时间收取网络使用费用
    E. 传输数据之前需要在源设备和目的设备之间建立数据电路
12. _____是在网络之间帮助路由消息的设备。
13. QoS 在融合网络中的作用是什么？
    A. 确保丢弃高于可用带宽水平的所有通信
    B. 确定网络中不同通信的传输优先级
    C. 针对所有网络通信确定精确的优先级
    D. 允许网络中的其他组织共享未使用的带宽
14. 下面哪个术语描述了一个公共平台适合于不同通信类型？
    A. 可扩展性
    B. 融合
    C. 容错能力

D. 服务质量
15. 面向无连接服务的消息被分片为_____。
16. 下面哪个选项符合网络基础架构安全？
    A. 竞争者通过不安全的无线网络访问敏感信息
    B. 建造者不小心切断了网络线缆
    C. 不满的职员改变了消费者数据库信息
    D. 秘书发送保密信息来回复没有明确显示来自她老板的邮件

1.11 挑战的问题和实践

这些问题需要对本章的概念有比较深的了解。你可以在附录中找到答案。

1. 一个职工被指派和来自一个不同城市的员工完成一个项目。网上会议时，通信中有几段模糊的视频和混淆的声音。以下哪些因素下会引起上述情况？
    A. 网络设计中无可扩展性。
    B. 安全性弱，工作期间允许任何人下载音乐和视频文件。
    C. 到达防火墙时缺乏冗余链路。
    D. 不好的服务质量。
2. 以下哪两组术语描述了一银行24小时独自访问ATM的网络通信？（选择一项）
    A. 无连接和包交换
    B. 包交换和面向连接
    C. 电路交换和面向连接
    D. 电路交换和无连接

1.12 知识拓展

读一读克劳德·香农和他的著名文章"通信的数学理论"，你将会了解一个通信史上的里程碑。

第 2 章

网络通信

2.1 目标

在学习完本章之后，你应该能够回答下面的问题：
- 什么是网络的结构，包括成功通信所需的设备和介质？
- 协议在网络通信中有什么功能？
- 使用分层模型来描述网络功能有什么优点？
- 以下两种公认网络模型中每一层有什么作用，TCP/IP 模型和 OSI 模型？
- 编址和命名方案在网络通信中有什么重要性？

2.2 关键术语

本章使用如下的关键术语。你可以在书后的术语表中找到解释：

通道	协议套
分段	电气电子工程师协会
多路复用	Electronics Engineers（IEEE）
交换	Internet 工程任务组（IETF）
终端设备	分层模型
主机	TCP/IP
客户端	封装
主机地址	解封装
物理地址	协议数据单元（PDU）
中间设备	段
编码	帧
局域网（LAN）	开放系统互联（OSI）
Internet 服务提供商（ISP）	国际标准化组织（ISO）
协议	端口

人们越来越多地依靠网络来彼此联络。人们通过网络从世界各个角落在线沟通。有效而又可靠的技术能随时随地满足我们对网络的需求。随着以人为本的网络不断扩大，连接和支持它的平台也必须同步发展。

现在，人们不是针对新提供的每项服务开发独立的专用系统，而是将整个网络行业视为一个整体进行开发，这意味着对于现有网络的分析和逐步增强可以同时并举。这样能确保在推出新服务时保持现有的通信，既节约了成本，技术上也合理。

本课程重点介绍信息网络以下几方面的内容：
- 构成网络的设备；
- 连接设备的介质；
- 通过网络传送的消息；
- 用于规范网络通信的规则和过程；
- 用于构建和维护网络的工具与命令。

网络学习的核心是使用描述网络功能的公认模型。这些模型提供的框架可以帮助人们了解当前网络，并促进新技术开发以支持未来的通信需求。

在本书中，我们要使用这些模型，还要使用分析和模拟网络功能的一些工具。其中，用于建立模拟网络并与之交互的两个工具是 Packet Tracer 4.1 软件和 Wireshark 网络协议分析器。

在本章中，你将研究通信的基本原理并且了解这些基本原理是如何应用于通信中以及在数据网络之间的。你也将学习两个重要的模型，他们描述了网络通信的过程和在网络主机间完成通信的设备。

2.3 通信的平台

网络正在成为人们跨越距离通信的基础。在过去的 10 年中，个人信件已经逐步被电子邮件所替代，打字的或手写的文档已经被字处理文件所替代，照片已经成为数码，电话正在从模拟的向数字的转变。向数字平台的转变成为可能，是由于计算机网络范围的增长，可靠性和多样性的增强，这样使得人们可以获取数字通信的好处。下面的部分将关注建立在通信的概念基础上的数字通信的平台。这些概念被应用在设备与介质上，它们保证能在终端用户之间发送数据信息。

2.3.1 通信要素

人们使用许多不同的通信方式来交流观点。所有这些方式都有 3 个共同的要素。
- *消息来源，或发送方*——消息来源是需要向其他人或设备发送消息的人或电子设备。
- *目的地，或消息的接收方*——目的地址接收并解释消息。
- *通道*——包括提供消息传送途径的介质，在通道上消息能够从源传到目的地。

这个发送消息的模型通过一个通道到达接收者，也是计算机间进行网络通信的基础。计算机将消息编码成为二进制信号并通过线缆或无线介质传送到接收者，后者知道遵循什么样的规则去理解这些原始的消息。

在图 2-1 显示了人与人之间，计算机与计算机之间通信的基本模型。

在本书中，术语网络指数据网络，传送的消息包括文本、声音、图像和其他类型的数据。

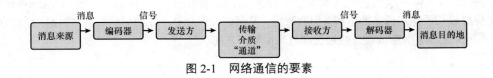

图 2-1 网络通信的要素

2.3.2 传送消息

计算机网络传送的消息可能是大的，也可能是小的。设备经常交换小的更新，需要很小的带宽，但是很重要。其他消息，例如，高质量的照片，可能消息量很大，并且将消耗许多网络资源。在一个连续的数据流中传送一张大照片，可能意味着如果一台设备丢失了一个重要的更新或者其他的通信将需要重传，也将使用了更多的带宽。

解决方法被称为**分段**处理，消息都被分割成小片段，以便能更容易地通过介质一同传送。分段消息有两个主要的优点：

- 多路复用；
- 增强网络通信的效率。

多路复用发生在多个分段能互相融合共用一条共享介质时。图 2-2 描述了消息如何能被分割成小片段并且多路复用在单一介质上的情况。

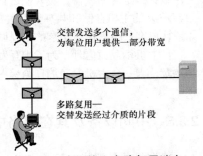

图 2-2 在网络上多路复用消息

分段的第二个好处是，如果必要网络可以通过不同的路由器更有效地发送消息。这能发生，因为 Internet 总是为了高效而调整路径。例如，考虑一下如果有人在拉斯维加斯给在波士顿的朋友发张有新小猫照片的电子邮件会发生什么。首先，小猫的照片被分割成小的分段，并且每个分段都被给了一个目的地址，并且有一个代码表明这个分段在大图片中的位置，还有其他信息。当这个消息在传输中，图片可能不经由相同的路径。Internet 上传输的情况会经常变化，并且一个拥有多个分段的大文件可能采用不同的路径。根据传输情况，包括小猫耳朵的数据可能通过芝加哥到波士顿的路径，爪子可能通过丹佛，胡须、尾巴可能通过亚特兰大。不管这些图片通过什么路径到达波士顿，目的计算机能够将之重组成一张照片。

使用分段和多路复用在网络上传输消息的弊端是提高了该过程的复杂程度。试想一下，这就如同您要邮寄一封 100 页的信件，但每个信封里只能装一页纸。写地址、贴邮票、邮寄、收信和打开全部 100 个信封的过程对发信人和收信人而言都很耗费时间。.

在网络通信中，每个消息段也必须经过类似的过程才能确保其到达正确目的设备并重新组装成原始消息的内容。

整个网络中各种类型的设备都要协同工作才能确保消息片段稳定可靠地到达其目的设备。

2.3.3 网络的组成部分

消息从源到目的地所采用的路径各式各样，可能简单到只是一根连接两台计算机的电缆，也可能非常复杂，是真正覆盖全球的网络。这种网络基础架构构成了支持以人为本的网络的平台。它为通信提供了稳定可靠的通道。

设备和介质是网络的物理要素，即硬件。硬件通常是网络平台的可见组成部分，如笔记本计算机、PC、*交换机* 或用于连接设备的电缆。但有时候，某些组成部分并非如此直观可见。例如，无线介质就是使用不可见无线电射频或红外波通过空气来传输消息的。

2.3.4 终端设备及其在网络中的作用

一台 *终端设备* 一般是指一系列设备，要么是网络信息的源，要么是目标。网络用户通常只是看到或接触到一台终端设备，它通常可能就是一台计算机。另一个通常的关于发送与接收信息的终端设备的术语是 *主机*。一台主机可能是一系列完成不同功能的终端设备。主机和终端设备包括：

- 计算机，包括工作站、笔记本计算机和连接到网络的服务器；
- 网络打印机（本身含有网卡）；
- VoIP 电话；
- 网络照相机，包括 Web 摄像头和安全摄像头；
- 移动手持设备（如无线条码扫描仪、PDA）；
- 用于气象观测的遥控站。

终端用户是一个人或一组人使用一台设备。不是所有的终端设备在任何时间都被人们操作。例如，文件服务器是终端设备，被人们设置，但是它们自己执行它们的功能。服务器是被设置成为其他被称为 *客户机* 的主机存储和共享信息主机。客户机向服务器请求信息与服务，如电子邮件和网页，服务器如果认可客户机就用被请求的信息回应。

当主机相互通信时，为了相互发现，它们被编上地址。*主机地址* 在局域网（LAN）中是唯一的 *物理地址*，当一台主机发送消息给另一台主机时，它使用目的主机的物理地址。

2.3.5 中间设备及其在网络中的作用

终端设备是那些发起通信的主机并且是人们很熟悉的。但是将消息通过中间设备从源传送到目的地也是一项复杂的任务。*中间设备* 将独立的主机接入网络，也通过互连的网络连接多个独立的网络。

中间设备不都一样。一些工作在局域网中起交换的作用，另一些帮助在网络间路由消息。表 2-1 列出了一些中间设备和它们的功能。

表 2-1　　　　　　　　　　　　　　中间设备

设 备 类 型	用　　途
网络接入设备	将终端用户连入网络。例如集线器，交换机，以及无线接入点
网间设备	连接一个网络到另一个或多个网络。路由器是主要的例子
通信服务器	路由设备。例如 IPTV 和无线宽带
调制解调器	通过电话或线缆将用户连入服务器或网络
安全设备	通过分析进出网络的流量的防火墙保证网络安全的设备

在数据流经网络时对其进行管理也是中间设备的一项职责。这些设备使用目的主机地址以及有关网络互连的信息来决定消息在网络中应该采用的路径。中间网络设备上运行的进程执行以下功能：

- 重新生成和重新传输数据信号；

- 维护有关网络和网际网络中存在哪些通道的信息；
- 将错误和通信故障通知其他设备；
- 发生链路故障时按照备用路径转发数据；
- 根据 QoS 优先级别分类和转发消息；
- 根据安全设置允许或拒绝数据通行。

图 2-3 描述了使用网间交换机连接两个拥有终端设备的局域网并在局域网间使用路由器的情况。

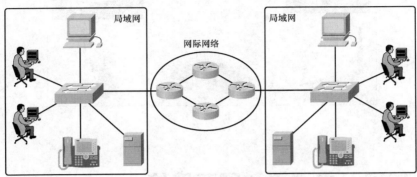

图 2-3　用路由器连接局域网

2.3.6　网络介质

网络中的通信都在介质上传送。介质为消息从源设备传送到目的设备提供了通道。网络主要使用的 3 种类型的介质是：
- 铜缆；
- 光缆；
- 无线。

每种介质类型都有非常不同的物理特性必须采用不同的信号编码方式。**编码**方式是将数据变成能在介质上传输的电、光或者电磁波能量的方法。每种介质在表 2-2 有个简要的描述。

表 2-2　　　　　　　　　　　　　网络介质

介 质	例 子	编 码
铜缆	双绞线通常用做局域网介质	电脉冲
光纤	乙烯基涂料中的玻璃或塑料纤维，用于局域网中的长距离传输或中继	光脉冲
无线	通过空气连接本地用户	电磁波

不同的介质在网络环境中有不同的理想的角色。在选择网络介质时，管理员必须考虑以下因素：
- 介质可以成功传送信号的距离；
- 要安装介质的环境；
- 用户需要的带宽；
- 安装的费用；
- 连接器与兼容设备的费用。

图 2-4 显示了光纤、铜缆和无线介质。

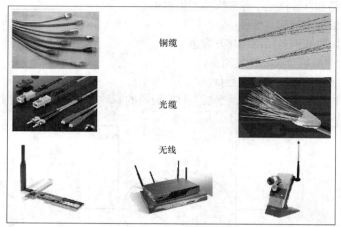

图 2-4　网络介质

2.4　局域网、广域网和网际网络

网络有不同大小，并且提供了很多种功能。下面是一些基本的功能：
- 覆盖的区域大小；
- 连接的用户数量；
- 可用的服务数量和类型。

有 3 种不同的网络类型，适应不同的团体与扩展地理边界。局域网（LAN）、广域网（WAN）和网际网络。

2.4.1　局域网

局域网是一组终端设备和由共同的组织管理的用户。术语*局部*首先意味着一些地域上一组计算机，在组织内有相同的目的。这么说通常是对的，但由于技术的进步，这一定义也发生了变化。一个局域网被认为是一组在同一楼层的计算机用户，但这一术语也用于描述在有多栋建筑物的园区中的用户。

2.4.2　广域网

连接分布于不同地理位置的 LAN 的这些网络称为广域网（WAN）。如果一家公司在不同的城市拥有办公室，可能需要借助电信服务提供商（TSP）才能使位于不同地点的 LAN 相互连接。依据合同租用专线可能会有不同的带宽与服务。尽管组织负责对连接两端的 LAN 的控制，但通信服务提供商负责在广域网上传送消息的中间设备。广域网唯一的目的是连接局域网，广域网通常没有终端用户。图 2-5 描述了通过广域网连接的两个局域网。

2.4.3　Internet：由多个网络组成的网络

在过去的几年，局域网改变了人们工作的方式，但资源被限制在每个网络之中。现在人们不再局限在他们自己的局域网中，他们可能通过 Internet 访问其他局域网。

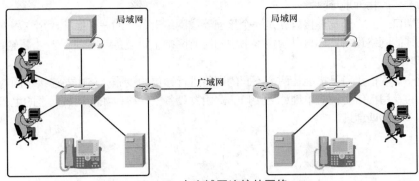

图 2-5　有广域网连接的网络

通过广域网可以将一个局域网与其他的局域网连接起来，许多组织发展他们的内部网。这个术语经常同 Internet 混淆，内部网是一个和公有的网络相似的私有网络，但只对内部人员开放浏览。例如，许多公司利用内部网共享公司信息，为远程员工提供培训。通过内部网络共享文档，项目可以通过远程安全地管理。

Internet 服务提供商（ISP），通常也是通信服务提供商，他们将客户连入到网际网络。用户可能是个家庭用户，一家公司，或是一个政府机构。所有 Internet 的用户通过 ISP 访问 Internet。ISP 与其他 ISP 或 TSP 合作以确保所有用户都能访问 Internet。这包括执行统一的规则和标准以确保不论用户身处何处，使用什么类型的设备都能相互通信。图 2-6 展示了众多的广域网如何构成了网际网络。注意表示连接局域网的路由器与广域网之间相互连接的路由器的符号的不同。

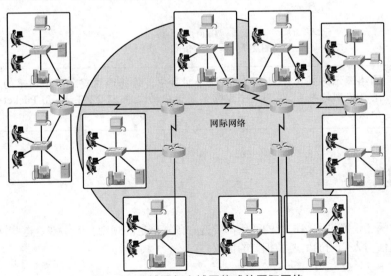

图 2-6　局域网与广域网构成的网际网络

2.4.4　网络表示方式

在图 2-7 中介绍了许多通用的数据网络符号，当讨论设备和介质如何连接时，应当记住这些重要的术语。

- **网络接口卡（NIC）**——一块网卡或一个网络适配器，提供到达网络上的 PC 或其他主机的连接。连接 PC 与网络设备的介质将直接插入网卡。每块网卡有一个能够在局域网上被标志出来的唯一的物理地址。
- **物理端口**——一个物理接口就是一个接连器或网络设备上的一个插孔，用它将介质连接到主机或其他网络设备。你可以假定本书中的所有网络主机设备都有一个让它能连接到网络的物理接口。
- **接口**——术语接口是指能让两个不同的网络进行通信的设施。路由器连接不同的网络，路由器上的专用接口也被简单地称为接口。路由器设备上的接口如同局域网上的主机一样拥有一个唯一的物理地址。

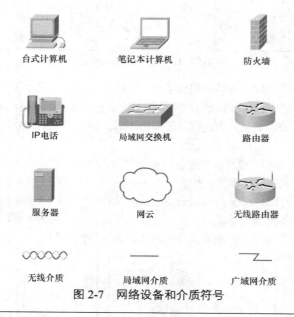

图 2-7　网络设备和介质符号

网络表示方式（2.2.4.2）　在这个实验中，你将通过建立一个简单的逻辑拓扑来熟悉数据网络符号。使用随书发售的光盘中的文件 e1-2242.pka 用 Packet Tracer 完成这个实验。

2.5 协议

无论是面对面还是通过网络进行的通信都要遵守预先确定的规则，即*协议*。这些协议由会话的特性决定。网络通信与人们的通信遵循相似的协议。

2.5.1 用于规范通信的规则

协议是任何人与其他人进行通信时使用的规则。在一个会话当中，除非被人打断，人们通常不考虑协议，但是很多的行为对成功的通信来说是很重要的。例如，与亲密朋友相处时的衣着与语言风格就不适合于一个官方的正式场合。在说话之前不适合的会面着装已经显示出了不当的信息。同样，打断别人谈话，大声讲话，或者会谈中没有说类似"谢谢"或"再见"就走掉了，都被认为是不礼貌的，并且这些不礼貌的行为表现了重要的信息。另外，如果一个人使用另外一个人听不懂的语言进行交流，通信通常会失败。

人们进行通信的协议包括一些独立的规则,如到会、讲话、倾听与理解。所有这些规则也被称为通信协议,表示通信的不同层次。它们一起帮助人们完成通信。

你可以通过这些例子来理解通信的 3 个不同的层。底层是物理层,两人都可以通过声音说出词语。第二层是规则层,两人同意用通用语言交谈。顶层是内容层,两人实际说出来的词语,即通信的内容。

假使你亲眼目睹这场谈话,也不会看到层。必须要了解,层的运用只是一种模型,借由这个模型,我们可以方便地将复杂的任务划分为多个部分,从而分别描述其工作原理。

网络启程同样也需要协议。计算机没有办法学习协议,所以网络工程师为了能成功地在主机到主机间通信,编写了通信必需严格遵守的规则。这些规则应用于不同的层,例如使用的物理连接,主机如何监听,如何翻译,如何说再见,使用什么语言,以及其他许多的内容。这些协同工作保证通信成功的规则或协议被组成所谓的*协议族*。

2.5.2 网络协议

为了设备能在网络上通信,它们必须遵守不同的能完成许多任务的协议。协议定义了如下的内容:
- 消息的格式,例如每条消息能放入多少数据;
- 中间设备共享到达目的地路径信息的方法;
- 在中间设备之间处理更新消息的方法;
- 在主机间发起与终止通信的过程。

协议的作者可能为特定厂商制定私有协议。这些协议是有版权的,可以授权给其他公司使用。这些协议是由一个公司控制的,而不是考虑让为公众拥有。另外一些协议是为公众制定的,使用免费的公开源代码的协议。

2.5.3 协议族和行业标准

在网络的早期,每个制造商都拥有各自的网络设备和支持设备的协议。如果一个公司购买了设备并不与它自身以外的网络共享数据,这个网络会运行地很好。自从公司开始与使用不同网络系统的其他公司做生意时,出现了对跨越不同的网络系统通信平台的标准的需求。

来自不同远程通信企业的人们聚集在一起通过制定相同的协议来标准化网络通信的方法。这些标准就是一些惯例,是由工业群体的代表企业制定的,并由其他企业跟随,用以在不同厂商间的相互操作。例如,Microsoft,Apple 和 Linux 操作系统每一个都有各自实现 TCP/IP 协议族的方法。这允许使用不同操作系统的用户能有相同方法的访问网络通信。标准化网络协议的组织是*电气电子工程师协会*(*IEEE*)和 *Internet 工程任务组*(*IETF*)。

2.5.4 协议的交互

*Web 服务器*和 *Web 浏览器*之间的交互是协议族在网络通信中的典型应用示例。这种交互在二者之间的信息交换过程中使用了多种协议和标准。各种不同协议共同确保双方都能接收和理解交换的报文。

这些协议如下所示。
- *超文本传输协议*(*HTTP*)——HTTP 是一种公共协议,控制 Web 服务器和 Web 客户端进行交互的方式。HTTP 定义了客户端和服务器之间交换的请求和响应的内容与格式。客户端软件和 Web 服务器软件都将 HTTP 作为应用程序的一部分来实现。HTTP 协议依靠其他协议来控制客户端和服务器之间传输报文的方式。

- *传输控制协议（TCP）*——TCP 是用于管理 Web 服务器与 Web 客户端之间单个会话的传输协议。TCP 将 HTTP 报文划分为要发送到目的客户端的较小片段，称为数据段。它还负责控制服务器和客户端之间交换的报文的大小和传输速率。
- *网间协议*——最常用的网间协议是网际协议（IP）。IP 负责从 TCP 获取格式化数据段、将其封装成数据包、分配相应的地址并选择通往目的主机的最佳路径。
- *网络访问协议*——网络访问协议描述数据链路管理和介质上数据的物理传输两项主要功能。数据链路管理协议接收来自 IP 的数据包并将其封装为适合通过介质传输的格式。物理介质的标准和协议规定了通过介质发送信号的方式以及接收方客户端解释信号的方式。网卡上的收发器负责实施介质所使用的标准。

2.5.5 技术无关协议

指导网络通信过程的协议不依靠任何特殊的技术来完成任务。协议描述了通信必须做什么，而不是如何来完成任务。例如，在一间教室中，有关提问的协议可能就是举手以引起注意。协议要求学生举手，但是没有规定举多高，也没有规定最好是举左手、还是右手或者是摆手更好。每名学生可以以完全不同的方式举手，但是如果手举起来了，老师将有可能关注那些学生。

所以网络协议规定什么是必须完成的任务，而不规定如何完成。这就允许不同类型的设备，例如电话和计算机，使用相同的网络基础设施进行通信。每种设备拥有各自的技术但能够在网络的层面与不同的设备相结合。在前面的例子中，Apple、Microsoft 和 Linux 的操作系统必须找到向其他使用 TCP/IP 的设备表示数据的方法，但是每种操作系统都有各自的实现方式。

2.6 使用分层模型

IT 行业使用*分层模型*来描述网络通信的复杂过程。在处理过程中拥有不同功能的协议被按目的分组到定义好的层中。

2.6.1 使用分层模型的优点

将网络通信过程拆分成易于管理的层，可以获得如下的优点：
- 定义通用的术语来描述网络的功能，这些功能工作于不同行业并且允许更好地理解与合作；
- 将处理过程分段，允许发展执行某一功能的技术独立于执行其他功能的技术。例如，无线介质技术的改进不依赖于路由器的改进；
- 促进竞争，因为可以同时使用不同厂商的产品；
- 提供了描述网络功能和能力的通用语言；
- 有助于协议设计，因为对于在特定层工作的协议而言，它们的工作方式及其与上下层之间的接口都已经确定。

作为一名从事 IT 的学生，当你开始理解网络通信的处理过程时，你能从分层的方法中获益。

2.6.2 协议和参考模型

网络专业人员在行业中使用两种模型进行交流：协议模型与参考模型。它们都是在 20 世纪 70 年代网络通信的早期建立的。

协议模型提供了与特定协议族结构精确匹配的模型。协议族中分层的一组相关协议通常代表连接以人为本的网络与数据网络所需的全部功能。***TCP/IP*** 模型描述了 TCP/IP 协议族中每个协议层实现的功能，因此属于协议模型。

参考模型为各类网络协议和服务之间保持一致性提供了通用的参考。参考模型的目的并不是作为一种实现规范，也不是为了提供充分的详细信息来精确定义网络体系结构的服务。参考模型的主要用途是帮助人们更清晰地理解涉及的功能和过程。开放式系统互联（OSI）模型是最广为人知的网际网络参考模型。

OSI 参考模型是用来参考网络通信过程的，而不是控制它的。今天所使用的协议应用在 OSI 参考模型的多层上。这就是为什么在 TCP/IP 模型中合并了 OSI 几个层。一些厂商在工业上采用不同模型来设计他们的产品。图 2-8 显示了 OSI 模型和 TCP/IP 模型。

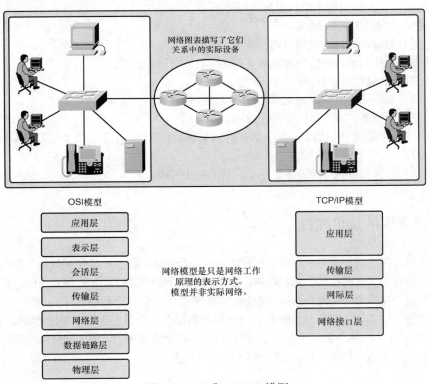

图 2-8　OSI 和 TCP/IP 模型

2.6.3 TCP/IP 模型

TCP/IP 模型定义了协议完成的 4 个通信功能。

TCP/IP 是开放的标准，意味着其不是由任何一家公司所控制的。TCP/IP 模型的规则和实现是由行业人员使用请求注解（RFC）合作开发的。RFC 文档是公众可以访问的文档，定义了 Internet 上一一般的规范和策略。RFC 的申请与维护由 Internet 工程任务组 (IETF) 负责。

表 2-3 简要的描述了 TCP/IP 模型每一层的功能。

表 2-3　　　　　　　　　　　TCP/IP 层

层	用途
应用层	为用户表示应用数据。例如。HTTP 在如 Internet 浏览器的 Web 浏览器应用程序中为用户表示数据
传输层	支持设备间的通信和执行错误纠正
网际层	确定通过网络的最佳路径
网络接口层	控制网络的硬件设备和介质

2.6.4　通信的过程

TCP/IP 模型描述了组成 TCP/IP 协议族的各种协议的功能。在发送主机和接收主机上实现的这些协议通过网络交互，为应用程序提供端到端传送。

完整的通信过程包括以下步骤。

1. 在发送方源终端设备的应用层创建数据。
2. 当数据在源终端设备中沿协议族向下传递时对其分段和封装。
3. 在协议族网络接口层的介质上生成数据。
4. 通过由介质和任意中间设备组成的网际网络传输数据。
5. 在目的终端设备的网络接口层接收数据。
6. 当数据在目的设备中沿协议族向上传递时对其解封和重组。在下一节中你可以学到更多的封装与解封装的过程。
7. 将此数据传送到目的终端设备应用层的目的应用程序。

2.6.5　协议数据单元和封装

为了使应用数据能够正确地从一台主机传送到另一台主机，报头（或控制数据）里面饱含控制或地址信息，它传送到下层时被加入到数据中。当它经过分层的模型时加入控制通信的过程称为**封装**。**解封装**的过程是去掉多余的信息并且只将原始的数据发送给目标应用程序。

在每一步每一层都增加控制通信。在每一层的数据都有一个通用的术语**协议数据单元（PDU）**，但每一层的 PDU 是不同的。例如，在网际层的 PDU 不同于传输层的，因为网络层的数据被加到传输层的数据之中。在表 2-4 中列出了每层的 PDU 的不同名字。

表 2-4　　　　　　　　　　　协议数据单元名

PDU 名	层	PDU 名	层
数据	应用层 PDU	帧	网络接口层 PDU
数据段	传输层 PDU	比特（位）	通过介质实际传输数据时使用的 PDU
数据包	网际层 PDU		

图 2-9 描述了封装的过程和 PDU 是如何修改的。

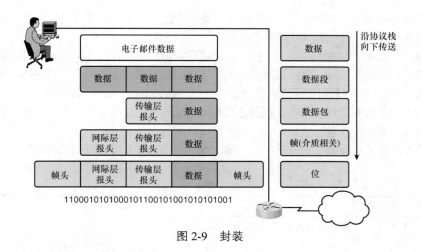

图 2-9 封装

2.6.6 发送和接收过程

发送一封电子邮件的通常任务要通过许多小步骤来处理。使用与 PDU 和 TCP/IP 模型相关的适当的术语，发送一封电子邮件的处理过程如下。

1. 使用一个电子邮件应用程序的终端用户生成数据。应用层将数据编码成电子邮件并发送给传输层。

2. 信息被分段或拆成便于传输的小片。传输层在其头部添加控制信息以便它能被指派给正确的进程，并且所有的分段能在目的地按顺序重组。数据段向下发送给网际层。

3. 网际层在 IP 头部添加 IP 地址信息。数据段现在被称为能够被路由器处理并路由到目的地的被编址的包。网际层向下发送包到网络接入层。

4. 网络接口层建立一个在头部拥有局域网物理地址信息的以太帧。这使得包能够到达本地的路由器并到外面的 Internet。帧的尾部也包括差错检查信息。当帧被建立之后，它被编码成能够在介质上传送到目的地的比特流。

5. 在目的主机，处理过程是相反的。帧被解封装成包，然后是段，最后传输层将所有的段按顺序组合起来。

6. 当数据到达并准备好，它被传送到应用层，接着原始的应用数据到达接收电子邮件的程序。通信成功。

图 2-10 描述了在 TCP/IP 模型的源封装信息并向一层传送，在目的地解封装的步骤。

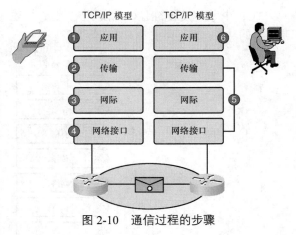

图 2-10 通信过程的步骤

2.6.7 OSI 模型

开放系统互联模型（OSI），也就是 OSI 模型，提供了关于网络通信过程的简要描述。由*国际标准化组织（ISO）*设计提供了非私有化的协议，OSI 的模型不如 TCP/IP 模型发展快。OSI 模型的许多协

议已经不用了，对网络专业人员来讲，模型的知识是一个基本的参考。许多专业人员提及层的时候总讲编号，不说名字，所以两个都知道是很重要的。

OSI 的模型仅仅是个参考的模型。一些厂商可以自由地建立协议并且制造有一层或多层功能的产品。新的协议可能不能准确地与每一层所描述的功能相匹配，但可能与两个不同的层相对应。

从设计上来说，通信过程开始于源的应用层，数据传送到下面的每一层，其所支持的数据被封装，直到它到达物理层并放到介质上。当数据到达目的地的时候，它按相反的方向通过每一层并解封装。每一层通过将来自下层的信息准备好向直连的上层提供服务。

表 2-5 简要描述了 OSI 模型的每一层的用途。本书的后继章节将对每一层进行研究。

表 2-5　　　　　　　　　　　OSI 模型

编号	层名称	用途
7	应用层	为终端用户提供应用程序服务
6	表示层	为应用提供数据的表示形式。例如，表示层告诉应用层哪儿有加密或它是否为一张 .jpg 图片
5	会话层	在用户间管理会话。例如，会话层将同步多个 Web 会话和语音和 Web 会议的视频数据
4	传输层	在源定义数据段并编号，传送数据，并在目的地重组数据
3	网络层	为能通过在其他网络上的中间设备进行端到端的发送建立和编址包
2	数据链路层	为在局域网上主机到主机或广域网的设备间的发送建立和编址帧
1	物理层	在设备间传送比特数据。物理层协议定义介质的规范

2.6.8　比较 OSI 模型与 TCP/IP 模型

TCP/IP 模型发展的比 OSI 模型快并且在描述网络通信的功能时更流行。OSI 模型描述了主机高层具体的功能，而网络主要工作在低层。

图 2-11　比较 OSI 和 TCP/IP 模型

通过对比，你看到 OSI 模型的应用、表示、会话层的功能被合并到 TCP/IP 模型的应用层。

网络的大部分功能存在于传输层与网络层，因而他们保留在独立的层里，TCP 工作在传输层，IP 工作在网络层。

OSI 模型的数据链路层与物理层合并到了 TCP/IP 模型的网络接口层。

在 Packet Tracer 中使用 TCP/IP 协议和 OSI 模型（2.4.8.2） 在本练习中，您将观看 Packet Tracer 如何使用 OSI 模型作为参考来显示各种 TCP/IP 的详细封装过程。使用本书附带的 CD-ROM 中的文件 e1-2482.pka 用 Packet Tracer 完成本实验。

2.7 网络编址

成功的通信需要发送者与接收者知道如何获得对方的信息。邮政系统可以使用地理信息将邮件发送到物理位置，但在计算机间获得信息要复杂得多。在 Internet 上，计算机通信可以不考虑物理位置。

工程师设计出了使用网络地址编号的逻辑地址表，从而在计算机上取代了物理地址表。下面的课程介绍编址过程。第 6 章"网络编址：IPv4"将详细研究网络编址。

2.7.1 网络中的编址

随时都有数百万的计算机在 Internet 上使用并且随时都有数十亿这类信息片段在网络上传输，所以只有适当的编址才能保证发送的信息完整地到达目的地。在 OSI 模型的 3 个不同的层要对数据进行编址。图 2-12 描述了在每一层增加的不同的地址信息。

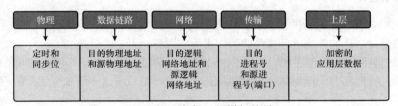

图 2-12 在每一层增加编址

2.7.2 数据送达终端设备

在封装过程中，当数据在源主机上沿协议族向下传输时添加了地址标识符。有两层增加了编址以保证数据从源传送到目的地。

第一个标识符是主机的物理地址，包含于第 2 层 PDU（称为帧）的帧头中。第 2 层涉及报文在单一本地网络中的传输。第 2 层地址在本地网络中是唯一的，代表物理介质上的终端设备地址。物理地址是制造商放置在 NIC 上的编码。在使用以太网的 LAN 中，此地址称为介质访问控制（MAC）地址。物理地址与 MAC 地址经常可以交替使用。当两台终端设备在本地以太网络中通信时，它们之间交换的帧包含目的 MAC 地址和源 MAC 地址。在目的主机成功接收帧后，会删除第 2 层地址信息，因为数据已经解封并沿协议族上移到第 3 层。

2.7.3 通过网际网络获得数据

第 3 层协议主要用于在网际网络内将数据从一个本地网络移动到另一个本地网络。第 2 层地址仅仅用于同一个本地网络中不同设备之间的通信，而第 3 层地址则必须包括供中间网络设备定位其他网络中主机的标识符。在 TCP/IP 中，IP 主机地址中包括有关该主机所在网络的信息。

中间网络设备（通常是路由器）在每个本地网络的边界解封帧，以便读取数据包（第 3 层 PDU）报头中包含的目的主机地址。路由器使用此地址的网络标识符部分来确定到达目的主机应采用的路径。一旦路径确定后，路由器会将数据包封装到新的帧中，然后将其发送到目的终端设备。当帧到达最终目的时，将删除帧和数据包的报头并将数据上移到第 4 层。图 2-13 描述了从源到目的地的过程。

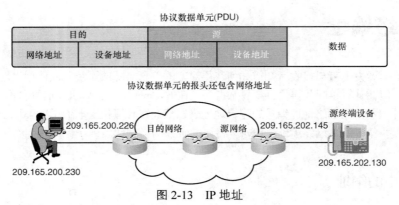

图 2-13　IP 地址

2.7.4　数据到达正确的应用程序

在第 4 层，PDU 报头中包含的信息并未标志目的主机或目的网络。它真正标志的是在目的主机设备上运行并且将要对送达的数据进行操作的特定进程或服务。无论主机是 Internet 上的客户端还是服务器，都可以同时运行多个网络应用程序。使用 PC 的人通常都在运行电子邮件客户端的同时运行 Web 浏览器、即时消息程序和若干流媒体，甚至可能还同时运行游戏。这一切独立运行的程序都是典型的单独进程。

查看网页至少要调用一个网络进程。单击超链接会导致 Web 浏览器与 Web 服务器通信。与此同时，电子邮件客户端可能正在后台发送和接收电子邮件，而一位同事或朋友可能正在发送即时消息。

假设某台计算机只有一个网络接口。由该 PC 上运行的应用程序创建的所有数据流都要通过这一个接口出入，但是即时消息不会在字处理程序文档中弹出，电子邮件也不会在游戏中显示。

传输层向数据段的头部添加端口号以确保目的主机知道用什么程序来处理收到的包。一位用户可以通过单一的网络接口发送和接收许多类型的流量，为每一个数据段使用端口号区分 Web 流量与电子邮件流量等。数据段包括源和目的端口号以防接收者需要和履新者联系。图 2-14 显示了终端设备不同的数据类型。

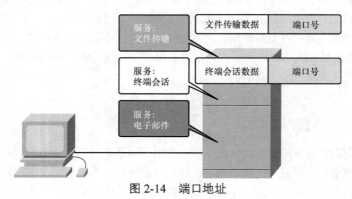

图 2-14　端口地址

2.8 总结

在数据网络的通信中需要用介质连接源设备和目的设备。为将数据传送到其他网络，需要路由器这样的中间设备。

处理信息的设备和传送信息的介质所遵守的规则叫做协议。许多协议可以在协议族中协同工作以完成网络通信的过程。

分层的模型描述了成功通信必须经历的步骤。OSI 模型和 TCP/IP 模型是在网络中使用的两种常用的模型，并作为不同协议和设备在每一层使用的指南。在分析和排除网络故障以及进一步发展协议方面，模型对学生和职员来说都很重要。

应用数据沿协议族向下传送，在每一层以被编址的方式封装。数据被分段成小片、编址并在介质上编码。在到达目的地后的进程是反向的。

2.9 实验

练习 2-1　使用 NeoTrace 观察网际网络（2.2.5.1）

在本练习中，您将观察信息在 Internet 中的流动。本练习应在能够访问 Internet 和命令行的计算机上执行。首先要使用 Windows 内嵌的 tracert 实用程序，然后要使用功能更加强大的 NeoTrace 程序。本实验假定 NeoTrace 已经安装。

实验 2-1　拓扑布局和建立小型网络（2.6.1.1）

本实验首先要构建两个小型网络。之后将介绍如何将它们连接到整个课程中使用的大型实验操作网络。此网络是一部分 Internet 的简化模型，将帮助您培养实用的网络技能。

实验 2-2　使用 Wireshark 查看协议数据单元（2.6.2.1）

在本实验，你将通过捕捉（嗅探）模型网络的流量来学习使用 Wireshark 工具。

很多动手实验都包含在 Packet Tracer 的试验中，你可以使用它来进行试验仿真。

2.10 检查你的理解

完成下面所有的复习题来检测一下你对于本章中的主题和概念的理解。题目的答案在附录中可以找到。

1. OSI 哪一层与 IP 编址相关？

A. 1
B. 2
C. 3
D. 4

2. 通信的要素包括消息来源，消息目的地，_____，介质，信息的传送。
3. OSI 第 2 层采用哪种编址方式？（选两项）
   A. 逻辑
   B. 物理
   C. MAC
   D. IP
   E. 端口
4. 当服务器响应 Web 请求时，将网页数据格式化并划分为 TCP 数据段，封装过程接下来会发生什么？
   A. 客户端解封装数据段并打开网页
   B. 客户端向数据段添加适当的物理地址以便服务器转发数据
   C. 服务器将数据转换成比特，以便通过介质传输
   D. 服务器向每个数据段报头添加源 IP 地址和目的 IP 地址，将数据包传送到目的设备
   E. 服务器向数据段报头添加源物理地址和目的的物理地址
5. 哪个术语描述的特定规则集决定了用于转发数据的消息格式和封装过程
   A. 分段
   B. 协议
   C. 多路复用
   D. QoS
   E. 重组
6. 被一家公司限制使用的协议是_____。
7. 哪项与 OSI 模型的第 4 层相关联？
   A. IP
   B. TCP
   C. FTP
   D. TFTP
8. 连接一台设备到介质的设备叫_____。
9. 下面哪个术语定义了将数据分割成适合传输的小片？
   A. 协议
   B. 多路复用
   C. 分段
   D. 封装
10. 在网络间移动数据的设备是_____。
11. 下面哪个过程是在一条共享的信道或网络介质上混合多个数据流？
    A. 多播
    B. 多路复用
    C. 封装
    D. 多方向
12. 下面什么与网络层相关联？

A. IP 地址
B. 帧
C. MAC 地址
D. 物理地址

13. OSI 模型各层从最高层到最低层的正确顺序如何？
    A. 应用层、表示层、会话层、网络层、传输层、数据链路层、物理层
    B. 应用层、表示层、会话层、传输层、网络层、数据链路层、物理层
    C. 应用层、会话层、表示层、传输层、网络层、数据链路层、物理层
    D. 应用层、表示层、会话层、网络层、数据链路层、传输层、物理层

14. OSI 模型的哪一层与在网络上的端到端的消息传送相关？
    A. 网络
    B. 传输
    C. 数据链路
    D. 应用

2.11 挑战的问题和实践

这些问题需要对于本章的概念有比较深的了解。你可以在附录中找到答案。

1. OSI 模型的哪些层被合并到 TCP/IP 的层里？（选择所有可能正确的选项）
    A. 网络
    B. 表示
    C. 网络
    D. 数据链路
    E. 应用
    F. 物理
    G. 会话
    H. 网络接入
    I. 传输

2. 下面哪项关于局域网与广域网是真的？（选两项）
    A. 局域网是用 ISP 连接下来的一组网络
    B. 局域网是使用逻辑地址通信的一组计算机
    C. 广域网是用 ISP 连接下来的一组网络
    D. 广域网连接局域网
    E. 局域网上的主机使用物理地址通信

2.12 知识拓展

下面的问题将鼓励你反思本章讨论的一些主题。
你的老师可能要求你研究这些问题并在课堂上讨论你的发现。

1. LAN、WAN 和 Internet 的分类如何继续发挥作用，它们在网络分类中实际上又存在哪些问题？
2. OSI 模型和 TCP/IP 模型各有什么利弊？为什么这两种模型仍在使用？
3. 比喻和类比可以成为学习的强大助手但必须谨慎使用。考虑下列系统中的设备、协议和编址问题：
   标准邮政服务；
   包裹快递服务；
   传统（模拟）电话系统；
   IP 电话；
   集装箱货运服务；
   地面和卫星无线电系统；
   广播和有线电视。
4. 讨论您认为这些系统之间共有的因素。如果有相似性，请应用于其他网络。
5. 您会如何应用这些通用概念来开发新的通信系统和网络？

第 3 章

应用层功能及协议

3.1 目标

在学习完本章之后,你应该能够回答下面的问题:
- 描述 OSI 模型的上三层功能如何为终端用户应用程序提供网络服务;
- 描述 TCP/IP 应用层协议如何提供 OSI 模型的上层结构所指定的服务;
- 规定人们如何在信息网络中使用应用层通信;
- 描述常见 TCP/IP 应用程序的功能,例如:万维网和电子邮件,以及相关服务(包括 HTTP、DNS、SMB、DHCP、STMP/POP 以及 Telnet);
- 描述使用点对点应用程序及 Gnutella 协议的文件共享过程;
- 解释协议如何确保一种设备上运行的各种服务可以收发很多不同网络设备的数据;
- 使用网络分析工具来检查并解释一般用户应用程序的工作原理。

3.2 关键术语

本章使用如下的关键术语。你可以在书后的术语表中找到解释:

数据	网关
源设备	对等点
域名系统(DNS)	方案
请求注解(RFC)	IP 地址
语法	域名
会话	网络地址
客户端	资源记录
服务器	DNS 解析器
守护程序	nslookup
插件	查询
超文本传输协议 HTTP	缓存
分布	权威
协作	动态主机配置协议(DHCP)
加密	子网掩码
邮局协议(POP)	广播
简单邮件传输协议(SMTP)	服务器信息块(SMB)
邮件用户代理(MUA)	UNIX
垃圾邮件	解释为命令(IAC)

人们都通过万维网、电子邮件服务以及文件共享程序体验 Internet。这些应用程序，包括其他的一些，为你提供了访问网络底层的界面，让你能熟练地收发信息。大多数应用程序相对直观，你不必了解其工作原理，就可以获取和使用。随着你继续研究网络的世界，知道应用程序如何通过网络收发消息，如何格式化、传输、解释消息是非常重要的。

通过开放式系统互连（OSI）模型的分层结构，你可以更容易地理解网络通信原理，想象其作用过程。图 3-1 描述了这种结构。OSI 模型是 7 层的模型，解释了信息如何从一层到另一层。

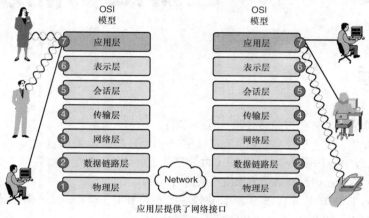

图 3-1　人与数据网络的接口

本章将关注第 7 层的角色，应用层和它的组件：应用程序、各种服务和协议。我们还将探讨上述三个组成要素如何保证信息网络中的通信稳定和可靠。

3.3　应用程序：网络间的接口

介绍两个重要的术语。

- **应用层**——OSI 模型的应用层提供了在网络上获得数据的第 1 步。
- **应用软件**——应用是人们通过网络来进行交流的一些软件程序。应用软件的例子包括：HTTP、FTP、电子邮件和其他软件，用来解释这两个术语的区别。

3.3.1　OSI 模型及 TCP/IP 模型

OSI 参考模型是一种抽象的分层模型，人们用它来作为网络协议设计的指导原则。OSI 模型将网络通信过程分为 7 个逻辑层，每一层都拥有独特的功能，且被赋予了特定的服务和协议。

在 OSI 模型中，信息从源主机的应用层开始，逐层向下传送，直到物理层，然后通过通信通道传送至目的主机。在目的主机中，信息又自下而上传递到应用层。图 3-2 描述了该过程的详细步骤。下面解释了 6 个步骤。

1. 人们建立通信。
2. 应用层将人类的通信转换成为网络数据。
3. 软件和硬件将通信转变成数字格式。
4. 应用层服务启动数据传输。
5. 每层发挥各自的作用。OSI 逐层向下层协议族封装数据。被封装的数据通过介质传递到目的地。

OSI 逐层向上层协议族解封装数据。

6. 应用层从网络接收数据，以便提供给人使用。

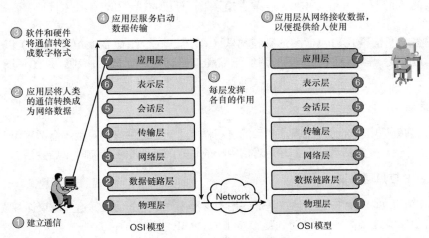

图 3-2　OSI 封装过程

第 7 层，应用层是 OSI 与 TCP/IP 模型的顶层，第 7 层提供了人们所用的应用程序与下层网络的接口，通过下层网络传递你的消息。应用层协议用于在源主机与目的主机运行的程序之间交换数据。现在有许多应用层的协议，并不断开发出新的协议。虽然 TCP/IP 协议族的开发早于 OSI 模型的推出，但 TCP/IP 应用层协议与 OSI 模型的上三层结构（应用层、表示层和会话层）仍然大致对应。大多数应用程序（如 Web 浏览器或电子邮件客户程序）已包含 OSI 模型第 5、6、7 层的功能。图 3-3 对比了 OSI 模型与 TCP/IP 模型。

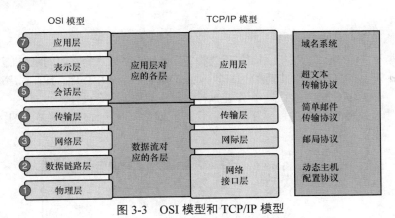

图 3-3　OSI 模型和 TCP/IP 模型

由于人们在个人计算机、图形用户界面及多媒体对象涌现之前已经开发出了绝大多数 TCP/IP 应用层协议，因此，这些协议只现了 OSI 模型的表示层和会话层所指定的一小分部功能。下一节详细描述 OSI 的表示层和会话层。

一、表示层

表示层有三个主要功能：

- 对应用层数据进行编码与转换，从而确保目的设备可以通过适当的应用程序理解*源设备*上的数据；
- 采用可被目的设备解压缩的方式对数据进行压缩；

- 对传输数据进行加密，并在目的设备上对数据解密。

表示层的应用并不完全与某一特定协议族关联，比如视频和图形标准。常见的视频标准包括 QuickTime 和活动图像专家组（MPEG）。前者是苹果计算机的视频和音频技术标准，后者是视频压缩和编码标准。

常见的图形图像格式则包括图形交换格式（GIF）、联合图像专家组（JPEG）以及标签图像文件格式（TIFF）。其中前两种是图形图像压缩和编码标准，而最后一种则是图形图像的标准编码格式。

二、会话层

会话层，它就是用于在源应用程序和目的应用程序之间创建并维持对话。会话层用于处理信息交换，发起对话并使其处于活动状态，并在对话中断或长时间处于空闲状态时重启会话。

三、TCP/IP 应用层协议

最广为人知的 TCP/IP 应用层协议是那些用于交换用户信息的协议。这些协议详细规定了许多常见 Internet 通信功能的必备格式和控制信息。常见 TCP/IP 协议包括：

- *域名服务协议（DNS）*，用于将 Internet 域名解析为 IP 地址；
- 超文本传输协议（HTTP），用于传输构成万维网网页的文件；
- 简单邮件传输协议（SMTP），用于传输邮件及其附件信息；
- Telnet 协议（一种终端模拟协议），提供对服务器和网络设备的远程访问；
- 文件传输协议（FTP），用于系统间的文件交互传输。

TCP/IP 协议族中的协议一般由*请求注解（RFC）*文件定义。Internet 工程任务组（IETF）负责维护作为 TCP/IP 协议族标准的 RFC 文件。

3.3.2 应用层软件

在 OSI 模型和 TCP/IP 模型中应用层协议的相关功能实现了以人为本的网络与底层数据网络的对接。当我们打开 Web 浏览器或者即时消息窗口时，就启动了一个应用程序，并在程序运行时载入设备的内存。此时，在该设备上加载的每一个正在执行的程序都称为一个进程。

在应用层中，软件程序或进程采用两种形式访问网络：应用程序和服务。图 3-4 显示了这些概念。

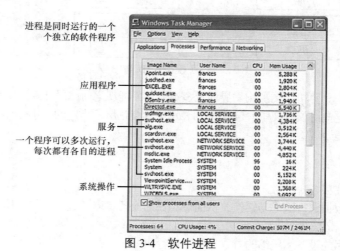

图 3-4　软件进程

一、网络感知应用程序

有些终端用户应用程序是网络感知程序，即这些程序实现应用层协议，并可直接与协议族的较低层通信。电子邮件客户程序和 Web 浏览器就属于这种类型的应用程序。

二、应用层服务

其他程序可能需要通过应用层服务使用网络资源，例如文件传输或网络假脱机打印。虽然这些服务对用户而言是透明的，但它们正是负责与网络交互和准备传输数据的程序。无论数据类型是文本、图形还是视频，只要类型不同，就需要与之对应的不同网络服务，从而确保 OSI 模型的下层能够正确处理数据。

协议定义了将要投入使用的标准和数据，每种应用程序和网络服务都要使用这些协议。服务提供了做事的功能，协议提供服务使用的规则。为了便于理解不同网络服务的功能，我们有必要先熟悉管理这些服务的底层协议。

3.3.3 用户应用程序、服务以及应用层协议

应用层使用在应用程序和服务中实现的协议。应用程序为我们提供创建消息的方法；应用层服务负责创建与网络交互的接口；协议则负责提供进行数据处理的规则和格式，如图 3-5 所示。这三个组件可以由一个可执行程序使用。例如谈到"Telnet"时，我们可以指应用程序，也可以指服务，还可以指协议。

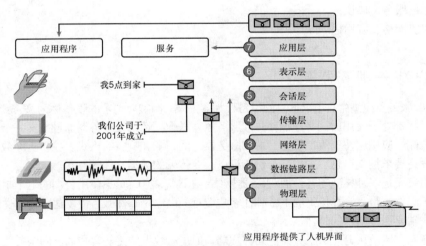

图 3-5 连接数据网络和以人为本的网络

在 OSI 模型中，直接参与人机交互的应用程序与用户本身共同处于协议族的最高层。与 OSI 模型的其他层一样，应用层要依靠下一层的功能来完成通信过程。在应用层中，协议指定了源主机和目的主机之间有哪些消息交换、控制命令使用什么*语法*、传输数据使用哪些类型和格式、错误提示和错误恢复采用何种方式。

3.3.4 应用层协议功能

在通信*会话*过程中，源设备和目的设备均使用应用层协议。为确保通信畅通，源主机和目的主机

上所实现的应用层协议必须一致。

协议执行如下功能。

- 为加载到相关设备上的应用程序和服务之间的数据交换建立统一的规则。
- 并且，协议还指定了消息中数据的构建方式，以及源主机和目的主机间传送的消息类型。消息可以是服务请求、确认消息、数据消息、状态消息或报错消息。
- 定义了消息对话，确保正在发送的消息得到期待的响应，并且在传输数据时调用正确的服务。

由于在数据网络中有很多不同类型的应用程序进行通信，因此应用层服务必须实现多重通信协议，才能满足各种用户的通信体验需求。每个通信协议都有其特定目的，并且包含符合该目的的特征。为确保每一层都与下一层服务正确对接，每一层的通信协议都要保证其所有信息正确。

在单一会话过程中，应用程序和服务也可以使用多重通信协议。其中，可能由一种协议来指定网络连接的方式，而由另一种协议来描述消息传递到下一层的数据传输过程。

3.4 准备应用程序和服务

当人们从多种设备上访问信息时，无论是从个人计算机、笔记本、PDA、手机，还是从其他与网络相连的设备上访问，信息实际上可能并不是存储在上述设备的硬件中。如果情况确实如此，那么就必须向存储数据的设备发送数据访问请求。下面三部分将帮助你理解数据请求是如何发生，请求是如何被加载的。

- 客户端/服务器模型；
- 应用层服务及协议；
- 点对点网络及应用程序。

3.4.1 客户端——服务器模型

在客户端/服务器模型中，请求信息的设备称为**客户端**，而响应请求的设备称为**服务器**。客户端进程和服务器进程都处于应用层。客户端首先向服务器发送数据请求，服务器通过发送一个或多个数据流来响应客户端。应用层协议规定了客户端和服务器之间请求和响应的格式。除了实际数据传输外，数据交换过程还要求控制信息，如用户身份验证以及要传输的数据文件的标志。

公司网络环境是一种典型的客户端/服务器网络。在该环境中，员工使用公司的电子邮件服务器收发并存储电子邮件。员工计算机上的电子邮件客户端首先向电子邮件服务器发送未读邮件请求，随后服务器向客户端发送被请求的邮件以示响应。

数据流方向一般被认为是从服务器流向客户端，但也有数据始终从客户端流向服务器。在两个方向上的数据流可以是相等的，也可以不等，甚至从客户端到服务器的数据流可以大于从服务器到客户端的数据流。例如，客户端可以向服务器传输要存储的文件。从客户端到服务器的数据传输称为上传；而从服务器到客户端的数据传输则称为下载。图 3-6 显示了客户端/服务器模型的概念。

3.4.2 服务器

在一般网络环境中，响应客户端应用程序请求的设备扮演的是服务器角色。服务器通常指为多个客户端系统提供信息共享的计算机。服务器可以存储网页文件、文档、数据库、图片、视频以及音频文件等数据，并可将它们发送到请求数据的客户端。在其他情况下，如在网络打印机环境中，打印机服务器将客户端打印请求发送到指定打印机上。

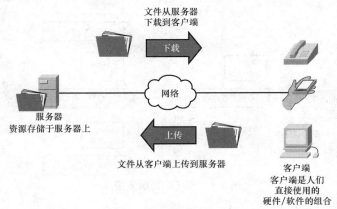

图 3-6　客户端服务器模型

不同类型的服务器应用程序对客户端的访问请求可能有不同的要求。有些服务器可能要求验证用户账户信息，以确认用户是否有权限访问所请求的数据或者执行特定操作。此类服务器的访问取决于用户账户核心列表和验证机制，或者授予每个用户的权限（数据访问以及操作权限）。当使用 FTP 服务器（如请求向 FTP 服务器上传数据）时，您可能拥有对自己的文件夹写的权限，但没有对站点上的其他文件读的权限。

在客户端/服务器网络中，服务器运行的服务或者进程有时被称为服务器 *守护程序*。在大多数设备上，服务器守护程序一般在后台运行，终端用户不能直接控制该程序。守护程序用于"侦听"客户端的请求，一旦服务器接受到服务请求，该程序就必须按计划响应请求。按照协议要求，守护程序在"侦听"客户端的请求时与客户端进行适当的消息交换，并以正确的格式将所请求的数据发送到客户端。

图 3-7 显示了客户端从服务器请求服务，其中一个客户端请求音频文件（.wav），另一个客户端请求视频文件（.avi）。服务器向客户端发送被请求的文件作为响应。

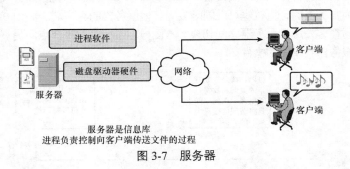

图 3-7　服务器

3.4.3　应用层服务及协议

单个应用程序可能使用多个不同的应用层服务。因此对用户来说，他针对某个网页提出的一个请求对程序而言实际上是许多的单独请求。并且，可能要为每个请求执行多个进程。例如，客户端可能需要用多个单独进程来合成一个请求发送到服务器上。

此外，还会出现多台客户机同时向服务器请求信息的情况。如 Telnet 服务器可能有多台请求连接的客户机。这些客户端请求必须同时受理，并分别处理。通过下一层的功能支持，应用层进程和服务可以成功管理多个会话。

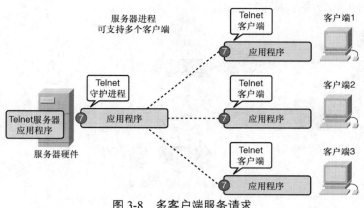

图 3-8　多客户端服务请求

在本练习中，您将学习客户端—服务器交互过程的实例。在后面的课程中，该实例将作为更复杂交互过程的模型。使用随书光盘中的 e1-3232.pka 文件用 Packet Tracer 完成本实验。

3.4.4　点对点网络及应用程序

网络模型中除了客户端/服务器模型外，还有点对点（P2P）模型。点对点网络模型有两种不同形式：点对点网络设计和点对点应用程序。这两种形式具有相似的特征，但实际工作过程却大不相同。

一、点对点网络

在点对点网络中，两台或两台以上的计算机通过网络互联，它们共享资源（如打印机和文件）时可以不借助专用服务器。每台接入的终端设备（称为"点"）既可以作为服务器，也可以作为客户机。在某项事务中，作为服务器的计算机也可以同时成为其他服务器的客户端。如图 3-9 所示，计算机的角色根据请求的不同在客户端和服务器之间切换。本图显示了一个对等节点向另一个请求打印服务，同时作为一个文件服务器共享它的文件。

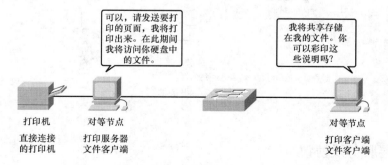

图 3-9　点对点网络

拥有两台互联计算机、一台共享打印机的家庭简易网络就是一种典型的点对点网络。两个人都可以对计算机进行设置，用于共享文件、开启网络游戏，或者共享 Internet 连接。除此之外，点对点网络功能还有一个实例。例如，连接到某一大型网络的两台计算机，可以通过应用软件在该网络上实现两者之间的资源共享。

与使用专用服务器的客户端/服务器模型不同,点对点网络将资源分散在网络中。前者把要共享的信息存储在专用服务器上,而后者则将信息存储在任意接入设备的任意位置。因此,无需安装其他服务器软件即可在当前操作系统中支持文件、打印机共享。由于点对点网络一般不使用集中用户账户、许可权限或者监控,因此在包含很多计算机的网络中很难实施安全管理和访问策略。这就要求必须在每台*对等*设备上分别设置用户账户和访问权限。

二、点对点应用程序

与点对点网络不同,点对点应用程序(P2P)允许设备在同一通信过程中既作客户端又作服务器。在该模型中,如图 3-10 所示,每台客户端都是服务器,而每台服务器也同时是客户端。图 3-10 显示了属于同一网络的两部电话发送一个即时消息。图上面的矩形波图描述了两部电话间的数字流量。它们都可以发起通信并且在通信过程中处于平等的地位。不过,点对点应用程序要求每个终端设备提供用户界面并运行后台服务。当启动某个点对点应用程序时,程序将调用所需用户界面和后台服务。此后,这些设备就可以直接通信。

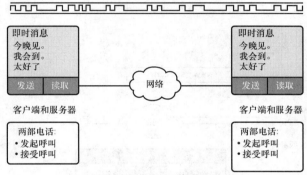

图 3-10 点对点网络应用程序

一类 P2P 应用程序中采用混合系统,即共享的资源是分散的,但指向资源位置的索引存储在集中目录中。在混合系统中,每台对等设备通过访问索引服务器获取存储在另一台对等设备中的资源位置。索引服务器也可以帮助连接两台对等设备。但连接完成后,通信将只在两台对等设备之间完成,而不需要与索引服务器进行额外通信。

点对点应用程序可以用于点对点网络、客户端/服务器网络以及 Internet。

3.5 应用层协议及服务实例

我们已经理解了应用程序如何为用户提供接口,以及如何访问网络。现在,我们将讨论一些常用的协议。

我们将在下文中看到,传输层使用某种编址**方案**,称为端口号。端口号识别应用程序及应用层服务(即源数据和目的数据)。服务器程序通常使用客户机已知的预定义端口号。当我们研究不同的 TCP/IP 应用层协议和服务时,我们将参考与这些服务相关联的 TCP 和 UDP 端口号。这些服务包括:

- 域名系统(DNS)—TCP/UDP 端口 53;
- 超文本传输协议(HTTP)—TCP 端口 80;
- 简单邮件传输协议(SMTP)—TCP 端口 25;

- 邮局协议（POP）—UDP 端口 110；
- Telnet—TCP 端口 23；
- 动态主机配置协议（DHCP）—UDP 端口 67；
- 文件传输协议（FTP）—TCP 端口 20 和端口 21；

下一节将进一步关注 DNS、WWW 服务和 HTTP。

3.5.1 DNS 服务及协议

在数据网络中，设备以数字 *IP 地址* 标记，从而可以参与收发消息。但是人们很难记住这些数字地址。于是，人们创建了可以将数字地址转换为简单易记名称的域名系统。

在 Internet 上，更便于人们记忆的是 www.cisco.com 这样的域名，而不是该服务器的实际数字地址 198.133.219.25。而且，即使 Cisco 决定更换数字地址，也不会给用户造成影响，因为其*域名*仍然是 www.cisco.com。如图 3-11 所示，公司只需要将新地址与现有域名链接起来即可保证连通性。在小型网络中，维持域名和真实地址之间的映射很简单。然而，当网络扩大且设备数量增加时，这种人工控制系统就显得捉襟见肘。

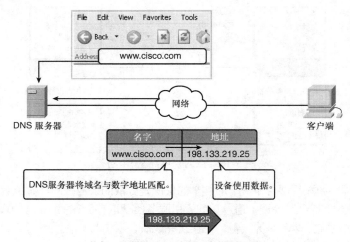

图 3-11　解析 DNS 地址

于是域名系统（DNS）应运而生，专门为大型网络提供域名的地址解析。DNS 使用分布式服务器来解析与这些数字地址相关联的名称。

一、DNS 如何工作

DNS 协议定义了一套自动化服务，该服务将资源名称与所需的数字*网络地址*匹配。协议涵盖了查询格式、响应格式及数据格式。DNS 协议通信采用单一格式，即消息格式。该格式用于所有类型的客户端查询和服务器响应、报错消息以及服务器间的*资源记录*信息的传输。

DNS 是一种客户端/服务器服务。然而，它与我们讨论的其他客户端/服务器服务不同。其他服务使用的客户端是应用程序（如 Web 浏览器、电子邮件客户端程序），而 DNS 客户端本身就是一种服务。DNS 客户端有时被称为 *DNS 解析器*，它支持其他网络应用程序和服务的名称解析。

我们通常在配置网络设备时提供一个或者多个 DNS 服务器地址，DNS 客户端可以使用该地址进行域名解析。Internet 服务供应商（ISP）往往会为 DNS 服务器提供地址。当用户的应用程序请求通过域名连入远程设备时，DNS 客户端将向某一域名服务器请求查询，获得域名解析后的数字地址。

用户还可以使用操作系统中名为 **_nslookup_** 的实用程序手动**查询**域名服务器，来解析给定的主机名。该实用程序也可以用于检修域名解析的故障，以及验证域名服务器的当前状态。

在例 3-1 中，输入 nslookup 后，即显示为主机配置的默认 DNS 服务器。本例中，DNS 服务器是 dns-sjk.cisco.com，其地址是 171.68.226.120。

例 3-1　nslookup 命令

```
Microsoft Windows XP [Version 5.1.2600]
 Copyright 1985-2001 Microsoft Corp.

C:\> nslookup

Default Server: dns-sjk.cisco.com
Address: 171.68.226.120
>www.cisco.com
Server: dns-sj.cisco.com
Address: 171.70.168.183

Name:    www.cisco.com
Address: 198.133.219.25
```

随后，你可以键入要获取地址的主机名或者域名。在例 3-1 中的第一个查询框，输入 www.cisco.com 进行查询。相应的域名服务器显示地址：198.133.219.25。

虽然例 3-1 中所示的查询只是简单测试，nslookup 实用程序还有很多选项，可以用于大量测试以及 DNS 进程验证。

二、域名解析与缓存

DNS 服务器使用域名守护程序（通常简称为 named 守护程序）提供域名解析。DNS 担当 Internet 的电话簿职能：它将人可读的计算机主机名，如 http://www.cisco.com 翻译成网络设备需要用来分发信息的 IP 地址。

DNS 服务器中存储不同类型的资源记录，用来解析域名。这些记录中包含域名、地址以及记录的类型。

这些记录有以下类型：
- **A 记录**——终端设备地址；
- **NS 记录**——权威域名服务器；
- **CNAME 记录**——名的规范域名（或称为完全合格域名[FQDN]）；适用环境是单一网络地址对应多个服务，但每个服务在 DNS 服务器上都有各自条目；
- **MX 记录**——邮件交换记录；它将域名映射到用于该域的一系列邮件交换服务器上。

当客户端提出查询请求时，服务器的 named 守护进程将首先检索自己的记录，以查看是否能够自行解析域名。如果服务器不能通过自身存储的记录解析域名，它将连接其他服务器对该域名进行解析。

该解析请求将会发送到很多服务器，因此需要耗费额外的时间，而且耗费带宽。当检索到匹配信息时，当前服务器将该信息返回至源请求服务器，并将匹配域名的数字地址临时保存在**缓存**中。

因此，当再次请求解析相同的域名时，第一台服务器就可以直接调用域名缓存中的地址。通过缓存机制，不但降低了 DNS 查询数据网络的流量，也减少了上层服务器工作的负载。在安装了 Windows 系统的个人计算机中，DNS 客户端服务可以预先在内存中存储已解析的域名，从而优化 DNS 域名解析性能。在 Windows XP 或者 Windows 2000 操作系统中，输入 ipconfig/displaydns 命令可以显示所有 DNS 缓存条目。

三、DNS 层次

域名系统采用分级系统创建域名数据库，从而提供域名解析服务。该层级模型的外观类似一棵倒置的树，枝叶在下，而树根在上。

位于最高层的根域名服务器维护最高级域名服务器记录，而后者维护下一级域名服务器的记录，以此类推。

不同的顶层域有不同的含义，分别代表着组织类型或起源国家/地区。请参见如下顶级域名实例：

- .au—澳大利亚；
- .co—哥伦比亚；
- .com—商业或行业；
- .jp—日本；
- .org—非营利组织。

顶级域名下层为二级域名，二级域名下层还有其他更低级的域名。例如域名 http://www.cisco.netacad.net。.net 是顶级域名，.netacad 是二级域名，.cisco 是低级域名。

每个域名的组成都是按照层级树由上而下的顺序排列。例如，如图 3-12 所示，根域名服务器可能并不知道电子邮件服务器（mail.cisco.com）的位置，但是它仍会把顶级域名中的"com"保存在域名记录中。"com"域中的服务器中也可能没有"mail.cisco.com"的记录，但这些服务器同样会保存"cisco.com"域名记录。由此，cisco.com 域中的服务器就可以拥有域名 mail.cisco.com 的记录（精确的 MX 记录）。

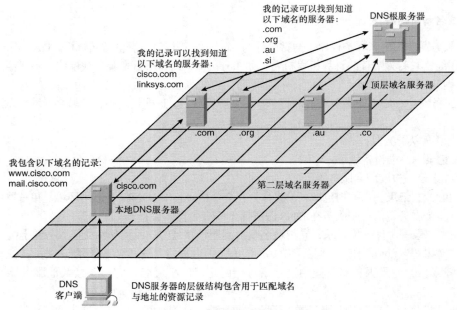

图 3-12　DNS 服务器层次结构

域名系统正是依靠这些分散的、分层级的服务器来保存并维护资源记录的。服务器根据资源记录中的域名列表解析域名，而备用服务器也可以处理域名解析请求。如果指定服务器中有与其域级别相对应的资源记录，则该服务器可以称为这些记录的**主域名**服务器。

例如，对于 mail.cisco.com 记录而言，它位于比 cisco.netacad.net 更高层级的服务器上（尤其是 cisco.com 域中的服务器上）。因此，cisco.netacad.net 域中的某个域名服务器就不是 mail.cisco.com 记录的主域名服务器。

> **注 意** Note 更多信息
> 两个 DNS 协议的 RFCs 链接
> - http://www.ietf.org/rfc/rfc1034.txt
> - http://www.ietf.org/rfc/rfc1035.txt
>
> RFC 是标准文档，包含着新的研发、创新和能运用 Internet 技术方法的文档。RFC 可用作技术原理的参考。这些文档技术含量高，而且能够为你提供详述其标准的某些洞察力。

3.5.2 WWW 服务及 HTTP

当在 Web 浏览器中输入一个 Web 地址（或者 URL 地址）时，Web 浏览器将通过 HTTP 协议建立与服务器上的 Web 服务之间的连接。一提到 Web 地址，大多数人往往想到统一资源定位器（URL）以及统一资源标识符（URI）。

网址 http://www.cisco.com/index.html 就是一种 URL 地址，它表示某个特定资源位于 cisco.com 服务器上的名为 index.html 的网页中。

Web 浏览器是一种客户端应用程序，我们的计算机使用该程序连接万维网，并访问存储在 Web 服务器上的资源。与多数服务器进程一样，Web 服务器以后台服务的方式运行，并支持不同类型的文件。

Web 客户端首先连接服务器，然后发送资源请求，从而访问需要的资源内容。服务器响应资源请求。浏览器对收到的资源进行解释，并将解释后的数据呈现给用户。

浏览器可以解释并显示很多种数据类型，如纯文本或构建网页的超文本标记语言（HTML）。但是，除此之外的其他数据类型需要其他服务或程序的支持，即我们常说的插件。为便于浏览器识别所接受文件的类型，服务器应指定文件中包含的数据类型。

为了更好地理解 Web 浏览器和 Web 客户端的交互原理，我们可以研究一下浏览器是如何打开网页的。在本例中，我们采用如下 URL 地址：http://www.cisco.com/web-server.htm。

首先，浏览器对 URL 地址的三个组成部分进行分析：

- http（协议或方案）；
- www.cisco.com（服务器名称）；
- web-server.htm（所要请求的文件名称）。

然后，浏览器将通过域名服务器将 www.cisco.com 转换成到数字地址，用它连接到该服务器。根据 HTTP 协议的要求，浏览器向该服务器发送 GET 请求，并要求访问 web-server.htm 文件。被请求服务器随即将被请求网页的 HTML 代码发送给浏览器。最后，浏览器解读 HTML 代码并将网页内容显示到浏览器窗口中。

超文本传输协议（HTTP）是 TCP/IP 协议族中的一种协议。该协议是为了发布和检索 HTML 页面而开发出来的，现在用于**分布式协同**信息系统。在万维网中，HTTP 是一种数据传输协议。同时，它还是最常用的应用程序协议。

HTTP 中规定了请求/响应的协议。当客户端（尤其是 Web 浏览器）向服务器发送请求消息时，HTTP 协议将规定客户端请求网页消息的类型，以及服务器响应信息的类型。常用的三种消息类型包括：

- *GET*
- *POST*

- **PUT**

GET 是一种客户端数据请求消息。Web 浏览器向 Web 服务器发送请求页面的 GET 消息。如图 3-13 所示，一旦收到 GET 请求，服务器将立即反馈一条状态行（如 HTTP/1.1 200 OK）以及一条消息，消息内容可以是被请求的文件，也可以是报错消息，或者是其他信息。

图 3-13 使用 GET 的 HTTP 协议

POST 和 PUT 消息用于向 Web 服务器发送上传数据的请求。例如，当用户在 Web 页面的表单中输入数据时，一条包含数据的 POST 消息将被发送到服务器上。PUT 用于向 Web 服务器上传资源或内容。

虽然 HTTP 是一种很灵活的协议，但它并不安全。POST 消息以纯文本格式向服务器上传信息，该信息可能被其他程序中途截取、阅读。与之相同的是，服务器的响应（尤其是 HTML 页面）也不加密。

为了在 Internet 中进行安全通信，人们使用安全超文本传输（HTTPS）协议来访问或发布 Web 服务器信息。HTTPS 可以采用身份验证和*加密*（encryption）两种方式保障客户端和服务器间的数据传输安全。HTTPS 中还指定了应用层和传输层之间数据通信的附加规则。

 网络表示方式（3.3.2.3） 在本练习中，您将配置 DNS 和 HTTP 服务，并研究输入 URL 后返回的数据包。使用随书光盘中的 e1-3323.pka 文件用 Packet Tracer 完成本实验。

3.5.3 电子邮件服务及 SMTP/POP 协议

电子邮件是一种最常见的网络服务。由于它的简单快捷，人们的沟通方式发生了巨大变革。但是，如果要在一台计算机或其他终端设备上运行电子邮件，仍需要一些应用程序和服务。如图所示，电子邮件服务中最常见的两种应用层协议是*邮局协议（POP）*和*简单邮件传输协议（SMTP）*。与 HTTP 协议一样，这些协议用于定义客户端/服务器进程。

POP 和 POP3（邮局协议，版本 3）是入站邮件分发协议，是典型的客户端/服务器协议。它们将邮件从邮件服务器分发到客户端（UMA）。

在另一方面，SMTP 在出的方向上，控制着邮件从发送的客户端到邮件服务器（MDA）的传递，同时，也在邮件插口间传递。SMTP（缩写的意思在下一节讨论）保证邮件可以在不同类型的服务器和客户端的数据网络上传递，并使邮件可以在 Internet 上交换。

当我们撰写一封电子邮件信息时，我们往往使用一种称为*邮件用户代理（MUA）*的应用程序，或者电子邮件客户端程序。通过 MUA 程序，我们可以发送邮件，也可以把接收到的邮件保存在客户端的邮箱中。这两种操作属于不同的两个进程，如图 3-14 所示。

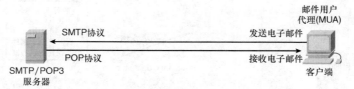

图 3-14　电子邮件客户端（MUA）

电子邮件客户端可以使用 POP 协议从电子邮件服务器接收电子邮件消息。从客户端或者从服务器中发送的电子邮件消息格式以及命令字符串必须符合 SMTP 协议的要求。通常，电子邮件客户端程序可同时支持上述两种协议。

3.5.4　电子邮件服务器进程——MTA 及 MDA

电子邮件服务器运行两个独立的进程：
- 邮件传送代理（MTA）；
- 邮件分发代理（MDA）。

邮件传送代理（MTA）进程用于发送电子邮件。如图 3-15 所示，MTA 从 MUA 处或者另一台电子邮件服务器上的 MTA 处接收信息。根据消息标题的内容，MTA 决定如何将该消息发送到目的地。如果邮件的目的地址位于本地服务器上，则该邮件将转给 MDA。如果邮件的目的地址不在本地服务器上，则 MTA 将电子邮件发送到相应服务器上的 MTA 上。

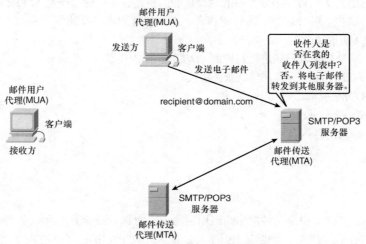

图 3-15　电子邮件服务器-MTA

在图 3-16 中，你可以看到邮件分发代理（MDA）从邮件传送代理（MTA）中接收了一封邮件，并执行了分发操作。MDA 从 MTA 处接收所有的邮件，并放到相应的用户邮箱中。MDA 还可以解决最终发送问题，如病毒扫描、垃圾邮件过滤以及送达回执处理。

大多数的电子邮件通信都采用 MUA、MTA 以及 MDA 应用程序。但其他一些备选程序也可以用于电子邮件发送。可以将客户端连接到公司邮件系统（IBM Lotus Notes、Novell Groupwise 或者 Microsoft Exchange）。这些系统通常有其内部的电子邮件格式，因此它们的客户端可以通过私有协议与电子邮件服务器通信。

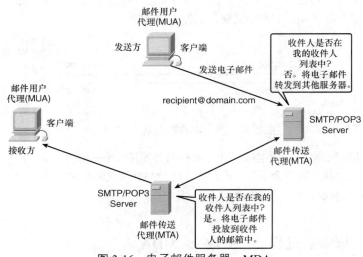

图 3-16　电子邮件服务器：MDA

上述邮件系统的服务器通过其 Internet 邮件*网关*对邮件格式进行重组，使服务器可以通过 Internet 收发电子邮件。

还有一种情况是，未使用 MUA 的计算机仍可以通过 Web 浏览器连接邮件服务，从而可以收发邮件。还有些计算机则运行自己的 MTA 并自行管理多个域之间的电子邮件服务。例如，在同一家公司工作的两个职员使用私有协议相互发送电子邮件时，他们的邮件可能完全停留在公司的电子邮件系统内。

SMTP 协议的消息格式包括一套严格的命令集和回复集。这些命令支持 SMTP 协议下的操作，如会话初始化、邮件交换、邮件转发、验证邮箱名、扩展邮件列表以及邮件交换的开启和关闭。

SMTP 协议下常用的命令包括：

- **HELO**——将 SMTP 客户端进程对应到 SMTP 服务器进程；
- **EHLO**——HELO 的新形式，包括服务扩展；
- **MAIL FROM**——标志发件人；
- **RCPT TO**——标志收件人；
- **DATA**——标志消息内容。

3.5.5　FTP

文件传输协议（FTP）也是一种常用的应用层协议。FTP 用于客户端和服务器之间的文件传输。FTP 客户端是一种在计算机上运行的应用程序。通过运行 FTP 守护程序（FTPd），FTP 客户端可以从服务器中收发文件。

为了保障文件的成功传输，FTP 要求在客户端和服务器之间建立两条连接：一条是命令和回复连接，另一条是实际文件传输连接。

客户端在 TCP 的 21 号端口建立第一条连接。该连接由客户端命令和服务器回复组成，用于管理传输流量；

第二条连接建立在 TCP 的 20 号端口。每当有文件需要传输时建立该连接，用于实际文件传输。

如图 3-17 所示，在两个方向上，都可以进行文件传输。即客户端可以从服务器中下载（取）文件，也可以向服务器中上传（放）文件。

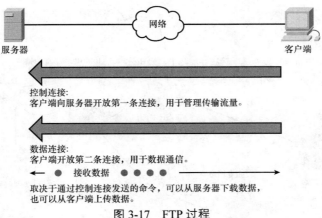

图 3-17　FTP 过程

3.5.6　DHCP

通过*动态主机配置协议（DHCP）*服务，网络中的设备可以从 DHCP 服务器中获取 IP 地址和其他信息。该服务自动分配 IP 地址、子网掩码、网关以及其他 IP 网络参数。

DHCP 协议允许主机在连入网络时动态获取 IP 地址。主机连入网络时，将联系 DHCP 服务器并请求 IP 地址。DHCP 服务器从已配置地址范围（也称为"地址池"）中选择一条地址，并将其临时"租"给主机一段时间。

在较大型的本地网络中，或者用户经常变更的网络中，常选用 DHCP。新来的用户可能携带笔记本计算机并需要连接网络，其他用户在有了新工作站时，也需要新的连接。与由网络管理员为每台工作站分配 IP 地址的做法相比，采用 DHCP 自动分配 IP 地址的方法更有效。

当配置了 DHCP 协议的设备启动或者登录网络时，客户端将广播"DHCP 发现"数据包，以确定网络上是否有可用的 DHCP 服务器。DHCP 服务器使用"DHCP 提供"回应客户端。"DHCP 提供"是一种单借提供消息，包含分配的 IP 地址、*子网掩码*、DNS 服务器和默认网关信息，以及租期等信息。

但是 DHCP 分配的地址并不是永久性地址，而是在某段时间内临时分配给主机的。如果主机关闭或离开网络，该地址就可返回池中供再次使用。这一点特别有助于在网络中进进出出的移动用户。因此，用户可以自由换位，并随时重新连接网络。无论是通过有线还是无线局域网，只要硬件连通，主机就可以获取 IP 地址。

在 DHCP 协议下，您可以在机场或者咖啡店内使用无线热点来访问 Internet。当您进入该区域时，笔记本计算机的 DHCP 客户端程序会通过无线连接联系本地 DHCP 服务器。DHCP 服务器会将 IP 地址分配给您的笔记本计算机。

当运行 DHCP 服务软件时，很多类型的设备都可以成为 DHCP 服务器。在大多数中型到大型网络中，DHCP 服务器通常都是基于 PC 的本地专用服务器。

而家庭网络的 DHCP 服务器一般位于 ISP 处，家庭网络中的主机直接从 ISP 接收 IP 配置。

许多家庭网络和小型企业使用集成服务路由器（ISR）设备连接到 ISP。在这种现况下，ISR 既是 DHCP 客户端又是服务器。ISR 作为客户端从 ISP 接收 IP 配置并为在本地网络上的主机做服务器。

图 3-18 显示了 DHCP 服务器的不同配置方法。

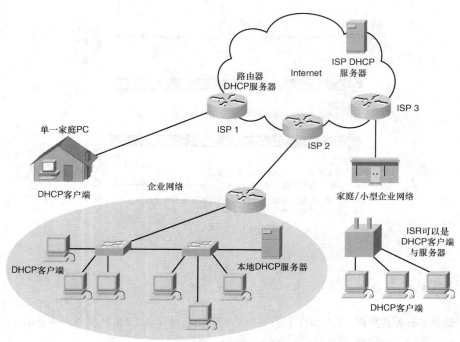

图 3-18 DHCP 服务器

由于任何连接到网络上的设备都能接收到地址，因此采用 DHCP 会有一定的安全风险。所以，在确定是采用动态地址分配还是手动地址分配时，物理安全性是重点考虑的因素。

动态和静态地址分配方式在网络设计中都占有一席之地。很多网络都同时采用 DHCP 和静态地址分配方式。DHCP 适用于一般主机，如终端用户设备；而固定地址则适用于如网关、交换机、服务器以及打印机等网络设备。

如果在本地网络上有不止一个 DHCP 服务器，则客户端可能会收到多个 DHCP 提供数据包。此时，客户端必须在这些服务器中进行选择，并且将包含服务器标志信息及所接受的分配信息的 DHCP 请求数据包*广播*出去。客户端可以向服务器请求分配以前分配过的地址。

如果客户端请求的 IP 地址或者服务器提供的 IP 地址仍然有效，服务器将返回 DHCP ACK（确认信息）消息以确认地址分配。如果请求的地址不再有效，可能由于超时或被其他用户使用，则所选服务器将发送 DHCP NAK（否定）信息。一旦返回 DHCP NAK 消息，应重新启动选择进程，并重新发送新的 DHCP 发现消息。DHCP 服务器确保每个 IP 地址都是唯一的（一个 IP 地址不能同时分配到不同的网络设备上）。

3.5.7 文件共享服务及 SMB 协议

*服务器消息块（SMB）*是一种客户端/服务器文件共享协议。IBM 于 20 世纪 80 年代末期开发了服务器信息块（SMB），用于规范共享网络资源（如目录、文件、打印机以及串行端口）的结构。这是一种请求/响应协议。与 FTP 协议支持的文件共享不同，SMB 协议中的客户端要与服务器建立长期连接。一旦建立连接，客户端用户就可以访问服务器上的资源，就如同资源位于客户端主机上一样。

Microsoft 网络配置中主要采用 SMB 形式实现文件共享和打印服务。从 Windows 2000 系列软件开始，Microsoft 修改了软件的基础结构，使其适用 SMB 协议。而在以前的 Microsoft 产品中，SMB 服务需要使用非 TCP/IP 协议族来执行域名解析。从 Windows 2000 开始，Microsoft 的所有产品都采用 DNS 系统。由此，TCP/IP 协议族可以直接支持 SMB 资源共享，如图 3-19 所示。

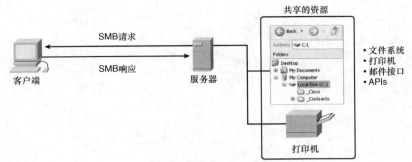

图 3-19　使用 SUM 协议共享文件

在 LINUX 和 UNIX 操作系统中，通过 SAMBA（SMB 的一个版本）可以实现与 Microsoft 网络的资源共享。在 Apple Macintosh 操作系统中，通过 SMB 协议也可以实现资源共享。

SMB 协议中规定了文件系统访问和客户如何请求文件的方式，以及 SMB 协议进程间通信的方式。所有的 SMB 消息都采用一种格式。该格式采用固定大小的文件头，后跟可变大小的参数以及数据组件。

SMB 消息可以完成如下任务：
- 启动、身份验证以及终止会话；
- 控制文件和打印机的访问；
- 允许应用程序向任何设备收发消息。

3.5.8　P2P 服务和 Gnutella 协议

我们前面已经了解了两种获取文件的方式：FTP 和 SMB，本节将学习第三种应用软件协议。现在，通过 Internet 共享文件已经很流行。通过基于 Gnutella 协议的 P2P 应用程序，人们可以将自己硬盘中的文件共享给其他人下载。通过与 Gnutella 协议兼容的客户端软件，用户可以在 Internet 上连接 Gnutella 服务，然后定位并访问由其他 Gnutella 对等设备共享的资源。

很多客户端应用程序支持访问 Gnutella 网络，包括：BearShare、Gnucleus、LimeWire、Morpheus、WinMX 以及 XoloX。当 Gnutella 开发者论坛（GDF）在维护更新基础协议的同时，应用程序的供应商们也在拓展他们的产品功能，使其产品更适应协议的要求。

很多 P2P 应用程序并不使用中央数据库记录各个对等设备上的所有可用文件，而是让网络内的各个设备相互查询可用文件，并通过 Gnutella 协议和服务定位资源。请参阅图示。当用户连接了 Gnutella 服务时，客户端应用程序将检索可连接的其他 Gnutella 节点。这些节点将查询资源位置并回复请求。此外，它们还管理控制信息，以便服务查找其他节点。实际的文件传输过程往往基于 HTTP 服务。

Gnutella 协议中定义了 5 种不同类型的数据包：
- **ping**——用于查找设备；
- **pong**——用于回复 ping；
- **query**——用于定位文件；
- **query hit**——用于回复 query；
- **push**——用作请求下载。

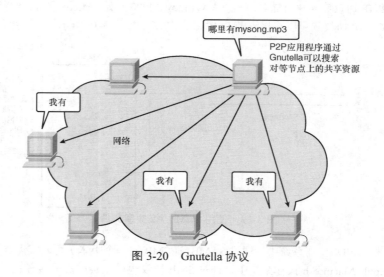

图 3-20　Gnutella 协议

3.5.9　Telnet 服务及协议

在拥有复杂图形界面的桌上型计算机面世前，人们很早就使用基于文本的系统，这些系统往往只显示与中央计算机相连的终端。网络面世后，人们也需要像以前那样远程访问计算机系统。

Telnet 的推出正是为了满足这种需求。Telnet 于 20 世纪 70 年代初面世，在 TCP/IP 协议族中属于最旧的几个应用层协议和服务之一。Telnet 协议中规定了在数据网络中模拟基于文本的终端设备的标准。该协议以及执行该协议的客户端软件统称为 Telnet。图 3-21 描述了 Telnet 服务。

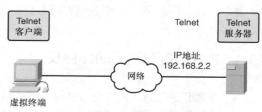

图 3-21　Telnet 服务

使用 Telnet 的连接称为虚拟终端（VTY）会话或者连接。Telnet 规定了如何建立和结束虚拟终端会话。Telnet 还规定了启动 Telnet 会话的命令语法和顺序，以及在会话过程中可以使用的控制命令。每个 Telnet 命令都包含至少两个字节。第一个字节是特殊字符，称为解释为命令（IAC）字符；正如其名称所示，IAC 规定其下一个字节必须是命令而非文本。与使用物理设备连接服务器不同，Telnet 使用软件创建虚拟设备，从而提供相同性质的终端会话并能访问服务器命令行接口（CLI）。

为支持 Telnet 客户端的连接，服务器需要运行名为 "Telnet 守护程序" 的服务。通过 Telnet 客户端应用程序，从终端设备处建立起一条虚拟终端连接。绝大多数操作系统中都包括应用层 Telnet 客户端。在 Microsoft Windows PC 上，可以从命令提示符运行 Telnet。其他常用的终端应用程序如 HyperTerminal、Minicom 和 TeraTerm 也可以作为 Telnet 客户端运行。

一旦建立 Telnet 连接，用户就可以执行服务器上所有许可的功能，就如同直接在服务器上输入命令行会话一样。只要拥有权限，用户就可以启动和终止进程、配置设备，甚至是关闭系统。

Telnet 协议命令包括：

- Are You There（AYT）—允许用户请求终端屏幕上显示的资源，通常是个提示符，以表明 VTY 会话处于活动状态；
- Erase Line（EL）—从当前行中删除所有文本；
- Interrupt Process（IP）—暂停、中断、放弃或者终止与虚拟终端相连的进程；例如，如果用户通过 VTY 在 Telnet 服务器上打开一个程序，他/她也可以发出一条 IP 命令来终止程序。

尽管 Telnet 协议支持用户身份验证，但是它不支持加密（encrypted）数据的传输。所有在 Telnet 会话期间交换的数据都将以纯文本格式在网络内传输，这样的话，传输的数据可能会被中途截取并读取。

安全外壳协议（SSH）为访问服务器提供了一种安全方法。SSH 的结构适用于远程安全登录及其他安全网络服务。该协议还提供了比 Telnet 更为强大的身份验证功能，并支持会话数据的加密传输。作为一种最佳实践，不管是否需要，网络工程师都应该始终用 SSH 来代替 Telnet。

3.6 总结

应用层负责直接访问用于提供和管理以人为本网络通信的底层进程。该层是整个数据网络通信的起点和终点。

用户通过应用层应用程序、协议以及服务与数据网络进行有效互动。

应用程序是一种计算机程序，根据用户的请求启动数据传输进程。

服务是一种后台程序，为网络模型中的应用层及其下层提供连接。

协议是一种公认的规则和进程结构，如同语言中的语法和标点规则。这些协议规则确保在某个特定设备上运行的服务可以在不同网络设备之间收发数据。

客户端可以通过网络向服务器提出数据发送请求。在点对点的环境下，设备既可以是源设备又是目的设备，并由此建立客户端/服务器关系。在每台终端设备上，消息在应用层服务间交换，其交换过程遵循通信协议和客户端/服务器关系的要求。

HTTP 等通信协议支持向终端设备发送 Web 网页。SMTP/POP 协议支持收发电子邮件。SMB 协议支持用户共享文件。DNS 协议将人类易读的网络资源域名转换为的机器使用的数字地址。Telnet 提供了基于文本的远程访问设备的方法。DHCP 提供了动态分配 IP 地址和其他网络参数。P2P 允许两台或多台计算机通过网络共享资源。

3.7 实验

实验 3-1 数据流捕获（3.4.1.1）

在本练习中，您将使用配备了麦克风和 Microsoft 录音机的计算机录制音频文件，或访问 Internet 下载音频文件。

实验 3-2 管理 Web 服务器（3.4.2.1）

在本实验中，您将下载、安装并配置常用的 Apache Web 服务器。我们将使用 Web 浏览器连接服务器，并使用 Wireshark 捕获通信。对捕获结果的分析将有助于您理解 HTTP 协议的运作原理。

实验 3-3 电子邮件服务及协议（3.4.3.1）

在本实验中，您将配置并使用电子邮件客户端应用程序连接 eagle-server 网络服务。然后使用 Wireshark 捕获通信，并分析捕获的数据包。

很多动手实验都包含在 Packet Tracer 的试验中，你可以使用它来进行试验仿真。

3.8 检查你的理解

完成下面所有的复习题来检测一下你对于本章中的主题和概念的理解。题目的答案在附录中可以找到。

1. 应用层是 OSI 模型的第_____层。
    - A. 第 1
    - B. 第 3
    - C. 第 4
    - D. 第 7
2. OSI 模型的哪三层构成了 TCP/IP 模型的应用层？（选择三项）
    - A. 应用层，会话层，传输层
    - B. 应用层，表示层，会话层
    - C. 应用层，传输层，网络层
    - D. 应用层，网络层，数据链路层
3. HTTP 用来做什么？
    - A. 将 Internet 名称转换成 IP 地址
    - B. 提供远程访问服务器和网络设备
    - C. 传送组成 WWW 网页的文件
    - D. 传送邮件消息和附件
4. 邮局协议（POP）使用什么端口号？
    - A. TCP/UDP 端口 53
    - B. TCP 端口 80
    - C. TCP 端口 25
    - D. UDP 端口 110
5. 什么是 GET？
    - A. 客户端数据请求
    - B. 上传资源或连接 Web 服务器的协议
    - C. 以可以被截取并阅读的明文方式向服务器上传信息的协议
    - D. 服务器响应
6. 哪一种是最常用的网络层服务？
    - A. HTTP
    - B. FTP

C. Telnet

D. E-mail

7. 为成功地在客户端与服务器之间传送文件，FTP 需要_____个连接。

A. 1

B. 2

C. 3

D. 4

8. DHCP 能为网络上的客户端做什么？

A. 有不受限的电话会话

B. 播放视频流

C. 获得 IP 地址

D. 跟踪间歇性的拒绝服务攻击

9. Linux 的 UNIX 操作系统使用 SAMBA，协议的版本是？

A. SMB

B. HTTP

C. FTP

D. SMTP

10. 下面什么连接使用 Telnet？

A. 文件传输协议（FTP）会话

B. 简单文件传输协议（TFTP）会话

C. 虚拟终端（VTY）会话

D. 辅助（AUX）会话

11. eBay 是点对点，还是客户端/服务器应用？

12. 在客户端/服务器模式中，请求服务的设备叫做_____。

13. HTTP 被认为是请求/响应协议。什么是典型的消息类型？

14. DHCP 允许自动配置什么？

15. FTP 代表什么，它是做什么用的？

3.9 挑战的问题和实践

这些问题需要对于本章的概念有比较深的了解。你可以在附录中找到答案。

1. 列出将人际交流转换为数据的 6 步过程。

2. 描述应用层的两种形式及其各自的用途。

3. 详细说明术语"服务器"和"客户端"在数据网络环境中的含义。

4. 比较客户端/服务器与点对点两种网络传输数据的方式有何异同。

5. 列出应用层协议规定的 5 种常见功能。

6. 说明 DNS、HTTP、SMB 和 SMTP/POP 应用层协议的具体作用。

7. 比较 DNS、HTTP、SMB 和 SMTP/POP 等应用层协议为了实现数据传输而在设备之间交换的消息有何异同。

3.10 知识拓展

下面的问题将鼓励你反思本章讨论的一些主题。

你的老师可能要求你研究这些问题并在课堂上讨论你的发现。

1. 为什么必须区分应用层应用程序、相关服务以及协议？结合网络参考模型讨论这个问题。
2. 如果有一种总包协议来支持所有应用层服务，您认为情况会怎样？请讨论这种协议的优缺点。
3. 如果要您来开发一个新的应用层服务，您将如何开发？哪一项是必不可少的？在此过程中应该有什么人参与？信息应该以什么方式传播？

第 4 章

OSI 传输层

4.1 目标

在学习完本章之后,你应该能够回答下面的问题:

- 解释传输层的需求;
- 确定传输层在终端应用程序之间传输数据的过程中所扮演的角色;
- 描述两种 TCP/IP 传输层协议——TCP 和 UDP 的作用;
- 解释传输层的关键功能,包括可靠性、端口寻址以及数据分段;
- 解释 TCP 和 UDP 协议如何发挥各自的关键功能;
- 确定 TCP 或 UDP 协议的应用场合,并举出使用每个协议的应用程序的例子。

4.2 关键术语

本章使用如下的关键术语。你可以在书后的术语表中找到解释:

流量控制　　　　　　　　　　　　确认字段 ACK
控制数据　　　　　　　　　　　　护送功能 PSH
互联网编号指派机构(IANA)　　　重置功能 RST
知名端口　　　　　　　　　　　　同步序列号 SYN
注册端口　　　　　　　　　　　　发送方已经传送完所有数据 FIN
动态或私有端口　　　　　　　　　确认
紧急指针 URG　　　　　　　　　　窗口大小

无论是本地还是全球，数据网络和 Internet 都能为人们提供顺畅、可靠的通信，以此支持以人为本的网络。人们可以在一台设备上使用多种服务来发送消息或者检索信息。电子邮件客户端程序、Web 浏览器和即时消息客户端等应用程序使人们得以发送消息和查找信息。

这些应用程序发出的数据经过封装传输，最终送达目的设备上的相应服务器守护程序或应用程序。我们之前曾介绍过，OSI 传输层的进程从应用层接收数据，然后进行相应处理以便用于网络层寻址。如图 4-1 所示，传输层负责终端应用程序之间的全部数据传输。

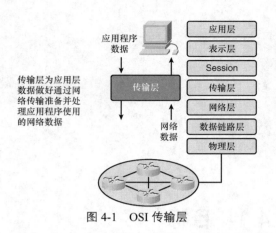

图 4-1 OSI 传输层

在本章中，我们将研究传输层在封装应用程序数据以供网络层使用方面所起的作用。传输层还具有以下功能：
- 允许一台设备上同时运行多个网络通信应用程序；
- 如有必要，可以确保所有数据都能可靠、有序地传送到正确的应用程序；
- 采用错误处理机制。

4.3 传输层的作用

传输层在终端用户之间提供透明的数据传输，向上层提供可靠的数据传输服务。传输层在给定的链路上通过流量控、分段/重组和差错控制。一些协议是面向链接的。这就意味着传输层能保持对分段的跟踪，并且重传那些失败的分段。

4.3.1 传输层的用途

以下是传输层的主要职责：
- 在源和目的主机的应用程序之间跟踪独立的通信；
- 分段数据并管理每个分段；
- 将这些数据片段重组为完整的应用数据流；
- 标志不同的生活服务程序；
- 在终端用户之间执行流量控制；
- 差错恢复；
- 开始一个会话。

如图 4-2 所示，传输层确保设备上的应用程序能够通信。
下一节描述传输层的不同作用以及传输层协议的数据要求。

一、跟踪各个会话

每台主机上都可以有多个应用程序同时在网络上通信。这些应用程序将与远程主机上的一个或多个应用程序相互通信。传输层负责管理这些应用程序间的多道通信流。

如图 4-3 所示，假设某台连入网络的计算机正在收发电子邮件、使用即时消息、浏览网站和进行

VoIP 电话呼叫，那么这些应用程序将同时通过网络发送和接收数据。但是，电话呼叫的数据不会传送到 Web 浏览器上；同样，即时消息的内容也不会显示在电子邮件中。

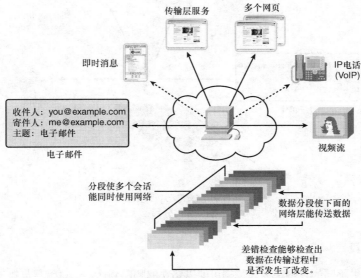

图 4-2　传输层确保设备上的应用程序能够通信

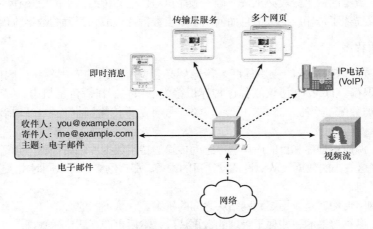

图 4-3　跟踪会话

二、分段数据

应用程序向传输层传递大量数据。传输层必须将数据拆分成小的片段，更适合传送。这些小的片段被称为分段。

这一过程包括必须在传输层上为每段应用程序添加报头，以显示关联与该段数据相关的通信。

如图 4-4 所示的数据分段，与传输层的协议相关，在计算机上同时运行多个程序时提供数据发送与接收。没有分段，只有一个应用程序，例如视频流，才能接收数据。在观看视频时，你将不能接收电子邮件，用即时消息软件聊天或浏览网页。

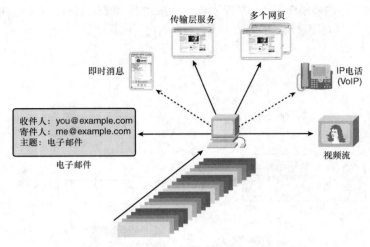

传输层将数据分成宜于管理与传输的分段

图 4-4 分段

三、重组数据段

由于网络能提供不同的传输路径，数据可能以错误的顺序到达。通过编号与排序分段，传输层能保证这些分段能以正确的顺序重组。

在接收主机，数据的每个分段必须按正确的顺序重组，然后传给适当的应用程序。

传输层的协议描述了传输层的头信息如何用于重组数据片段成为正确的数据流传给应用程序。

四、标识应用程序

为了将数据流传送到适当的应用程序，传输层必须要标志目的应用程序。因此，传输层将向应用程序分配标识符。TCP/IP 协议族称这种标识符为端口号。在每台主机中，每个需要访问网络的软件进程都将被分配一个唯一的端口号。该端口号将用于传输层报头中，以指示与数据片段关联的应用程序。

在传输层中，源应用程序和目的应用程序之间传输的特定数据片段集合称为会话。将数据分割成若干小块，然后将这些小的数据段从源设备发往目的设备，那么网络中可以同时交叉收发（多路传输）很多不同的通信信息。

传输层负责网络传输，是应用层和网络层之间的桥梁。它从不同的会话接收信息后，将数据划分成最终能在介质上多路传输的一些便于管理的数据片段，然后再向下层传送数据。

应用程序不需要了解所用网络的详细运作信息，它们只需生成从一个应用程序发送到另一个应用程序的数据，而不必理会目的主机类型、数据必须要流经的介质类型、数据传输的路径以及链路上的拥塞情况或网络的规模。

同时，OSI 模型的下层也不需要知道有多少应用程序在通过网络发送数据。它们只需负责将数据传送到适当的设备。然后，传输层将对这些数据段排序，并将其传送到相应的应用程序。

五、流量控制

网络主机只有有限的资源，如内存或带宽。当传输层得知这些资源已经过载，一些协议能够要求发送程序减小数据流的流量。这些传输层是通过减少数据源的传送数据组的大小实现的。流量控制能防止在网络上丢失分段并且避免重传。

本章讨论了这些协议，这一服务将被更详细地说明。

六、错误恢复

出于多种原因，数据片段在通过网络传输时可能被破坏，从而丢失。传输层通过重传任何丢失的数据确保所有的片段都能到达目的地。

七、开始会话

传输层通过在应用程序间建立一个会话提供面向连接的定位服务。这些连接在传送任何数据之前准备好应用程序间的通信。在这些会话中，在两个应用程序通信的数据可以被严格地管理。

八、数据要求各不相同

由于不同的应用程序有不同的要求，所以传输层协议也有很多种。

例如，只有接收和显示完整的电子邮件或 Web 网页，用户才能使用其中的信息。因此，为确保接收和显示的信息的完整性而导致的轻微延迟是可以接受的。

相比之下，在电话交谈的过程中偶尔丢失小部分内容是可以接受的。通话人可以从交谈过程推断出丢失的语音内容，否则可以直接请对方复述刚才的话。显然，这种方式要比请求网络来管理并重发丢失的数据段更好，因为可以减少延迟。在此例中，由用户而不是网络来管理丢失信息的重发或替换工作。

在当今的融合的网络中，声音、视频、数据都在相同的网络上通信，不同传输层协议所包含的规则各不相同，因此设备可以处理各种各样的数据要求。

有些协议，例如 UDP（用户数据报协议），只提供在相应的应用程序之间高效传送数据片段所需的一些基本功能。这类协议适用于那些对数据延迟极敏感的应用程序。

其他传输层协议，例如 TCP（传输控制协议）描述的进程提供了一些附加功能确保应用程序之间可靠传输。虽然这些附加功能可以在传输层上提供更为健全的应用程序间数据通信，但同时也产生了额外的开销并增加了对网络的要求。

为了识别每段数据，传输层向每个数据段添加包含二进制数据的报头。报头含有一些比特字段。不同的传输层协议通过这些字段值执行各自的功能。

4.3.2 支持可靠通信

通过前面的学习，我们了解到传输层的主要功能就是管理主机会话过程中的应用程序数据。但由于不同的应用程序对数据有不同的要求，因此需要开发不同的传输层协议来满足这些要求。

TCP 是网络层协议，它能确保数据的可靠传输。

在网络术语中，可靠性指从源设备发送的每段数据都能够到达目的设备。在传输层中，有三项基本的可靠性操作：

- 跟踪已发送的数据；
- 确认已接收的数据；
- 重新传输未确认的数据。

这就要求源主机的传输层进程持续跟踪每个会话过程中的所有数据片段，并重新传输未被目的主机确认的数据。为了支持这种可靠性操作，需要在收发主机之间交换更多的*控制数据*。控制数据位于传输层（第 4 层）的报头中。

这样，可靠性和网络负载之间就达成了平衡。应用程序开发人员必须根据他们应用程序的需求，选择适合的传输层协议类型，如图 4-5 所示。在传输层中，既有规定可靠保证传输的协议，也有规定尽力传输的协议。在网络环境中，尽力传输被称为不可靠传输，因为它缺乏目的设备对所收到数据的确认机制。

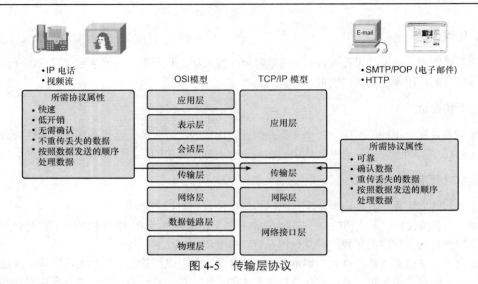

图 4-5　传输层协议

像数据库、Web 网页及电子邮件等应用程序都要求发送的数据以原始状态到达目的设备，这样才能够为目的程序所使用。任何数据的丢失都可能导致通信失败，要么不能完成通信，要么通信的信息不可读。因此，这些应用程序都设计成使用能满足可靠性要求的传输层协议，同时也会考虑这些程序所需的额外网络开销。

其他应用程序允许丢失少量的数据。例如，如果视频数据流中的一段或者两段数据未到达目的地，就只会造成数据流的短暂中断。这可能表现为图像失真，用户也许不会察觉。

对于这种应用程序而言，增加开销一方面确保了应用程序的可靠性，但另一方面却降低了应用程序的实用性。如果视频流目的设备必须获得完整的数据，则等待丢失数据所导致的延迟将使图像质量严重下降。最好采用当时收到的数据段来尽可能提供好的图像质量，而忽略可靠性。如果出于某种原因而需要确保可靠性时，可以通过应用程序自身来提供检查错误和请求重新发送机制。

4.3.3　TCP 和 UDP

TCP/IP 协议族中最常用的两种传输协议是传输控制协议（TCP）和用户数据报协议（UDP）。这两种协议都用于管理多个应用程序的通信，其不同点在于每个协议执行各自特定的功能。

一、用户数据报协议（UDP）

根据 RFC 768，UDP 是一种简单的无连接协议。该协议的优点在于提供低开销数据传输。UDP 中的通信数据段称为数据报。UDP 采用"尽力"方式传送数据报。

使用 UDP 协议的应用包括：
- 域名系统（DNS）；
- 视频流；
- IP 语音（VoIP）。

图 4-6 是 UDP 数据报的一个例子。

位 (0)		位 (15) 位 (16)		位 (31)	
源端口 (16)		目的端口 16			8 字节
长度 (16)		校验和 (16)			
应用层数据 (大小不等)					

图 4-6　UDP 数据报

二、传输控制协议（TCP）

根据 RFC 793，TCP 是一种面向连接的协议。为实现额外的功能，TCP 协议会产生额外的开销。TCP 协议描述的其他功能包括原序处理、可靠传输以及流量控制。每个 TCP 数据段在封装应用层数据的报头中都有 20 字节的开销，而每个 UDP 数据段只需要 8 字节的开销。图 4-7 显示了 TCP 数据报。

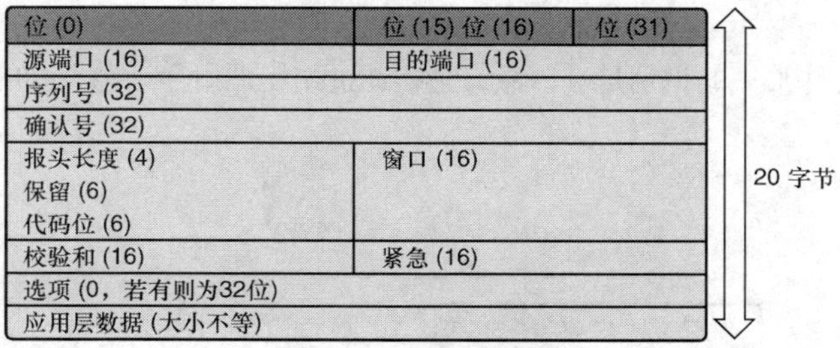

位 (0)		位 (15)	位 (16)		位 (31)	
源端口 (16)			目的端口 (16)			
序列号 (32)						
确认号 (32)						
报头长度 (4)			窗口 (16)			20 字节
保留 (6)						
代码位 (6)						
校验和 (16)			紧急 (16)			
选项 (0，若有则为32位)						
应用层数据 (大小不等)						

图 4-7　TCP 数据报

使用 TCP 协议的应用程序包括：
- Web 浏览器；
- 电子邮件；
- 文件传输程序。

4.3.4　端口寻址

我们仍举前面说过的一个例子来说明。假设一台计算机在同时收发电子邮件和即时消息、浏览 Web 网页并进行 VoIP 电话呼叫。

支持 TCP 和 UDP 协议的服务将对正在通信的不同应用程序进行跟踪。为了区分每个应用程序的数据段和数据报，TCP 和 UDP 协议中都有标志应用程序的唯一报头字段。

一、识别会话

数据段或者数据报的报头包含一个源端口和目的端口。源端口号是与本地主机上始发应用程序相关联的通信端口号；而目的端口号则是与远程主机上目的应用程序相关联的通信端口号。

根据消息性质的不同（请求或响应），可以采用不同的方法分配端口号。服务器的进程有静态分配的端口号，而客户端则为每个会话动态选择端口号。

当客户端应用程序向服务器应用程序发送请求时，包含在报头中的目的端口号即为分配给远程主机上运行的服务守护程序的端口号。客户端软件必须要知道与远程主机上的该服务器进程相关联的端口号。该目的端口号通过手动或者默认方式配置。例如，当 Web 浏览器程序向 Web 服务器发出请求时，除非另行指定，否则浏览器程序都将使用 TCP 端口 80。TCP 端口 80 是 Web 服务应用程序默认分配的端口号。很多常见应用程序都有其默认的端口号。

客户端请求信息时，数据段或数据报的报头包含随机生成的源端口号。只要不与系统中正在使用的其他端口冲突，客户端可以选择任意端口号。对于请求数据的应用程序而言，该端口号就像是一个返回地址。传输层将跟踪此端口和发出该请求的应用程序，当返回响应时，传输层可以将其转发到正确的应用程序。在从服务器返回响应信息时，请求应用程序的端口号用作目的端口号。

通过传输层端口号和网络层分配给主机的 IP 地址，我们可以唯一识别在特定主机上运行的特定进程。这种组合称为套接字。有时，"端口号"和"套接字"两个词可以互相替换使用。在本书中，套接字仅指 IP 地址和端口号的独特组合。包含源 IP 地址和目的 IP 地址以及端口号的套接字对可以唯一识别两台主机之间的会话。

例如，当 HTTP Web 网页请求发送到第三层 IPv4 地址为 192.168.1.20 的主机上运行的 Web 服务器（端口 80）时，套接字为 192.168.1.20:80。

如果请求 Web 网页的 Web 浏览器位于地址为 192.168.100.48 的主机上，且分配给 Web 浏览器的动态端口号为 49152 时，该 Web 网页的套接字则应该是 192.168.100.48:49152。

如图 4-8 所示，这些唯一的识别是端口号，进程通过使用端口号识别不同的会话。

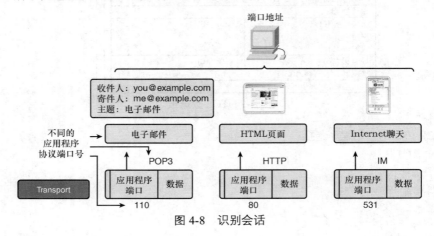

图 4-8　识别会话

二、端口寻址类型与工具

Internet 编号指派机构（IANA） 负责分配端口号。IANA 是一个负责分配多种地址的标准化团体。端口号有如下不同类型：

- 公认端口（端口 0 到 1023）；
- 已注册端口（端口 1024 到 49151）；
- 动态或私有端口（端口 49152 到 65535）。

下面的小节将讨论这三种类型的端口号，并且解释什么时候 TCP/IP 和 UDP 使用相同的端口号。你也可以了解 netstat 网络工具。

三、知名端口

公认端口（端口 0 到 1023）用于服务和应用程序。HTTP（Web 服务器）、POP3/SMTP（电子邮件服务器）以及 Telnet 等常用应用程序通常使用这些端口号。通过为服务器应用程序定义公认端口，可以将客户端应用程序设定为请求特定端口及其相关服务的连接。

表 4-1 列出 TCP 和 UDP 的一些知名端口号。

表 4-1　知名端口号

知名端口	应 用 程 序	协　　议
20	文件传输协议（FTP）数据	TCP
21	文件传输协议（FTP）控制	TCP
23	Telnet	TCP

续表

知名端口	应用程序	协议
25	简单邮件传输协议（SMTP）	TCP
69	简单文件传输协议（TFTP）	UDP
80	超文本传输协议（HTTP）	TCP
110	邮局协议 3（POP 3）	TCP
194	Internet 在线聊天（IRC）	TCP
443	安全的 HTTP（HTTPS）	TCP
520	路由信息协议（RIP）	UDP

四、注册端口

已注册端口（端口 1024 到 49151）分配给用户进程或应用程序。这些进程主要是用户选择安装的一些应用程序，而不是已经分配了公认端口的常用应用程序。这些端口在没有被服务器资源占用时，可由客户端动态选用为源端口。表 4-2 列出了 TCP 和 UDP 使用的注册端口号。

表 4-2　　　　　　　　　　　注册端口号

注册端口	应用程序	协议
1812	RADIUS 身份验证	UDP
1863	MSN Messenger	TCP
2000	思科信令连接控制协议（SCCP，用在 VoIP 语音程序）	UDP
5004	实时传输协议（RTP，语音与视频传输协议）	UDP
5060	话路启动协议（SIP，用于 VoIP 应用程序）	UDP
8008	HTTP 备用	TCP
8080	HTTP 备用	TCP

五、动态或私有端口

动态或私有端口（端口 49152 到 65535），也称为临时端口。这些端口往往在开始连接时被动态分配给客户端应用程序。客户端一般很少使用动态或私有端口连接服务（只有一些点对点文件共享程序使用）。

六、同时使用 TCP 和 UDP

一些应用程序可能既使用 TCP，又使用 UDP。例如，通过低开销的 UDP，DNS 可以很快响应很多客户端的请求。但有的时候，发送被请求的信息时需要满足 TCP 可靠性要求。在这种情况下，该程序内的两种协议将同时采用公认端口号 53。表 4-3 列出了 TCP 和 UDP 常用的注册和知名端口号。

表 4-3　　　　　　　　　　　TCP/UDP 常用端口

常用端口	应用程序	端口类型
53	DNS	公认 TCP/UDP 常用端口
161	简单网络管理协议 SNMP	公认 TCP/UDP 常用端口
531	AOL 即时通信，IRC	公认 TCP/UDP 常用端口

常用端口	应用程序	端口类型
144	MS SQL	已注册 TCP/UDP 常用端口
2948	WAP（MMS）	已注册 TCP/UDP 常用端口

七、netstat 命令

有些时候，需要了解联网主机中开放并运行了哪些活动的 TCP 连接。netstat 是一种重要的网络实用程序，可用来检验此类连接。netstat 可列出正在使用的协议、本地地址和端口号、外部地址和端口号以及连接的状态。

不明的 TCP 连接可能表示某程序或某人正连接到本地主机，这可能是一个重大的安全威胁。此外，不必要的 TCP 连接会消耗宝贵的系统资源，降低主机性能。当性能出现下降时，就应该使用 netstat 命令检查主机上开放的连接。

netstat 命令有许多有用的选项。例 4-1 显示了 netstat 的输出。

例 4-1　netstat 的输出

```
C:\> netstat

Active Connections
Proto    Local Address      Foreign Address           State
TCP      kenpc:3126         192.168.0.2:netbios-ssn   ESTABLISHED
TCP      kenpc:3158         207.138.126.152:http      ESTABLISHED
TCP      kenpc:3159         207.138.126.169:http      ESTABLISHED
TCP      kenpc:3160         207.138.126.169:http      ESTABLISHED
TCP      kenpc:3161         sc.msn.com:http           ESTABLISHED
TCP      kenpc:3166         www.cisco.com:http        ESTABLISHED
C:\>
```

4.3.5　分段和重组：分治法

第 2 章"网络通信"，解释了如何通过不同的协议从应用程序发送数据，创建 PDU 并通过介质将其传输出去。在应用层，数据向下传递并且分段成片段。一个 UDP 的分段（片段）称为数据报。一个 TCP 的分段（片段）称为分段。一个 UDP 的报头提供提供源和目的（端口）。一个 TCP 的报头提供提供源和目的（端口）、顺序、确认和流控。在目的主机上，该进程以逆序的方式执行，直到数据传送到正确的应用程序。图 4-9 提供了一个例子。

一些应用程序中需要传输大量的数据，有时能达到很多吉字节（GB）。因此，将所有数据放在一个大数据片段中发送并不现实。发送大段数据少则需要几分钟，多则需要数个小时，同一时间内网络将不能传输其他任何通信。此外，传输过程中一旦发生错误，整个数据文件都将丢失或需要重传。而在数据传输或接收过程中，网络设备中也没有足够的内存缓冲区来存储如此大量的数据。当然，这种局限性与网络技术和所使用的特定物理介质有关。

如果将应用程序数据分割成若干段，既可以保证所传输数据的大小符合传输介质的限制要求，也可以确保不同应用程序发出的数据能在介质中多路传输。

TCP 和 UDP 处理数据段的方式不同。

在 TCP 中，每个数据段报头中都包含一个序列号。该序列号允许传输层在目的主机上按原次序重组数据段。这样就确保目的应用程序收到的数据与发送设备发送的数据完全相同。

尽管使用 UDP 的服务也跟踪应用程序间的会话，但它们并不关注信息传输的次序，也不维护连接。与 TCP 相比，UDP 是一种简单设计，所需开销较低，因此数据传输速度较快。

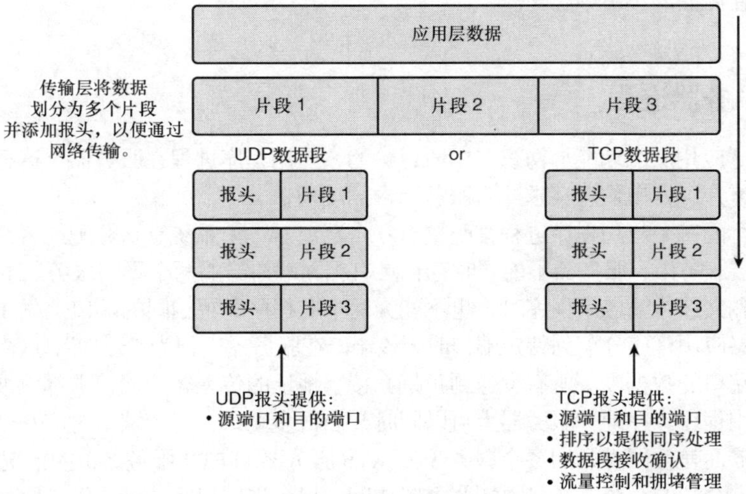

图 4-9 传输层功能

由于不同数据包是经由不同的网络路径传输的，因此信息到达的次序可能不同。采用 UDP 协议的应用程序必须接受数据到达的顺序和发送的次序不同这一后果。

Packet Tracer Activity

UDP 与 TCP 端口号（4.1.6.2） 在本练习中，您将深入了解数据包，研究 DNS 和 HTTP 是如何使用端口号的。使用随书光盘中的 e1-4162.pka 文件用 Packet Tracer 完成本。

4.4 TCP：可靠通信

TCP 协议通常被称为面向连接的协议，这一协议保证可靠有序地将数据从发送者传送到接收者。

在下面的小节中，你将研究这是如何管理的。讨论使用三次握手来建立和终止连接。流控，使用窗口做拥塞控制，并且实现数据重传。

4.4.1 创建可靠会话

TCP 与 UDP 的关键区别在于可靠性。TCP 通信的可靠性在于使用了面向连接的会话。主机使用 TCP 协议发送数据到另一主机前，传输层会启动一个进程，用于创建与目的主机之间的连接。通过该连接，可以跟踪主机之间的会话或者通信数据流。同时，该进程还确保每台主机都知道并做好了通信准备。完整的 TCP 会话要求在主机之间创建双向会话。

会话创建后，目的主机针对收到的数据段向源主机发送确认信息。在 TCP 会话中，这些确认信息构成了可靠性的基础。源主机收到确认信息时，即表明数据成功发送，且可以退出数据跟踪。如果源主机未在规定时间内收到确认信息，它将向目的主机重新发送数据。

使用 TCP 协议的额外系统开销部分源自确认信息和重新发送信息所产生的网络流量。建立会话产生的其他数据段交换也构成系统开销。此外，主机在跟踪待确认的数据和重新发送过程中也会产生额外开销。

TCP 通过数据段中各自具备特定功能的一些字段来满足可靠性要求。
这些字段将在后面的小节中讨论。

4.4.2 TCP 服务器进程

如在第 3 章 "应用层的功能与协议"中所讨论的，应用程序进程在服务器上运行。这些进程需要一直等待，直到客户端发出信息请求或者服务请求启动通信。

服务器上运行的每个应用程序进程都配置有一个端口号，由系统默认分配或者系统管理员手动分配。在同一传输层服务中，服务器不能同时存在具有相同端口号的两个不同服务。主机同时运行 Web 服务器应用程序和文件传输应用程序时，也不能为两个应程序配置相同的端口（如 TCP 端口 8080）。当某个动态服务器应用程序分配到特定端口时，该端口在服务器上视为 "开启"，这表明应用层将接受并处理分配到该端口的数据段。所有发送到正确套接字地址的传入客户端请求都将被接受，数据将被传送到服务器应用程序。在同一服务器上可以同时开启很多端口，每个端口对应一个动态服务器应用程序。对于服务器而言，同时开启多个服务（如 Web 服务器和 FTP 服务器）的情况很常见。

提高服务器安全性的一个办法是限制服务器访问，只允许授权请求者访问与服务和应用程序相关的端口。

图 4-10 中描述了 TCP 客户端/服务器运作模式中源端口和目的端口的典型配置。

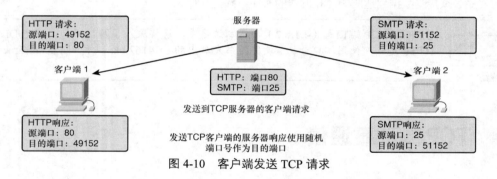

图 4-10　客户端发送 TCP 请求

4.4.3　TCP 连接的建立和终止

当两台主机采用 TCP 进行通信时，在交换数据前将建立连接。通信完成后，将关闭会话并终止连接。连接和会话机制保障了 TCP 的可靠性功能。

4.4.4　三次握手

主机将跟踪会话过程中的每个数据段，并使用 TCP 报头中的信息了解每台主机所接收到的数据。

每个连接都代表两股单向通信数据流或者会话。若要建立连接，主机应执行 "三次握手"。TCP 报头中的控制位指出了连接的进度和状态。

"三次握手"执行如下功能：
- 确认目的设备存在于网络上；
- 确认目的设备有活动的服务，并且正在源客户端要使用的目的端口号上接受请求；
- 通知目的设备源客户端想要在该端口号上建立通信会话。

在 TCP 连接中，充当客户端的主机将向服务器发起该会话。TCP 连接创建的过程分为以下三个步骤。

1. 客户端向服务器发送包含初始序列值的数据段，开启通信会话。
2. 服务器发送包含确认值的数据段，其值等于收到的序列值加 1，并加上其自身的同步序列值。该值比序列号大 1，因为 ACK 总是下一个预期字节或二进制八位数。通过此确认值，客户端可以将响应和上一次发送到服务器的数据段连接起来。
3. 发送带确认值的客户端响应，其值等于接受的序列值加 1。这便完成了整个建立连接的过程。

图 4-11 显示了建立一个 TCP 连接的步骤。

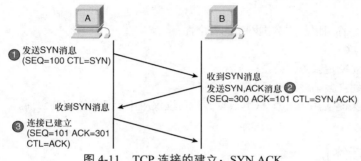

图 4-11　TCP 连接的建立：SYN ACK

为了理解"三次握手"的过程，必须考察两台主机间交换的不同值。在 TCP 数据段报头中，有 6 个包含控制信息的 1 比特字段，用于管理 TCP 进程。这些字段分别是：

- *URG*—紧急指针；
- *ACK*—确认字段；
- *PSH*—推送功能；
- *RST*—重置连接；
- *SYN*—同步序列号；
- *FIN*—发送方已传输完所有数据。

这些字段用作标志，由于它们都只有 1 比特大小，所以它们都只有两个值：1 或者 0。当值设为 1 时，表示数据段中包含控制信息。

下一部分描述"三次握手"每一步的细节。

一、步骤 1：SYN

TCP 客户端发送带 SYN（同步序列号）控制标志设置的数据段，指示包含在报头中的序列号字段的初始值，用以开启"三次握手"。序列号的初始值称为初始序列号（ISN），由系统随机选取，并用于跟踪会话过程中从客户端到服务器的数据流。在会话过程中，每从客户端向服务器发送一个字节的数据，数据段报头中包含的 ISN 值就要加 1。SYN 控制标志被置位并且相应的序列号设定为 0。

二、步骤 2：SYN 和 ACK

TCP 服务器需要确认从客户端处收到 SYN 数据段，从而建立从客户端到服务器的会话。为了达到此目的，服务器应向客户端发送带 ACK 标志设置的数据段，表明确认编号有效。客户端将这种带确认标志设置的数据段理解为确认信息，即服务器已收到从 TCP 客户端发出的 SYN 信息。

确认编号字段的值等于客户端初始序列号加 1。此时创建从客户端到服务器的会话。ACK 标志将在会话期间保持平衡设置。客户端和服务器之间的会话实际上是由两个单向的会话组成的：一个是从客户端到服务器的会话，另一个则正好相反。在"三次握手"过程的第二步中，服务器必须发起从服务器到客户端的响应。为开启会话，服务器应采用与客户端同样的方法使用 SYN 标志。该操作设置报头中的 SYN 控制标志，从而建立从服务器到客户端的会话。SYN 标志表明序列号字段的初始值已包含在报头中，且该值将用于跟踪会话过程中从服务器返回客户端的数据流。

三、步骤 3：ACK

最后，TCP 客户端发送包含 ACK 信息的数据段，以示对服务器发送的 TCP SYN 信息的响应。在该数据段中，不包括用户数据。确认号字段的值比从服务器接收的初始序列号值大 1。一旦在客户端和服务器之间建立了双向会话，该通信过程中交换的所有数据段都将包含 ACK 标志设置。

通过以下方式，你可以加强数据网络的安全性：
- 拒绝建立 TCP 会话；
- 只允许建立特定服务的会话；
- 只允许已建立会话之间的通信。

你可以将安全策略应用于所有 TCP 会话，也可以仅应用于某些选定的会话。

4.4.5 TCP 会话终止

若要关闭连接，应设置数据段报头中的 FIN（结束）控制标志。为终止每个单向 TCP 会话，需采用包含 FIN 数据段和 ACK 数据段的二次握手。因此，若要终止 TCP 支持的整个会话过程，需要实施 4 次交换，以终止两个双向会话：

1. 当客户端的数据流中没有其他要发送的数据时，它将发送带 FIN 标志设置的数据段；
2. 服务器发送 ACK 信息，确认收到从客户端发出的请求终止会话的 FIN 信息；
3. 服务器向客户端发送 FIN 信息，终止从服务器到客户端的会话；
4. 客户端发送 ACK 响应信息，确认收到从服务器发出的 FIN 信息。

图 4-12 显示了终止一个 TCP 连接所使用的步骤。

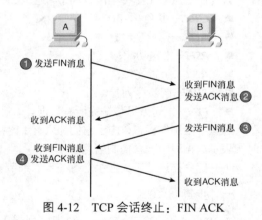

图 4-12　TCP 会话终止：FIN ACK

> **注意**　在本部分中，为了更容易理解，采用了客户端和服务器端进行说明。实际上，终止的过程可以在任意两台完成会话的主机之间展开。

当会话中的客户端没有其他要传输的数据时，它将在数据段报头中设置 FIN 标志。然后，会话中的服务器端将发送包含 ACK 标志设置的一般数据段信息，通过确认号确认已经收到所有数据。当所有数据段得到确认后，会话关闭。

另一方向的会话采用相同的方式关闭。接收方在数据段的报头中设置 FIN 标志，然后发送到发送方，表明没有其他需要发送的数据。返回的确认信息确定已接收所有数据，随即该方向的会话关闭。

也可以通过"三次握手"方式关闭连接。当客户端没有其他要传输的数据时，它将向服务器发送 FIN 信息。如果服务器也没有其他要传输的数据，它将发送同时包含 FIN 和 ACK 标志设置的响应信息，将两步并作一步。最后，客户端返回 ACK 信息。

Packet Tracer ☐ Activity	**TCP 会话的创建和终止（4.2.5.2）** 在本实验中，您将学习会话创建的 TCP 三次握手过程，以及 TCP 会话终止过程。由于很多应用程序协议使用 TCP，因此，通过 Packet Tracer 学习会话创建和终止的过程将加深您的理解。使用随书光盘中的 e1-4252.pka 文件用 Packet Tracer 完成本实验。

4.4.6 TCP 窗口确认

TCP 的一项功能是确保每个数据段都能到达目的地。位于目的主机的 TCP 服务对接收到的数据进行确认，并向源应用程序发送确认信息。

使用数据段报头序列号以及确认号来确认已收到包含在数据段中的相关的数据字节。这个序列号表明在这个会话中被传送的已经接收到的字节数和当前分段中包含的字节。TCP 在发回源设备的数据段中使用确认号，指示接收设备期待接收的下一字节。该过程称为*期待确认*。

收到确认信息后，源设备即得知目的设备已收到数据流中确认号之前的所有字节，但不包括确认号所指示的字节。随后，源主机将继续发送数据段，且数据段的序列号应等于该确认号。

请记住，每个连接都实际包含两个单向会话，且两个方向上都在进行序列号和确认号的交换。

在图 4-13 中，左侧主机正在向右侧主机发送数据。它发送的数据段包含 10 字节的会话数据，数据段报头中的序列号等于 1。

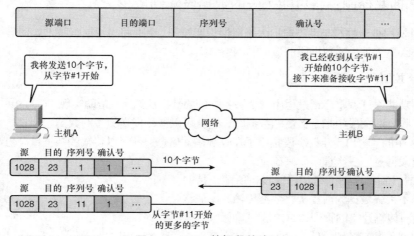

图 4-13 TCP 数据段的确认

主机 B 在网络层接收数据段，并确认其序列号为 1，且数据字节数为 10。主机 B 随即向主机 A 发送数据段，确认收到数据。在确认数据段中，该主机将确认号设为 11，表明它期望下一接收数据的字节数为 11。

当主机 A 接收到该确认信息时，它可以立即发送字节编号为 11 的下一会话数据段。

在本例中，如果主机 A 需要等待每个 10 字节数据段的确认信息，网络将负担很多额外开销。为减少这些确认信息的开销，可以预先发送多个数据段，并在相反方向上采用单一 TCP 消息进行确认。这种确认消息中包含基于所接收的所有会话字节的确认号。

例如当序列号从 2000 起算时，如果已接收到 10 个 1000 字节的数据段，则可以向源设备发送一条编号为 12001 的确认消息。

源主机在收到确认消息之前可以传输的数据大小称为*窗口大小*。窗口大小是 TCP 报头中的一个字段，用于管理丢失数据和流量控制。

4.4.7 TCP 重传

无论网络设计得如何完美,都可能发生数据丢失现象。因此,TCP 提供了管理数据段丢失的方法,其中一个方法就是重新发送未确认的数据。

使用 TCP 的目的主机服务通常只确认相邻序列的数据。如果一个或多个数据段丢失,只确认已完成数据流中的数据段。

例如,如果接收到序列号为 1500 到 3000 以及 3400 到 3500 的数据段,那么确认号应为 3001。这是因为未收到序列号为 3001 到 3399 之间的数据段。

如果源主机上的 TCP 未在规定时间内收到确认消息,它将根据收到的最后一个确认号重新发送数据。RFC793 中未对重新发送过程进行说明,这属于 TCP 的特殊实施过程。

TCP 的标准实施流程是:主机传输数据段,并将数据段的副本列入重新发送队列,然后启动计时器。当接收到数据确认信息时,主机将从队列中删除对应数据段;如果到计时器超时还没有收到确认信息,将重新传输数据段。

现在,主机还拥有一项备选功能:选择性确认。如果两台主机都支持选择性确认功能,目的主机便可以确认间断数据段中的数据,那么源主机就只需要重新传输丢失的数据。

4.4.8 TCP 拥塞控制:将可能丢失的数据段降到最少

TCP 通过使用少量控制与动态窗口大小提供拥塞控制。下面将讨论这些技术如何最小化丢失的数据段,以减小因重传丢失的数据段而造成的网络负担。

一、Flow 控制

流量控制功能通过调整会话过程中两个服务之间的数据流速率,帮助实现 TCP 的可靠传输。当源主机被告知已收到数据段中指定数量的数据时,它就可以继续发送更多的数据。

TCP 报头中的"窗口大小"字段指出了在收到确认信息之前可以传输的数据量。初始窗口大小应在会话创建阶段通过"三次握手"来确定。

TCP 反馈机制将根据网络和目的设备所能支持的最大容量(以不丢失数据为前提)将数据传输速率调整到最大。通过对传输速率的管理,TCP 尝试确保收到全部数据且将数据重发率降到最低。

请参看图 4-14 中对窗口大小和确认消息的简易展示。在本例中,TCP 会话的初始窗口大小为 3000 字节。此会话的发送方在传输 3000 字节后等待这些数据的确认消息,以便继续传输更多数据段。一旦发送方收到接收方发送的确认消息,它就可以传送另外 3000 字节的数据段。

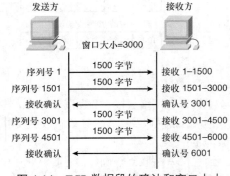

图 4-14 TCP 数据段的确认和窗口大小

接收确认信息出现延迟时,发送方将不再发送任何会话数据段。如果网络拥堵,或者接收主机资源紧张,延迟时间可能就更长。延迟时间越长,该会话过程的有效传输速率越低,而数据传输速率的降低有助于缓解资源紧张的状态。

二、动态窗口大小

我们也可以通过动态窗口大小来控制数据流量。当网络资源受到限制时,TCP 可以减小窗口的大小，这样，目的主机就需要更加频繁地确认所接收的数据段。由于源主机需要更加频繁地等待数据确认，这便可以大大降低传输的速率。

TCP 目的主机将窗口大小值发给源主机，表明它在该会话过程中准备接收的字节数。如果目的主机由于缓冲内存受限需要降低通信速率，那么它向源主机发送的确认信息中可以包含一条较小的窗口大小值。

如图 4-15 所示，如果目的主机发生拥堵，它可以向源主机发送包含较小窗口大小的数据段。图 4-15 中显示，其中一个数据段丢失了。目的主机将返回数据段的 TCP 报头中的窗口字段值由 3000 减为 1500，即将窗口大小改为 1500。

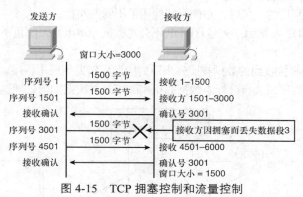

图 4-15 TCP 拥塞控制和流量控制

如果过了一段时间，在传输过程中没有发生数据丢失或者资源受限，目的主机将增加窗口大小值。由于此时只需发送少量的确认信息，因此该方式减少了网络的开销。窗口大小将持续增加，直至有数据丢失，然后窗口大小又将随之减少。

TCP 中这种增减窗口大小值的动态运动不断进行，直至达到每个 TCP 会话的最佳窗口大小。在高效网络中，由于不丢失数据，窗口大小可能会相当大；而在基础架构紧张的网络中，窗口大小就会很小。

4.5 UDP 协议：低开销通信

UDP 是一种简单协议，提供了基本的传输层功能。与 TCP 相比，UDP 的开销极低，因为 UDP 是无连接的，并且不提供复杂的重新传输、排序和流量控制机制。

4.5.1 UDP：低开销与可靠性对比

由于 UDP 的开销极低，不像 TCP 那样提供可靠性的功能，当你选择 UDP 的时候要小心。不过，这并不说明使用 UDP 的应用程序不可靠，而仅仅是说明，作为传输层协议，UDP 不提供上述几项功能，如果需要这些功能，必须通过其他方式来实现。

某些应用程序可以容许小部分数据丢失（如网络游戏或 VoIP）。如果这些应用程序采用 TCP，那么将面临巨大的网络延迟，因为 TCP 需要不停检测数据是否丢失并重传丢失的数据。与丢失小部分数据相比，网络延迟对这些应用程序造成的负面影响更大。例如像 DNS 这样的应用，如果收不到回应，它就再次发出请求。因此，它不需要 TCP 来保证消息的可靠传输。

正是由于 UDP 的开销低，对此类应用程序就非常有吸引力。

4.5.2 UDP 数据报重组

与 TCP 的通信机制不同，由于 UDP 是无连接协议，因此通信发生之前不会建立会话。UDP 是基于事务的，换言之，应用程序要发送数据时，它仅是发送数据而已。

很多使用 UDP 的应用程序发送的数据量很小，用一个数据段就够了。但是也有一些应用程序需要发送大量数据，因此需要用多个数据段。UDP PDU 的实际意义是数据报，尽管数据段和数据报可以互换使用来描述某个传输层 PDU。

将多个数据报发送到目的主机时，它们可能使用了不同的路径，到达顺序也可能跟发送时的顺序不同。与 TCP 不同，UDP 不跟踪序列号。UDP 不会对数据报重组，因此也不会将数据恢复到传输时的顺序。

因此，UDP 仅仅是将接收到的数据按照先来后到的顺序转发到应用程序。如果数据的顺序对应用程序很重要，那么应用程序只能自己标志数据的正确顺序，并决定如何处理这些数据。

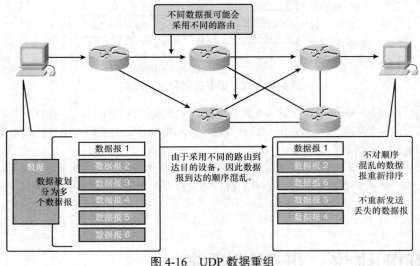

图 4-16　UDP 数据重组

4.5.3 UDP 服务器进程与请求

与基于 TCP 的应用程序相同的是，基于 UDP 的服务器应用程序也被分配了公认端口或已注册的端口。当上述应用程序或进程运行时，它们就会接受与所分配端口相匹配的数据。当 UDP 收到用于某个端口的数据报时，它就会按照应用程序的端口号将数据发送到相应的应用程序。

4.5.4 UDP 客户端进程

对于 TCP 而言，客户端/服务器模式的通信初始化采用由客户端应用程序向服务器进程请求数据的形式。而 UDP 客户端进程则是从动态可用端口中随机挑选一个端口号，用来作为会话的源端口。而目的端口通常都是分配到服务器进程的公认端口或已注册的端口。

采用随机的源端口号的另一个优点是提高安全性。如果目的端口的选择方式容易预测，那么网络入侵者很容易就可以通过尝试最可能开放的端口号访问客户端。

由于 UDP 不建立会话，因此一旦数据和端口号准备就绪，UDP 就可以生成数据报并递交给网络层，并在网络上寻址和发送。

需要谨记的是，客户端选定了源端口和目的端口后，通信事务中的所有数据报文头都采用相同的端口对。对于从服务器到达客户端的数据来说，数据报头所含的源端口和目的端口作了互换。

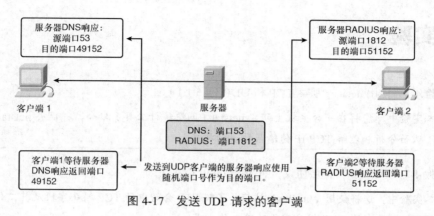

图 4-17　发送 UDP 请求的客户端

Packet Tracer Activity　**UDP 工作方式（4.4.4.2）**　在这个实验中，我们要研究 DNS 如何使用 UDP。使用随书光盘中的 e1-4442.pka 文件用 Packet Tracer 完成本实验。

4.6　总结

传输层通过以下途径为数据网络提供服务：
- 在源和目的主机的应用层之间跟踪不同的通信；
- 分段数据并管理每一个片段；
- 将数据分段集合应用程序数据流；
- 标识不同的应用程序；
- 在终端用户之间执行流量控制；
- 确保错误恢复；
- 开始一个会话。

UDP 与 TCP 是常见的传输层协议。

UDP 数据报与 TCP 数据段在数据的开头都有报头，包含源端口号和目的端口号。通过使用端口号，数据就可以准确发送到目的计算机的特定应用程序。

TCP 在目的主机没有确定可以接收数据时不会向网络发送数据。TCP 管理数据流，并会重新发送目的主机没有确认收到的数据。TCP 使用握手、计时器和确认机制，以及动态窗口来实现可靠传输。但是，可靠性带来的结果就是增加了网络开销。有两点原因，其一是 TCP 采用了更大的数据段报头信息；其二是管理源端和目的端之间的数据传输也导致了更大的网络流量。

如果应用程序数据需要在网络上快速传输，或者网络带宽无法支持源端和目的端系统之间由控制信息带来的开销，那么 UDP 无疑是开发人员作为传输层协议的优先选择。因为，UDP 在目的端不跟踪或者确认数据报的接收，它只是将收到的数据报直接传给应用层，并且不会重传丢失的数据报。但是，这并不意味着这种通信方式不可靠。因为应用层协议和服务中有一些机制，可以根据应用程序的要求处理丢失或延迟数据报。

应用程序的开发人员为了尽可能满足用户需求，会选择最佳的传输层协议。但是，开发人员心里也很清楚，其他层的协议也是网络通信的一部分，因此都会影响通信的性能。

4.7 实验

实验 4-1 使用 netatart 观察 TCP 和 UDP（4.5.1.1）

在本实验中，您将在一台主机上研究 netstat（网络统计工具）命令，并调整 netstat 的输出选项，从而分析和理解 TCP/IP 传输层协议的状态。

实验 4-2 TCP/IP 传输层协议，TCP 与 UDP（4.5.2.1）

在本实验中，您将使用 Wireshark 捕获并了解 FTP 会话中的 TCP 报头字段及其工作方式，以及 TFTP 会话中的 UDP 报头字段及其工作方式。

实验 4-3 电子邮件服务及协议（4.5.3.1）

在本实验中，您将使用 Wireshark 来监控和分析服务器与客户端之间的客户端应用程序（FTP 和 HTTP）通信。

很多动手实验都包含在 Packet Tracer 的试验中，你可以使用它来进行试验仿真。

4.8 检查你的理解

完成下面所有的复习题来检测一下你对于本章中的主题和概念的理解。题目的答案在附录中可以找到。

1. HTTP 使用哪个端口号？
   A. 23
   B. 80
   C. 53
   D. 110

2. SMTP 使用哪个端口号？
   A. 20
   B. 23
   C. 25
   D. 143

3. 哪些是 TCP 的部分特性？（选择两项）

    A. 可靠
    B. 无连接
    C. 没有流控
    D. 重传没有收到的任何内容
4. 在传输层，哪种流量控制能使发送主机保持接收主机避免缓冲过载？
    A. 尽力传输
    B. 封装
    C. 流控
    D. 拥塞避免
5. 终端系统使用端口号选择适当的应用程序。什么是主机可以动态指派的最低的端口号？
    A. 1
    B. 128
    C. 256
    D. 1024
6. 在数据传输的过程中，接收主机负责什么？（选择两个最佳答案）
    A. 封装
    B. 带宽
    C. 分段
    D. 确认
    E. 重组
7. 传输层的职责是什么？
8. TCP 头中的序列号是做什么用的？
    A. 重组分段成数据
    B. 标志应用层协议
    C. 标志下一个期待的字节
    D. 显示在一个会话中容许的最大数量的字节
9. 下面哪个决定了运行 TCP/IP 的主机在必需收到确认之前可以发送多少数据？
    A. 分段大小
    B. 传输速率
    C. 带宽
    D. 窗口大小
10. TCP/UDP 端口号的用处？
    A. 表明三次握手的开始
    B. 重组数据段到正确的顺序
    C. 标志发送者没有确认的情况下可以发送的数据包的数量
    D. 跟踪同时通过网络的不同的会话
11. 分段为通信提供了什么？
12. 在网络术语中，什么是可靠性？
13. 列出使用 TCP 的应用程序
14. 列出使用 UDP 的应用程序
15. 每个分段头或数据报头中包含什么？
16. 序列号是做什么用的？

4.9 挑战的问题和实践

这些问题需要对于本章的概念有比较深的了解。你可以在附录中找到答案。

1. 如图 4-18 所示，接收者将要发送什么确认号？
2. 什么是 UDP 的协议号？
   - A. 1
   - B. 3
   - C. 6
   - D. 17
3. DNS 的默认端口号是什么？
   - A. 1025
   - B. 53
   - C. 110
   - D. 143
4. 主机上用 netstat 工具做什么？
5. 解释期待确认号

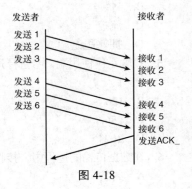

图 4-18

分析应用层和传输层
在这个实验中，我们将深入研究向 Internet 请求 Web 页面时都会发生的过程——DNS、HTTP、UDP 和 TCP 的交互。

4.10 知识拓展

讨论应用层应用程序的哪些要求将决定开发人员选择 UDP 还是 TCP 作为传输层协议。

试讨论，如果某网络应用程序要求数据传输准确可靠，那么如何使用 UDP 作为传输层协议来实现这种可靠性，并且指出什么条件下需要使用 UDP。

作为网际网的介绍，请在思科公司的网站上阅读网际网络基础：

http://www.cisco.com/univercd/cc/td/doc/cisintwk/ito_doc/introint.htm

第 5 章

OSI 网络层

5.1 学习目标

完成本章的学习，你应能回答以下问题：

- 如何描述网络层将数据包从一台终端设备路由到另一台终端设备时所起的作用？
- 网络层协议网际协议（IP）如何为 OSI 模型的上层提供无连接服务和尽力服务？
- 如何将设备分组为物理和逻辑网络？
- 设备的分层编址如何实现网络之间的通信？
- 路由器如何使用下一跳地址来选择到达目的地的路径？
- 路由器如何转发数据包？

5.2 关键术语

本章使用如下关键术语。你可以在术语表中找到定义：

路由	介质无关性
源 IP 地址	最大传输单元（MTU）
密度 IP 地址	分片
IP 头	生存时间（TTL）
路由	子网
跳	广播域
直连路由	层次编址
面向连接	八位组
无连接	默认网关
过载	静态路由
尽力	路由协议

前面的章节已经介绍了一台终端设备上的应用数据传输到另一网络要先封装，添加表示层、会话层和传输层信息和指令的二进制比特。当传输层将协议数据单元（PDU）向下送到网络层，进行成功传输的最基本要求是：如何在高效和安全的方向上到达目的地址。

本章描述网络层将传输层数据分段转换为数据包并开始沿正确的路径通过不同的网络到达目的网络的过程。你将学习网络层如何将主机分组，分成不同的网络以利于管理数据包的流量。此外，我们还要考虑如何实现网络之间的通信。网络之间的这种通信称为*路由*。

5.3 IPv4 地址

网络层，即开放系统互联（OSI）第 3 层，它为所标志的终端设备之间通过网络交换数据片段提供服务。为了实现这种端到端传输，第 3 层使用了下面介绍的基本过程：用正确的目的地址为数据包编址，封装必要的传输数据，路由数据包到目的网络，最后目的主机对数据解封装。下面将详细描述。

5.3.1 网络层：从主机到主机的通信

网络层，或 OSI 第 3 层，从传输层接收数据分段或 PDU。这些比特流已经被处理成为可传输的大小并进行了编号以实现可靠性。现在网络层使用协议为 PDU 添加地址和其他信息，并将其沿最佳路径（路由）发送到下一台路由器，或目的网络。

网络层协议，如目前广泛使用的 IP，是使主机间可共享上层信息的规则和指令。当主机在不同网络时，要使用路由协议在网络间选择路由。网络层协议规定编址并对传输层 PDU 封装及如何用最小的开销传输 PDU 的方法。

网络层描述要执行的 4 个基本任务：
1. 用 IP 地址编址；
2. 封装；
3. 路由；
4. 解封装。

下节详细描述每个任务及常用的网络层协议。

一、编址

IP 协议要求每台发送和接收设备要有唯一的 IP 地址。在 IP 网络中，具有了 IP 地址的设备被称为*主机*。发送主机的 IP 地址称为*源 IP 地址*，接收设备的 IP 地址称为*目的 IP 地址*。IP 地址的规则将在第 6 章"网络编址：IPv4"中详细讲述。

二、封装

网络间发送的 PDU 都需要在 *IP 头*中标识源和目的地的 IP 地址。IP 头中包含地址信息及其他标志为网络层 PDU 的比特。添加信息的过程称为*封装*。当 OSI 第 4 层的 PDU 被网络层封装后，称为*数据包*。图 5-1 显示了如何在网络层封装数据分段，变为 IP 数据包的过程。在目的主机有一相反的过程。

三、路由

数据包在网络层封装后，包含了所有用于传输到较远或较近网络的所有信息。网络间的旅程有可能很近，相对简单，也可能很复杂，涉及连接不同网络间的很多路由器。

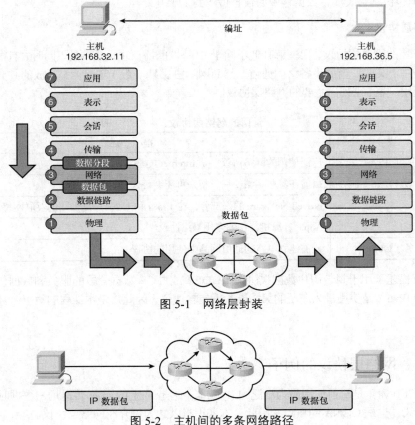

图 5-1 网络层封装

图 5-2 主机间的多条网络路径

路由器是用于连接网络的设备。它们可以理解 OSI 第 3 层数据包和协议，并可以计算最佳路径。路由是指路由器接收数据包、分析目的地址信息、选择数据包路径然后将数据包转发到所选网络的下一台路由器。数据包到达的下一台设备称为*跳*。在到达目的的路由中数据包可能会经过几个不同的路由器，即跳。每台路由器检查数据包中的地址信息，但数据包中的 IP 地址信息和封装的传输层信息都不会改变，直到数据包到达目的网络。

在网络层，路由器打开数据包并查看数据包头中的 IP 地址信息。路由器，依赖于它的配置及目的网络，将会选择传输数据包的最佳网络。然后将数据包转发到所选网络的接口。路径上的最后一台路由器将识别出数据包要转发到它的***直连网络***，然后将其转发出正确的网络接口，进行本地网络的最后传输。

在主机间传输的网络层数据包，必须要传送到数据链路层（OSI 第 2 层）进行***帧***的封装，然后进行编码送到物理层（OSI 第 1 层）转发到下一台路由器。这两层数据的详细处理过程在第 7 章 "OSI 数据链路层"和第 8 章 "OSI 物理层"讲述。

四、解封装

所有数据包到达路由器的网络接口，都封装在第 2 层帧中。路由器的网络接口卡（NIC）接收数据包，移去第 2 层封装的数据，将数据包向上发送到网络层。在不同层次移去封装数据的过程称为***解封装***。

封装和解封装发生在 OSI 模型的所有层次。当数据包从网络传输到目的网络时，可能经过几次路由器第 1 层和第 2 层的封装和解封装的过程。网络层的数据包解封装仅在检查目的地址并确定旅程已结束的情况下才会发生。IP 数据包不再有用，因此目的主机将其丢弃。

当 IP 数据包被解封装后，数据包中的信息传输到上层并处理。

五、网络层协议

IP 是最常用的网络层协议，但理解其他不同于 IP 特性的协议也是重要的。同时，有很多专用的网络层协议，仅用于某些厂商的设备之间通信。然而网际协议第 4 版（IPv4）是开放的并允许所有厂商之间通信时使用。表 5-1 列出主要的网络层协议。

表 5-1　　　　　　　　　　　常用的网络层协议

协　　议	描　　述
网际协议第 4 版（IPv4）	广泛使用的网络协议。是 Internet 的基本协议
网际协议第 6 版（IPv6）	目前在某些区域使用。将来可能会替代 IPv4
Novell IPX	Novell NetWare 的一部分，在 1980s 和 1990s 广泛使用的互联网络协议
AppleTalk	Apple 计算机公司的专用网络协议
无连接网络服务（CLNS）	无需建立电路的通信网络中使用的协议

IPv4 协议描述了用于封装用户数据报协议（UDP）或 TCP 数据分段的服务和数据包结构。网际协议（IPv4 和 IPv6）是使用最为广泛的第 3 层数据传输协议，因此将是本课程的重点。其他协议只是略有提及。

5.3.2　IPv4：网络层协议的例子

IP 第 4 版（IPv4）是目前使用最为广泛的 IP 版本。它是通过 Internet 传送用户数据时使用的唯一一个第 3 层协议，也是 CCNA 的重点。因此，本课程将以它为例介绍网络层协议。

IP 第 6 版（IPv6）已经制定并在某些领域中实施。IPv6 将与 IPv4 共存同运行一段时间，并有可能在将来取代 IPv4。IP 提供的服务以及数据包报头结构和内容由 IPv4 协议或 IPv6 协议规定。

IPv6 与 IPv4 有不同的特性。了解这些特性有助于理解此协议所述服务的工作原理。

网际协议是作为低开销协议设计的，它只提供通过互联网络系统从源主机向目的主机传送数据包所必需的功能。该协议并不负责跟踪和管理数据包的流动。这些功能由其他层中别的协议执行。

IPv4 的基本特征是：

- **无连接**——发送数据包前不建立连接；
- **尽力（不可靠）**——IPv4 不使用任何过程来保证数据包送达，这会减少路由器的处理时间并节省确认消息所占用的带宽；
- **介质无关性**——其运行与传送数据的介质无关。

下面更加详细的描述这三个特性。

一、无连接

你在第 4 章 "OSI 传输层" 已经学过，TCP 的可靠性来源于*面向连接*。TCP 在发送者和接收者间使用连接交换控制信息并确保数据包的可靠传输。

IP 是*无连接*的，意味着在发送者和接收者之间不用建立连接。IP 在没有确认接受者的情况下就会发送数据包，无连接对 IP 不是问题，这是 "尽力" 设计的一部分。也是在 TCP/IP 协议族中 IP 和 TCP 共同工作的原因。如果数据包丢失或延迟，将在第 4 层纠正这个问题，IP 可以高效的工作在第 3 层。

由于 IP 不负责可靠性、维护连接，因此与 TCP 数据分段相比，在头部不用有那么多信息。IP 只需要很少的数据就可完成任务，因此它比 TCP 可以占用更少的处理资源和带宽（称为开销）。

二、尽力

在第 4 章，已经学习了 TCP 是可靠的。这种可靠性是由于与接收者建立了通信以及接收者对接收数据的确认而实现的。如果数据包丢失，接收者将请求发送者重传。TCP 分段中包含了确保可靠性的信息。

IP 是不可靠的、尽力的协议，它不关注所执行任务的质量。IP 数据包没有确认可以被接收就发送出去。IP 协议尽力发送数据包，而没有方法确认数据包是否成功传输或被丢失。IP 也没有办法通知发送者可靠性问题。TCP 可以通知发送者传输问题。

三、介质无关性

IP 具有介质无关性，即它不用关心传输数据包所用的物理介质。互联网络的通信通常会使用多种介质，包括无线、以太网电缆、光纤电缆和其他 OSI 第 1 层介质。IP 数据包和头部的比特在从无线传输到光纤或其他任何介质上时不会发生改变。

图 5-3 显示了源主机和目的主机间的几种不同的物理介质。

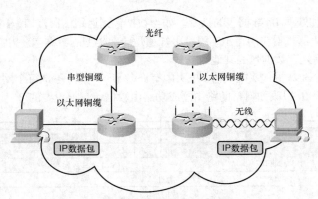

图 5-3　IP 数据包是与介质无关的

然而还有一项要考虑的重要因素是 PDU 的大小。有些网络有介质的限制，必须要满足**最大传输单元（MTU）**的要求。MTU 由数据链路层确定，这一要求传送到网络层。网络层根据此要求创建数据包。如果通过网络的数据包大于此要求，与这个网络连接的路由器在将数据包转发到介质上之前要对数据包分割。这一过程称为**分片**。

利用 IP 协议传送数据包的过程类似于某人利用包裹快递系统为朋友送去礼物。在这个例子中，礼物是包裹在一起的三个盒子，已经包装好。快递服务并不知道（也不关心）包裹内是什么。包裹的尺寸在可接受范围内，因此快递工人为其贴上目的地的标签和返回的地址及他们自己的路由代码。他们将礼物放在标准的容器内以便于运输。为降低成本，发送者选择简单服务，这意味着没有保证，发送者不能追踪包裹。包裹通过汽车送到码头然后船运到目的地。再用卡车穿越城市送到快递公司。再用自行车运输。可包裹对自行车来讲太大了，它要被分成三个独立的包裹运送。最后三个包裹都送到目的地，快递服务完成。以后，发送者收到朋友的致谢，他确认礼物已经送达。

在以上分析中，礼物是一个惊喜，没有通知（无连接）就发送了。它在运输公司添加了源、目的地址和其他控制信息（头）进行包装。为减少花销（开销），礼物的传送是没有保证的"尽力"服务。此服务与介质无关（通过汽车、轮船和自行车运输），在最后，包裹被分割为三个最初的盒子（没有警告）。传递服务不保证发送者的包裹成功送达，但发送者可依赖于高层协议的更好的方式获得包裹传递的接收确认。

5.3.3 IPv4 数据包：封装传输层 PDU

IPv4 封装或包装传输层数据段或数据报，以便网络将其传送到目的主机。从数据包离开源主机的网络层直至其到达目的主机的网络层，IPv4 封装始终保持不变。

按层封装数据的过程使我们可以开发和升级位于不同层的服务而不影响其他层。这意味着采用现有的网络层协议（如 IPv4 和 IPv6）或者未来可能开发出的任何新协议都可以很容易地封装传输层数据段。

路由器可以实施这些不同的网络层协议，使其通过相同或不同主机之间的网络同时运行。这些中间设备所执行的路由只考虑封装数据段的数据包报头的内容。

在任何情况下，数据包的数据部分——即封装的传输层 PDU——在网络层的各个过程中都将保持不变。

5.3.4 IPv4 数据包头

IP 头中包含传输和处理 IP 数据包的指令。如当数据包到达路由器接口，路由器需要知道是 IPv4 还是 IPv6 数据包。路由器查看头中特定字段就可知道是什么类型的数据包。头中还包含了地址信息和沿路径传输时决定如何处理数据包的其他数据。

图 5-4 中显示了 IPv4 数据包头的内容。报头中有许多不同字段。不是每个网络中都使用全部字段。高亮显示的字段对理解 IP 报头如何帮助路由器成功路由数据包是很重要的。

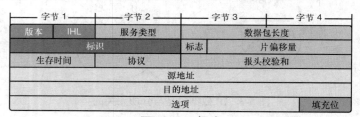

图 5-4　IP 报头

关键字段如下：

- **IP 源地址**——包含一个 32 位二进制值，代表接收数据包的主机。路由器使用此数据将数据包转发到正确网络。
- **IP 目的地址**——包含一个 32 位二进制值，代表接收数据包的主机。路由器使用此数据将数据包转发到正确网络。
- *生存时间（TTL）*——8 位 TTL 字段描述的是数据包被丢弃或可传输之前可经过的最大跳数。处理数据包的每台路由器将 TTL 值减 1，TTL 值为 0 的数据包被丢弃。
- **服务类型（ToS）**——此字段的 8 个比特描述路由器在处理数据包是所使用的优先级别。如：数据包中包含 IP 语音数据的优先级高于流媒体音乐。路由器的这种处理数据包的方法称为 *QoS，服务质量*。
- **协议**——此 8 比特字段指明上层协议——如：TCP，UDP 或 ICMP——解封装之后接收数据包并交给传输层。
- **标志和分片偏移量**——路由器将数据包从一种介质转发到另一种 MTU 值小的介质时可能对数据包进行分片。发生分片后，当到达目的主机时，IPv4 数据包利用 IP 报头中的分片偏移和 MF 标志位重建数据包。分片偏移字段指明重建时数据包分片的次序。

其他字段如下。
- 版本——指明 IP 版本号为 4 或 6。
- 报头长度（IHL）——告诉路由器报头长度。由于包含选项字段，所以长度并不总是相同的。
- 数据包长度——整个数据报长度，包括报头。数据包的最小长度为 20 字节（没有数据只有报头）最大长度为 65535 字节。
- 标识——由源发出帮助重建所有分片。
- 报头校验和——用于指明报头长度，路径上的每台路由器都会检查。运行一种算法，如果校验和无效，数据包被破坏将被丢弃。由于每台路由器都要修改 TTL 值，报头校验和在每一跳都要重新计算。
- 选项——IPv4 报头中为提供其他服务另行准备了一些字段，但这些字段极少使用。
- 填充——当报头数据不是以 32 比特为边界时，需要填充比特。

5.4 网络：将主机分组

网络是计算机和其他主机的集合，但在很多方面，它们更像人类社会。住在小城镇的居民很容易发现彼此，相互联系。小城镇不需要大马路及昂贵的交通信号系统，也通常不需要大社会那么多的服务。在小城镇，很多居民相互认识、信任，也比大城市更加安全。但伴随城镇的发展，居民数量的增长需要更多的服务。街道和住宅数量增加，这就需要设计和实现便于相互查找的市民系统。当城镇变为城市后，找人就会变得更复杂，有时，城市被划分为很多可管理的社区，通过道路相连接，这样对社区成员更便于管理、提供服务也更加安全。

计算机类似于人类社会，随着其发展也变得更加复杂，也需要把大的网络分割成小的网络、更易于管理的分组。无论网络怎样发展和分割，主机仍需要相互通信。网络层的主要职责之一是为主机提供编址机制以使他们可以相互通信。随着网络中的主机数量增长，网络的编址需要更加细致的规划以使管理更加高效。

5.4.1 建立通用分组

就像城市被分为几个地理区域，大的计算机网络也被分为互联网络。共享计算机和服务器的部门和组织成为大网络分割的*子网*的用户。子网的成员遵守 TCP/IP 协议族所提供的通信规则。

历史上，大型计算机网络可以按地理区域分割，类似于城市，这是由于执行相同任务的人员通常会组成一组。计算机网络的早期技术适用于这样的工作组。随着网络技术的发展，工作组发生了改变。现在网络成员不仅可按物理属性分组，也可按用途或拥有者来划分。

一、按地理位置划分主机

按地理位置划分网络主机是一种减少用户开销的经济方法，尤其当大部分主机的通信发生在相邻区域时。当通信离开子网时，有外部带宽的问题。图 5-5 显示按办公室位置分组的例子。

二、按特定用途划分主机

大型网络中的人们使用计算机可能出于不同目的。人们使用的工具越来越多的是基于软件的，并且执行任务时所要求的计算能力也越来越高，这些任务可能用于设计、教育、政府管理或电子商务领域。它们都会使用特定的软件消耗资源。无论用于什么用途，网络都要提供足够的资源供人们工作。对网络管理者来说，按照用途而不是地理位置来划分网络可以使相同目的的人共享资源。

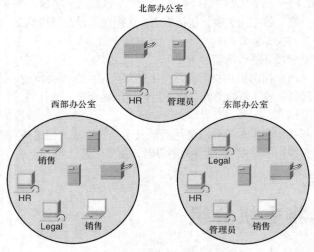

将物理网络连接在一起，就可以开始逻辑划分网络。

图 5-5　按物理位置分组

如图 5-6 所示，公司雇佣的销售人员仅每天登录一次、记录销售状况，这产生的流量很少。而艺术部门对计算机资源有完全不同的要求。在此场景中为了最有效地使用网络资源应为艺术家建立一个网络，而让销售人员使用另一个网络。

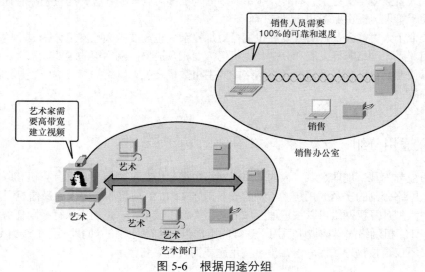

图 5-6　根据用途分组

三、按所有权划分主机

按信息的所有权（访问者）为用户分组是另一种方法。按用途和位置分组关心的是资源的效率和减少网络开销。按所有权分组关心的是安全。在大型网络中，分别去定义和限制对网络的责任和访问是很困难的。将主机分成独立的网络可以加强每个网络的边界安全及管理。

在前面的例子中，网络按照不同用途分组。在图 5-7 中，公司的记录和公共网站保持独立，这是因为相对于物理位置或小组的用途，安全显得更重要。

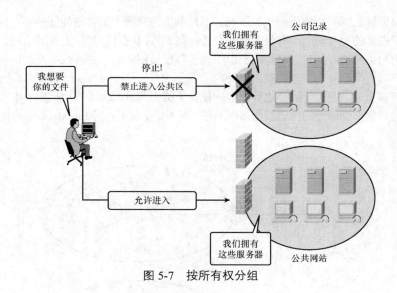

图 5-7 按所有权分组

5.4.2 为何将主机划分为网络？

随着网络规模的壮大，也会产生一系列问题，将网络划分为多个相互连接的小型子网至少可以部分缓解这些问题。在不断增长的计算机网络中，会出现如下一些问题：
- 性能下降；
- 安全问题；
- 地址管理。

一、提高性能

网络上的主机可能是"发大量消息"的设备。他们可能会给网络上所有其他用户发送广播消息。广播是指从一台主机发出，到网络上所有其他主机的消息，其目的是要共享自己的信息，或请求其他主机的信息。广播作为通信过程的一部分被协议当作必要的和有用的工具使用。当一组计算机连成网络，彼此之间会产生广播，网络上的用户越多，耗费的带宽也越多。随着用户的加入，性能将会下降，这是由于广播流量占用了承载数据的带宽。由于广播不能跨越网络边界，因此网络也称为*广播域*。将用户分属不同网络可减小广播域并保持性能。

 路由器分割广播域（5.2.2.2） 本实验中，用路由器代替交换机将大的广播域分割为两个更便于管理的网络。可以使用本书附带的 CD-ROM 上的文件 e1-5222.pka 以完成本实践活动。

二、安全性

随着世界上越来越多的公司、消费者将交易放到 Internet 上，窃贼发现了新的窃取利益的方法。管理像 Internet 这样的大型社群是非常困难的，而相对小的社区则更易于管理。

作为 Internet 前身的 IP 网络最初只有相互信任的少数用户，来自美国政府机构及研究组织。在这个小社群中，安全问题相对简单。

随着个人、企业和组织自行开发出连接到 Internet 的 IP 网络，情况发生了变化。设备、服务、通信和数据是那些网络拥有者的财产。通过将它们与大的网络隔离，阻止公共接入访问这些设备，公司和组织可以获得更好的保护,免于窃贼的影响。本地网络的管理者更容易控制外界对网络的访问。

公司和组织内部的相互访问很容易实现安全性。如,校园网可以划分为管理子网、研究子网和学生子网。根据用户访问权限划分网络是防止组织利益和雇员秘密的一种有效手段。这种访问限制可以防止内部未授权的访问和外部大量的攻击。

网络之间的安全策略在位于网络边界的中间设备(路由器或防火墙应用程序)中实施。此设备执行的防火墙功能只允许受信任的已知数据访问网络。图 5-8 显示了访问 Internet 时,有防火墙的网络对信息的保护。

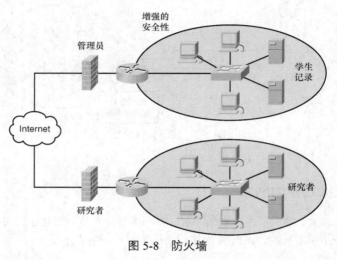

图 5-8 防火墙

三、地址管理和层次编址

网络中的一组主机相当于城镇中的一个带邮局的小社区。邮局的工作人员认识所有居民和他们的街道、地址,但他不能与社区外的其他人共享信息。

类似于社区中的邮局有一个邮政编码来标记这个社区,网络也有一个网络地址标记路由器上的这个逻辑网络(由于计算机网络不仅限于物理位置,IPv4 提供一套跟踪网络的逻辑系统)。IPv4 地址包含网络位(用于指明逻辑网络地址)和主机位(表明终端设备的本地地址)。

在社区的分析中,居民(主机)与本区的邻居通信非常容易,他们彼此知道地址也相互信任,经常聊天,核实对方。但如果需要将消息送到外区,他们就将消息交给邮局工人,他知道如何将消息发送到目的社区的邮局。这解放了社区内的居民,使他们不必知道如何与社区外的所有可能地址通信。邮局作为与外部世界通信的社区网关进行服务。

当消息从外部到达,其中会包含邮局(邮政编码)和街道(本地地址)地址。这帮助邮局工人将所有编址的消息按地址排序,在社区内传送到正确的接收者手中。

这个例子描述了网络地址的基本作用。路由器就相当于小型网络的邮局工人,他关注发出的消息、作为常规的目的地提供服务并为进入的消息分类。网络用路由器发送和接收网外消息,称为*网关路由器*。图 5-9 描述了网关路由器使本地主机可以访问外部地址未知的主机。

地址分为两部分:网络地址和主机地址。地址的网络部分告诉路由器哪发现网络,主机部分用于最后一台路由器在网络内部的传输。IP 地址的结构将在第 6 章详细介绍。

编址是有层次的。层次编址的读取从笼统的信息到具体信息。当一封信或一件包裹通过邮政服务传递时,有一套编址规则。图 5-10 显示了加拿大邮政系统编址的一封信。

邮局工人阅读图 5-10 中的地址,从最概括的信息(国家和邮政编码)开始,到最详细的信息(收信人名字)。当这封信通过加拿大邮政系统传递时,邮政编码用于将信送达目的社区(实际上,邮政编码中包括了省和城市的信息，因此信封地址中的省和城市是多余的）。当信到达社区后，邮递员利用街道地址将信送到住宅，名字指明房间中的某人为收信人。大多数国家的邮政编码使用相同的层次结构。

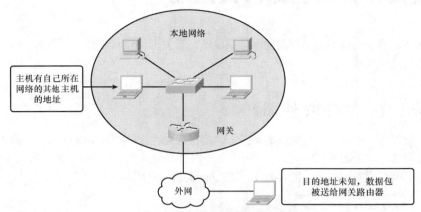

图 5-9　网关路由器提供外部网络访问

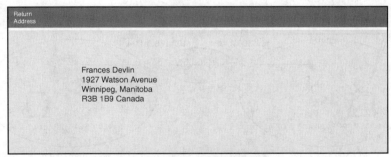

图 5-10　层次结构的邮政地址

5.4.3　从网络划分网络

IPv4 地址由 32 个比特构成，分为两部分：网络地址和主机地址。地址的网络部分类似与邮政编码，告诉路由器如何发现目的网络。路由器在网络间转发数据包仅参考网络部分。当数据包到达最后一台路由器时，就像信到了最后一个邮局，地址的主机部分指明目的主机。

IPv4 地址具有可扩展性，如果大型网络要被分割成更小的子网，可以使用一些主机的比特位建立新的网络位，这一过程成子网化。网络管理者利用子网划分来适应自己的网络。IPv4 的这种能力使得它可以满足日益增长的、应用范围越来越广的 Internet 需要。

图 5-11 显示的是 IPv4 地址的基本结构。在这个地址中，左边的 3 个 8 位组为网络地址，剩下的一个 8 位组用于目的路由器标志本地主机。

地址的网络部分和主机部分可能不同。IPv4 地址结构将在第 6 章详细论述。

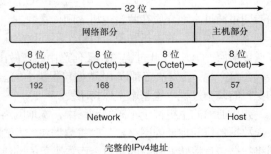

图 5-11　层次结构 IPv4 地址

5.5 路由：数据包如何被处理

在一个网络，或子网内部通信不需要网络层设备。当主机与外网通信时，路由器作为网关执行网络层为数据包选路的功能。

5.5.1 设备参数：支持网络外部通信

作为主机配置的一部分，每台主机都有指定的**默认网关**地址。如图 5-12 所示，此网关地址是连接到该主机所在网络的路由器接口的地址。实际上路由器是本地网络上的一个主机，所以主机 IP 地址和默认网关地址必须在同一网络上。图 5-12 显示默认网关是本地网络的成员之一。

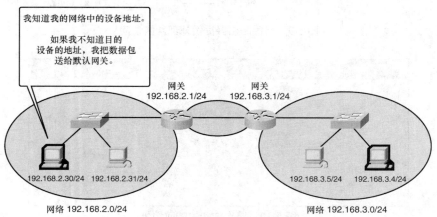

图 5-12　网关实现了网络间的通信

默认网关配置在主机上。在 Windows 计算机上网际协议（TCP/IP）属性攻击用于输入默认网关地址。主机的 IPv4 地址和网关地址必须要有相同的网络（或子网，如果用了）部分。

5.5.2 IP 数据包：端到端传送数据

网络层的作用是将数据从发送该数据的主机传输到使用该数据的主机。在源主机上的封装期间，第 3 层构建一个 IP 数据包来传输第 4 层 PDU。如果目的主机与源主机位于同一个网络中，则无需路由器即可通过本地介质在两台主机之间传送数据包。

但是，如果目的主机和源主机位于不同网络中，则数据包可能要跨多个不同网络通过许多路由器传送传输层 PDU。在此过程中，任何路由器在做出转发决定时都不会更改数据包内包含的信息。

在每一跳，转发决定都以 IP 数据包报头中的信息为依据。数据包及其网络层封装在从源主机到目的主机的整个过程中也基本上保持不变。

如果通信的主机位于不同的网络中，本地网络会将数据包从源主机传送到其网关路由器。路由器检查数据包目的地址的网络部分后将数据包转发到相应的接口。如果目的网络直接连接到此路由器，则将数据包直接转发到目的主机。而如果目的网络并非与其直接连接，则将数据包转发到作为下一跳路由器的第二台路由器上。

然后由这第二台路由器负责该数据包的转发。该数据包在到达目的主机前，沿途可能会经许多路由器（即许多下一跳）处理。

5.5.3 网关：网络的出口

向本地网络外发送数据包需要使用网关，也称为默认网关。如果数据包目的地址的网络部分与发送主机的网络不同，则必须将该数据包路由到发送网络以外。为此，需要将该数据包发送到网关。此网关是连接到本地网络的路由器接口。网关接口具有与主机网络地址匹配的网络层地址。主机则将该地址配置为网关。

一、默认网关

默认网关在主机上配置。Windows 计算机上使用"Internet 协议（TCP/IP）属性"工具来输入默认网关 IPv4 地址。主机的 IPv4 地址和网关地址的网络部分（如果使用子网，还包括子网部分）必须相同。图 5-13 显示 Windows TCP/IP 属性配置。

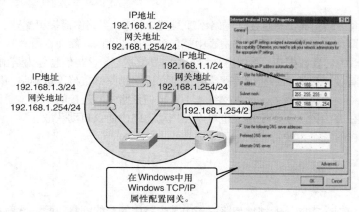

图 5-13　Windows 中 IP 地址和网关的配置

没有路由就无法转发数据包。无论数据包是由主机发出的还是由中间设备转发的，该设备都必须使用路由来标志数据包的转发目的。

主机必须根据情况将数据包转发到本地网络中的主机或转发到网关。要转发数据包，主机必须具有代表这些目的的路由。

路由器负责对到达网关接口的每个数据包作出转发决定。此转发过程称为*路由*。要将数据包转发到目的网络，路由器需要通往该网络的路由。如果不存在通往目的网络的路由，则无法转发该数据包。

目的网络可能距离网关多个路由器或若干跳。通往该网络的路由只会指示该数据包要被转发到的下一跳路由器，而不指示最终路由器。路由过程使用路由将目的网络地址映射到下一跳，然后将数据包转发到这个下一跳地址。

二、确认网关和路由

一个检查主机 IP 地址和默认网关的简单方法是在 Windows XP 机器的命令行方式使用 ipconfig 命令。

第 1 步　在桌面的左下角点击 Windwos 开始按钮打开命令行窗口。
第 2 步　选择 Run 图标。
第 3 步　在文本框内输入 cmd 并按 ENTER 键。
第 4 步　运行 c:\Windows\system32\cmd.exe 程序。在提示符下输入 ipconfig 命令并按 Enter 键。将显示 IP 配置：ip 地址、子网掩码和默认网关地址。

例 5-1 显示了主机 IP 地址信息的 ipconfig 输出

例 5-1　IP 地址信息的 ipconfig 输出

```
C:\> ipconfig

Windows IP Configuration
Ethernet adapter Local Area Connection:
        Connection-specific DNS Suffix  . :
        IP Address. . . . . . . . . . . . : 192.168.1.2
        Subnet Mask . . . . . . . . . . . : 255.255.255.0
        Default Gateway . . . . . . . . . : 192.168.1.254
```

5.5.4　路由：通往网络的路径

主机利用默认路由作为下一跳地址添加到远程目的的路由。虽然不常用，但主机也可通过手工配置添加路由。

类似于终端设备，路由器也将直连的网络添加到**路由表**中。当路由器接口配置了 IP 地址和子网掩码后，接口就称为网络的一部分。现在路由表中就包含了直连路由。然而，所有其他路由必须配置或通过路由协议获得。为转发数据包，路由器必须知道向哪发送它。这些信息作为路由存储在路由表中。

路由表存储了有关连接的网络和远程网络的信息。连接的网络直接连接到路由器接口之一。这些接口是不同本地网络中主机的网关。远程网络是不直接与该路由器连接的网络。通往这些网络的路由可以由网络管理员在路由器上手动配置，也可以使用动态路由协议自动获取。

路由表中的路由有三个主要特点：

- 目的网络；
- 下一跳；
- 度量。

路由器将数据包报头中的目的地址与路由表中某个路由的目的网络匹配，然后将数据包转发到该路由指定的下一跳路由器。如果有两个或多个路由均可到达同一个目的网络，则使用度量来决定应在路由表中显示的路由。

图 5-14 显示了本地路由器和远程路由器构成的网络。例 5-2 显示了本地路由器上的路由表，你可通过路由器的控制台使用 show ip route 命令检查路由表。从左到右，输出包含目的网络，度量值【120/1】和下一跳 192.168.2.2。

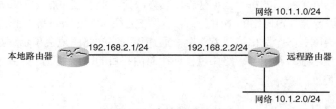

图 5-14　确认网关和路由

例 5-2　路由表

```
Local_Router# show ip route

10.0.0.0/24 is subnetted, 2 subnets
R    10.1.1.0 [120/1] via 192.168.2.2, 00:00:08, FastEthernet0/0
R    10.1.1.0 [120/1] via 192.168.2.2, 00:00:08, FastEthernet0/0
C 192.168.1.0/24 is directly connected, FastEthernet0/0
```

> **注　释**　路由过程和度量的作用属于后续课程和指南中的主题。

你已经学过，路由器如果没有路由就无法转发数据包。如果代表目的网络的路由不在路由表中，该数据包将会被丢弃（即不转发）。匹配的路由可能是连接的路由或通往远程网络的路由。路由器也可使用**默认路由**来转发数据包。当路由表中的所有其他路由都不代表目的网络时，就会使用默认路由。

一、主机路由表

主机需要本地路由表才能确保网络层数据包转发到正确的目的网络。与路由器中包含本地路由和远程路由的路由表不同，主机的本地路由表一般包含的是其直接连接或与网络之间的连接以及自己到网关的默认路由。在主机上配置默认网关地址就会创建本地默认路由。没有默认网关或路由，目的为外网的数据包会被丢弃。

图 5-15 显示了简单网络中主机路由表的了中。在命令行中发出 netstat –r、或 route print 命令可以检查计算机主机的路由表。注意：主机（192.168.1.2）作为自己网络（192.168.1.0）的网关提供服务，目的为外网的默认网关指向路由器接口（192.168.1.254）。

图 5-15　例 5-3 的简单网络

下列步骤可以在主机上显示本地路由表。

- **第 1 步**　在桌面的左下角点击 Windwos 开始按钮打开命令行窗口。
- **第 2 步**　选择 Run 图标。
- **第 3 步**　在文本框内输入 cmd 并按 Enter 键。
- **第 4 步**　运行 c:\Windows\system32\cmd.exe 程序。在提示符下输入 route print 或 netstat –r 命令并按 Enter 键。将显示路由表，列出主机所有已知路由。

例 5-3　显示主机路由表

```
C:\> netstat -r

Route Table
_____
Interface List
0x2….00 0f fe 26 f7 7b …Gigabit Ethernet - Packet Scheduler Miniport
_____
Active Routes:
Network Destination   Netmask           Gateway          Interface       Metric
0.0.0.0               0.0.0.0           192.168.1.254    192.168.1.2     20
192.168.1.0           255.255.255.0     192.168.1.2      192.168.1.2     20
Default Gateway:      192.168.1.254
// output omitted //
_____
```

主机创建数据包后，利用已知路由将数据包转发到本地直连的目的主机。本地网络的数据包不需要路由器，利用本地路由在网络内传输。没有路由数据包不能被转发。无论数据包从主机发出还是从中间路由器转发，设备必须知道用于转发数据包的接口。主机要么将数据包发送给本地网络的主机要么送给网关。

二、路由

*路由*是指为每个到达网关接口的数据包做出转发决定的过程。为将数据包转发到目的网络，路由器需要到那个网络的路由。如果在路由器上目的网络的路由不存在，数据包将被转发到缺省网关。如果没有配置缺省网关，数据包不能被转发。目的网络距离网关可能有数台路由器或若干跳。如果路由表中有这个网络的条目，通常指示的是转发数据包的下一跳路由器而不是最终路由器。路由过程使用路由将目的网络地址映射到下一跳，然后将数据包转发到这个下一跳地址。图 5-16 描述了本地路由器的路由表的一部分。

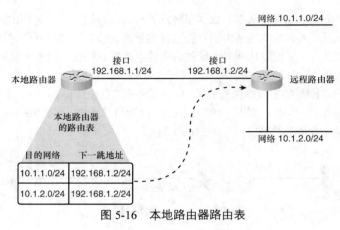

图 5-16 本地路由器路由表

5.5.5 目的网络

为使路由器高效的向目的网络转发数据包，它需要路由表中的路由器信息。然而，Internet 上有数百万条路由，一台路由器不可能知道每一条路由。下面描述路由器如何使用路由表中的信息及没有发现路由信息时如何转发数据包。

一、路由表条目

路由或目的网络，即路由表条目中显示的目的网络代表主机地址范围，有时代表网络地址和主机地址范围。

第 3 层编址的层次性意味着一个路由条目可能代表一个大型普通网络，而另一个条目却可能代表同一网络的子网。在转发数据包时，路由器将选择最具体的路由。如果路由表中不存在某个子网的信息，但子网所属的大型网络已知，路由器将把数据包发送到大型网络，相信其他路由器会找到此子网。

考虑例 5-4 中，如果目的地址为 10.1.1.55 的数据包到达路由器。该路由器会将数据包转发到与通往网络 10.1.1.0 的路由相关联的下一跳路由器。如果路由表中未列出通往 10.1.1.0 的路由，但通往 10.1.0.0 的路由可用，则会将该数据包转发到通往后者的下一跳路由器。

例 5-4 路由表中的路由顺序

```
10.0.0.0/24 is subnetted, 2 subnets
R    10.1.1.0 [120/1] via 192.168.2.2, 00:00:08, FastEthernet0/0
R    10.1.1.0 [120/1] via 192.168.2.2, 00:00:08, FastEthernet0/0
C 192.168.1.0/24 is directly connected, FastEthernet0/0
```

因此，对于前往 10.1.1.55 的数据包，其路由选择的优先顺序将是：

1. 10.1.1.0
2. 10.1.0.0
3. 10.0.0.0
4. 0.0.0.0（如果配置了此默认路由）
5. 丢弃

本例中，从 192.168.2.2 学习到 10.1.1.0 网络信息，其出口为 FastEthernet 0/0 接口。

二、默认路由

请记住默认路由是当没有特定路由可选时使用的路由。在 IPv4 网络中，地址 0.0.0.0 用于此目的。如果数据包的目的网络地址与路由器中比较具体的路由不匹配，则会被转发到与默认路由相关联的下一跳路由器。默认路由也称为*最后可用网关*。当一台路由器配置了默认路由，可以在输出中看到它，请注意例 5-5 中的第一行。

例 5-5　最后可用网关

```
Gateway of Last Resort is 192.168.2.2 to Network 0.0.0.0
10.0.0.0/24 is subnetted, 2 subnets
R    10.1.1.0 [120/1] via 192.168.2.2, 00:00:08, FastEthernet0/0
R    10.1.1.0 [120/1] via 192.168.2.2, 00:00:08, FastEthernet0/0
C 192.168.1.0/24 is directly connected, FastEthernet0/0
S*   0.0.0.0/0 [1/0] via 192.168.2.2
```

5.5.6　下一跳：数据包下一步去哪

*下一跳*是下一步要处理数据包的设备的地址。对网络中的主机而言，默认网关（路由器接口）的地址是以其他网络为目的地址的所有数据包的下一跳。

每个数据包到达路由器时，路由器都会检查其目的网络地址并将之与路由表中的路由对比。路由表中列出所有已知路由的下一跳路由器的 IP 地址。确定了匹配的路由后，路由器将数据包从与下一跳路由器连接的接口转发出去。例 5-6 描绘了与路由相关联的下一跳和路由器接口。

例 5-6　路由表输出下一跳

```
10.0.0.0/24 is subnetted, 2 subnets
R    10.1.1.0 [120/1] via 192.168.2.2, 00:00:08, FastEthernet0/0
R    10.1.1.0 [120/1] via 192.168.2.2, 00:00:08, FastEthernet0/0
C 192.168.1.0/24 is directly connected, FastEthernet0/0
```

在例 5-6 中，你可能发现有些路由有多个下一跳。这表示有多条路径可以通往同一个目的网络。这些路径是路由器可用于转发数据包的并行路由。

5.5.7　数据包转发：将数据包发往目的

路由是逐个数据包逐跳完成的。沿途的每台路由器会分别处理每个数据包。在每一跳，路由器都要检查每个数据包的目的 IP 地址，然后检查路由表，查找转发信息。路由器将对数据包执行以下三种操作之一：

- 将其转发到下一跳路由器；
- 将其转发到目的主机；
- 丢弃。

一台路由器将执行如下步骤来决定如何操作。

1. 作为中间设备，路由器在网络层处理数据包。但是，到达路由器接口的数据包将封装成数据链路层（第 2 层）PDU。路由器首先要丢弃第 2 层封装才能检查数据包。
2. 路由器检查 IP 地址。
3. 路由器查找路由表中的匹配项。
4. 路由器选择下一跳。路由器检查报头中的目的地址。如果路由表中的匹配路由显示目的网络与该路由器直接连接，则将数据包转发到该网络连接的接口。
5. 然后，路由器执行下列操作之一。
   - 场景 A：路由器转发数据包。如果与数据包的目的网络匹配的路由是远程网络，则将数据包转发到该路由指示的接口，由第 2 层协议封装，然后发送到下一跳地址。如果目的网络是直连网络，数据包首先由第 2 层协议封装，然后发到正确的本地网络接口。
   - 场景 B：路由器使用默认路由。如果路由表中没有更具体的路由条目适用于抵达的数据包，则将该数据包转发到默认路由（如果存在）所指示的接口。该数据包在此接口由第 2 层协议封装，然后发送到下一跳路由器。默认路由也称为最后可用网关。
   - 场景 C：路由器丢弃数据包。如果数据包被丢弃，IP 并未规定数据包返回前一台路由器。这种功能会降低协议的效率并增加开销。报告此类错误要使用其他协议。

> **Packet Tracer Activity**
> **路由器的数据包转发（5.3.7.4）** 路由器所使用的决定如何处理数据包的规则依赖与数据包到达是路由表的状态，本实验中将研究此规则。可以使用本书附带的 CD-ROM 上的文件 e1-5374.pka 以利用 Packet Tracer 完成本实验。

5.6 路由过程：如何学习路由

路由器需要其他网络的信息以构建可靠的路由表。随着新网络的增加或路由的失效，网络和路由是经常变化的。如果路由器的路由信息不正确，也就不能正确转发数据包，引起延迟或失败。路由器具有邻居路由器当前信息的功能对可靠转发数据包是非常关键的。路由器有两种办法学习路由信息：即通过静态路由和动态路由。下面将介绍路由器常用的动态共享信息的动态路由协议。

5.6.1 静态路由

在路由器上可以手工配置路由信息，就称为静态路由。静态路由的例子就是默认路由。静态路由需要网络管理员进行初始配置并对任何路由的变化做出修改。静态路由通常认为是很可靠的，路由器不会有任何处理数据包的开销。另一方面，静态路由不能字段更新，要有持续的管理成本。

如果路由器与多台其他路由器相连接，则需要知悉网间结构。为了确保使用最合适的下一跳来路由数据包，每个已知目的网络都需要已经配置了路由或默认路由。由于在每一跳都要转发数据包，因此每台路由器必须配置能够反映出它在网际网络中位置的通往下一跳的静态路由。

此外，如果网间结构改变或有新的网络可用，还必须在每台路由器上手动更新。如果没有及时更新，路由信息可能就不完整或不准确，从而导致数据包延迟并可能丢失数据包。

5.6.2 动态路由

在同一个网际网络中，路由器可以从其他路由器中动态学习路由信息，称为动态路由。动态路由从其他路由器更新信息，无需配置可以使用。动态路由需要路由器的处理开销但在初始设置之后没有管理成本。

如果路由器上没有启动动态路由，到达下一跳的静态路由就要配置以使路由器可以知道向哪转发数据包。

5.6.3 路由协议

网际网络中的所有路由器都必须了解详尽的最新路由，但通过手工静态配置来维护路由表有时却并不可行。在网络路由器上配置一些动态路由协议是保证路由器更新的更高效的方法。

路由协议是路由器动态共享其路由协议所依据的规则集。当路由器注意到自身充当网关的网络发生变化或者路由器之间的链路变更时，会将此类信息传送给其他路由器。当一台路由器收到有关新路由或路由更改的信息时，它会更新自己的路由表并依次将该信息传递给其他路由器。通过这种方式，所有路由器都会有准确的动态更新路由表，而且可以掌握相距很多跳的远程网络的路由。图 5-17 所示的就是共享路由的典型路由器。

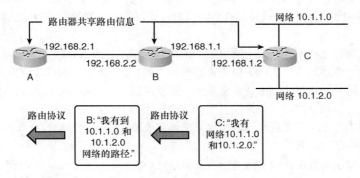

图 5-17　共享动态路由

本书中介绍到的常用路由协议包括：
- 路由信息协议（RIP）；
- 增强型内部网关路由协议（EIGRP）；
- 开放最短路径优先（OSPF）。

尽管路由协议能为路由器提供最新的路由表，但也需要付出代价。首先，交换路由信息增加了消耗网络带宽的开销。这种开销对于路由器之间带宽不高的链路可能是个问题。其次，是路由器处理器的开销。路由器不仅要处理每个数据包并路由，从路由协议接收的更新也要经过复杂的算法计算才能被路由表所用。这意味着采用此类协议的路由器必须拥有足够的处理能力才能实施协议的算法和及时执行数据包路由和转发。

静态路由不会产生任何网络开销而且将条目直接放入路由表中，路由器无需做任何处理。静态路由的代价，就像以前提到的，在于管理成本，即通过手动配置和维护路由表来确保高效率的有效路由。

许多网际网络中通过结合使用静态路由、动态路由和默认路由来提供必要的路由。在路由器上配置路由协议是 CCNA 必不可少的组成部分，将在以后的课程中全面介绍。

观察动态路由协议更新（5.4.3.2） 本实验中，你将观察动态路由协议运行。你可以使用随书附带的 CD-ROM 上的文件 e1-5432.pka 以利用 Packet Tracer 完成本实验。

5.7 总结

最重要的网络层（OSI 第 3 层）协议是网际协议（IP）。虽然 IPv6 在很多区域使用和运行，但本课程以 IP 第 4 版（IPv4）为例介绍网络层协议。

第 3 层 IP 路由不保证传输可靠送达，也不在传输数据前建立连接。这种无连接的不可靠通信既快又灵活，但上层必须按照需要提供保证数据送达的机制。

网络层的作用是将数据从一台主机传送到另一台而不考虑数据的类型。数据封装在数据包中。数据包报头的字段中包括该数据包的源地址和目的地址。

分层的网络层编址，称为 IP 地址，其包括网络部分和主机部分，有助于将网络划分为多个子网，IP 地址的网络部分用于在路由器间转发数据包。只有连接目的网络的最后一台路由器使用 IP 地址的主机部分。

如果目的地址与源主机不在同一个网络中，则将数据包传送到默认网关以便转发到目的网络。网关是本地网络上的路由器的接口。网关检查目的地址，如果在其路由表中有目的网络的路由信息，该路由器会将数据包转发到连接的网络或转发到下一跳路由器。如果不存在匹配的路由条目，该路由器可能会将数据包转发到默认路由，如果没有默认路由将丢弃该数据包。

可以在每台路由器上手工配置路由表条目来提供静态路由，路由器相互之间也可以使用一个或多个路由协议动态交换路由信息。

网络层封装传输层的数据并向下传送给数据链路层（OSI 第 2 层）。第 6 章将讲述 OSI 模型的数据链路层的通信过程。

5.8 试验

试验 5-1 检查设备网关（5.5.1）
本实验中你将观察网关地址的作用，并在 Windows 计算机上配置网络参数，排除隐藏的网关地址的错误。

试验 5-2 检查路由（5.5.2）
本实验中你将使用 route 命令修改 Windows 计算机的路由表，利用 Windows Telnet 客户端连接思科路由器，并利用思科 IOS 基本命令检查路由器的路由表。

很多动手实验也包括 Packet Tracer 的实践活动，你可以利用 Packet Tracer 完成模拟实验。

5.9 检查你的理解

完成下面所有的复习题来检测一下你对于本章中的主题和概念的理解。附录列出答案。

1. 哪个协议提供了无连接的网络层服务？（选2）
   A. IP
   B. TCP
   C. UDB
   D. OSI
2. 使用哪两个命令可以查看主机路由表？
3. 选择路由表中包含的三条信息。
   A. 下一跳
   B. 源地址
   C. 度量
   D. 目的网络地址
   E. 最后一跳
   F. 默认网关
4. 在网络分段上过量的广播流量会引起哪项问题？（选3）
   A. 消耗带宽
   B. 增加网络开销
   C. 需要复杂的地址结构
   D. 影响其他主机功能
   E. 依据所有权划分网络
   F. 更高的硬件要求
5. 将主机分组为通用网络要考虑哪三个因素？
6. 以下哪项不是网络层的作用？（选2）
   A. 路由
   B. 用 IP 地址编址数据包
   C. 传输的可靠性
   D. 应用数据分析
   E. 封装
   F. 解封装
7. 对 IP 哪项是正确的？（选2）
   A. IP 代表 International Protocol
   B. 是最常用的网络层协议
   C. 它分析表示层数据
   D. 运行于 OSI 第 2 层
   E. 封装传输层数据分段
8. 从 IP 数据包中去除 OSI 第 2 层信息的过程称为什么？
9. 有关 IP 下列哪项是正确的？
   A. 它是面向连接的

B. 它使用应用数据确定最佳路径
C. 用于路由器和主机
D. 它是可靠的

10. 有关网络层封装那一项是正确的？（选 2）
    A. 为数据分段添加报头
    B. 在通往目的主机的路径中会发生很多次
    C. 由路径上的最后一台路由器执行。
    D. 要添加源和目的地址
    E. 将传输层信息转换为帧

11. 有关 TCP 和 IP 下面哪项是正确的？（选 2）
    A. TCP 是无连接的，IP 是面向连接的
    B. TCP 是可靠的，IP 是不可靠的
    C. IP 是无连接的，TCP 是面向连接的
    D. TCP 是不可靠的，IP 是可靠的
    E. IP 运行于传输层

12. 为什么 IP "与介质无关"？
    A. 它封装一层指令
    B. 在所有一层介质上的运行都一样
    C. 可以运载视频和语音数据
    D. 不用一层介质就可工作

13. TCP 是_____层协议。

14. IPv4 地址有多少位？

15. 有关静态和动态路由以下哪些是正确的？
    A. 静态路由需要像 RIP 这样的路由协议
    B. 默认路由是动态路由
    C. 动态路由增加数据包处理开销
    D. 用静态路由将降低管理开销
    E. 路由可以同时使用静态和动态路由

5.10 挑战问题和实践

这些问题和实验活动需要对本章涉及的概念有更深入的了解。你可在附录中找到答案。

1. 当 TTL 为 1 时会发生什么？
    A. 如果目的是直连网络，数据包将可成功传输
    B. 数据包中的 TCP 控制位将为 TTL 添加跳数
    C. 数据包将返回源主机
    D. 数据包将返回前一台路由器

2. IP 是无连接的，有时会丢弃数据包。如果数据包被丢弃，如何完成此消息？
    A. 只有数据包的 IP 部分被丢弃，但 TCP 部分会继续送给最后一台路由器
    B. 路由协议将 TCP 信息传送给前一跳路由器，它将反向通知源
    C. 路由协议，如 RIP, 是面向连接的，将与源主机联系

D. 目的主机期待此数据包，到没有收到时将发送请求
E. 每个 IP 头中包含源地址，因此，数据包通过接收它的路由器（TTL=0）送回

5.11 知识拓展

以下问题鼓励你对本章讨论的主题进行思考。
1. 当网络层使用不可靠的无连接数据包转发时如何才能重新发送丢失的数据包？
2. 在哪种网络中使用静态路由协议比使用动态路由协议优势更大？

第 6 章

网络编址：IPv4

6.1 学习目标

完成本章的学习，你应能回答以下问题：

- IPv4 使用什么类型的编址结构？
- 给定十进制数，对应的 8 位二进制数是什么？
- 给定 8 位二进制数，其对应的十进制数是什么？
- 对给定的 IPv4 地址其类型是什么？及在网络中的使用方式？
- 管理员如何在网络内分配地址？
- ISP 如何分配地址？
- 主机地址的网络部分是什么？
- 子网掩码在划分网络中有什么作用？
- 给定设计标准，IPv4 地址信息和相应的地址组成部分是什么？
- 如何在主机上使用常用的测试实用程序来验证和测试网络连通性以及 IP 协议族的运行状态？

6.2 关键术语

本章使用如下关键术语。你可以在术语表中找到定义：

数字逻辑
点分十进制
高阶比特位
位置符号
根
低阶比特位
最重要位
广播地址
直接广播
受限广播
多播客户端
多播组
范围
保留链路本地地址
全球范围地址
可管理范围地址
受限范围地址

网络时钟协议（NTP）
前缀长度
斜线格式
公用地址
私用地址
网络地址翻译（NAT）
回环
本地链路地址
网络测试地址
有类编址
无类编址
地址池
地区 Internet 注册机构（RIR）
Internet 骨干
与
往返时间（RTT）
Internet 控制消息协议（ICMP）

编址是网络层协议的关键功能,可使位于同一网络或不同网络中的主机之间实现数据通信。网际协议第 4 版(IPv4)为传送数据的数据包提供分层编址。

设计、实施和管理有效的 IPv4 编址规划能确保网络高效率地有效运行。本章将详细分析 IPv4 地址的结构及其在建立和测试 IP 网络与子网中的应用。

6.3 IPv4 地址

为使两台主机间实现通信,就必须为他们配置恰当的地址。对设备地址的管理和对 IPv4 地址结构及表达方式的理解是最基本的。

6.3.1 IPv4 地址剖析

网络中的每台设备都必须具有唯一定义的网络层地址。在网络层,需要使用通信两端系统的源地址和目的地址来标识该通信的数据包。采用 IPv4,每个数据包的第 3 层报头中都有一个 32 位源地址和一个 32 位目的地址。

数据网络中以二进制形式使用这些地址。设备内部则运用***数字逻辑***解释这些地址。但是在以人为本的网络中,我们却难以解读 32 位字符串,要记住它更是难上加难。因此,我们使用***点分十进制***格式来表示 IPv4 地址。

一、点分十进制

IPv4 地址要比 32 位数便于记忆、书写及表达。以点分十进制表示 IPv4 地址的二进制形式时,用点号分隔二进制形式的每个字节(称为一个二进制八位组)。之所以称为二进制八位组,是因为每个十进制数字代表一个字节,即 8 个位。

例如,地址:

10101100000100000000010000010100

以点分十进制表示为:

172.16.4.20

请注意,设备使用的是二进制逻辑。采用点分十进制是为了方便人们使用和记忆地址。

二、网络部分和主机部分

IPv4 地址分为两个部分:网络部分和主机部分。每个 IPv4 地址都会用某个***高阶比特位***部分来代表网络地址。在第 3 层,***网络***定义为网络地址部分的比特模式相同的一组主机。即地址的网络部分的所有位都一样。

下面这个例子中,两个地址有相同的网络部分。因此,具有这两个地址的主机在同一个逻辑网络中。

172.16.4.20　　172.16.4.32
网络　主机　　网络　主机
部分　部分　　部分　部分

尽管全部 32 个比特位定义的都是 IPv4 主机地址,但我们用其中数量不等的比特位作为主机部分。主机部分使用的位数决定了网络中可以容纳的主机数量。前面的例子中,最后一个八位组是主机部分。也即前面的 3 个八位组代表网络部分。

你可依据网络中主机的数量来确定主机部分需要多少位。例如,若某个网络至少需要容纳 200 台主机，则需要在主机部分使用足够的比特位才能代表至少 200 个不同的比特模式。要为 200 台主机分配唯一地址，需要使用最后一个二进制八位数的全部八个比特位。使用 8 个位共计可得到 256 个不同的比特模式。对前面这个例子，这表示前三个二进制八位数的所有比特位将代表网络部分。计算主机数量以及如何确定 32 个比特位中代表网络的部分将在本章"计算网络，主机和广播地址"一节介绍。

6.3.2 二进制与十进制数之间的转换

要了解设备在网络中的运行，需要以设备使用的方式（即二进制记法）来查看地址和其他数据。这意味着你需要具备将二进制转换为十进制的一些技能。

以二进制表示的数据对于以人为本的网络来说可能代表很多不同形式的数据。在本文的讨论中，我们所指的二进制与 IPv4 编址有关。也就是说，我们将每个字节（二进制八位数）视为从 0 到 255 范围内的一个十进制数字。

一、位置记数法

要学习将二进制转换为十进制，需要先了解一个数制系统的数学基础知识，该数制系统称为**位置记数法**。位置记数法即数字根据其所占用的位置来表示不同的值。具体来说，数字代表的值等于该数字乘以它所在位的基数（即基）的幂次所得的积。下面的例子可以帮助说明此数制系统的原理。

以十进制数字 245 为例，2 表示的值是 2×10^2（2 乘以 10 的 2 次幂）。2 位于我们通常称为"百位"的位置。位置记数法称此位置为基数的 2 次幂位置，因为基数（即基）是 10 而幂是 2。

在基数为 10 的数制系统中使用位置记数法时，245 表示：

$245 = (2 \times 10^2) + (4 \times 10^1) + (5 \times 10^0)$

或

$245 = (2 \times 100) + (4 \times 10) + (5 \times 1)$

二、二进制数制系统

在二进制数制系统中，基是 2。因此，每个位置代表 2 的幂，幂次逐位增加。在 8 位二进制数中，各个位置分别代表的数量如表 6-1 所示：

表 6-1　　　　　　　　　二进制位置的值

2 的幂	$2^7\ 2^6\ 2^5\ 2^4\ 2^3\ 2^2\ 2^1\ 2^0$
十进制数	128 64 32 16 8 4 2 1

基数为 2 的数制系统只有两个数字：0 和 1。将一个字节转换为十进制数字时，如果某个位置的数字为 1，则计入该位置所代表的数量，而如果该数字为 0，则不计入其数量。

各个位置上的数字 1 都表示要将该位置的值计入总数。表 6-2 显示的是每个位置都为 1。

表 6-2　　　　　　　　　二进制位置上都为 1

十 进 制 值	128 64 32 16 8 4 2 1
二进制位	1 1 1 1 1 1 1 1
位置值	128 64 32 16 8 4 2 1

每个位置上的和确定为总的数量。和表 6-1 一样，八位组中为 1 的位的总和是 255，如下：

128 + 64 + 32 + 16 + 8 + 4 + 2 + 1 = 255

各个位置上的数字 0 都表示该位置的值不计入总数。每个位置均为 0 时得出的总数为 0，如表 6-3

所示。

表 6-3　　二进制位置上都为 0

十进制值	128	64	32	16	8	4	2	1
二进制位	0	0	0	0	0	0	0	0
位置值	0	0	0	0	0	0	0	0

对于 32 位 IPv4 地址的转换，它由四个字节构成。你应分别对每个字节进行转换。如：将 IPv4 地址 10101100000100000000010000010100 转换成点分十进制地址。转换从低阶位开始，本例中为 00010100，然后再对高阶位进行转换。

第 1 步　将 32 位分成 4 个 8 位组，如下：
10101100.00010000.00000100.00010100；
第 2 步　首先转换低阶位，参看表 6-4；
第 3 步　转换下一个字节，00000100，参看表 6-5；
第 4 步　转换下一个字节，00000100，参看表 6-6；
第 5 步　转换最高的字节，10101100，参看表 6-7；
第 6 步　写下以点分割的 4 个数，如：172.16.4.20。

表 6-4　　二进制数 00010100 的转换

十进制值	128	64	32	16	8	4	2	1
二进制位	0	0	0	1	0	1	0	0
位置值	0	0	0	16	0	4	0	0
总数	0 + 0 + 0 + 16 + 0 + 4 + 0 + 0 = 20							

表 6-5　　二进制数 00000100 的转换

十进制值	128	64	32	16	8	4	2	1
二进制位	0	0	0	0	0	1	0	0
位置值	0	0	0	0	0	4	0	0
总数	0 + 0 + 0 + 0 + 0 + 4 + 0 + 0 = 4							

表 6-6　　二进制数 00010000 的转换

十进制值	128	64	32	16	8	4	2	1
二进制位	0	0	0	1	0	0	0	0
位置值	0	0	0	16	0	0	0	0
总数	0 + 0 + 0 + 16 + 0 + 0 + 0 + 0 = 16							

表 6-7　　二进制数 10101100 的转换

十进制值	128	64	32	16	8	4	2	1
二进制位	1	0	1	0	1	1	0	0
位置值	128	0	32	0	8	4	0	0
总数	128 + 0 + 32 + 0 + 8 + 4 + 0 + 0 = 172							

本例，将二进制数 10101100000100000000010000010100 转换为 172.16.4.20。172.16.4.20 的地址表

示方法更易于人们使用。

三、二进制计算

对十进制数字系统，计数使用 0 到 9 数字，这种系统，数位增长到 9 后，高位增加 1。例如十进制数 99 到 100，而二进制数 11 的下一个数是 100。请注意，1 和 2 位置上回到 0 后，4 位置上将添加 1。

二进制数仅使用两个数字，0 和 1。由于二进制数字系统中仅使用这两个数，因此，仅计数 0 和 1 就会增加一列。类似于其他数字系统，前面的 0 不影响数值。然而，由于要表达的是地址，所以要包括这些占位符。表 6-8 显示了二进制的一个例子。

表 6-8　　　　　　　　　　　　　　二进制计数

十进制	二进制	十进制	二进制	十进制	二进制
0	00000000	16	00010000	32	00100000
1	00000001	17	00010001	33	00100001
2	00000010	18	00010010	34	00100010
3	00000011	19	00010011	35	00100011
4	00000100	20	00010100	36	00100100
5	00000101	21	00010101	37	00100101
6	00000110	22	00010110	38	00100110
7	00000111	23	00010111	39	00100111
8	00001000	24	00011000	40	00101000
9	00001001	25	00011001	41	00101001
10	00001010	26	00011010	42	00101010
11	00001011	27	00011011	43	00101011
12	00001100	28	00011100	44	00101100
13	00001101	29	00011101	45	00101101
14	00001110	30	00011110	46	00101110
15	00001111	31	00011111	47	00101111

6.3.3　十进制到二进制的转换

你不仅要能够将二进制转换为十进制，而且还要能够将十进制转换为二进制。你经常要分析以点分十进制记法表示的地址的一个二进制 8 位数。网络比特位和主机比特位分用一个二进制 8 位数就属于这种情况。

例如，若地址为 172.16.4.20 的主机使用 28 个比特位来代表网络地址，我们就需要分析最后一个二进制 8 位数的二进制数字才会发现此主机位于网络 172.16.4.16 中。从主机地址提取网络地址的过程将在本章 "不同用途的 IPv4 地址" 一节讲解。

开始转换时，首先要确定十进制数字是否等于或大于最高位所代表的最大十进制数值。由于表示地址的十进制数值仅限于一个二进制 8 位数，因此我们只需要研究将 8 位二进制数字转换成 0 到 255 的十进制数值的过程。在最高的位置上，要确定其值是否等于或大于 128。如果该值小于 128，则在 128 位的位置上置入 0，然后转到 64 位的位置。

如果 128 位位置上的值大于或等于 128，则在 128 位置上置入 1 并从要转换的数字中减去 128。然后，将此运算的余数与下一个较小值（即 64）相比较。接下来，对所有剩余位：32，16，8，4，2 和 1 重复此过程。图 6-1 中列举了如何将 172 转换为 10101100 的步骤。

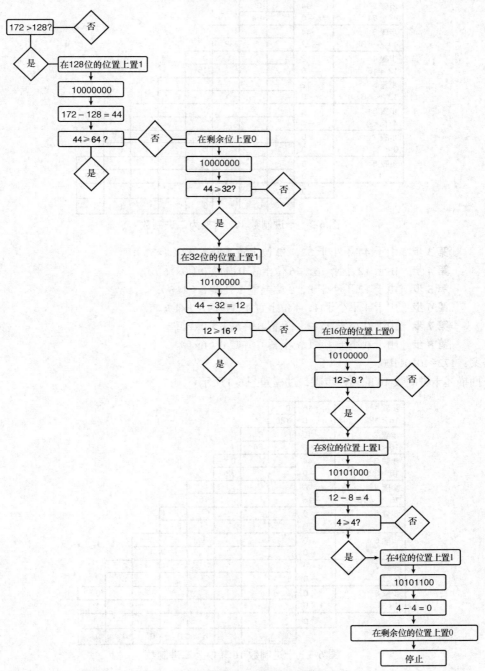

图 6-1 十进制到二进制数的转换步骤

下面是 172.16.4.20 从点分十进制转换位二进制数的完整过程，显示了所有过程中的数学计算。此过程从最高的八位组开始，下面描述十进制数 172 的转换步骤，过程如图 6-2 所示。

第 1 步　由于 172 不小于 128，所以 128 位上置 1，并减 128；
第 2 步　由于 44 小于 64，64 位上置 0 并减 0（0×64）；

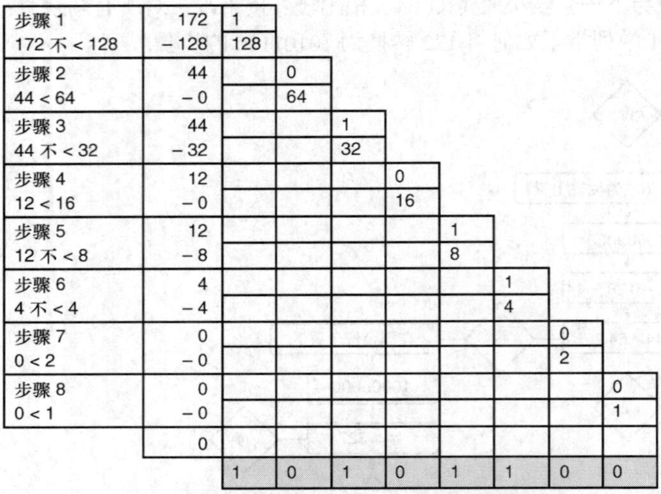

第6章 网络编址：IPv4

步骤 1 172 不 < 128	172 − 128	1 128						
步骤 2 44 < 64	44 − 0		0 64					
步骤 3 44 不 < 32	44 − 32			1 32				
步骤 4 12 < 16	12 − 0				0 16			
步骤 5 12 不 < 8	12 − 8					1 8		
步骤 6 4 不 < 4	4 − 4						1 4	
步骤 7 0 < 2	0 − 0							0 2
步骤 8 0 < 1	0 − 0 0								0 1
		1	0	1	0	1	1	0	0

图 6-2　十进制数 172 转换为二进制数

第 3 步　由于 44 不小于 32，32 位上置 1 并减 32（1×32）；
第 4 步　由于 12 小于 16，16 位上置 0 并减 0（0×16）；
第 5 步　由于 12 不小于 8，8 位上置 1 并减 8（1×8）；
第 6 步　由于 4 不小于 4，4 位上置 1 并减 4（1×4）；
第 7 步　由于 0 小于 2，2 位上置 0 并减 0（0×2）；
第 8 步　由于 0 小于 1，1 位上置 0 并减 0（0×1）。

答案：172=10101100。

下面描述十进制数 16 的转换步骤，过程如图 6-3 所示。

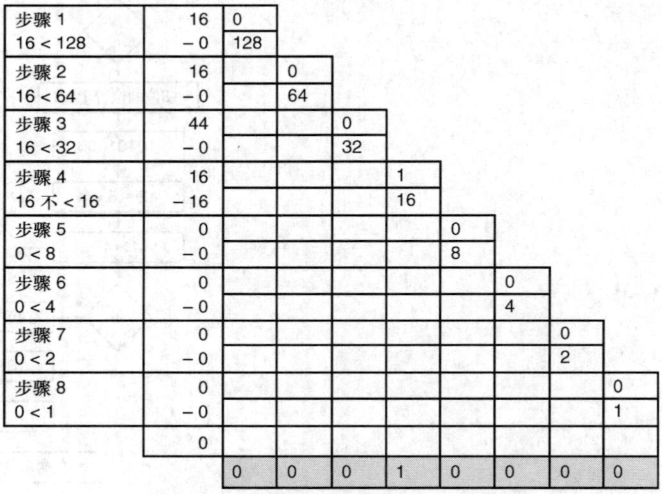

步骤 1 16 < 128	16 − 0	0 128						
步骤 2 16 < 64	16 − 0		0 64					
步骤 3 16 < 32	44 − 0			0 32				
步骤 4 16 不 < 16	16 − 16				1 16			
步骤 5 0 < 8	0 − 0					0 8		
步骤 6 0 < 4	0 − 0						0 4	
步骤 7 0 < 2	0 − 0							0 2
步骤 8 0 < 1	0 − 0 0								0 1
		0	0	0	1	0	0	0	0

图 6-3　十进制数 16 转换为二进制数

第 1 步　由于 16 小于 128，所以 128 位上置 0，并减 0；
第 2 步　由于 16 小于 64，64 位上置 0 并减 0（0×64）；
第 3 步　由于 16 小于 32，32 位上置 0 并减 0（1×32）；
第 4 步　由于 16 不小于 16，16 位上置 1 并减 16（1×16）；
第 5 步　由于 0 不小于 8，8 位上置 0 并减 0（0×8）；

第 6 步　由于 0 不小于 4，4 位上置 0 并减 0（0×4）；
第 7 步　由于 0 小于 2，2 位上置 0 并减 0（0×2）；
第 8 步　由于 0 小于 1，1 位上置 0 并减 0（0×1）。

答案：16=00010000。

下面描述十进制数 4 的转换步骤，过程如图 6-4 所示。

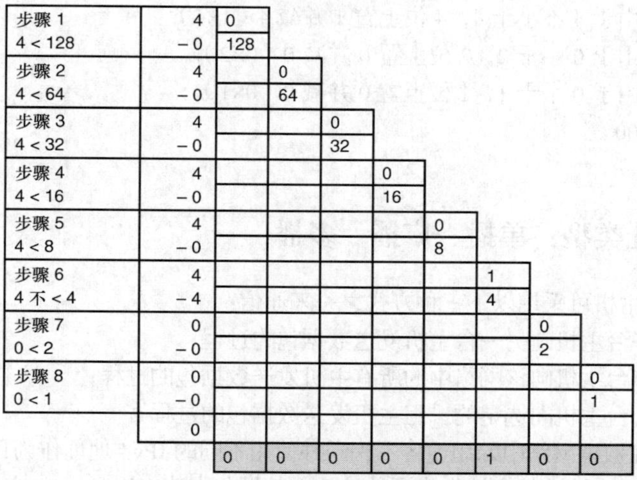

步骤 1 4 < 128	4 − 0	0 128						
步骤 2 4 < 64	4 − 0		0 64					
步骤 3 4 < 32	4 − 0			0 32				
步骤 4 4 < 16	4 − 0				0 16			
步骤 5 4 < 8	4 − 0					0 8		
步骤 6 4 不 < 4	4 − 4						1 4	
步骤 7 0 < 2	0 − 0							0 2
步骤 8 0 < 1	0 − 0 0							0 1
		0	0	0	0	0	1	0	0

图 6-4　十进制数 4 转换为二进制数

第 1 步　由于 4 小于 128，所以 128 位上置 0，并减 0；
第 2 步　由于 4 小于 64，64 位上置 0 并减 0（0×64）；
第 3 步　由于 4 小于 32，32 位上置 0 并减 0（0×32）；
第 4 步　由于 4 小于 16，16 位上置 0 并减 0（0×16）；
第 5 步　由于 4 小于 8，8 位上置 0 并减 0（0×8）；
第 6 步　由于 4 不小于 4，4 位上置 1 并减 4（1×4）；
第 7 步　由于 0 小于 2，2 位上置 0 并减 0（0×2）；
第 8 步　由于 0 小于 1，1 位上置 0 并减 0（0×1）。

答案：4=00000100。

下面描述十进制数 20 的转换步骤，过程如图 6-5 所示。

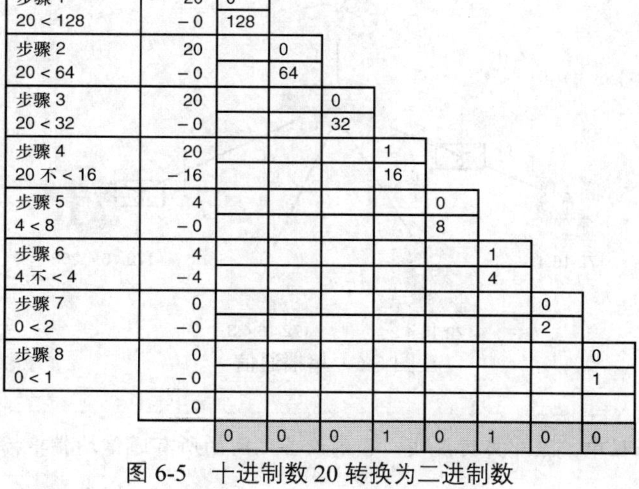

步骤 1 20 < 128	20 − 0	0 128						
步骤 2 20 < 64	20 − 0		0 64					
步骤 3 20 < 32	20 − 0			0 32				
步骤 4 20 不 < 16	20 − 16				1 16			
步骤 5 4 < 8	4 − 0					0 8		
步骤 6 4 不 < 4	4 − 4						1 4	
步骤 7 0 < 2	0 − 0							0 2
步骤 8 0 < 1	0 − 0 0							0 1
		0	0	0	1	0	1	0	0

图 6-5　十进制数 20 转换为二进制数

第 1 步 由于 20 小于 128，所以 128 位上置 0，并减 0；
第 2 步 由于 20 小于 64，64 位上置 0 并减 0（0×64）；
第 3 步 由于 20 小于 32，32 位上置 0 并减 0（1×32）；
第 4 步 由于 20 不小于 16，16 位上置 1 并减 16（1×16）；
第 5 步 由于 4 小于 8，8 位上置 0 并减 0（0×8）；
第 6 步 由于 4 不小于 4，4 位上置 1 并减 4（1×4）；
第 7 步 由于 0 小于 2，2 位上置 0 并减 0（0×2）；
第 8 步 由于 0 小于 1，1 位上置 0 并减 0（0×1）。

答案：20=00010100。

6.3.4 通信的编址类型：单播、广播、多播

在 IPv4 网络中，主机可采用以下三种方式之一来通信：
- 单播——从一台主机向另一台主机发送数据包的过程；
- 广播——从一台主机向该网络中的所有主机发送数据包的过程；
- 多播——从一台主机向选定的一组主机发送数据包的过程。

这三种通信类型在数据网络中的用途各不相同并使用不同的 IPv4 地址作为目的地址，不过在这三种类型中，源主机的 IPv4 地址都会被作为源地址放入数据包报头中。

一、单播通信和地址

大多数的通信都是单播。在客户端/服务器网络和点对点网络中，主机与主机之间的常规通信都使用单播通信。单播通信使用分配给两台终端设备的主机地址作为源 IPv4 地址和目的 IPv4 地址。在封装过程中，源主机在单播数据包报头中添加自己的 IPv4 地址作为源主机地址，添加目的主机的 IPv4 地址作为目的地址。使用单播数据包的通信可以用相同的地址通过网际网络转发。

图 6-6 显示了地址为 172.16.4.1 的计算机 A 与地址为 172.16.4.253 的打印机间的单播通信。在此通信中，计算机 A 建立了地址为打印机三层地址的数据包。然后此数据包通过低层次的服务转发给打印机。如果数据包到达的终端设备与此地址不匹配，主机将会丢弃此数据包。

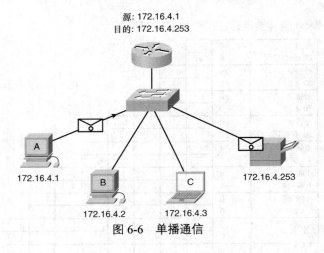

图 6-6 单播通信

注 释 在本课程中，除非另行说明，否则设备之间的所有通信均指单播通信。

二、广播通信和地址

第 4 层的广播通信是一台主机向网络中的所有主机发送数据包的过程。它所使用的目的地址不同于单播通信。广播和多播使用特殊的地址作为目的地址，这一地址称为**广播地址**。当主机收到以广播地址为目的地址的数据包时，主机处理该数据包的方式与处理单播数据包的方式相同。利用这些特殊的地址，广播通常局限于本地网络。

广播传输用于获取地址未知的特定服务/设备的位置，也可在主机需要向网络中所有主机提供信息时使用。广播传输的典型应用场合包括：

- 将上层地址映射到下层地址；
- 请求地址；
- 通过路由协议交换路由信息。

当某台主机需要信息时，该主机会向广播地址发送查询请求。位于该网络中的所有主机都会接收并处理此查询。如果主机有所请求的信息，这些主机将做出响应，通常会使用单播。同样，当主机需要向网络中的主机发送信息时，也会创建和发送有该信息的广播数据包。

广播和单播的不同之处在于，单播数据包可以通过网际网络路由，而广播数据包通常仅限于本地网络。此限制取决于网络边界路由器的配置以及广播的类型。广播有两类：**定向广播**和**有限广播**。这两种广播使用不同的 IPv4 编址方法。

1. 定向广播

定向广播是将数据包发送给特定网络中的所有主机。此类广播适用于向非本地网络中的所有主机发送广播报文。定向广播使用网络中最大的 IPv4 地址，这个地址主机位全为 1。例如，网络外部的主机要与 172.16.4.0/24 网络中的主机通信，数据包的目的地址应为 172.16.4.255。尽管路由器在默认情况下并不转发定向广播，但可对其进行此配置让它这样做。

2. 有限广播

有限广播只限于将数据包发送给本地网络中的主机。这些数据包使用目的 IPv4 地址 255.255.255.255。路由器不转发此广播。发往有限广播地址的数据包只会出现在本地网络中。因此，IPv4 网络也称为广播域，路由器则是广播域的边界。例如，172.16.4.0 /24 网络中的主机将使用目的地址为 255.255.255.255 的数据包向所在网络中的所有主机广播。

图 6-7 演示了从主机 A 其地址 172.16.4.1 发送的有限广播。在此例中，源主机建立了一个含有 3 层广播地址的数据包。下层服务将使用相应的数据链路层地址向所有主机转发此数据包。当数据包到达每台终端设备时，所有设备都会识别此地址并处理数据包。

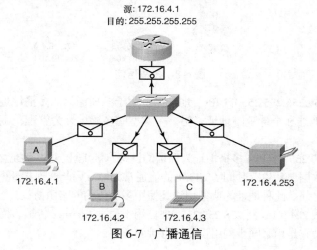

图 6-7 广播通信

正如前面学到的，作为广播的数据包不仅会占用网络中的资源，而且会迫使该网络中的每台接收主机处理该数据包。因此，广播通信应加以限制，以免对网络或设备的性能造成负面影响。因为路由器可分隔广播域，所以可以将广播流量过大的网络划分成多个子网来提高网络性能。

3. 多播通信和地址

多播传输旨在节省 IPv4 网络的带宽。主机通过它可以向选定的一组主机发送一个数据包，从而减少了流量。如果使用单播通信与多台目的主机通信，源主机需要向每台主机逐个发送数据包。但如果使用多播传输，源主机发送一个数据包即可与成千上万台目的主机通信。

使用多播传输的例子包括：
- 视频和音频分发；
- 按路由协议交换路由信息；
- 软件分发；
- 新闻供稿。

要接收特定多播数据的主机称为**多播客户端**。多播客户端使用客户端程序启动的服务来加入**多播组**。每个多播组由一个 IPv4 多播目的地址代表。当 IPv4 主机加入多播组后，该主机既要处理目的地址为此多播地址的数据包，也要处理发往其唯一单播地址的数据包。我们在下文中将会看到 IPv4 保留从 224.0.0.0 到 239.255.255.255 的特定地址块，供多播组编址之用。多播流量的范围经常受限于本地网络或通过 Internet 的路由。

如图 6-8 所示的多播通信，源主机 A，其地址为 172.16.4.1，建立多播地址为 224.10.10.5 的数据包。本例中主机 C 和 D 运行此种标准的应用或服务，当数据包到达时，这些设备会处理此数据包。

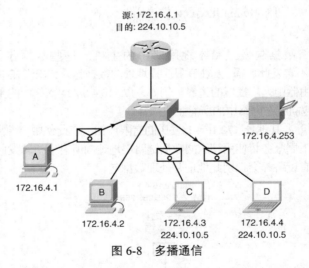

图 6-8 多播通信

从 224.0.0.0 到 239.255.255.255 的 IPv4 地址保留用于多播通信。多播地址又被分成几种不同类型：保留的链路本地地址和全球范围地址。另一个类型的多播地址为管理范围地址，也称为有限范围地址。

224.0.0.0 到 224.0.0.255 的 IPv4 多播地址为保留的链路本地地址。这些地址主要用于本网中的多播组。目的为此地址的数据包其生存时间（TTL）的值通常为 1。因此，连接此网络的路由器不会将这种数据包转发到本网之外。此种地址的典型用法是使用多播传输的路由协议。

全球范围地址是从 224.0.1.0 到 238.255.255.255。用于通过 Internet 传输多播数据。如 224.0.1.1 保留用于网络时钟协议，它是用来同步网络设备的时钟的。

演示单播、广播和多播流（6.2.3.4） 本练习中，将使用 Packet Tracer 模拟单播、广播和多播，让你对它们有个直观的认识。可以使用本书附带的 CD-ROM 中的 e1-6234.pka 文件以完成本实验。

6.4 不同用途的 IPv4 地址

除了保留用于多播的 IPv4 地址，还有很多用于特殊目的的单播地址。有些地址限制了主机地址可使用的范围。有限不能分配给主机使用。下一节将讲述这些保留地址。

6.4.1 IPv4 网络范围内的不同类型地址

每个 IPv4 网络的地址范围内都有三种类型的地址：
- 网络地址——指代网络的地址；
- 广播地址——用于向网络中的所有主机发送数据的特殊地址；
- 主机地址——分配给网络中终端设备的地址。

每个网络中有两种类型的地址不能分配给主机：网络地址和广播地址。网络中的其他地址都可以作为主机地址分配给单独的设备。

一、网络地址

网络地址是指代网络的标准方式。例如，我们可以称图 6-9 中所示的网络为"10.0.0.0 网络"。比起"第一个网络"之类的词汇来称呼该网络，这种方式既方便又有描述性。10.0.0.0 网络中所有主机的网络位相同。

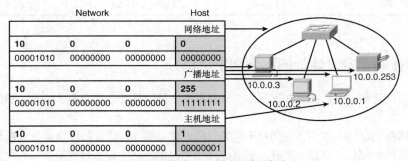

图 6-9 网络、广播和主机地址

这种地址不能分配给设备使用，因此不能用于网络通信中的地址。它仅指代一个网络。在网络的 IPv4 地址范围内，最小地址保留为网络地址。此地址的主机部分的每个主机位均为 0。

二、广播地址

网络中的 IPv4 广播地址是指定向广播地址。不同于网络地址，此地址用于网络中所有主机的通信。这一特殊的地址允许一个数据包发给网络中的所有主机。如前面的图 6-9 中所显示的那样，与网络中的所有主机通信要使用 10.0.0.255 作为目的地址，是网络的广播地址。

广播地址使用该网络范围内的最大地址。即主机部分的各比特位全部为 1 的地址。在有 24 个网络位的网络 10.0.0.0 中，如图 6-9 中，广播地址应为 10.0.0.255。

三、主机地址

如前所述，每台终端设备都需要唯一的地址才能向该主机传送数据包。在 IPv4 地址中，我们将介于网络地址和广播地址之间的值分配给该网络中的设备，这些地址称为主机地址。

图 6-9 中，介于 10.0.0.0 网络地址和 10.0.0.255 广播地址之间的地址是主机地址。也即从 10.0.0.1 到 10.0.0.254 地地址都可以分配给此逻辑网络只能够的主机。

四、网络前缀

在你检查网络地址时，你可能会问："如何才能知道有多少位代表网络部分，多少位代表主机部分？"问题的答案就是前缀长度。表示 IPv4 网络地址时，我们在网络地址后添加一个*前缀长度*。前缀长度给出地址中网络部分的比特位数。前缀长度写成斜线格式（*slash format*），也即"/"后跟网络位数。例如在 172.16.4.0 /24 中，/24 就是前缀长度，它告诉我们前 24 位是网络地址。这样，剩下的 8 位，即最后一个八位组就是主机部分。

分配给网络的前缀并不一定都是/24，具体取决于网络中的主机数量。使用不同的前缀数字会改变每个网络的主机范围和广播地址。请注意，在表 6-9 中前缀长度不同时，网络地址可以保持不变，但主机范围和广播地址会发生变化。从此表中还可看出，网络中可以分配到地址的主机数量也会发生变化。

表 6-9　　　　　　　　　　网络 172.16.4.0 网络使用不同的前缀

网　　络	网　络　地　址	主　机　范　围	广　播　地　址
172.16.4.0 /24	172.16.4.0	172.16.4.1–172.16.4.254	172.16.4.255
172.16.4.0 /25	172.16.4.0	172.16.4.1–172.16.4.126	172.16.4.127
172.16.4.0 /26	172.16.4.0	172.16.4.1–172.16.4.62	172.16.4.63
172.16.4.0 /27	172.16.4.0	172.16.4.1–172.16.4.30	172.16.4.31

6.4.2　子网掩码：定义地址的网络和主机部分

另一个你可能想问的是：如何知道网络地址有多少位是网络部分，有多少位是主机部分？答案就是子网掩码。

前缀和子网掩码是同一件事情的两种不同的表示方式：都代表地址的网络部分。前缀长度告诉你地址中有几位是网络部分，更易于理解。子网掩码用于数据网络中设备对网络部分的定义。

子网掩码使用 32 位值定义网络设备的 IPv4 地址的网络部分。掩码中的 0 和 1 分别指示地址中网络位和主机位。子网掩码铜 IPv4 地址一样用点分十进制表示。

在 IPv4 地址和子网掩码间有一对一的关系。在代表网络部分的每个位的位置上置入二进制 1，在代表主机部分的每个位的位置上置入二进制 0 即可创建子网掩码。

如表 6-10 所示，前缀/24 以子网掩码表示即为 255.255.255.0。

由于子网掩码高位是连续的 1 因此一个二进制八位数中可能存在的子网值数量有限。你只需要展开划分网络部分和主机部分那个二进制八位数。因此，地址掩码中使用的 8 位模式数量有限。子网掩码的比特模式、网络位的数量及数据位的数量如表 6-11 所示。

表 6-10　　　　　　　　　　确定主机 172.16.4.25/27 的网络地址

	点分十进制				二进制八位组			
主机	172	16	4	35	10101100	00010000	00000100	00100011
掩码	255	255	255	224	11111111	11111111	11111111	11100000
网络	172	16	4	32	10101100	00010000	00000100	00100000

表 6-11　　　　　　　　　　一个八位组内的子网掩码值

掩码（十进制）	掩码（二进制）	网络位	主机位
0	00000000	0	8
128	10000000	1	7
192	11000000	2	6
224	11100000	3	5
240	11110000	4	4
248	11111000	5	3
252	11111100	6	2
254	11111110	7	1
255	11111111	8	0

如果某个二进制八位数的子网掩码表示为 255，则地址中该二进制八位数对应的所有位均是网络位。同理，如果某个二进制八位数的子网掩码表示为 0，则地址的该二进制八位数对应的所有位均是主机位。在上述每种情况下，都无需将该二进制八位数展开为二进制即可确定网络部分和主机部分。同样你也可以在一个八位组中使用其他模式来确定网络位和数据位。

IPv4 地址范围

以点分十进制表示的 IPv4 地址范围为 0.0.0.0 到 255.255.255.255。就像你已经看到的，并不是这些地址都可以用作单播通信的单播主机地址。从 224.0.0.0 到 239.255.255.255 地址块为保留用于多播组的地址。

所有高于多播范围的地址保留用于特殊目的。除了有限广播地址 255.255.255.255 之外，240.0.0.0 到 255.255.255.254 是 IPv4 实验地址。当前，这些地址列为留给以后使用的地址（RFC3330）。这表示它们可以转换为可用地址。虽然目前还不能在 IPv4 网络中使用这些地址，但它们可以用于研究或实验。

排除为实验地址和多播地址保留的范围后，剩下的地址范围从 0.0.0.0 到 223.255.255.255，可供 IPv4 主机使用。不过，已经为特殊用途保留的许多地址也在此范围内。虽然我们前面已经介绍过部分保留地址，但主要的保留地址将在下一节讨论。

6.4.3　公用地址和私用地址

虽然大多数 IPv4 主机地址是*公有地址*，用于可以访问 Internet 的网络中，但也有一些地址块用于需要限制或禁止 Internet 访问的网络中。此类地址称为*私有地址*。

私有地址块是：

- 10.0.0.0 到 10.255.255.255（10.0.0.0 /8）；
- 172.16.0.0 到 172.31.255.255（172.16.0.0 /12）；
- 192.168.0.0 到 192.168.255.255（192.168.0.0 /16）。

私有空间地址块保留供私有网络使用。这些地址即便在网络外部不是唯一地址，也可在内部使用。不需要自由访问 Internet 的主机可以无限制使用私有地址。不过，内部网络仍然必须设计网络编址方案，确保私有网络中的主机使用其所在网络环境中唯一的 IP 地址。

位于不同网络中的许多主机可以使用同一个私有空间地址。使用此类地址作为源地址或目的地址的数据包不得出现在公有 Internet 上。位于这些私有网络边界的路由器或防火墙设备必须阻止或转换此类地址。即使此类数据包应该转发到 Internet，路由器也没有路由可将其转发到相应的私有网络。

由于私有目的地址不能通过 Internet 路由，所以需要将使用私有地址的数据包进行转换。如图 6-10 所示，称为网络地址转换（NAT）的服务，可以在位于私有网络边缘的设备上实施转换。在边界路由器上，NAT 将 IPv4 数据包头的私用地址转换为公用的地址。

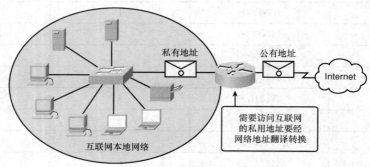

图 6-10　边界设备上的 NAT

通过"借用"公有地址，私用网络的主机可与外部网络通信。尽管 NAT 存在一些限制和性能问题，但大多数应用程序的客户端仍可通过 Internet 访问服务而不会遇到显著问题。

注　释　　NAT 将在随后的课程中详细介绍。

IPv4 单播主机范围内的绝大多数地址都是公有地址。此类地址供人们可以从 Internet 公开访问的主机使用。即使在这些地址块中，也有许多地址指定用于其他特殊用途，在下一节中描述。

6.4.4　特殊的单播 IPv4 地址

除了不能分配给主机的地址外，还有些特殊地址可以分配给主机，但这些主机在网络内的交互方式却受到限制。这些地址包括：

- 缺省路由；
- 回环地址；
- 链路本地地址；
- Test-net 地址。

下面总结这些特殊地址。

一、默认路由

0.0.0.0 表示 IPv4 默认路由。在没有更具体的路由可用时，默认路由作为"匹配所有"路由使用。此地址的使用还保留 0.0.0.0 – 0.255.255.255 (0.0.0.0 /8) 地址块中的所有地址。

二、环回

另一保留地址块是 127.0.0.0/8（127.0.0.0 to 127.255.255.255）。在 IPv4 主机中 127.0.0.1 保留为环回

地址。环回是主机用于向自身发送信息的一个特殊地址。环回地址为同一台设备上运行的 TCP/IP 应用程序和服务之间相互通信提供了一条捷径。同一台主机上的两项服务若使用环回地址而非分配的 IPv4 主机地址，就可以绕开 TCP/IP 协议族的下层。通过 ping 环回地址，还可以测试本地主机上的 TCP/IP 配置。

尽管只使用 127.0.0.1 这一个地址，但地址 127.0.0.0 /8（127.0.0.0 到 127.255.255.255）均予以保留。此地址块中的任何地址都将环回到本地主机中。此地址块中的任何地址都绝不会出现在任何网络中。

三、链路本地地址

地址块 169.254.0.0 /16（169.254.0.0 到 169.254.255.255）中的 IPv4 地址被指定为链路本地地址。在没有可用 IP 配置的环境中，操作系统可以自动将此类地址分配给本地主机。这些地址可用于小型点对点网络中，或者供无法从动态主机配置协议（DHCP）服务器自动获取地址的主机使用。

使用 IPv4 链路本地地址通信仅仅适用于与连接到同一个网络的其他设备通信。主机不能将目的地址为 IPv4 链路本地地址的数据包发送到任何路由器转发，而应该将这些数据包的 IPv4 TTL 设置为 1。

链路本地地址不提供本地网络之外的服务。不过，许多客户端/服务器应用程序和点对点应用程序使用 IPv4 链路本地地址也能正常工作。

四、Test-Net 地址

Test-Net 地址保留供教学使用。地址块为 192.0.2.0 /24（192.0.2.0 到 192.0.2.255）。这些地址可用在文档和网络示例中。与实验地址不同，网络设备的配置中能够接受此类地址。RFC 文档、厂商文档和协议文档中常常可以看到这些地址与域名 example.com 或 example.net 一起使用。此地址块中的地址不得出现在 Internet 上。

表 6-12 为保留和特殊用途 IPv4 地址的小结，其中并没有列出 IPv4 网络中所使用的所有特殊地址块。此外，这些地址块也在变化。你应查看 RFC 获取信息。

表 6-12　　　　IPv4 地址中主要的保留和特殊用途地址

类　型	地　址　块	地　址　范　围	参　　考
多播	224.0.0.0 /4	224.0.0.0–239.255.255.255	RFC 1700
网络地址	—	—	每个网络一个
广播地址	—	—	每个网络一个再加 255.255.255.255
实验地址	240.0.0.0 /4	240.0.0.0–255.255.255.254	RFC 3330
私有地址空间	10.0.0.0 /8 172.16.0.0 /12 192.168.0.0 /16	10.0.0.0–10.255.255.255 172.16.0.0–172.31.255.255 192.168.0.0–192.168.255.255	RFC 1918
默认路由	0.0.0.0 /8	0.0.0.0–0.255.255.255	RFC 1700
环回	127.0.0.0 /8	127.0.0.0–127.255.255.255	RFC 1700
链路本地地址	169.254.0.0 /16	169.254.0.0–169.254.255.255	RFC 3927
Test-Net 地址	192.0.2.0 /24	192.0.2.0–192.0.2.255	—

6.4.5　传统 IPv4 编址

在 20 世纪 80 年代早期，IPv4 地址被分为三类：A 类、B 类和 C 类地址。每类地址代表固定大小的网络。在 IP 发展的那个阶段，没有子网掩码来指定地址的网络部分和主机部分。为区别网络的大小，每类地址有不同的地址范围。设备通过检查地址的高位来确定使用多少比特定义网络。如地址192.168.2.2，由于地址属于C类，网络设备可以识别出是C类地址，而标准的C类地址前缀为/24。

在20世纪80年代后期及20世纪90年代早期，子网掩码添加到IPv4地址方案中，使得固定大小的网络可以分解、化成子网。然而，仍然延续了有类编址的局限。

在20世纪90年代的中期，大多基于类的编址系统的限制已经从标准和设备运行中去掉。但相关的技术已经发展了十几年，基于这种原因，你应该熟悉这些网络分类。表6-13总结了地址分类。

表6-13　　　　　　　　　　　　　　IPv4网络分类

地址分类	第一个八位组范围	前缀和掩码	可能的网络	每个网络的数量
A	1 to 127	/8 255.0.0.0	126 (27)	16,777,214 (224–2)
B	128 to 191	/16 255.255.0.0	16,384 (214)	65,534 (216–2)
C	192 to 223	/24 255.255.255.0	2,097,159 (221)	254 (28–2)

一、传统网络类

RFC1700定义了A类、B类和C类地址以适应特定的网络规模。此外，它还规定了D类（多播）和E类（实验）地址，具体如前文"通信地址类型：单播、广播、多播"和"IPv4实验地址范围"所述。一个A类、B类或C类地址块会整体分配给一家公司或组织。地址空间的这种使用方式称为**有类编址**。

1. A类地址块

A类地址块提供1600万以上的主机地址，用于支持规模非常大的网络。A类IPv4地址使用固定的/8前缀，以第一个二进制8位数来表示网络地址。剩下的三个二进制8位数用于主机地址。

为了给其他地址类保留地址空间，所有A类地址高位二进制八位数的最高位必须为零。这意味着包括保留的地址块在内，A类网络只可能有128个，即从0.0.0.0/8到127.0.0.0/8。即便A类地址保留了一半地址空间，但由于它们只有128个网络，因此只能分配给约120家公司或组织。

2. B类地址块

B类地址空间用于支持具有65,000台以上主机的中大型网络。B类IP地址使用高位的两个二进制8位数来表示网络地址。另外两个二进制8位数用于指定主机地址。与A类地址一样，B类地址也需要为其余的地址类保留地址空间。

对于B类地址，高位二进制8位数的最高两位是10。这将B类地址块限定于128.0.0.0 /16到191.255.0.0 /16。由于B类地址将全部IPv4地址的25%平均划分到大约16000个网络中，因此其地址分配效率略高于A类。

3. C类地址块

C类地址空间是最常用的传统地址类。此地址空间旨在为最多拥有254台主机的小型网络提供地址。C类地址块使用/24前缀。这表示C类网络只使用最后一个二进制8位数作为主机地址，而高位的三个二进制8位数则用于表示网络地址。

C类地址块高位二进制8位数的最高三位使用固定值110，为D类（多播）和E类（实验）网络保留地址空间。这将C类地址块限定于192.0.0.0 /16到223.255.255.0 /16。尽管它只占全部IPv4地址的12.5%，但却可以为200万个网络提供地址。

二、有类系统的限制

有些组织的要求与这三类地址中任何一类都不太相符。地址空间的有类分配通常会浪费许多地址，从而耗尽可用的 IPv4 地址。例如，当一家公司的网络有 260 台主机时，就需要分配给其具有 65000 个以上地址的 B 类地址。

虽然这种有类系统在 20 世纪 90 年代末已差不多作废了，但目前仍可在网络中看到其残留的印迹。例如，为计算机分配 IPv4 地址时，操作系统会通过检查分配的地址来确定此地址是 A 类、B 类还是 C 类地址。然后，操作系统采用该类使用的前缀来分配相应的子网掩码。

另一例则是某些路由协议对掩码的判断。有些路由协议在接收通告的路由时会根据该地址的类来判断前缀长度。

三、无类编址

我们目前使用的系统称为**无类编址**。使用无类系统时，不考虑单播地址的类而按照公司或组织的主机数量分配相应的地址块。与无类编址系统相关的其他实践，如使用固定大小的网络使得 IPv4 地址更加可行。

6.5 地址分配

网络人员必须为网络设计地址空间。下面将讲述设计网络地址的过程及实践。

6.5.1 规划网络地址

在企业网络中分配网络层地址空间需要合理设计。网络管理员不得随意选择网络中使用的地址，也不能在网络中随机分配地址。

网络管理员应该妥善规划和记录这些网络内部地址的分配以实现如下目标：
- 防止地址重复；
- 提供和控制访问；
- 监控安全和性能。

下面讲述规划和记录地址的三个原因并解释在网络内使用私有地址的原因。地址规划要考虑很多方面也有很多方法分配地址。例如你可以按不同的用户类型为网络分组。本节介绍规划过程的基本部分。

一、防止地址重复

正如你已经学过的，网络中的每台主机都必须具有唯一地址。如果没有正确地规划和记录这些网络的地址分配，很可能会将一个地址分配给多台主机。重复的地址使主机不能正常运行。会阻止主机通过网络进行通信。如果重复的地址是网络上的关键设备，如中间设备或服务器，则会影响很多其他主机。

二、提供和控制访问

有些主机如服务器为内部网络和外部网络提供资源。通过第 3 层地址可以控制对这些资源的访问。如果不规划和记录这些资源的地址，就不容易控制设备的安全和访问。例如，如果一台服务器的地址是随机分配的，就难以阻止对其地址的访问，客户端可能也无法定位此资源。

三、监控安全和性能

同样，你还需要监控网络主机和整个网络的安全和性能。作为监控过程的一部分，你要检查网络流量，查找发送或接收过多数据包的地址。如果正确规划和记录网络编址，就可以确定地址存在问题的网络设备。

四、在网络中分配地址

正如你已经学过的,主机通过地址中共用的网络部分与一个 IPv4 网络相关联。在一个网络中,有不同类型的主机,包括:

- 用户使用的终端设备;
- 服务器和外围设备;
- 可以从 Internet 访问的主机;
- 中间设备。

应该为这些不同设备类型中的每一种分配网络地址范围内的一个逻辑地址块。规划 IPv4 编址方案的一个重要部分是确定何时使用私有地址及其使用的位置。应该考虑的事项包括:

- 准备连接到网络的设备是否多于 ISP 为该网络分配的公有地址数?
- 是否需要从本地网络外部访问这些设备?
- 如果分配了私有地址的设备需要访问 Internet,网络能否提供网络地址转换(NAT)服务?

如果设备多于可用的公有地址,则只需为直接访问 Internet 的设备(如 Web 服务器)分配公有地址。分配了私有地址的设备可以通过 NAT 服务有效共享其余的公有地址。

6.5.2 最终用户设备的静态和动态地址

网络中的地址可以以静态或动态的方式分配给主机。为某个设备使用哪种分配方法取决于下面描述的因素。

一、用户设备的地址

在大部分数据网络中,数量最多的终端设备包括 PC、IP 电话、打印机和 PDA。由于这些主机是网络中数量最多的设备,因此应该将数量最多的地址分配给这些主机。IP 地址既可以静态也可以动态分配。

二、静态地址分配

采用静态方式分配时,网络管理员必须手动配置主机的网络信息。这一过程至少包括输入主机 IP 地址、子网掩码和默认网关。基于 Windows 的计算机接口的静态地址可在网络接口的 IP 属性窗口设置,如图 6-11 所示。

与动态地址相比,静态地址具有一些优点。例如:对于打印机、服务器以及网络上的客户端需要访问的其他网络设备而言,静态地址就很实用。如果主机通常访问某个 IP 地址的服务器,如果该地址改变,就会导致一些问题。此外,静态分配地址信息还可以提高对网络资源的控制能力。但是,在每台主机上输入信息却非常耗时。

由于重复地址会影响主机运行,所以要小心不能重复使用地址。使用静态 IP 编址时,应维护一份准确的清单,列出分配给每台设备的 IP 地址。

三、动态地址分配

由于静态地址管理存在诸多问题,通常会使用动态主机

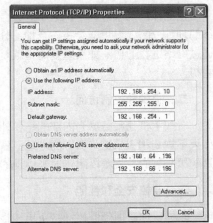

图 6-11 静态分配主机地址

配置协议（DHCP）为终端用户设备动态分配地址。

DHCP 可以自动分配 IP 地址、子网掩码、默认网关等地址信息和其他配置信息。DHCP 服务器的配置需要定义一个地址块，称为*地址池*，用于分配给网络中的 DHCP 客户端。应该规划分配给此地址池的地址，以便排除用于其他设备类型的所有地址。

在大型网络中，DHCP 一般是分配主机 IP 地址的首选方法，因为它可降低网络支持人员的工作负担，而且几乎可以杜绝任何输入错误。DHCP 的另一个优点是，地址并非固定分配给主机而只是"租用"一段时间。如果主机关闭或离开网络，该地址就可返回池中供再次使用。此特征特别适用于在网络中进进出出的移动用户。

6.5.3 选择设备地址

在网络内确定要分配的地址时，同样的设备应在一组。这样地址范围容易区别。通过检查地址，就可以确定是哪类设备发送的数据包。

一、服务器和外围设备的地址

任何网络资源，如服务器或打印机都应该有一个静态 IPv4 地址。客户端使用这些设备的 IPv4 地址来访问这些资源。因此，每台服务器和外围设备都需要可以预测的地址。

服务器和外围设备是网络流量密集点。这些设备的 IPv4 地址发送和接收的数据包数量极大。网络管理员使用 Wireshark 之类工具监控网络流量时，需要具备快速识别这些设备的能力。对这些设备使用统一的编号系统有助于提高识别能力。

二、可以从 Internet 访问的主机的地址

在大多数国际网络中，只有少数设备可供企业外部的主机访问。通常，这些设备多半是某种类型的服务器。如同提供网络资源的所有网络设备一样，这些设备的 IPv4 地址也应该是静态地址。

对于可以通过 Internet 访问的服务器，每台服务器都必须有一个与之关联的公有地址。此外，任何此类设备的地址发生变更都将导致无法通过 Internet 访问此设备。在许多情况下，此类设备所在的网络都使用私有地址编号。这表示位于该网络边界的路由器或防火墙必须配置为将该服务器的内部地址转换为公有地址。由于边界中间设备中的这种额外配置，所以这些设备必须具有可以预测的地址。

三、中间设备的地址

中间设备也是网络流量密集点。网络内部或不同网络之间的所有流量几乎都要经过某种形式的中间设备。因此，这些网络设备是网络管理、网络监控和网络安全的理想位置。

大多数中间设备都分配了第 3 层地址，用于设备管理或满足其工作需要。集线器、交换机和无线接入点等设备作为中间设备运行时并不需要 IPv4 地址。但是，如果需要使用这些设备作为主机来配置网络、监控网络运行或排除运行故障，则需要为其分配地址。

由于你需要知道与中间设备通信的途径，因此其地址应该可以预测。所以，通常我们会手动分配它们的地址。此外，这些设备的地址应该与用户设备地址位于网络地址块中不同的范围内。

四、路由器和防火墙的地址

与上文提到的其他中间设备不同，路由器和防火墙设备的每个接口都分配一个 IPv4 地址。每个接口位于不同的网络中并充当该网络中主机的网关。路由器接口一般使用网络中的最小地址或最大地址。企业内部所有网络之间的这种分配应该统一，这样，无论网络人员处理的是哪个网络，他们始终都能

知道该网络的网关。

路由器和防火墙接口是传入和传出该网络的流量密集点。由于每个网络中的主机使用一个路由器或防火墙设备接口作为传出网络的网关，所以会有大量数据包流经这些接口。因此，这些设备可以在网络安全方面发挥重要作用，根据源 IPv4 地址和（或）目的 IPv4 地址过滤数据包。将不同类型的设备划分为逻辑地址组可以提高地址分配和这种数据包过滤操作的效率。

当设备地址按相同的功能分组后，你可以按组来设定规则而不必为每个设备建立规则。可以用总结地址建立一条规则而不必为每个设备建立单独规则。这使得设备具有更少的安全规则，也可以使安全功能执行的更流畅。

表 6-14 显示了地址分组。在此表中，我们将设备分成四组：用户主机，服务器，外围设备和网络设备。每种设备类型分配网络中的一组地址。每组的总结地址在最后一列显示。利用总结地址建立安全规则。有关地址总结将在后面的课程中讲述。

表 6-14　　　　　　　　　　172.16.x.0/24 网络内的设备地址分组

使　用	底　端　地　址	高　端　地　址	总　结　地　址
用户主机（DHCP 地址池）	172.16.x.1	172.16.x.127	172.16.x.0 /25
服务器	172.16.x.128	172.16.x.191	172.16.x.128 /26
外围设备	172.16.x.192	172.16.x.223	172.16.x.192 /27
网络设备	172.16.x.224	172.16.x.253	172.16.x.224 /27
路由器（网关）	172.16.x.254	—	172.16.x.224 /27

在表 6-14 中，你可能注意到地址的中间 8 位组用 x 表示。这表示类似的网络中使用相同的地址结构。可以使在组织内部地址分配和安全规则一致。

6.5.4　Internet 地址分配机构（IANA）

公司或组织如果希望网络主机可以通过 Internet 访问，必须获得分配的公有地址块。这些公有地址的使用受到管制，公司或组织必须拥有分配给自己的地址块。IPv4 地址、IPv6 地址和多播地址都如此。

IANA（http://www.iana.net）是 IP 地址的主要负责机构。IP 多播地址和 IPv6 地址由 IANA 直接分配。在 20 世纪 90 年代中期以前，所有 IPv4 地址空间一直由 IANA 直接管理。当时，它将其余的 IPv4 地址空间分配给其他各注册管理机构管理，用于特定用途或特定地域。这些注册管理公司称为*地区 Internet 注册管理机构（RIR）*，主要的注册管理机构包括：

- AfriNIC（African Network Information Centre，非洲网络信息中心）–非洲地区 http://www.afrinic.net
- APNIC（Asia Pacific Network Information Centre，亚太网络信息中心）–亚洲和太平洋地区 http://www.apnic.net
- ARIN（American Registry for Internet Numbers，美洲 Internet 编号注册管理机构）–北美地区 http://www.arin.net
- LACNIC（Regional Latin-American and Caribbean IP Address Registry，拉丁美洲及加勒比 Internet 地址注册管理机构）– 拉丁美洲和部分加勒比海岛屿 http://www.lacnic.net
- RIPE NCC（Reseaux IP Europeans，RIPE 网络协调中心）–欧洲、中东和中亚地区 http://www.ripe.net

6.5.5 ISP

大部分公司或组织从 Internet 服务供应商（ISP）获取 IPv4 地址块。ISP 通常将少量可用的 IPv4 地址（6 个或 14 个）作为服务的一部分提供给自己的客户。在确有合理需要并且支付额外服务费用的情况下，可以获取地址更多的地址块。

从某种意义而言，ISP 将这些地址出借或出租给组织使用。如果你转而选择另一家 ISP 提供 Internet 连接，新的 ISP 将从其已经获得的地址块中为我们提供地址，而前一家 ISP 则将以前借用给我们的地址块收回，然后再分配给其他客户。

一、ISP 服务

要访问 Internet 服务，必须通过 Internet 服务提供商（ISP）将数据网络连接到 Internet。ISP 自己有一组内部数据网络，用于管理 Internet 连接并提供相关服务。ISP 通常还为客户提供其他服务，其中包括域名系统（DNS）服务、电子邮件服务和网站。取决于所需的服务级别和可用性，客户使用的 ISP 级别也不同。

二、ISP 级别

根据 ISP 连接到 *Internet 主干* 的等级，可以为 ISP 指定不同的层级。如图 6-12 所示，较低的级别通过连接到上一级 ISP 而连接到主干。

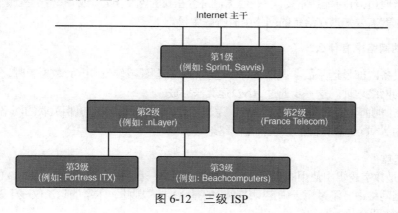

图 6-12 三级 ISP

1. 第 1 级

第 1 级 ISP 位于 ISP 层级结构的顶端。这些 ISP 是直接连接到 Internet 的大型全国 ISP 或大型国际 ISP。第 1 级 ISP 的客户是下级 ISP 或大型公司与组织。由于他们位于 Internet 连接的顶端，因此需要设计高度可靠的连接和服务。用于支持这种可靠性的技术包括与 Internet 主干的多种连接。

对于第 1 级 ISP 的客户而言，主要优点是可靠性和速度。由于这些客户与 Internet 之间只有一个连接，因此发生故障或流量瓶颈的概率较低。第 1 级 ISP 客户的缺点是成本高。

2. 第 2 级

第 2 级 ISP 从第 1 级 ISP 获取 Internet 服务。第 2 级 ISP 的服务对象一般集中于企业客户。第 2 级 ISP 提供的服务通常多于另外两级 ISP。这些第 2 级 ISP 一般都有 IT 资源，用于运行自己的服务，如 DNS、电子邮件服务器和 Web 服务器等。第 2 级 ISP 提供的其他服务包括网站开发和维护、电子商务和 VoIP。

与第 1 级 ISP 相比，第 2 级 ISP 的主要缺点是 Internet 接入速度较慢。由于第 2 级 ISP 距离 Internet

主干和第 1 级 ISP 相比至少要远一个连接，因此其可靠性常常也低于第 1 级 ISP。

3. 第 3 级

第 3 级 ISP 向第 2 级 ISP 购买 Internet 服务。这些 ISP 的业务重点是特定地区的零售和家庭市场。第 3 级客户通常不需要第 2 级客户所需的多项服务。他们需要的主要是连接和支持。

通常，这些客户具备的计算机或网络专业知识极少或根本不懂。第 3 级 ISP 常常将 Internet 连接作为他们与客户之间网络和计算机服务合同的一部分捆绑销售。尽管他们的带宽没有第 1 级和第 2 级提供商高，可靠性也较低，但却通常是中小型公司的理想选择。

6.6 计算地址

使用 IPv4 网络，必须研究和确定正确的地址。这包括确定网络上是否有某台主机、确定网络的地址和确定地址结构的划分。

下面，将介绍这些技术。并通过几个例子来演示如何实现。

6.6.1 这台主机在我的网络上吗？

作为网络管理员，你可能经常要问"一台主机是否在我的网络上？"或"一台主机属于哪个网络？"要确定这件事，就需要知道在给定的网络中有哪些主机。

AND：你的网络中有什么？

数据网络设备内部是运用数字逻辑来解释地址的。在创建或转发 IPv4 数据包时，必须从目的地址中提取出目的网络地址。这一步通过 *AND* 运算来完成。

对 IPv4 主机地址同其子网掩码执行 AND 逻辑运算，可以确定该主机相关联的网络地址。地址和子网掩码之间的 AND 运算得到的结果就是网络地址。

1. AND 运算

AND 运算是数字逻辑中使用的三种基本二进制运算之一。另外两种是 OR 和 NOT。虽然这三种运算都用于数据网络中，不过用于确定网络地址的是 AND。因此，本章的讨论仅限于逻辑 AND。逻辑 AND 运算比较两个位，所得结果如下：

1 AND 1 = 1
1 AND 0 = 0
0 AND 1 = 0
0 AND 0 = 0

任意值同 1 进行 AND 运算，所得结果都是原来的位。即，0 AND 1 得 0 而 1 AND 1 得 1。相应地，任意值同 0 进行 AND 运算，结果都为 0。AND 运算的这些特性与子网掩码配合使用便可以"遮掩"IPv4 地址的主机位。地址的每个位同子网掩码的相应位进行 AND 运算。

由于子网掩码中代表主机位的所有位都是 0，因此，所得网络地址的主机部分也全部变为 0。我们曾学过，主机部分全部为 0 的 IPv4 地址代表网络地址。同理，子网掩码中表示网络部分的所有位均为 1。这些 1 同地址的相应位逐个进行 AND 运算时，所得各位与原来的地址位相同。

2. 使用逻辑 AND 的原因

数据网络中的设备在主机地址和子网掩码之间执行 AND 运算的原因各异。路由器使用 AND 运算来确定传入数据包的合理路由。路由器检查目的地址，并尝试将此地址关联到下一跳。当数据包到达路由器时，路由器对传入数据包中的 IP 目的地址和可能路由的子网掩码执行 AND 运算。由此得到的网络地址将与所用子网掩码的路由表中的路由相比较。

发送主机必须确定应该将数据包直接发送到本地网络中的主机还是应将其转发到网关。要做出此决定，主机首先必须了解自己的网络地址。

主机通过对其地址和子网掩码执行 AND 运算提取出自己的网络地址。发送主机也会对该数据包的目的地址和主机的子网掩码执行逻辑 AND 运算。得到的结果便是目的地址的网络地址。如果此网络地址与本地主机的网络地址相符，就会将该数据包直接发送到目的主机。如果两个网络地址不符，就会将该数据包发送到网关。

3. AND 的重要意义

如果路由器和终端设备无需干预即可完成这些运算过程，我们为什么还要了解 AND 运算的运算方法呢？这是因为我们对网络的工作原理了解越多，对网络运行情况的预测能力也就越强，设计和(或)管理网络的准备也就越充分。

在网络验证和故障排除过程中，通常需要确定主机所在的 IPv4 网络或确定两台主机是否位于同一个 IP 网络中。你需要从网络设备的角度来做出此决定。由于配置不正确，某台主机可能会以为自己所在的网络与预定网络不同。这可能会导致工作不正常，但检查该主机使用的 AND 运算过程就可以诊断这个问题。

此外，路由器可能有许多条不同路由都可以将数据包转发到给定目的地址。选择使用哪条路由发送给定的数据包是一个非常复杂的运算过程。例如，构成这些路由的前缀并非直接与分配给主机的网络相关联。这表示路由表中的路由可能代表许多网络。如果路由数据包的过程存在问题，就需要确定路由器做出路由决定的方式。尽管网络管理员可以使用子网计算器，但了解如何手动计算子网也非常实用。

4. 与运算过程

图 6-13 显示了 192.0.0.1 和子网掩码 255.255.255.0 与运算过程。前两个 8 位组，掩码位都为 1，这些位与主机地址 AND 运算后，结果还是主机地址。后两个 8 位组，掩码位都是 0 (0)，AND 运算后，结果为 0。

	点分十进制				二进制八位组			
主机	192	0	0	1	11000000	00000000	00000000	00000001
掩码	255	255	0	0	11111111	11111111	00000000	00000000
与网络	192	0	0	0	11000000	00000000	00000000	00000000

图 6-13 子网掩码应用

6.6.2 计算网络、主机和广播地址

现在你可能会问："如何确定一个网络的网络、主机和广播地址？"在计算中需要你检查这些地址的二进制形式，步骤如下：

第 1 步　计算网络地址；
第 2 步　计算最低的主机地址；
第 3 步　计算广播地址；
第 4 步　计算最高的主机地址；

第 5 步 确定主机地址范围。

下面，计算 172.16.20.0/25。

一、计算网络地址

首先，确定网络地址。网络地址是地址块中最低的地址。主机位都为 0 代表网络地址。由于是 25 位前缀，所以最后 7 位是主机位，并为 0。

图 6-14 显示了 172.16.20.0 /25 网络的网络地址。

172	16	20	0
1 0 1 0 1 1 0 0	0 0 0 1 0 0 0 0	0 0 0 1 0 1 0 0	0 0 0 0 0 0 0 0
网络			主机

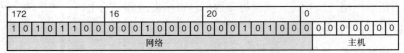

图 6-14 172.16.20.0 /25 网络的网络地址

除了最后一位，所有主机位都为 0：0+0+0+0+0+0+0+1=1，主机地址的最小一位设置为 1，地址为 172.16.20.1.因此最小的主机地址是 172.16.20.1。

172	16	20	1
1 0 1 0 1 1 0 0	0 0 0 1 0 0 0 0	0 0 0 1 0 1 0 0	0 0 0 0 0 0 0 1
网络			主机

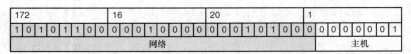

图 6-15

二、计算广播地址

虽然看起来不是正常顺序，但在计算最大主机地址之前计算广播地址更容易。网络的广播地址是地址块中的最高一个地址。要设置所有主机位。因此，本例中所有 7 个主机位都为 1，如图 6-16 所示。

172	16	20	127
1 0 1 0 1 1 0 0	0 0 0 1 0 0 0 0	0 0 0 1 0 1 0 0	0 1 1 1 1 1 1 1
网络			主机

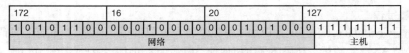

图 6-16 172.16.20.0 /25 网络的广播地址

所有主机位为 1：64+32+16+8+4+2+1=127。经过计算，最后一个八位组的值为 127。所以 172.16.20.0/25 网络的广播地址是 172.16.20.127。

三、计算最高的主机地址

在确定了广播地址后，你可以很轻松的确定最高的主机地址。比广播地址少 1 即是。如图 6-17 所示，广播地址是 172.16.20.127，则最高的主机地址为 172.16.20.126。要确定最高的主机地址，将最低主机位设置为 0，其他主机位为 1。

172	16	20	126
1 0 1 0 1 1 0 0	0 0 0 1 0 0 0 0	0 0 0 1 0 1 0 0	0 1 1 1 1 1 1 0
网络			主机

图 6-17 172.16.20.0 /25 网络的最高主机地址

除了最低一位，所有主机位为 1：64+32+16+8+4+2+0=126。本例中最大的主机地址为 172.16.20.126。

注 释 虽然在本例中所有 8 位组都扩展了，但你仅需要检查本分开的 8 位组，即既有网络位又有主机位的 8 位组。

四、确定主机地址范围

最后,你要确定网络的主机地址范围。主机地址范围包括从最低到最高的所有地址。因此在这个网络中,地址范围为:

172.16.20.1 到 172.16.20.126。

这些地址可以分配给 172.16.20.0/25 网络中的主机。一台分配了其他地址的主机将不在同一个逻辑子网中。

6.6.3 基本子网

另一个 IPv4 地址技能帮助网管员规划子网。网际网络中所使用的地址需要被分成网络,每个网络使用这些地址中的一部分,称为子网。很多技术用于规划子网。本节将介绍这些因素和技术。

通过子网划分可以从一个地址块创建多个逻辑网络。由于路由器将这些网络连接在一起,因此路由器上的每个接口都必须有唯一的网络 ID。该链路上的每个节点都位于同一个网络中。

你可以使用一个或多个主机位作为网络位创建子网。具体做法是延长掩码,从地址的主机部分"借用"若干位来增加网络位。使用的主机位越多,可以定义的子网也就越多。每借用一个位,可用的子网数量就翻一番。例如,借用 1 位可以定义 2 个子网。如果借用 2 位,则有 4 个子网。

但是,每借用一位,每个子网可用的主机地址就会减少。因此,每个子网有更少的可用地址。此外,每个子网还有两个地址——网络地址和广播地址——不能分配给主机,因此整个网络的总的主机数量减少。

一、建立两个子网

图 6-18 中的路由器 A 有两个接口用于互联两个网络。给定地址块为 192.168.1.0/24,你将创建两个子网。可以向主机借一位,使用子网掩码 255.255.255.128 取代原来的掩码 255.255.255.0。最后一个二进制 8 位数的最高位用于区分这两个子网。其中一个子网的这个位为"0",而另一个子网的这个位为"1"。这两个子网的信息如表 6-15 所示。

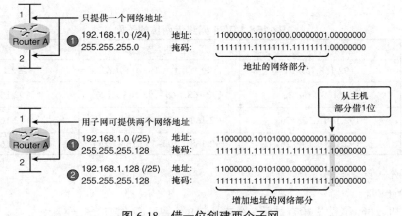

图 6-18 借一位创建两个子网

用于计算子网数量的公式:

2^n,其中,$n =$ 借用的位数。

表 6-15　　　　　　　　192.168.1.0/24 网络借一位的子网

子网网络地址	主 机 范 围	广 播 地 址
1　192.168.1.0/25	192.168.1.1–192.168.1.126	192.168.1.127
2　192.168.1.128/25	192.168.1.129–192.168.1.254	192.168.1.255

在图 6-18 和表 6-15 的例子中，计算结果如下：

$2^1 = 2$ 个子网。

检查每个子网最后一个二进制 8 位数的二进制数字。两个网络的最后一个二进制 8 位数的值分别是：

子网 1　00000000 = 0；

子网 2　10000000 = 128。

要计算每个网络的主机数量，可以使用公式 $2^n - 2$，其中，n = 留给主机的位数。

图 6-18 和表 6-15 的两个子网的例子采用此公式，$2^7 - 2 = 126$ 表示这些子网中每个子网可包含 126 台主机。

二、建立三个子网

我们还是从同一个例子开始，考虑建立三个子网的网络。图 6-19 中有相同的 192.168.1.0 /24 地址块。借用一个位只能提供两个子网。要提供更多网络，我们必须借用两个位，将子网掩码更改为 255.255.255.192。这样可提供 4 个子网。这些网络显示在表 6-16 中。计算如下：

图 6-19　借两位产生子网

表 6-16　　　　　　　　192.168.1.0/24 网络借两位的子网

子　　网	网络地址	主 机 范 围	广 播 地 址
0	192.168.1.0/26	192.168.1.1–192.168.1.62	192.168.1.63
1	192.168.1.64/26	192.168.1.65–192.168.1.126	192.168.1.127
2	192.168.1.128/26	192.168.1.129–192.168.1.190	192.168.1.191
3	192.168.1.192/26	192.168.1.193–192.168.1.254	192.168.1.255

使用以下公式计算子网：

$2^2 = 4$ 个子网。

要计算主机数量，首先要检查最后一个二进制 8 位数。请注意这些子网：

子网 0　　0 = 00000000；

子网 1　　64 = 01000000；

子网 2　　128 = 10000000；

子网 3　192 = 11000000。

运用主机计算公式。

2^6 − 2 = 62 台主机/子网。

三、建立六个子网

考虑图 6-20 的例子，需要 5 个 LAN 和 1 个 WAN，总共 6 个网络。网络信息显示在表 6-17 中，计算如下：

表 6-17　192.168.1.0/24 网络借三位的子网

子　网	网　络　地　址	主　机　范　围	广　播　地　址
0	192.168.1.0/27	192.168.1.1–192.168.1.30	192.168.1.31
1	192.168.1.32/27	192.168.1.33–192.168.1.62	192.168.1.63
2	192.168.1.64/27	192.168.1.65–192.168.1.94	192.168.1.95
3	192.168.1.96/27	192.168.1.97–192.168.1.126	192.168.1.127
4	192.168.1.128/27	192.168.1.129–192.168.1.158	192.168.1.159
5	192.168.1.160/27	192.168.1.161–192.168.1.190	192.168.1.191
6	192.168.1.192/27	192.168.1.193–192.168.1.222	192.168.1.223
7	192.168.1.224/27	192.168.1.225–192.168.1.254	192.168.1.255

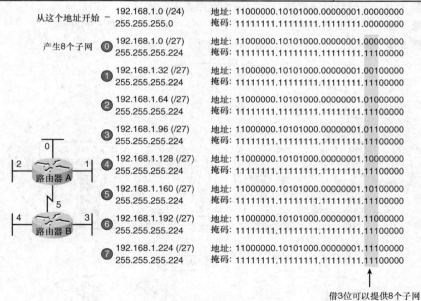

图 6-20　借三位建立子网

为了提供 6 个网络，需要对 192.168.1.0/24 划分子网，使用以下公式可算出地址块数量：

2^3 = 8。

要获得至少 6 个子网，需借用三个主机位。子网掩码 255.255.255.224 提供了额外的三个网络位。要计算主机数量，首先要检查最后一个二进制 8 位数。请注意这些子网。

0 = 00000000

32 = 00100000

64 = 01000000

96 = 01100000
128 = 10000000
160 = 10100000
192 = 11000000
224 = 11100000

运用主机计算公式：

2^5 − 2 = 30 台主机/子网。

6.6.4 子网划分：将网络划分为适当大小

企业或组织网际网络中的每个网络都用于支持限定数量的主机。有些网络，如点对点 WAN 链路最多只需要两台主机。而其他网络，如大型建筑或部门内的用户 LAN 却可能需要支持数百台主机。网络管理员需要设计网间编址方案，以满足每个网络的最大主机数量需求。每个部分的主机数量还应该支持主机数量的增长。

这一过程，请参考图 6-21 中的网络例子。这一过程的每个步骤都使用这个例子。将网际网络的地址块子网化的步骤如下：

第 1 步 确定总的地址数量；
第 2 步 确定网络数量和每个网络中的主机数量；
第 3 步 划分地址块以建立适应最大网络要求的网络；
第 4 步 进一步划分地址块，建立适应下一个最大网络要求的网络；
第 5 步 继续这一过程，直到所有子网都分配了地址块。

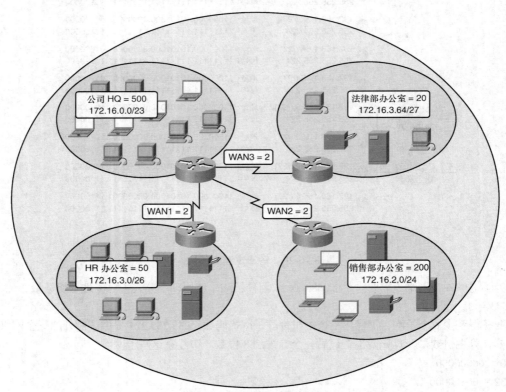

图 6-21 网络到子网的例子

一、确定主机总数

首先要考虑整个企业网际网络所需的主机总数。必须使用足以支持所有企业网络中全部设备的地址块。这些设备包括终端用户设备、服务器、中间设备和路由器接口。

二、确定网络的数量和大小

对这个网络,考虑网络的总数和每个网络中主机数量。将网络划分为子网,以此解决地点、大小和控制存在的问题。在设计编址方案时,要考虑以前讨论过的主机分组因素:

- 按照同一个地理位置分组;
- 将用于特定用途的主机分为一组;
- 根据所有权分组。

每条 WAN 链路是一个网络。我们会为互联不同地理位置的 WAN 创建子网。连接不同地点时,我们使用路由器来解决 LAN 和 WAN 之间存在的硬件差异。

虽然通常是位于同一个地理位置的主机组成一个地址块,但我们也可能需要将此地址块划分为子网,从而在每个地点另行组成一些网络。如果不同地点的一些主机用于满足共同的用户需要,你也需要在这些地点创建子网。可能还有其他用户组需要大量网络资源,或者有许多用户需要自己的子网。此外,服务器之类的特殊主机可能也有子网。在计算网络数量时,需要考虑上述所有因素。你还不得不考虑一些特殊需求的网络的安全性和管理的需要。

在此规划过程中的另一个有用工具是电子表格。电子表格按列排放地址可以使地址分配一目了然也更精确。如图 6-21 中的网络,在 4 个位置需要安排 800 台主机及一个 WAN 连接,我们使用二进制算法来分配/22 地址块($2^{10}-2=1022$),10 为用作主机部分。

三、分配地址

我们已算出了网络的数量和每个网络的主机数量,现在就需要着手从整个地址块中分配地址。此过程首先从需要最多主机的地点开始,最后是点到点链路。这样的过程可以确保将足够大的地址块用于支持这些地点的主机和网络。

在划分和分配可用子网时,务必要将足够大小的地址块用于较大的需求。此外还应仔细规划,确保分配给子网的地址块不存在范围重叠。在此规划过程中的另一个有用工具是电子表格。按列排放地址可以使地址分配一目了然,防止重复分配地址。图 6-22 显示了使用电子表格规划地址。

分配了主要的地址块后,下一步是将需要划分的所有地点划分为子网。本例中将公司的总部(HQ)划分成了两个网络。这个位置的网络如图 6-23 所示。这种对地址的进一步细分通常称为*细分子网*。如同子网划分一样,我们需要仔细规划地址分配才能保证有可用的地址块。

从给定地址块创建更小的新网络通过延长前缀长度实现;即向子网掩码中添加 1。这样做可以将更多位数分配给地址的网络部分,从而为新子网提供更多位模式。每借用一位,可用的网络数量就翻一番。例如,若使用 1 位,就有可能将该地址块划分为两个更小的网络。使用一个位的形式,可以产生两个唯一的位模式,即 1 和 0。如果借用 2 位,就可以提供 4 个唯一的位模式用于表示网络 00、01、10 和 11,而 3 个位则可产生 8 个地址块等等。

四、确定主机的总数

在前面的章节中学过,将地址范围划分为子网时,每个新的网络应减少两个主机地址。它们是网络地址和广播地址。

计算网络中主机数量的公式如下:

可用主机数量= $2n-2$。

其中,n 是留给主机使用的位数。

公司网络	HQ	销售部	HR	法律部	WAN1	WAN2	WAN3	未使用
172.16.0.0/22	172.16.0.0/23	172.16.2.0/24	172.16.3.0/26	172.16.3.64/27	172.16.3.128/30	172.16.3.132/30	172.16.3.136/30	
172.16.0.1	172.16.0.1							
	172.16.1.255							
		172.16.2.0						
		172.16.2.255						
			172.16.3.0					
			172.16.3.63					
				172.16.3.64				
				172.16.3.127				
					172.16.3.128			
					172.16.3.131			
						172.16.3.132		
						172.16.3.135		
							172.16.3.136	
							172.16.3.139	
								172.16.3.140
172.16.3.255								172.16.3.255

图 6-22 在电子表格上规划子网

HQ	HQ1	HQ2
172.16.0.0/23	172.16.0.0/24	172.16.1.0/24
172.16.0.1	172.16.0.0	
	172.16.0.255	
		172.16.1.0
172.16.1.255		172.16.1.255

图 6-23 HQ 位置的子网

6.6.5 细分子网

细分子网即使用可变长子网掩码（VLSM），其目的是最大限度提高编址效率。VLSM 是与无类寻址相关的技术。采用传统的子网划分来确定主机总数时，每个子网分配的地址数量相同。如果所有子网对主机数量的要求相同，这些固定大小的地址块效率就会很高。但是，绝大多数情况并非如此。

例如，图 6-24 中的拓扑结构共需要 7 个子网，即 4 个 LAN 和 3 个 WAN 各需一个子网。假设给定的地址为 192.168.20.0，需要从最后一个二进制八位数中的主机位借用 3 个位才能提供 8 个子网，满足 7 个子网需求。

这些位是借用的位，通过将相应的子网掩码位更改为"1"来表示这些位现在用作网络位。然后，以二进制 11100000（即 224）来表示该掩码的最后一个二进制八位数。用 /27 记法表示新掩码

255.255.255.224，代表该掩码总共有 27 个位。

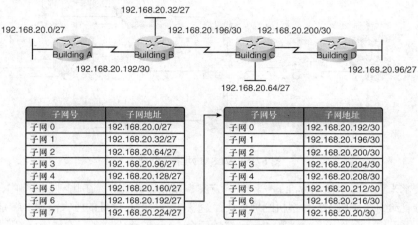

图 6-24 VLSM 子网

此子网掩码以二进制表示即为：11111111.11111111.11111111.11100000

借用 3 个主机位作为网络位后，剩下 5 个主机位。这 5 个位允许每个子网最多包含 30 台主机。

尽管我们完成了将网络划分为足够数量子网的任务，但这种做法却浪费了大量未使用的地址。例如，WAN 链路的每个子网中仅仅需要 2 个地址。在这 3 个 WAN 子网中，每个子网都有 28 个未使用的地址被限定在这些地址块中。

此外，这样做还减少了可用子网的总数，从而限制了未来的发展。这种低效的地址使用率正是有类编址的缺点。

对示例场景采用标准的子网划分方案，效率并不是非常高，而且比较浪费。事实上，本例是说明如何使用细分子网来提高地址利用率的理想模型。

一、获得更多供较少主机使用的子网

重新回到前面的示例中，从原始子网着手，创建更多供 WAN 链路使用的较小子网。创建几个较小的子网后，每个子网能支持 2 台主机，可以空出原来的子网给其他设备，从而避免浪费大量地址。

为了创建图 6-24 中供 WAN 链路使用的这类小子网，我们可以从 192.168.20.192 着手，将此子网划分为多个更小的子网。为了给 WAN 提供各有两个地址的地址块，要另行借用三个主机位用作网络位。

地址：192.168.20.192。二进制表示：11000000.10101000.00010100.11000000。

掩码：255.255.255.252，30 个位。二进制表示：11111111.11111111.11111111.11111100。

编址规划将 192.168.20.192/27 子网划分为多个更小的子网，来为 WAN 提供地址。这种做法将每个子网的地址数目减少到适合 WAN 的大小。采用此编址方案，子网 4、子网 5 和子网 7 可供未来的网络使用，其他几个子网可供 WAN 使用。

二、其他子网例

在图 6-25 中，我们将从另一个角度来考虑编址问题。我们将根据主机数量，包括路由器接口和 WAN 连接来考虑子网划分。此场景的要求如下：

- AtlantaHQ 需要 58 个主机地址；
- PerthHQ 需要 26 个主机地址；
- SydneyHQ 需要 10 个主机地址；
- CorpusHQ 需要 10 个主机地址；
- WAN 链路各需 2 个主机地址。

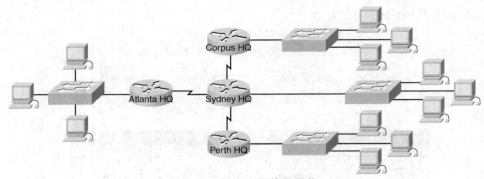

图 6-25 VLSM 网络子网化

从这些要求来看，如果使用标准的子网划分方案，显然非常浪费。在此网际网络中，标准的子网划分会固定分配给每个子网 62 台主机的地址块，这意味着对潜在地址的巨大浪费。特别是 PerthHQ LAN 支持 26 位用户，而 SydneyHQ 和 CorpusHQ 两个 LAN 的路由器各只支持 10 位用户。因此，假设给定地址块为 192.168.15.0/24，你将开始为图 6-25 中的网络设计一个编址方案，满足上述要求并节省潜在的地址。

1. **分配 AtlantaHQ LAN**

制定合适的编址方案时，始终应该从最大要求着手。本例中的有最大要求的是 AtlantaHQ，有 58 位用户。从 192.168.15.0 着手，需要 6 个主机位才能满足 58 台主机的要求，因此另有 2 个位可供网络部分使用。此网络的前缀应该是/26，子网掩码为 255.255.255.192。

我们先将原始地址块划分为 192.168.15.0 /24 的子网。使用公式 "可用主机= $2^n - 2$"，计算出 6 个主机位允许子网中包含 62 台主机。62 台主机符合 AtlantaHQ 公司路由器所需的 58 台主机。

地址：192.168.15.0 以二进制表示为 11000000.10101000.00001111.00000000

掩码：255.255.255.192 以二进制表示 26 个位为 11111111.11111111.11111111.11000000

借 2 个主机位 AtlantaHQ LAN 的掩码为/26。

如果使用固定地址块编址方案时，所有子网掩码都为/26，将提供如下的子网。

子网 1：192.168.15.0 /26，主机地址范围从 1 到 62。
子网 2：192.168.15.64 /26，主机地址范围从 65 到 126。
子网 3：192.168.15.128 /26，主机地址范围从 129 到 190。
子网 4：192.168.15.192 /26，主机地址范围从 193 到 254。

固定地址块只能划分 4 个子网，因此无法为此网际网络中的绝大多数子网提供足够的地址块。

在此子网场景中，你必须使用 VLSM 以确保每个子网的大小与主机要求相符，VLSM 提供与每个网络中主机要求直接相关的编址方案。

2. **为 PerthHQ LAN 分配地址**

下面你将查看第二大子网的要求。此子网是 PerthHQ LAN，包括路由器接口在内需要 26 个主机地址。应该从下一个可用地址 192.168.15.64 着手创建此子网的地址块。我们只要多借一位就能满足 PerthHQ 的需要又不会浪费过多地址。借用的位提供了/27 掩码，其地址范围如下：

192.168.15.64 /27，主机地址范围从 65 到 94。

此地址块提供了 30 个地址，符合 28 台主机的要求并为此子网的发展留有余地。

3. **为 SydneyHQ LAN 和 CorpusHQ LAN 分配地址**

为下一最大子网 SydneyHQ 和 CorpusHQ 两个 LAN 提供地址。每个 LAN 各需要 10 个主机地址。此子网划分需要再借用一个位，将掩码延长到/28。从地址 192.168.15.96 着手，获得的地址块如下：

子网 0：192.168.15.96 /28，主机地址范围从 97 到 110

子网 1：192.168.15.112 /28，主机地址范围从 113 到 126

这两个地址块为每个 LAN 中的主机和路由器接口提供了 14 个地址。

4. 为 WAN 分配地址

最后你需要为图 6-25 中的 WAN 链路划分子网。这些点到点 WAN 链路只需要 2 个地址。为满足此要求，需要再借用 2 个位，使用/30 掩码。使用下一可用地址块得出的地址块如下：

子网 0：192.168.15.128 /30，主机地址范围从 129 到 130

子网 1：192.168.15.132 /30，主机地址范围从 133 到 134

子网 2：192.168.15.136 /30，主机地址范围从 137 到 138

在使用 VLSM 的编址方案中，所示结果呈现了大量正确分配的地址块。最佳做法应该是首先从高到低记录要求。从最高要求着手，让我们得以确定固定地址块编址方案无法实现 IPv4 地址的有效利用，而且正如本例所示，也无法提供足够的地址。

从分配的地址块中借用主机位，创建与拓扑相符的地址范围。使用 VLSM 分配地址，就有可能依据不同条件运用子网划分原则对主机分组。图 6-25 中的网络使用的地址总结在表 6-18 中。

表 6-18　　　　　　　　　　　　　示例网络的子网

名　称	所需地址数量	子 网 地 址	地 址 范 围	广 播 地 址	网络/前缀
AtlantaHQ	58	192.168.15.0	.1–.62	.63	192.168.15.0 /26
PerthHQ	26	192.168.15.64	.65–.94	.95	192.168.15.64 /27
SydneyHQ	10	192.168.15.96	.97–.110	.111	192.168.15.96 /28
CorpusHQ	10	192.168.15.112	.113–.126	.127	192.168.15.112 /28
WAN1	2	192.168.15.128	.129–.130	.131	192.168.15.128 /30
WAN2	2	192.168.15.132	.133–.134	.135	192.168.15.132 /30
WAN3	2	192.168.15.136	.137–.138	.139	192.168.15.136 /30

VLSM 图表

也可以使用各种工具完成地址规划。方法之一是使用 VLSM 图表来标志可供使用的地址块和已经分配的地址块。此方法有助于防止重复分配地址。使用此图表可以对前缀范围从/25 到/30 的网络进行地址规划。这些都是子网划分最常用的网络范围。

使用图 6-25 的示例网络，你可以用 VLSM 图表来进行地址规划。

图 6-26 显示了图 6-25 中网络的地址规划已经完成的部分。完整的图表在随书附带的 CD-ROM 中提供。

5. 为 AtlantaHQ LAN 选择地址块

我们从主机数量最多的子网着手。在本例中，该子网是包含 58 台主机的 AtlantaHQ。从左至右沿图表列首查看，可以找到所示地址块大小足以支持 58 台主机的列首，即/26 列。该列中有此大小的 4 个地址块：

.0 /26，主机地址范围从 1 到 62；

.64 /26，主机地址范围从 65 到 126；

.128 /26，主机地址范围从 129 到 190；

.192 /26，主机地址范围从 193 到 254。

由于尚未分配任何地址，因此可从这些地址块中任选一个。通常会使用第一个可用的地址块.0 /26，不过出于某些原因也可能使用其他地址块。

/25 (1 Subnet Bits) 2 Subnets 126 Hosts	/26 (2 Subnet Bits) 4 Subnets 62 Hosts	/27 (3 Subnet Bits) 8 Subnets 30 Hosts	/28 (4 Subnet Bits) 16 Subnets 14 Hosts	/29 (5 Subnet Bits) 32 Subnets 6 Hosts	/30 (6 Subnet Bits) 64 Subnets 2 Hosts
.0	**AtlantaHQ Block** .0 (.1-.62)	.0 (.1-.30)	.0 (.1-.14)	.0 (.1-.6)	.0 (.1-.2)
.4					.4 (.5-.6)
.8				.8 (.9-.14)	.8 (.9-.10)
.12					.12 (.13-.14)
.16			.16 (.17-.30)	.16 (.17-.22)	.16 (.17-.18)
.20					.20 (.21-.22)
.24				.24 (.25-.30)	.24 (.25-.26)
.28					.28 (.29-.30)
.32		.32 (.33-.62)	.32 (.33-.46)	.32 (.33-.38)	.32 (.33-.34)
.36					.36 (.37-.38)
.40				.40 (.41-.46)	.40 (.41-.42)
.44					.44 (.45-.46)
.48			.48 (.49-.62)	.48 (.49-.54)	.48 (.49-.50)
.52					.52 (.53-.54)
.56				.56 (.57-.62)	.56 (.57-.58)
.60					.60 (.61-.62)
.64 .0	.64 (.65-.126)	**PerthHQ Block** .64 (.65-.94)	.64 (.65-.78)	.64 (.65-.70)	.64 (.65-.66)
.68					.68 (.69-.70)
.72				.72 (.73-.78)	.72 (.73-.74)
.76					.76 (.77-.78)
.80			.80 (.81-.94)	.80 (.81-.86)	.80 (.81-.82)
.84					.84 (.85-.86)
.88				.88 (.89-.94)	.88 (.89-.90)
.92					.92 (.93-.94)
.96		**SydneyHQ Block** .96 (.97-.126)	.96 (.97-.110)	.96 (.97-.102)	.96 (.97-.98)
.100					.100 (.101-.102)
.104				.104 (.105-.110)	.104 (.105-.106)
.108					.108 (.109-.110)
.112			.112 (.113-.126)	.112 (.113-.118)	.112 (.113-.114)
.116					.116 (.117-.118)
.120		**CorpusHQ Block**		.120 (.121-.126)	.120 (.121-.122)
.124					.124 (.125-.126)
.128			.128 (.129-.142)	**WAN Blocks (3)** .136 (.137-.142)	.128 (.129-.130)
.132					.132 (.133-.134)
.136					.136 (.137-.138)
.140					.140 (.141-.142)

图 6-26 使用 VLSM 图表进行子网规划

一旦分配了该地址块,就要视这些地址为已经占用。检查图 6-26 中的表格,在将.0/26 地址块分配给 AtlantaHQ 时,标记包含这些地址的所有地址块。这些地址包含从 1 到 62 的任何地址。如此标记后,就可以清楚显示不能再使用的地址和尚可使用的地址。

6. 为 PerthHQ LAN 选择地址块

接下来,需要为包含 26 台主机的 PerthHQ LAN 选择地址块。浏览图表列首找到大小足以支持此 LAN 的子网所在的列。然后沿图表向下转到第一个可用地址块。图表的.64/27 部分可供 PerthHQ 使用。尽管可以任选一个可用地址块,但我们通常会继续使用符合需要的第一个可用地址块。

此地址块的地址范围是:

.64 /27,主机地址范围为 65~94。

在图 6-26 中，继续标记这块地址以防止地址重复分配。

7. 为 SydneyHQ LAN 和 CorpusHQ LAN 选择地址块

为了满足 SydneyHQ LAN 和 CorpusHQ LAN 的需要，我们要再次找到下一个可用地址块。这次，我们转到/28 列并向下转到.96 和.112 地址块。

这些地址块是：

.96 /28，主机地址范围从 97 到 110；

.112 /28，主机地址范围从 113 到 126。

8. 为 WAN 选择地址块

最后的编址要求是为网络之间的 WAN 连接分配地址。参考图 6-26 中的图表 5，转到/30 前缀所在的最右列。然后，向下转到三个可用地址块。三个地址块将为每个 WAN 各提供 2 个地址：

.128 /30，主机地址范围从 129 到 130；

.132 /30，主机地址范围从 133 到 134；

.136 /30，主机地址范围从 137 到 138。

图表中，通过标记分配给 WAN 的地址，表示不能再分配包含这些地址的地址块。请注意，在分配这些 WAN 的地址范围时，你已经标记了不能再分配的几个较大地址块，由于这些地址在这几个较大地址块的范围内，因此分配这些地址块会重复使用这些地址。

这些包括：

128 /25

.128 /26

.128 /27

.128 /28

.128 /29

.136 /29

正如你已经了解的，使用 VLSM 可以提高地址利用率并减少浪费。本文所示的图表法只是网络管理员和网络技术人员制定编址方案的一种手段，这种方法与固定大小地址块方法相比，制定的编址方案浪费少利用率高。

 分配地址（6.5.7.1） 本试验中，你将根据给定的地址池和掩码为主机分配地址、子网掩码和网关以使其可在网络中通信。可以利用本书附带的 CD-ROM 上的 e1-6751.pka 文件以完成本实践活动。

 在分层网络中编址（6.5.8.1） 本试验中，给定拓扑和可能的 IP 地址列表。你为路由器接口分配正确的 IP 地址和子网掩码，满足每个网络的主机需求并使剩余的未用地址数量最少。可以利用本书附带的 CD-ROM 上的 e1-6581.pka 文件以完成本实践活动。

6.7 测试网络层

　　ping 是用于测试主机之间 IP 连通性的实用程序。ping 发出要求指定主机地址做出响应的请求。ping 使用的第 3 层协议属于 TCP/IP 协议族的一部分，称为 Internet 控制消息协议（ICMP）。ping 使用的数据报称为 ICMP 回应请求。

　　若指定地址的主机收到回应请求，便会以 ICMP 应答数据报做出响应。对于发送的每个数据包，

ping 都要计算应答所需的时间。

每次收到响应时，ping 都会显示从发送 ping 至收到响应所经过的时间。这是衡量网络性能的一种指标。ping 对响应规定了超时值。如果在超时时间内没有收到响应，ping 会放弃尝试并显示一则消息，指出未收到响应。

发送完所有请求后，ping 实用程序会输出响应摘要。此输出包括成功率以及与目的主机之间的平均往返时间。

6.7.1 ping 127.0.0.1：测试本地协议族

你可以使用 ping 进行一些特殊测试和验证。例如，测试本地主机上 IP 的内部配置。要执行此测试，可以 ping 本地环回的特殊保留地址（127.0.0.1）。

收到 127.0.0.1 的响应表示主机上的 IP 配置正确。此响应来自网络层。但是，此响应并不代表地址、掩码或网关配置正确。它也不能说明有关网络协议族下层的任何状态。此方法只测试 IP 协议网络层的 IP 连通性。如果收到错误消息，则表示该主机上的 TCP/IP 无法正常运行。

例 6-1　Successful Loopback Ping

```
C:\> ping 127.0.0.1

Pinging 127.0.0.1 with 32 bytes of data:

Reply from 127.0.0.1: bytes=32 time<1ms TTL=128
Reply from 127.0.0.1: bytes=32 time<1ms TTL=128
Reply from 127.0.0.1: bytes=32 time<1ms TTL=128
Reply from 127.0.0.1: bytes=32 time<1ms TTL=128

Ping statistics for 127.0.0.1:
    Packets: Sent = 4, Received = 4, Lost = 0 (0% loss),
Approximate round trip times in milli-seconds:
    Minimum = 0ms, Maximum = 0ms, Average = 0ms

C:\>
```

6.7.2 ping 网关：测试到本地网络的连通性

你也可以使用 ping 测试主机能否在本地网络中通信。通常通过 ping 主机网关的 IP 地址进行测试。如果 ping 通该网关，则表示主机和充当该网关的路由器接口在本地网络中均运行正常。

对于此测试，最常用的是网关地址，因为路由器在一般情况下始终都能正常运行。如果网关地址没有响应，你可以尝试使用确信在本地网络中运行正常的其他主机的 IP 地址。

图 6-27 中，主机 10.0.0.1 通过 ping 10.0.0.254 测试与网关的连通性，如果网关或其他主机响应，则主机可以通过本地网络成功通信。如果网关没有响应但其他主机有响应，如 10.0.0.2 响应了 ping 请求，那可能说明路由器接口作为网关的服务出现了问题。

一种可能原因是网关的地址有误。另一种可能原因是路由器接口完全正常，但对其采取了阻止其处理或响应 ping 请求的安全限制。也有可能是对其他主机采取了这种安全限制。

6.7.3 ping 远程主机：测试到远程网络的连通性

使用 ping 还可以测试本地 IP 主机能否通过网际网络通信。本地主机可以 ping 远程网络中运行正常的主机。

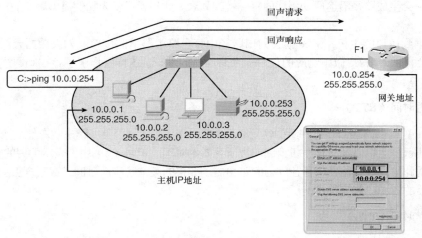

图 6-27 ping 网关

如果 ping 成功,你就已证明该网际网络大部分运行正常。这表示你已经证明,本地主机能够在本地网络中通信、充当本地网关的路由器运行正常,而且在本地网络和远程主机所在网络之间沿途可能经过的所有其他路由器也运行正常。

此外,还可以证明远程主机的相同性能。图 6-28 中,主机 10.0.0.1 通过 ping10.0.1.1 测试与远程网络的连通性。成功地从 10.0.1.1 获得响应,证明本地主机、本地网络、网关、路由器内的路由,远程网络和远程主机的运行都正常。

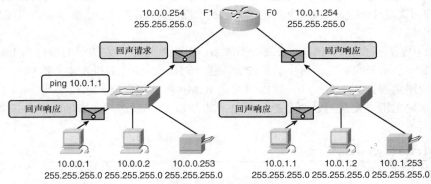

图 6-28 ping 远程主机

这也校验了远程主机配置了正确的网关。因为,如果远程主机(10.0.1.1)出于任何原因而无法使用本地网络与外部网络通信,它就不会做出响应。

请注意,许多网络管理员会限制或禁止 ICMP 数据报进入企业网络。因此,没有收到 ping 响应可能是安全限制造成的而并非出于网络无法正常运行的原因。

 ping(6.6.3.2)　　在本实验中,您将观察 ping 在几种常见网络情况下的行为。可以利用本书附带的 CD-ROM 上的 e1-6632.pka 文件以完成本实践活动。

6.7.4　traceroute(tracert):测试路径

ping 用于验证两台主机之间的连通性。traceroute(tracert)实用程序则可以用于观察这些主机之间的路径。trace 会生成路径沿途成功到达的每一跳的列表。此列表可以为我们提供重要的验证和故障排除信息。

如果数据到达目的主机，trace 就会列出路径中每台路由器上的接口。如果数据无法到达沿途的某一跳，则会提供对 trace 做出响应的最后一台路由器的地址。这样就指出了存在问题或安全限制的位置。

一、往返时间（RTT）

traceroute 可提供路径沿途每一跳的往返时间（RTT）并指示是否某一跳未响应。往返时间（RTT）是数据包到达远程主机以及从该主机返回响应所花费的时间。星号（*）用于表示丢失的数据包。

你可利用此信息确定路径中存在问题的路由器。如果的某一跳响应时间长或数据丢失数量高，这表示该路由器的资源或其连接可能压力过大。

二、生存时间（TTL）

traceroute 使用第 3 层报头中生存时间（TTL）字段的功能和 ICMP 超时消息。TTL 字段用于限制数据包可以经过的跳数。数据包每经过一台路由器，TTL 字段便会减 1。当 TTL 变为零时，路由器将不再转发该数据包而将其丢弃。

除丢弃数据包外，该路由器通常还会以发送主机为目的地址发送一个 ICMP 超时消息。此 ICMP 消息包含做出响应的路由器的 IP 地址。

从 traceroute 发送的第一个消息序列的 TTL 字段值为 1。此 TTL 会导致数据包在第一台路由器处超时。然后，此路由器用 ICMP 消息做出响应。现在，traceroute 知道了第一跳的地址。

随后，traceroute 逐渐增加每个消息系列的 TTL 字段值（2、3、4 等）。这可为 Trace 提供数据包在该路径沿途再次超时所经过的每一跳的地址。TTL 字段的值将不断增加，直至到达目的主机或增至预定义的最大值。

在例 6-2 中，显示了到 www.cisco.com 的 tracert 响应。本地主机发送目的地址为 198.133.219.2 的数据包，第一个回来的响应来自主机的缺省网关 10.20.0.94。从主机发出的数据包 TTL=1，当它到达第一台路由器，TTL 减为 0。路由器发送 ICMP 消息指明数据包被丢弃。RTT 为此响应所需时间。本地主机再发送另外两个的数据包，其 TTL=1。到达后，本地网关发送消息、记录 RTT。

例 6-2　Trace to www.cisco.com

```
C:\> tracert www.cisco.com

Tracing route to www.cisco.com [198.133.219.25]
over a maximum of 30 hops:

  1    87 ms     87 ms     89 ms  sjck-access-gw2-vla30.cisco.com [10.20.0.94]
  2    89 ms     88 ms     87 ms  sjce-sbb1-gw1-gig3-7.cisco.com [171.69.14.245]
  3    88 ms     87 ms     88 ms  sjck-rbb-gw2-ten7-1.cisco.com [171.69.14.45]
  4    90 ms     87 ms     95 ms  sjck-corp-gw1-gig1-0-0.cisco.com [171.69.7.174]
  5    90 ms     88 ms     92 ms  sjce-dmzbb-gw1.cisco.com [128.107.236.38]
  6     *         *         *     Request timed out.
  7     *         *        ^C
C:\>
```

本地主机再发送三个数据包，其 TTL=2。网关路由器将 TTL 减 1 并转发到下一台路由器。对这三个数据包，TTL 减为 0。171.69.14.245 路由器发送 ICMP 消息指明数据包被丢弃。RTT 为此响应所需时间。

利用 TTL 不断增加的过程可以获得数据包沿网际网络路由的路线图。到达最终目的主机后，该主机将不再以 ICMP 超时消息做出应答，而会代之以 ICMP 端口无法到达消息或 ICMP 应答消息。例 6-2 中，星号（*）指明目的主机没有响应。

trace 和生存时间（6.6.4.2） 本试验中，你首先研究 traceroute（tracert）如何实际创建一系列 ICMP 回应请求。然后将进行路由环路实验，在此情况下，如果不指定数据包的生存时间字段，该数据包将无限循环。可以利用本书附带的 CD-ROM 上的 e1-6642.pka 文件以完成本实践活动。

6.7.5 ICMPv4：支持测试和消息的协议

尽管 IPv4 并非可靠的协议，但它确实会在发生某些错误时发送消息。这些消息使用 *Internet 控制消息协议（ICMP）* 来发送，消息的用途是就特定情况下处理 IP 数据包的相关问题提供反馈，而并非是使 IP 可靠。ICMP 消息不是必需的，而且经常出于安全原因而被禁止。

ICMP 是 TCP/IP 协议族的消息协议。ICMP 提供控制和错误消息，由 ping 和 traceroute 实用程序使用。虽然 ICMP 使用 IP 的基本支持，看起来好像是上层协议，但它实际上是 TCP/IP 协议族中独立的第 3 层协议。

ICMP 消息的类型及其发送原因非常多。下面将介绍其中比较常见的一些消息。可能发送的 ICMP 消息包括：
- 主机确认；
- 无法到达目的或服务器；
- 超时；
- 路由重定向；
- 源抑制。

一、主机确认

ICMP 回应消息可用于确定主机是否运行正常。本地主机向一台主机发送 ICMP 回应请求。接收回应消息的主机用 ICMP 应答做出回复，对 ICMP 回应消息的使用是 ping 实用程序的基础。

二、目的地或服务器不可达

ICMP 目的无法到达消息可用于通知主机无法到达目的或服务。当主机或网关收到无法传送的数据包时，会向发送该数据包的主机发送 ICMP "目的无法到达" 数据包，其中包含的代码会说明无法传送该数据包的原因。

"目的不可达" 代码包括：
0 = 网络不可达；
1 = 主机不可达；
2 = 协议不可达；
3 = 端口不可达。

代码网络不可达和主机不可达是路由器在无法转发数据包时做出的响应。如果路由器没有路由可供接收的数据包使用，则会用代码为 0 的 ICMP 目的不可达消息做出响应，表示网络无法到达。如果路由器有连接的路由适用于接收的数据包但却无法将该数据包传送到连接的网络中的主机，该路由器会用代码为 1 的 ICMP 目的不可达消息做出响应，表示知道网络但主机无法到达。

终端主机使用代码 2 和 3（协议无法到达和端口无法到达）来表示无法将包含于数据包中的 TCP 数据段或 UDP 数据报传送到上层服务。

当终端主机接收的数据包中包含要传送到不可用服务的第 4 层协议数据单元（PDU），该主机会用代码为 2 或代码为 3 的 ICMP 目的无法到达消息对源主机做出响应，表示服务不可用。服务不可用的原因可能是未运行提供该服务的守护程序或者主机上的安全限制不允许访问该服务。

三、超时

路由器使用 ICMP 超时消息来表示因数据包的 TTL 字段过期而无法转发该数据包。如果路由器接收数据包并且将该数据包中 TTL 字段的值减为零，则会丢弃该数据包。该路由器会向源主机发送 ICMP 超时消息，通知该主机丢弃数据包的原因。

四、路由重定向

路由器可使用 ICMP 重定向消息来通知网络中的主机有更佳路由可用于特定目的地址。只有当源主机与两个网关都位于同一个物理网络中时才会使用此消息。路由器收到一个数据包时，如果该数据包有条路由的下一条连接到数据包到达的那个接口，那么该路由器会向源主机发送 ICMP 重定向消息。此消息会将路由表中某个路由所包含的下一跳通知给源主机。

五、源抑制

ICMP 源抑制消息可用于通知源主机暂时停止发送数据包。如果路由器没有足够的缓冲区空间来接收传入数据包，路由器将丢弃数据包。如果路由器必须这样做，也会向其丢弃的每个报文的源主机发送 ICMP 源抑制消息。如果数据报抵达速度太快，致使无法处理，目的主机也会发送源抑制消息。

当主机接收 ICMP 源抑制消息时，会向传输层报告此消息。然后，源主机可使用 TCP 流量控制机制来调整传输。

6.7.6 IPv6 概述

20 世纪 90 年代早期，Internet 工程任务组（IETF）对 IPv4 网络地址耗尽的担忧加剧，因此开始寻找新的协议来替代此协议。这一行动导致了现今 IPv6 的开发。本节简要介绍 IPv6。

开发这一新协议的最初动机是提高编址能力。在开发 IPv6 的过程中还考虑了其他问题，例如：
- 改进数据包处理过程；
- 增强可扩展性和寿命；
- QoS 机制；
- 集成安全性。

要提供这些功能，IPv6 必须提供：
- 128 位分层编址，用以提高编址能力；
- 报头格式简化，用以改进数据包处理过程；
- 提高对扩展和选项的支持，用以增强可扩展性和延长生命周期并改进数据包处理过程；
- 流标签功能，作为 QoS 机制；
- 身份验证和隐私权功能，用于集成安全性。

IPv6 并不仅仅是一个新的第 3 层协议，而是一个新的协议族。为了支持这一新协议，制定了协议族各层的多个新协议。其中有新的消息协议（ICMPv6）和新的路由协议。由于 IPv6 报头（如图 6-29 所示）的大小增加，对底层网络基础架构也产生了影响。

图 6-29 IPv6 报头

从上述简介可以看出，IPv6 的设计具有支持网际网络多年发展的可扩展性。但是，IPv6 的实施缓慢，而且仅限于选定的网络中。得益于过去数年涌现的更加先进的工具、技术和地址管理，IPv4 目前仍受到广泛使用，而且此情况很可能在未来还将持续一段时间。不过，IPv6 还是可能会最终取代 IPv4，成为主要的网际协议。

6.8 总结

IPv4 地址是分层地址，包含网络部分、子网部分和主机部分。IPv4 地址可以表示一个完整的网络、一台特定主机或者该网络的广播地址。单播、多播和广播数据通信使用的地址不同。

地址分配机构和 ISP 负责向用户分配地址范围，随后由用户静态或动态地将这些地址分配给自己的网络设备。通过计算和运用子网掩码，可以将分配的地址范围划分为子网。

要对可用地址空间加以充分利用，必须仔细规划编址方案。大小、地点、用途和访问要求全都是地址规划过程中必须考虑的事项。

IP 网络实施后需要经过测试，确保其连通性和工作性能。很多工具如 ping 和 traceroute 可以帮助校验网络。

6.9 试验

试验 6-1 ping 和 traceroute（6.7.1.1）

本实验中你将使用从主机发出的 ping 和 tracert 命令并观察这些命令在网络中的运行步骤。

试验 6-2 检查 ICMP 数据包（6.7.2.1）

本实验中你将使用 Wireshark 捕获 ICMP 数据包，以便观察不同的 ICMP 代码。

试验 6-3 IPv4 地址子网划分部分一（6.7.3.1）

本实验中你将从给定的 IP 地址中计算主要的网络 IP 地址信息。

试验 6-4 IPv4 地址子网划分部分二（6.7.4.1）

本实验中你将从给定的 IP 地址和子网掩码中计算子网信息。

试验 6-5 子网和路由器配置（6.7.5.1）

本实验中，你将为给定拓扑设计并运用 IP 编址方案。完成网络布线后，您要使用正确的基本配置命令配置每台设备。完成配置后，要使用正确的 IOS 命令来验证该网络是否运作正常。

> 很多动手实验也包括 Packet Tracer 的实践活动，你可以利用 Packet Tracer 完成模拟实验。

6.10 检查你的理解

完成下面所有的复习题来检测一下你对于本章中的主题和概念的理解。附录列出答案。

1. 哪个 IP 地址是网络地址？（选两项）
   A. 64.104.3.7 /28
   B. 192.168.12.64 /26
   C. 192.135.12.191 /26
   D. 198.18.12.16 /28
   E. 209.165.200.254 /27
   F. 220.12.12.33 /27

2. 网络管理员正在建立包含 22 台主机的小型网络。ISP 只分配了可路由的 IP 地址。网管员可以使用以下哪个地址块？
   A. 10.11.12.16 /28
   B. 172.31.255.128 /27
   C. 192.168.1.0 /28
   D. 209.165.202.128 /27

3. 以下哪个子网掩码可用于 128.107.176.0/22 网络中的主机？
   A. 255.0.0.0
   B. 255.248.0.0
   C. 255.255.252.0
   D. 255.255.255.0
   E. 255.255.255.252

4. 已经分配了地址块 10.255.255.254/28 给点到点 WAN 链路。这个地址块可以支持多少 WAN？
   A. 1
   B. 4
   C. 7
   D. 14

5. 什么定义了 IPv4 逻辑网络？

6. 列出 IPv4 地址的三种类型及用途。

7. 网络管理员建立有 14 台计算机和 2 个路由器接口的新网络。哪个是正确的子网掩码以使地址最少浪费？
   A. 255.255.255.128
   B. 255.255.255.192
   C. 255.255.255.224
   D. 255.255.255.240

  E. 255.255.255.248
  F. 255.255.255.252
8. IPv4 地址三种类型的区别是什么？
9. 列出 IPv4 通信的三种形式。
10. 列出 IPv4 公用地址和私有地址的用途。
11. 在南部分支机构的一台主机不能访问地址为 192.168.254.222/224 的服务器。检查主机时，你确定 IPv4 地址是 169.254.11.15/16，有什么明显的问题？
  A. 主机使用链路本地地址
  B. 服务器的子网掩码无效
  C. 主机分配了一个广播地址
  D. 服务器认为主机在与服务器相同的逻辑网络上
12. 列出规划和记录 IPv4 地址的三个原因。
13. 列举什么情况下网络管理员应使用静态方法分配 IPv4 地址。
14. 开发 IPv6 的主要动机是什么？
15. 使用 IPv4 子网掩码的作用是什么？
16. 列出进行 IPv4 地址规划时要考虑的主要因素。
17. 使用 ping 程序测试和校验主机的运行有哪三个测试？

6.11 挑战问题和实践

这些问题和实验活动需要对本章涉及的概念有更深入的了解。答案在附录中。
1. 什么是保留的及特殊的 IPv4 地址，如何使用？
2. 为什么对 IPv4 的运行 ICMPv4 是一重要协议？ICMP 消息类型有哪些？

6.12 知识拓展

以下问题鼓励你对本章讨论的主题进行思考。
1. 讨论如果组织在多个地点设有运营处，将会有什么样的 IPv4 编址规划要求。该组织的大多数地点都有许多不同的职能部门，除常规的台式 PC 和笔记本计算机外，还需要服务器、打印机和移动设备。如果该组织需要为用户提供 Internet 接入服务并为客户提供对特定服务器的访问，还必须额外考虑哪些地址空间问题？
2. 如果某组织需要扩展其网络，以拥有更多小型子网，每个子网包含不同的主机数量，请讨论并考虑该组织应如何调整目前的 /20 IPv4 编址规划。
3. 研究不同的 ICMPv4 消息。讨论为什么会一种消息替代另一种消息。如，目的地不可达和服务不可达、网络不可达、主机不可达消息的区别。并考虑什么问题会引起哪种响应。
4. 用一台主机有命令行和 Internet 接入，使用 ping 和 tracert 实用程序来测试与不同位置的连通性和路径。执行几次测试，并观察和捕获输出以备以后讨论。并讨论考虑对同一个位置不同测试时的不同路径和响应时间。并推测在哪以及为什么 tracert 不能获得响应。

第 7 章

OSI 数据链路层

7.1 学习目标

完成本章的学习，你应能回答以下问题：

- 数据链路层协议在数据传输中的作用是什么？
- 数据链路层如何准备数据，以便通过网络介质传输？
- 不同类型的介质访问控制（MAC）方法如何工作？
- 常见的逻辑网络拓扑有哪些？
- 逻辑拓扑如何确定网络介质访问控制方法？
- 将数据包封装成帧以方便介质访问的目的是什么？
- 第 2 层帧结构的作用是什么？
- 帧头和帧尾主要字段（包括编址、服务质量、协议类型以及帧校验序列）的功能是什么？

7.2 关键术语

本章使用如下关键术语。你可以在术语表中找到定义：

节点	半双工
物理网络	全双工
逻辑网络	物理拓扑
网卡（NIC）	逻辑拓扑
逻辑链路控制（LLC）	虚电路
MAC	令牌传送
确定性	循环冗余校验（CRC）
载波监听多路访问（CSMA）	回退
载波	关联标识（AID）
冲突	地址解析协议（ARP）
CSMA/冲突避免（CSMA/CA）	

为了支持通信，OSI 模型将数据网络的功能划分为多个层。在本书中，你已经学习了如下层次：
- 应用层提供用户界面；
- 传输层负责划分和管理两个终端系统中运行的各流程之间的通信；
- 网络层协议负责组织通信数据，以便在网间实现从源主机到目的主机之间的传输。

网络层数据包在从源主机传输到目的主机的过程中，必须通过各种物理网络。这些物理网络可由不同类型的物理介质组成，如铜线、微波、光纤以及卫星链路。网络层数据包无法直接访问这些介质。

OSI 数据链路层的功能是使网络层数据包做好传输准备以及控制对物理介质的访问。本章介绍数据链路层的通用功能和与之相关的协议。

7.3 数据链路层：访问介质

数据链路层提供了一种通过本地公共介质进行数据交换的方式。数据链路层将主机间用于形成通信数据包的很多上层服务与通过介质的数据传输相连接。

为通过本地介质传输数据，数据链路层重新封装成帧并控制帧对介质的访问。由于存在着很多数量的物理介质，因此数据链路层有不同的协议定义帧的类型及对介质的不同访问控制方法。

一些类型的帧和数据链路层服务支持 LAN 的通信，其他一些支持 WAN 通信。有些帧类型用于特定的介质，有些可用于多种介质。

因此总结数据链路层的功能并不容易。为学好数据链路层，本章先通过 OSI 模型描述数据链路层总的功能，再分别讲述不同的数据链路和物理技术，包括一些逻辑拓扑。最后，将以太网作为物理层和数据链路层的例子讲述。

7.3.1 支持和连接上层服务

数据链路层执行以下两种基本服务：
- 允许上层使用封装成帧之类的各种技术访问介质；
- 控制如何使用介质访问控制和错误检测之类的各种技术将数据放置到介质上，以及从介质接收数据。

数据链路层负责通过*物理网络*的介质在*节点*（在第 2 层通信的设备）之间交换帧。这包括将数据包封装为帧，将帧放到介质上、从介质上接收帧，将帧解封装，恢复为数据包等。

> **注　释**　物理网络不同于*逻辑网络*。逻辑网络是在安排分层编址方案时在网络层定义的。物理网络表示公共介质上各设备的互连。有时，物理网络也称作*网段*。

在源节点，数据链路层准备介质上的通信。节点的上层应用不会注意使用什么介质通信也不会关心如何通过不同的介质。数据链路层有效隔离了上层中的通信过程，避免了可能发生的端对端介质转换。网络层协议无需知道通信将使用何种介质。

网络模型使得每一层不用关心其他层次的功能。数据链路层使得上层协议不用负责将数据放入网络及从网络接收数据。这一层提供支持数据通过每种介质的通信服务。

对任何要发送的网络层数据包，都有可能经过不同的数据链路层技术和介质传输。因此，数据包在通过不同的介质时要被封装成不同的帧。在路径中的每一跳，即中间设备，通常为路由器，对帧进行如下处理：

1. 从介质接收帧；

2. 对帧解封装，成为数据包；
3. 构建适合于下一种介质的新帧；
4. 将新帧中的数据包转发到下一个物理网段。

在每一跳，接收的帧也要进行错误检查。如果发现错误，帧被丢弃。如果帧完整，数据链路层将数据包传给上层协议，本例中适合 IPv4 或 IPv6。

图 7-1 显示了两个远程主机间的数据交换。虽然两台主机通过对等的网络层协议（如 IP）进行通信，但经过不同类型的 LAN 和 WAN 时有大量的数据链路层协议用于传输 IP 数据包。主机间的数据交换需要存在与数据链路层的不同协议。每台路由器，都有不同的数据链路层协议用于在新介质上传输。

图 7-1　数据链路层例

如图 7-1 所示设备间的不同链路使用了不同介质。在第一台 PC 和路由器间是以太网链路。路由器被连接到卫星链路，笔记本计算机通过无线链路连接最后一台路由器。在本例中，IP 数据包从 PC 到笔记本计算机的过程中，离开 PC 被封装为以太网帧。在第一台路由器，以太帧被解封装，处理后，被封装为新的数据链路层帧通过卫星链路。最后，数据包使用无线数据链路帧从路由器送到笔记本计算机。

如果没有数据链路层，则网络层协议（如 IP）必须提供连接到传送路径中可能存在的各种类型介质所需的连接。而且，每当系统开发出一种新的网络技术或介质时，IP 必须做出相应调整。此过程会妨碍协议和网络介质的创新和发展。这是采用分层式方法进行联网的主要原因。

由于网络层是隔离的，所以需不断开发出不同的数据链路层协议。数据链路层的服务范围必须包括当前使用的所有介质类型以及访问它们的方法。鉴于数据链路层所提供通信服务的数量，很难归纳出它们的功能并提供一组通用服务的示例。因此，任意指定的协议可能支持，也可能不支持所有此类数据链路层服务。

7.3.2　控制通过本地介质的传输

第 2 层协议指定了将数据包封装成帧的过程，以及用于将已封装数据包放置到各介质上和从各介质获取已封装数据包的技术。用于将帧放置到介质上和从介质获取帧的技术称为**介质访问控制方法或 MAC 方法**。对于通过多种不同介质传输的数据，各通信过程可能需要不同的介质访问控制方法。数据链路层协议所描述的介质访问控制方法定义了网络设备访问网络介质的过程，以及在不同网络环境中传输帧的过程。

数据包遇到的各种网络环境可能具有不同的特性。例如，某个网络环境可能是由在对等的基础上争相访问网络介质的多台主机组成的。而另一个环境可能是由两个设备之间的直接连接组成的，此中介质提供有序地访问方法。

作为终端设备的节点使用适配器来连接到网络。例如，要连接到 LAN，设备将使用适当的网络接口卡（NIC）来连接到 LAN 介质。适配器管理着封装成帧和介质访问控制的方式。

在类似路由器这样的中间设备中，介质类型可能会因各种连入的网络而改变，此时系统将使用路由器上的不同物理接口把数据包封装到适当的帧中，并使用适当的介质访问控制方式来访问各条链路。图 7-2 中的路由器具有连接到 LAN 的一个以太网接口和连接到 WAN 的一个串行接口。在处理帧的过程中，路由器将使用数据链路层服务从某个介质接收帧，再将它解封到第 3 层 PDU，然后将 PDU 重新封装到新帧中，再将帧放到网络下一链路的介质中。图中，通过 LAN 技术封装的数据包被接收并重新封装为在 WAN 中所使用的帧。

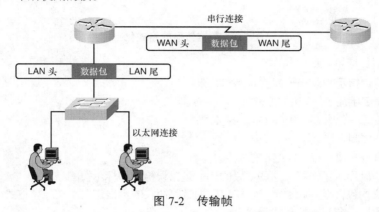

图 7-2　传输帧

在设备上可以配置接口所使用的帧类型。特别是串口上。例如：你可以配置串口使用几种 WAN 协议如高级数据链路控制协议（HDLC），帧中继，或 PPP。PPP 将在本章"简单的数据链路层帧"中介绍。所有这三个协议都会在后续课程和知道用书中查到。

7.3.3　创建帧

帧是每个数据链路层协议的关键要素。数据链路层协议需要控制信息才能使协议正常工作。控制信息可能提供以下信息：

- 哪些节点正在相互通信；
- 各节点之间开始通信和结束通信的时间；
- 节点通信期间发生了哪些错误；
- 接下来哪些节点会参与通信。

封装包含控制信息。协议中描述需要何种控制信息及如何将信息包括在封装中。数据链路层使用帧头和帧尾将数据包封装成帧，以便经本地介质传输数据包。

数据链路层帧包括如下元素：

- **数据**——来自网络层的数据包；
- **帧头**——包含控制信息（如编址信息）且位于 PDU 开头位置；
- **帧尾**——包含添加到 PDU 结尾处的控制信息。

你可以在本章后续 "介质访问控制：编址和数据成帧"一节中学习更多这些帧要素的内容。

在介质上数据被转换为比特流，1 或 0 节点接收比特流，必须要确定帧的开始和结束位置以及哪些比特代表地址或其他控制信息。

在帧内，每个控制字段有特定的比特数。接收节点利用数据链路层成帧技术确定比特流中每个字段的比特分组。如图 7-3 所示，控制信息作为不同字段值插入帧头和帧尾中。此格式使物理信号具备能被节点接收且可在目的地解码成数据包的一种结构。

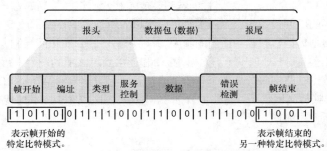

图 7-3　数据传输的格式化

典型字段类型包括：
- **开始和停止指示字段**——帧的开始和结束限制；
- **编址或命名字段**——目的/源设备；
- **类型字段**——包含在帧中的 PDU 的类型；
- **质量**——控制字段；
- **数据字段**——帧负载（网络层数据包）。

帧结尾处的字段形成了帧尾。这些字段的用途是错误检测和标示帧的结束。

并非所有协议均包含全部此类字段。特定数据链路协议的标准定义了实际帧格式。我们将在"数据链路层协议：帧"一节讨论帧格式示例。

7.3.4　将上层服务连接到介质

数据链路层是其上各层的软件进程与其下的物理层之间的连接层。如图 7-4 所示，它与仅在软件或硬件中执行的层次有所不同。如：数据链路层为网络层数据包做好通过各种介质（铜缆、光纤或大气）向外传输的准备。

在许多情况下，数据链路层均是物理实体，如以太网网络接口卡（NIC），它会插入计算机的系统总线中并将计算机上运行的软件进程与物理介质相连。但是，网卡并不仅是一个物理实体。与网卡相关的软件可使网卡执行中间功能，即准备好传输数据并将数据编码为可在相关介质上发送的信号。

为支持各式各样的网络功能，数据链路层通常拆分成两个子层：

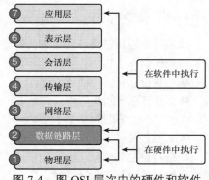

图 7-4　图 OSI 层次中的硬件和软件

- 上子层定义了向网络层协议提供服务的软件进程；
- 下子层定义了硬件所执行的介质访问进程。

通过将数据链路层拆分成两个子层，上层定义的一类帧将可以访问下层定义的不同类型的介质。在许多 LAN 技术（包括以太网）中，均是如此。

两种常见 LAN 子层为：
- **逻辑链路控制（LLC）** 放入帧中的信息用于确定帧所使用的网络层协议，此信息允许多个第 3 层协议，如 IPv4、IPv6 和 IPX，使用相同的网络接口和介质；
- **MAC** 根据介质的物理信号要求和使用的数据链路层协议类型，提供数据链路层编址和数据分界方法。

7.3.5 标准

与TCP/IP的上层协议不同,数据链路层协议通常不是由请求注解(RFC)定义的。Internet工程任务组(IETF)虽然维护着TCP/IP协议族上层的工作协议和服务,但它没有定义该模型的网络接入层的功能和操作。TCP/IP网络接口层相当于OSI数据链路层和物理层。你将在第8章"OSI物理层"学习更多相关知识。

数据链路层中的工作协议和服务是由工程组织(如IEEE、ANSI和ITU)和通信公司描述的。工程组织设置公共开放式标准和协议。通信公司可能设置和使用私有协议以利用新的技术进步或市场机会。

数据链路层服务和规范是按基于各种技术的多种标准和各协议所应用的介质定义的。某些此类标准集成了第2层和第1层服务。

定义适用于数据链路层的开放式标准和协议的工程组织包括:

- 国际标准化组织(ISO);
- 电气电子工程师协会(IEEE);
- 美国国家标准学会(ANSI);
- 国际电信联盟(ITU)。

与大多数在软件(如主机操作系统或特定应用程序)中执行的上层协议不同,数据链路层进程将在软件和硬件中执行。该层中的各协议的实施位置为连接设备和物理网络的网络适配器电子元件。例如,计算机上实施数据链路层的设备为网络接口卡(NIC)。对于笔记本计算机,通常使用无线PCMCIA适配器。每个此类适配器均是遵循第2层标准和协议的硬件。

7.4 MAC技术:将数据放入介质

规范数据帧在介质上的放置的方法称为MAC。在数据链路层协议的各种实施中,有多种控制介质访问的方法。这些MAC技术定义了节点是否以及如何共享介质。

MAC相当于规范机动车上路的交通规则。缺少介质访问控制就等同于车辆无视所有其他车辆,自顾自地直接进入道路。

但是,并非所有道路和入口都相同。车辆可通过并道、在停车信号处等待轮到自己或通过遵循信号灯来进入道路。驾驶员需遵循每种入口的不同规则集。

同理,用于规范将帧放入介质中的方法也有很多种。数据链路层上的协议定义了访问不同介质的规则。某些介质访问控制方法使用高度可控过程来确保帧可安全放置到介质上。这些方法是按各种复杂协议定义的,它们所需的机制会给网络带来开销。

所用的MAC取决于:

- 介质共享——节点是否以及如何共享介质;
- 拓扑——节点之间的连接如何显示在数据链路层中。

7.4.1 共享介质的MAC

在某些网络拓扑中,多个节点共享公共介质。在某一时刻,可能有多个设备尝试通过网络介质发送和接收数据。有多种规则可管理这些设备如何共享介质。

类似于交通流量，考虑从很多条车道来的流量汇聚于一条街道上。对汽车来说有很多十字路口进入此街道。为避免碰撞，就需要有进入道路的规则来控制。这种道路结构类似于逻辑多路访问的特性。多路访问拓扑使多个节点共享介质的使用来传帧。

几种 MAC 技术可适用于此种逻辑拓扑。有两种基本介质访问控制方法：
- 受控——每个节点各自都有使用介质的时间；
- 争用——所有节点自由竞争介质的使用权。

表 7-1 列出这两种 MAC 技术的特定和实例。下一节将更详细的描述这两种方法的特定。

表 7-1

方　法	特　性	示　例
受控访问	某一时刻仅一个站点传输	令牌环 FDDI
	希望传输的站点必须等待轮到自己	
	无冲突	
	有些网络使用令牌传送方法	
基于争用的访问	在任意时刻站点都可传输	以太网无线
	存在冲突	
	存在解决竞争的机制	
	CSMA/CD 用于以太网，CSMA/CA 用于 802.11 无线网络	

一、受控访问共享介质

当使用受控访问方法时，网络设备将依次访问介质。此方法也称为定期访问或**确定性**访问。如果设备不需要访问介质，则使用介质的机会将传递给等待中的下一设备。如果某个设备将帧放到介质上，则直到该帧到达目的地并被处理后，其他设备才能将帧放到介质上。

尽管受控访问秩序井然且提供可预测的吞吐量，但确定性方法效率过低，因为每个设备必须等待轮到自己才能使用介质。

二、争用访问共享介质

基于争用的方法允许任意设备在它有需要发送的数据时尝试访问介质，它也称**为非确定性**访问。为防止在介质上造成混乱，这些方法使用*载波侦听多路访问*（*CSMA*）过程先检测介质上是否正在传送信号。如果在介质上检测到来自另一节点的载波信号，则表示另一设备正在进行传输。如果尝试传输的设备发现介质处于忙碌状态，它将等待并在稍后重试。如果未检测到载波信号，设备将开始传输数据。以太网和无线网络使用基于争用的 MAC。

CSMA 过程也可能发生故障，两个设备将会同时传输。这称为数据*冲突*。如果发生冲突，两个设备发送的数据会损坏且需重新发送。

争用介质 MAC 没有受控访问方法的开销。因而不需要用于跟踪轮到哪个设备访问介质的机制。但是，争用系统在介质使用率高的情况下无法很好地扩展。随着节点使用率和数量的增加，没有冲突地成功访问的概率不断降低。此外，由于这些冲突降低了吞吐量，需提供恢复机制来纠正错误。

CSMA 通常与用于解决介质争用的方法配合使用。两种常用方法为：
- CSMA/冲突检测（CSMA/CD）；
- CSMA/冲突避免（CSMA/CA）。

下一节描述 CSMA/CD 和 CSMA/CA。

三、CSMA/冲突检测

在 CSMA/CD 中，设备监视介质中是否存在数据信号。若无数据信号，则表示介质处于空闲状态，设备可传输数据。如果随后检测到另一设备此时正在进行传输，所有设备将停止发送并在稍后重试。传统的以太网形式便是使用此方法。第 9 章"以太网"将详细介绍 CSMA/CD。

四、CSMA/冲突避免

在 *CSMA/冲突避免*（*CSMA/CA*）中，设备会检查介质中是否存在数据信号。如果介质空闲，设备将通过它想要使用的介质发送通知。然后，设备开始发送数据。802.11 无线网络技术即使用此方法。

7.4.2 无共享介质的 MAC

将帧放置到介质上之前，针对非共享介质的介质访问控制协议需要少量甚至不需要控制。这些协议具有更简单的 MAC 规则和过程。点对点拓扑即是如此。

在点对点拓扑中，介质仅互联两个节点。参照交通情况，两个建筑物间的一条道路没有其他交通流量进入就类似于点到点的例子。如果仅有一条车道，交通规则要确保在任一时刻仅有道路一端来的车辆通过。如果有两个车道，而且没有其他点有车辆进入，则在同一时刻可以有两个方向的车辆通过，不再需要有其他交通规则。

在点到点拓扑中，节点无需与其他主机共享介质，或者确定帧的发送目的地是否为该节点。因此，数据链路层协议几乎不需要控制非共享介质的访问。

在点对点连接中，数据链路层必须考虑通信为*半双工*还是*全双工*。

半双工通信表示设备可以通过该介质发送和接收，但无法同时执行这两个操作。以太网已建立仲裁规则，以解决多个站点尝试同时传输所产生的冲突。

在全双工通信中，两个设备均可以同时通过介质进行发送和接收。数据链路层假定介质随时可供两个节点实现传输。因此，数据链路层中不需要介质仲裁。

只能通过学习特定协议来研究特定介质访问控制技术的详细信息。在本书中，你将学习使用 CSMA/CD 的传统以太网。其他技术将在稍后的课程及指导用书中介绍。

7.4.3 逻辑拓扑与物理拓扑

网络拓扑是指网络设备及它们之间的互联布局或关系。我们可以从物理和逻辑两个角度来看网络拓扑。

*物理拓扑*是节点与它们之间的物理连接的布局。表示如何使用介质来互联设备即为物理拓扑。我们将在本书的第 9 章及后续课程中进行更深入的介绍。

*逻辑拓扑*是网络将帧从一个节点传输到另一节点的方法。此布局由网络节点之间的虚拟连接组成，与其物理布局无关。这些逻辑信号路径是按数据链路层协议定义的。在控制对介质的数据访问时，数据链路层"看见"的是网络的逻辑拓扑。正是逻辑拓扑在影响网络封装成帧和介质访问控制的类型。

> **注 释**　网络的物理或电缆拓扑很可能不同于逻辑拓扑。

网络的逻辑拓扑与用于管理网络访问的机制密切相关。访问方法提供了用于管理网络访问的程序，以便所有站点均具有访问权限。如果多个实体共享同一介质，则必须使用某些机制来控制访问需针对网络应用访问方法以规范该介质访问。

网络中常用的逻辑拓扑和物理拓扑如图 7-5 所示：

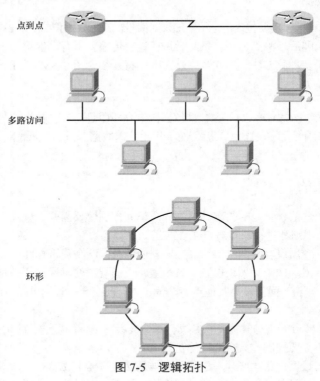

图 7-5　逻辑拓扑

- 点对点；
- 多路访问；
- 环。

以下各节将介绍这些拓扑的逻辑部署和相关介质访问控制方法。

一、点对点拓扑

点对点拓扑将两个节点直接连接在一起。在使用点对点拓扑的数据网络中，MAC 协议将非常简单。介质上的所有帧只能在两个节点间传来传去。某端的节点将帧放置到介质上，然后，点对点线路另一端的节点从介质取走帧。

在点对点网络中，如果数据一次只能向一个方向流动，其功能即为半双工链路。如果从各每个节点发出的数据能同时在链路中成功通行，则为全双工链路。

逻辑点对点网络。除了直接相连，在点到点网络中的两个终端节点也可能通过多个中间设备进行逻辑连接。但是，在网络中使用物理设备并不会影响逻辑拓扑。如图 7-6 所示，距离较远的源节点和目的节点彼此可以间接相连。在某些情况下，节点间的逻辑连接形成了*虚电路*。虚电路指网络中的两个网络设备间创建的逻辑连接。虚电路两端上的节点相互交换帧。即使通过中间设备传输帧，情况也同样如此。虚电路是某些第 2 层技术使用的重要逻辑通信模型。

数据链路协议使用的介质访问方法取决于逻辑拓扑，而非物理拓扑。这意味着两个节点间的逻辑点对点连接并不一定是在某个单独物理链路两端的物理节点之间。

二、多路访问拓扑

逻辑多路访问拓扑使多个节点通过相同的共享介质相互通信。在某一时刻，可将来自某个节点的数据放置到介质上。每个节点都可以看见介质上的所有帧。在多路访问拓扑中，帧中需要地址来标志哪个节点处理此帧。每个节点都会接收帧，但是只有帧的目的节点可处理帧内容。

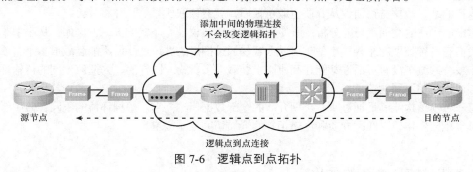

图 7-6 逻辑点到点拓扑

要使多个节点共享访问介质，需使用数据链路介质访问控制方法来规范数据传输，并因此减少不同信号之间的冲突。

逻辑多路访问拓扑使用的介质访问控制方法通常为 CSMA/CD 或 CSMA/CA。但是，也可使用令牌传递方法。你会在下一节学习有关令牌传送的内容。

此类逻辑拓扑可使用多种介质访问控制技术。数据链路层协议指定了介质访问控制方法，以在帧控制、帧保护以及网络开销之间提供适当平衡。

三、环形拓扑

在逻辑环型拓扑中，各节点依次接收帧。若帧并非发往该节点，它将把帧传递到下一节点。这将允许环使用一种受控介质访问控制技术，称为*令牌传递*。

逻辑环拓扑中的节点从环中取下帧，检查地址，如果它并非发往该节点则将它发回环上。在环中，源节点和目的节点之间的环一周的所有节点都会检查该帧。

可在逻辑环中使用的介质访问控制技术有许多种，具体取决于所需的控制级别。例如，介质一次只传送一个帧。若无传输数据，信号（称为令牌）可放置在介质上，节点只有在拥有令牌后才能将数据帧放置到介质上。

请记住，数据链路层"看见"的是逻辑环拓扑。实际物理布线拓扑可能是另一种拓扑。

7.5 MAC：编址和数据封装成帧

MAC 子层的两个重要功能是编址和数据封装成帧。封装成帧提供接收数据的必要的控制信息。控制信息中最重要的是第 2 层地址。

7.5.1 数据链路层协议：帧

请记住，虽然有许多描述数据链路层帧的不同数据链路层协议，但每种帧均都有三个基本组成部分：

- 帧头
- 数据
- 帧尾

所有数据链路层协议均将第 3 层 PDU 封装于帧的数据字段内。但是，由于协议的不同，帧结构及帧头和帧尾中包含的字段会存在差异。

数据链路层协议描述了通过不同介质传输数据包所需的功能。协议的此类功能已集成到帧封装中。当帧到达目的地，数据链路协议从介质上取走帧后，就会读取成帧信息并将其丢弃。

考虑以前讲述的交通流量的分析。所使用的第 2 层协议就像车辆的 fleet，例如：从小型车到大型卡车，我们有各种类型的车辆，小型车可以很容易通过拥挤的城市道路但不能装载很多乘客或货物。而大卡车或公共汽车没有灵活性却能在高速路上装载很多货物。同样的，为适应不同的传输环境，数据链路层协议使用不同的帧。

没有一种帧结构能满足通过所有类型介质的全部数据传输需求。根据环境的不同，帧中所需的控制信息量也相应变化，以匹配介质和逻辑拓扑的介质访问控制需求。

7.5.2 封装成帧：帧头的作用

帧头包含了数据链路层协议针对特定逻辑拓扑和介质指定的控制信息。帧控制信息对于每种协议均是唯一的。第 2 层协议使用它来提供通信环境所需的功能。典型帧头字段包括：

- 帧开始字段——表示帧的起始位置；
- 源地址和目的地址字段——表示介质上的源节点和目的节点；
- 优先级/服务质量字段——表示要处理的特殊通信服务类型；
- 类型字段——表示帧中包含的上层服务；
- 逻辑连接控制字段——用于在节点间建立逻辑连接；
- 物理链路控制字段——用于建立介质链路；
- 流量控制字段——用于开始和停止通过介质的流量；
- 拥塞控制字段——表示介质中的拥塞。

以上字段名称是作为示例列出的非特定字段。不同数据链路层协议可能使用其中的不同字段。由于数据链路层协议的目的和功能与特定拓扑和介质相关，因此你必须研究每种协议才能详细理解其帧结构。本书中将讨论各种协议，也会提供更多有关帧结构的信息。

7.5.3 编址：帧的去向

数据链路层提供了通过共享本地介质传输帧时要用到的编址方法。此层中的设备地址称为 *物理地址*。数据链路层地址包含在帧头中，它指定了帧在本地网络中的目的节点。帧头还可能包含帧的源地址。

与第 3 层逻辑地址不同，物理地址不会表示设备位于哪个网络。若将设备移至另一网络或子网，它将仍使用同一第 2 层物理地址。

由于帧仅用于在本地介质的节点间传输数据，因而数据链路层地址仅用于本地传送。该层地址在本地网络之外无任何意义。与第 3 层地址进行比较，数据包头中的第 3 层地址在路由过程中，无论经过多少跳，都会从源主机传送到目的主机。而第 2 层使用的地址仅用于在本地介质中传送帧。

如果帧中的数据包必须传递到另一网段上，中间设备（路由器）将解封原始帧，为数据包创建一个新帧并将它发送到新网段中。新帧必须要使用恰当的源地址和目的地址，才能通过新介质传输数据包。

数据链路层中的编址需求取决于逻辑拓扑。仅具有两个互联节点的点对点拓扑不需要编址。一旦到了介质上，帧就只有一个去处。

由于环型拓扑和多路访问拓扑可连接公共介质上的多个节点，因而此类拓扑需要编址。在帧到达拓扑中的各节点时，节点会检查帧头中的目的地址以确定自身是否为帧的目的地。

7.5.4 封装成帧：帧尾的作用

数据链路层协议将帧尾添加到各帧结尾处。

典型的帧尾字段包括：

- 帧校验序列——用于检查帧内容有无错误；
- 停止字段——用于指明帧的结束，也用于向固定大小或小尺寸的帧添加内容。

帧尾的作用是确定帧是否无错到达。此过程称为**错误检测**。通过将组成帧的各个位的逻辑或数学摘要放入帧尾中来实现错误检测。

帧校验序列（FCS）字段用于确定帧的传输和接收过程有无发生错误。之所以在数据链路层中添加错误检测，是因为数据是通过该层的介质传输的。对于数据而言，介质是个存在潜在不安全因素的环境。介质上的信号可能遭受干扰、失真或丢失，从而改变这些信号所代表的各个位的值。通过使用 FCS 字段提供的错误检测机制，可找出介质上发生的大部分错误。

为确保在目的地接收的帧的内容与离开源节点的帧的内容相匹配，传输节点将针对帧内容创建一个逻辑摘要。它称为**循环冗余校验（CRC）**值。此值将放入帧的帧校验序列（FCS）字段中以代表帧内容。

如果初始站点产生的 CRC 与接收数据的远端设备计算的校验值不匹配，即表明帧发生了错误。当帧到达目的节点后，接收节点会计算自身的帧逻辑摘要（即 CRC）。然后，接收节点将比较这两个 CRC 值。如果两个值相同，则认为帧已按发送的原样到达。如果 FCS 字段中的 CRC 值与接收节点计算出的 CRC 值不同，帧会被丢弃。

通过比较 CRC，帧的改变被检查出来，CRC 错误通常是由于噪音或数据链路的其他错误。在以太网段，错误可能是由于冲突或传输了坏的数据。

当然，也可能出现 CRC 结果很好，但实际上帧已经损坏的情况，不过这种情况发生的几率很小。在计算 CRC 时，各个位中的错误有可能会相互抵消。这时应该会要求上层协议检测和纠正该数据丢失状况。

> **注　释**　错误检测不应与可靠性或错误纠正混淆。可靠性是指利用错误检测来确定数据是否错误并重传的过程。错误纠正是指帧中是否含有错误并从发送信息修复错误的能力。错误检测和错误纠正都涉及附加比特。对错误检查，这些比特仅用于决定是否存在错误。而对错误纠正，这些比特用于从传输的原始比特中恢复被损坏的数据。因此，错误纠正更复杂，也需要更多开销。

数据链路层中使用的协议将确定是否执行错误纠正。FCS 的作用是检测错误，但并非每个协议都支持纠正错误。

7.5.5 数据链路层帧示例

在 TCP/IP 网络中，所有 OSI 第 2 层协议均与 OSI 第 3 层的网际协议配合使用。然而，实际使用的第 2 层协议取决于网络的逻辑拓扑以及物理层的实施方式。如果网络拓扑中使用的物理介质非常多，则正在使用的第 2 层协议数量也相对较大。

CCNA 课程中将介绍的协议包括：

- 以太网；
- PPP；
- 高级数据链路控制（HDLC）；

- 帧中继；
- ATM。

每个协议执行特定的第 2 层逻辑拓扑的介质访问控制。这意味着在执行这些协议时，有很多种不同的网络设备都可以充当运行在数据链路层上的节点。这些设备包括计算机上的网络适配器或网络接口卡（NIC）以及路由器和 2 层交换机上的接口。

用于特定网络拓扑的第 2 层协议取决于实施该拓扑的技术。而技术取决于网络规模（根据主机数量和地理范围判断）以及通过网络提供的服务。图 7-7 显示了一个用不同的第 2 层帧传输数据包通过 Internet 的例子。

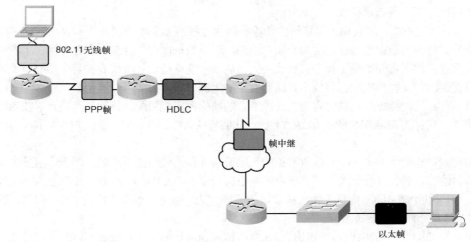

图 7-7　第 2 层协议示例

Internet 有两种类型的环境：LAN 和 WAN。每种环境有不同的帧要求。

LAN 通常使用能支持大量主机的高带宽技术。由于 LAN 的地理范围相对较小（单个建筑物或多个建筑物的园区），用户的密集度高，因此这种技术比较节约成本。

对于服务范围较广（例如一个城市或多个城市）的广域网，使用高带宽技术通常不够经济。长距离物理链路的成本以及长距离传送信号的技术一般都会使带宽容量降低。

经 WAN 传输的帧比 LAN 的帧更易遭受有害环境。这意味着 WAN 帧比 LAN 帧更易遭受损坏。这导致在 LAN 和 WAN 中不同的带宽和环境会使用不同协议，下面详细讲述。

一、LAN 的以太网协议

以太网是 IEEE 802.2 和 802.3 标准中定义的一系列联网技术。以太网标准定义第 2 层协议和第 1 层技术。以太网是使用最广泛的 LAN 技术且支持 10、100、1000 和 10,000Mbit/s 的数据带宽。

OSI 第 1 层和第 2 层的基本帧格式和 IEEE 子层在所有以太网形式中都是一样的。但用于检测数据和将数据放置到介质上的方法在不同实施中却有所不同。

以太网使用 CSMA/CD 介质访问方法，通过共享介质提供没有确认的无连接服务。共享介质要求以太网数据包头使用数据链路层地址来确定源节点和目的节点。与大部分 LAN 协议一样，该地址称为节点的 *MAC 地址*。以太网 MAC 地址为 48 位且通常以十六进制格式表示。

如图 7-8 所示，以太网帧具有多个字段。

- 前导码——用于定时同步，也包含标记定时信息结束的定界符；
- 目的地址——48 位目的节点 MAC 地址；
- 源地址——48 位源节点 MAC 地址；
- 类型——指明以太网过程完成后用于接收数据的上层协议类型；

7.5 MAC：编址和数据封装成帧

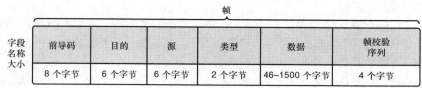

图 7-8 以太网协议

- 数据或填充——在介质上传输的 PDU，通常为 IPv4 数据包；
- 帧校验序列（FCS）——用于检查损坏帧的 CRC 值。

以太网是数据网络中非常重要的一个组成部分，我们将在第 9 章讨论它。而且在这个系列的课程中，我们还会以它为例进行讲解。

二、WAN 的 PPP

点对点协议（PPP）是用于在两个节点之间传送帧的协议。PPP 标准由 RFC 定义，这和许多数据链路层协议不同，它们是由电气工程组织定义的。PPP 是一种 WAN 协议，可在多种串行 WAN 中实施的协议。PPP 可用于各种物理介质，包括双绞线、光缆和卫星传输以及虚拟连接。

PPP 使用分层体系结构。为满足各种介质类型的需求，PPP 在两个节点间建立称为*会话*的逻辑连接。PPP 会话向上层 PPP 协议隐藏底层物理介质。这些会话还为 PPP 提供了用于封装点对点链路上的多个协议的方法。链路上封的各协议均建立了自己的 PPP 会话。

PPP 还允许两个节点协商 PPP 会话中的选项。

- 身份验证——为建立点到点链路通信，PPP 链路的每个终端节点需要 PPP 验证。
- 压缩——PPP 压缩可减少经网络链路传输的数据帧的大小。这可以减少网络传输时间。
- 多重链接——PPP 多重链路是使用多条链路发送数据帧的方法。这可允许使用多条物理链路支持一个 PPP 会话。

图 7-9 为 PPP 帧的基本字段：

字段名称大小（字节）	标志	地址	控制	协议	数据	帧校验序列
	1 个字节	1 个字节	1 个字节	2 个字节	不定	2 个或 4 个字节

图 7-9 点到点协议

- 标志——表示帧开始或结束位置的一个字节。标志字段包括二进制序列 01111110。
- 地址——包含标准 PPP 广播地址的一个字节。PPP 不分配独立的站点地址。
- 控制——包含二进制序列 00000011，要求在不排序的帧中传输用户数据。
- 协议——两个字节，标志封装于帧的数据字段中的协议。最近的编号指派机构请求注解（RFC）中指定了协议字段的最新值。
- 数据——零或多个字节，包含协议字段中指定协议的数据报。
- 帧校验序列（FCS）——通常为 16 位（2 个字节）通过事先协商，一致同意 PPP 实施可使用 32 位 FCE，从而提供错误检测能力。

三、LAN 的无线协议

802.11 是 IEEE 802 标准的扩展。它使用与其他 802 LAN 相同的 802.2 LLC 和 48 位编址方案。但是，MAC 子层和物理层中存在许多差异。在无线环境中，需要考虑一些特殊的因素。由于没有确定的物理连通性，因此，外部因素可能干扰数据传输且难以进行访问控制。为了解决这些难题，无线标准制订了额外的控制功能。

IEEE 802.11 标准通常称为 Wi-Fi，是一种争用系统，使用的是 CSMA/CA 介质访问流程。CSMA/CA 为等待传输的所有节点指定了一个随机*回退*过程。最可能发生介质争用的时间是在介质变为可用后。使节点随机回退一段时间可大大降低冲突可能性。

802.11 网络还使用数据链路确认来确定帧已成功接收。如果发送站没有检测到确认帧，原因可能是收到的原始数据帧或确认不完整，就会重传帧。这样明确的确认就可以克服干扰及其他无线电相关的问题。

802.11 支持的其他服务有身份验证、关联（到无线设备的连通性）和隐私（加密）。

图 7-10 中所示为 802.11 帧包含的字段：

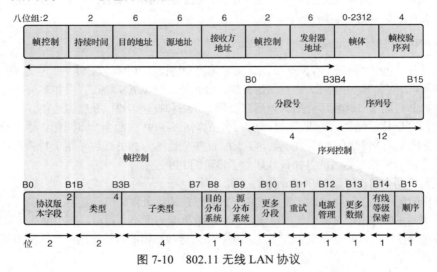

图 7-10　802.11 无线 LAN 协议

- 协议版本字段——正在使用的 802.11 帧的版本；
- 类型和子类型字段——标识帧的以下三个功能和子功能之一：控制、数据和管理；
- 目的分布系统字段——对于发送目的为分布系统（无线结构中的设备）的数据帧，设置为 1；
- 源分布系统字段——对于离开分布系统的数据帧，设置为 1；
- 更多分段字段——对于具有其他分段的帧，设置为 1；
- 重试字段——如果帧为之前帧的重传，设置为 1；
- 电源管理字段——设置为 1 以表示节点将处于节电模式；
- 更多数据字段——设置为 1 以表示处于节电模式的节点，更多帧正在缓冲等待该节点；
- 有线等效保密（WEP）字段——帧包含用于确保安全性的 WEP 加密信息，则设置为 1；
- 顺序字段——对于使用严格顺序服务类（不需重新排序）的数据帧，设置为 1；
- 持续时间/ID 字段——根据帧类型的不同，代表传输帧所需时间（单位为微秒）或传输帧的站点的关联身份（AID）；
- 目的地址（DA）字段——网络中最终目的节点的 MAC 地址；
- 源地址（SA）字段——发送帧的节点的 MAC 地址；
- 接收方地址（RA）字段——用于标志作为帧的即时收件人的无线设备的 MAC 地址；
- 发射器地址（TA）字段——用于标志传输帧的无线设备的 MAC 地址；
- 序列号字段——表示分配给帧的序列号，重传帧重复序列号标志；
- 分段号字段——表示帧的各分段的编号；

- 帧体字段——包含传输的信息；对于数据帧，通常为 IP 数据包；
- FCS 字段——包含帧的 32 位循环冗余校验（CRC）。

7.6 汇总：跟踪通过 Internet 的数据传输

要理解网络通信的运行，检验不同层次的通信过程是很有帮助的。检查每一层次的运行可帮助你理解个层次的功能，也包括相邻层次间的关系。本节中，你将观察通过网际网络实现的两台主机间的简单数据传输过程。在本示例中，将描述客户端与服务器之间的 HTTP 请求。

为着重介绍数据传输过程，我们将忽略实际事务中可能发生的许多要素。在每个步骤中，我们将仅关注主要要素。例如，会忽略报头的多个组成部分。

本例中将演示已经学过的技术。本节将提供帮助你理解这些技术的框架。

假设已融合所有路由表且 ARP 表已完整。另外，假设已在客户端和服务器之间建立 TCP 会话。还假设已在客户端上缓存了 WWW 服务器的 DNS 查询。

在两个路由器之间的 WAN 连接中，假设 PPP 已建立物理线路且已建立 PPP 会话。

在图 7-11 中，LAN 用户想要访问存储在远程网络的服务器上的网页，用户在 Web 页面上激活一个连接。

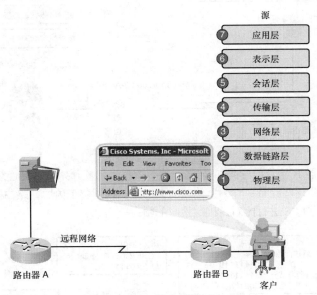

图 7-11 源主机请求

浏览器发出 HTTP Get 请求。应用层添加第 7 层报头，用于标志应用和数据类型。

传输层标志出上层服务是 WWW 客户端。然后，传输层将此服务与 TCP 协议相关联并分配端口号。它使用随机选择的与此所建会话相关联的源端口号（12345）。目的端口（80）与 WWW 服务相关联。

TCP 还发送确认号，告知 WWW 服务器期待接收的下一 TCP 数据段的序号。序号将指示此数据段在一系列相关数据段中所处的位置。此外，还会根据建立会话的需要适当设置标志。

网络层构建 IP 数据包，标志源主机和目的主机。对目的地址，客户端主机使用主机表中缓存的 WWW 服务器主机名管理的 IP 地址。而源地址则使用本机的 IPv4 地址。网络层也标志出此数据包中封装的上层协议为 TCP 数据段。

数据链路层参照地址解析协议（ARP）缓存来确定与路由器 B 接口相关的 MAC 地址，该接口为指定的缺省网关。然后，它使用此地址构建以太网 II 帧，通过本地介质传输 IPv4 数据包。该帧中使用笔记本计算机的 MAC 地址作为源 MAC 地址，使用路由器 BFa0/0 接口的 MAC 地址作为目的 MAC 地址。

帧中的类型字段使用值 0800 指示 IPv4 上层协议。该帧以前导码和帧开始符（SOF）为开始，以帧末尾的用于错误检验的帧校验序列中的循环冗余校验（CRC）为结束。

使用 CSMA/CD 来控制将帧放到介质上。物理层开始将帧逐位编码到介质中。路由器 A 和服务器之间的网段是 10BASE-T 网段，因此，编码使用曼彻斯特差分编码。路由器 B 会缓冲收到的比特。

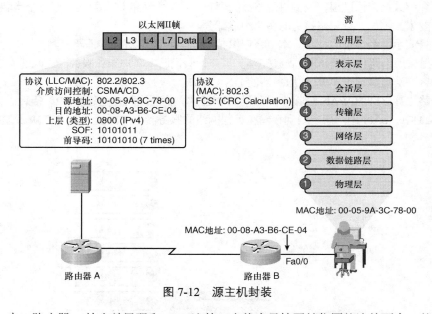

图 7-12 源主机封装

图 7-13 中，路由器 B 检查前导码和 SOF 比特，查找表示帧开始位置的连续两个 1 的比特位。然后，路由器 B 开始混成这些比特，作为重建帧的一部分。收到整个帧后，路由器 B 生成帧的 CRC。将此与帧结束位置上的 FCS 进行比对，确定接收的帧完整。

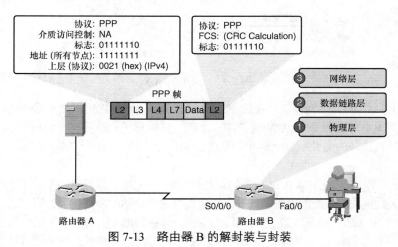

图 7-13 路由器 B 的解封装与封装

当确认该帧未损坏时，再比对帧中的目的 MAC 地址与接口（Fa0/0）的 MAC 地址。如果二者相符，则删除帧头，并将数据包向上传送到网络层。

网络层将数据包的目的 IPv4 地址与路由表中的路由进行比较。找到与下一跳出口 S0/0/0 相关联的项。然后将路由器 B 中的数据包送到 S0/0/0 接口电路。

路由器 B 创建 PPP 帧，通过 WAN 传输数据包。PPP 包头中添加了 01111110 二进制标志，表示帧的开始。再添加地址字段 11111111，表示广播（意思是发送到所有站点）。由于 PPP 是点到点协议，用于两个节点间的直接链路，所有此字段没有实际意义。还包括值为 0021（十六进制）的协议字段，表示封装的是 IPv4 数据包。帧尾以帧校验序列中用于差错校验的 CRC 结束。01111110 表示 PPP 帧的结束。

由于两台路由器间已经建立了电路和 PPP 会话，因此物理层开始将帧逐位编码到介质中。接收路由器（路由器 A）会缓存收到的比特。比特的表示类型和编码类型取决于使用的 WAN 技术类型。

图 7-14 中，路由器 A 检查标准中的比特，确定帧的开始位置。然后，路由器 A 缓存这些比特，作为重建帧的一部分。按照帧尾中的标志指示收到完整帧后，路由器 A 生成帧的 CRC 然后与帧结束位置上的 FCS 进行比较，确定接收到的帧完整。

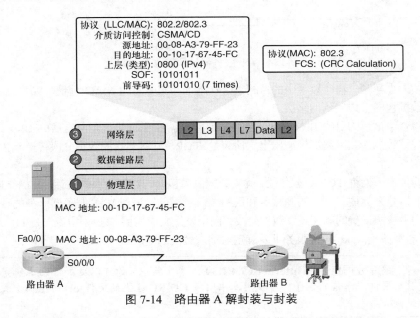

图 7-14 路由器 A 解封装与封装

当确认帧未损坏时，则删除帧头，并将数据包向上传送到路由器 A 的网络层。

网络层将数据包的目的 IPv4 地址与路由表中的路由进行比较。找到直接连接到接口 Fa0/0 的匹配项。然后，将路由器 A 中的数据包传送到 Fa0/0 接口的电路。

数据链路层参照路由器 A 的 ARP 缓存来确定 Web 服务器的 MAC 地址。然后，使用此 MAC 地址构建以太网 II 帧，通过本地介质将 IPv4 数据包传输到服务器。该帧中使用路由器 A 的 Fa0/0 接口的 MAC 地址作为源 MAC 地址，服务器的 MAC 地址为目的地址。

类型字段为 0800 表明上层协议为 IPv4。该帧以前导码和 SOF 为开始，以帧尾的 FCS 的 CRC 为结束。

使用 CSMA/CD 来控制将帧放置到介质上的过程。物理层开始将帧逐位编码到介质中。路由器 A 和服务器之间的网段是 100BASE-T 网段，因此，采用 4B/5B 编码。服务器缓存收到的比特。

图 7-15 中，Web 服务器检查前导码和 SOF 比特，查找代表帧开始的连续两个 1 的比特位。然后

服务器缓存这些比特，作为重建帧的一部分。收到整个帧后，服务器生成帧的 CRC。然后与此帧结束位置的 FCS 进行比较，确定接收的帧完整。

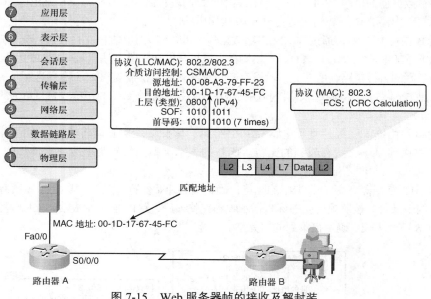

图 7-15　Web 服务器帧的接收及解封装

当确认帧未损坏时，再比较帧中的目的 MAC 地址和服务器的 MAC 地址。如果二者匹配，则删除帧头并将数据包向上传输到网络层。

网络层检查数据包的目的 IPv4 地址，确定目的主机。由于此地址与其自身的 IPv4 地址相符，因此服务器处理该数据包。网络层标志出上层协议是 TCP，并将包含的数据分段传送到传输层的 TCP 服务。

服务器的传输层检查 TCP 数据分段，确定数据段中包含的数据所属的会话。此操作通过检查源端口号和目的端口号来完成。唯一的源端口和目的端口号可以标识与 Web 服务器服务的现有会话。

使用序列号按照正确的顺序放置数据分段，向上发送到应用层。在应用层，HTTP GET 请求传送到 Web 服务器服务（httpd）。该服务可以确定对请求做出的响应。

 跟踪数据包通过 Internet（7.4.1.3）　本实验中，你可以更加仔细地研究本节中两台主机间通信的例子。可使用本书附带 CD-ROM 上的文件 e1-7413.pka 来完成本实验活动。

 研究第 2 层帧头（7.5.1.1）　本实验中，你可以研究多种最常见的第 2 层封装。可使用本书附带 CD-ROM 上的文件 e1-7511.pka 来完成本实验活动。

7.7　总结

OSI 数据链路层准备好网络层数据包，以便将其放置到传输数据的物理介质上。

大量数据通信介质相应地需要很多数据链路协议，才能控制对这些介质的数据访问。

介质访问可以按序受控，也可以自由争用。逻辑拓扑和物理介质有助于确定介质访问方法。

通过将第 3 层数据包封装到帧中，数据链路层可使数据做好放置到介质上的准备。帧包含帧头和帧尾字段，包括数据链路源地址和目的地址、服务质量、协议类型和帧校验序列值。

7.8 试验

试验 7-1　帧检查（7.5.2.1）

本实验中你将使用 Wireshark 捕获和分析 EthernetII 帧头字段。

很多动手实验也包括 Packet Tracer 的实践活动，你可以利用 Packet Tracer 完成模拟实验。

7.9 检查你的理解

完成下面所有的复习题来检测一下你对于本章中的主题和概念的理解。题目的答案在附录中可以找到。

1. 数据链路层如何准备传输数据包？
2. 描述 4 种数据链路层介质访问方法。并指出适用于实施这些访问方法的数据通信环境。
3. 描述逻辑环形拓扑的特点。
4. 说出 5 种第 2 层协议。
5. 列出数据链路帧中 5 个帧头中的字段。
6. 如果节点接收了帧并计算了 CRC，但与 FCS 中的 CRC 不匹配，该节点将如何做？
    A. 丢弃帧
    B. 从 CRC 中重建帧
    C. 将帧转发到下一节点
    D. 关闭帧到达的接口
7. 下面哪种协议用于 WAN？（选两项）
    A. 802.11
    B. Ethernet
    C. HDLC
    D. PPP
8. 帧的数据字段内容是什么？
    A. 64 字节
    B. 网络层 PDU
    C. 第 2 层源地址
    D. 从应用层直接产生的数据
9. 以下哪项是基于竞争的 MAC 的特性？
    A. 无共享介质中使用
    B. 节点竞争对介质的使用

C. 将 MAC 给上层
D. 每个节点有特定时间使用介质

10. 下面哪项是 LAN 中数据链路子层？
    A. 协议数据单元
    B. 逻辑链路控制
    C. MAC
    D. 网络接口卡
    E. 载波多路访问

11. 下面哪项描述了虚电路？
    A. 是一种错误检查技术
    B. 提供一种封装技术
    C. 仅用于点到点物理拓扑中
    D. 在两台网络设备间建立逻辑连接

12. 说出所有数据链路层帧的三个基本部分。

13. 数据链路层执行下面哪项功能？
    A. 提供用户接口
    B. 确保主机间端到端的数据传输
    C. 将网络软件与硬件连接
    D. 在应用间建立并维护会话

14. 有关网络的逻辑拓扑下面哪项是正确的？
    A. 都是多路访问
    B. 提供物理编址
    C. 确定网络中节点如何连接
    D. 影响网络中使用的 MAC 类型

7.10　挑战问题和实践

这些问题和实验活动需要对本章涉及的概念有更深入的了解。答案在附录中。

1. 解释数据链路帧尾中帧校验序列的作用。
2. 对不同的网络层地址数据链路层如何编址？
3. 比较逻辑端到端拓扑和逻辑多路访问拓扑。
4. 当不同速度的接口将以太网连接到串口的 WAN 时，描述路由器的问题。
5. 讨论帧头中源地址的作用。能否只使用一个第 2 层地址？有数据链路层协议使用一个地址吗？
6. 讨论全双工通信对带宽的影响。比较多路访问中的全双工和半双工。
7. 描述路由器如何使用不同的帧转发 IP 数据包。

7.11　知识拓展

以下问题鼓励你对本章讨论的主题进行思考。老师可能会在班上让你研究并讨论这些问题。

1. OSI 模型的广泛应用如何改变了网络技术的发展？由于采用了该模型，如今的数据通信环境与 20 年前的数据通信环境相比，发生了怎样的变化？
2. 讨论并比较以下两种协议的功能和操作："载波侦听多路访问数据链路"介质访问协议与确定性介质访问协议。
3. 讨论并思考物理数据通信新介质的开发人员为确保与现有上层 TCP/IP 协议实现互操作而必须解决的问题。
4. 研究并讨论不同的数据链路层协议。根据使用的不同进行分类，在每种类别中思考他们的相同点。
5. 研究并讨论错误检测和错误纠正方法。考虑不同点，包括所需的开销。

第 8 章

OSI 物理层

8.1 学习目标

完成本章的学习，你应能回答以下问题：
- 物理层协议和服务在支持数据网络通信方面扮演什么角色？
- 物理层信号和编码在网络中的用途是什么？
- 在通过本地介质传输数据帧时，如何用信号表示比特？
- 铜缆、光缆和无线网络介质有什么基本特征？
- 铜缆、光缆和无线网络介质在网络中的典型方案是什么？

8.2 关键术语

本章使用如下关键术语。你可以在术语表中找到定义：

物理介质
信号
编码
比特时间
不归零（NRZ）
曼彻斯特编码
代码组
4B/5B
千比特
兆比特
吞吐量
实际吞吐量
衰减

噪声
非屏蔽双绞线（UTP）电缆
RJ-45
引脚输出
直通电缆
交叉电缆
全反电缆
同轴电缆
同轴电缆
混合的光纤铜电缆（HFC）
屏蔽双绞线（STP）电缆
光缆
光纤时域反射计（OTDR）

前面几章描述了沿 OSI 模型逐层向下对应用数据添加不同层次控制信息的封装过程。本章描述物理层（第 1 层）的作用及管理通过本地介质进行数据传输的标准和协议。

8.3 物理层：通信信号

以下各节介绍与物理层相关的目的、操作和基本原理。包括电气和通信工程组织所定义的物理层规范。

8.3.1 物理层的用途

OSI 物理层将代表数据链路层帧的比特编码为信号并通过物理介质——铜缆、光纤和无线介质，用于连接网络设备——传输和接收这些信号。进入物理层的数据链路帧包含着代表应用层、表示层、会话层和传输层、网络层信息的比特串。这些比特依照所使用的特定协议和应用的要求而组织其逻辑次序。通过如铜缆、光纤或空气等物理介质传输。物理介质将产生电压、光或无线电波等信号，从一台设备传输到另一台设备。有可能很多协议的数据流共享此介质，也可能产生物理畸变。物理层设计的重要内容就是减少过载及干扰的影响。

为使数据链路帧通过介质传输，物理层对数据形式的逻辑帧进行编码以使在介质另一端的设备可以识别。设备可以是转发帧的路由器或其他目的设备。

通过本地介质传输帧需要以下一些物理层要素：
- 物理介质和关联的连接器；
- 在介质上表示比特；
- 数据编码和控制信息；
- 网络设备上的发送器和接收器电路。

信号经介质传输后，被解码为代表数据的原始比特形式，并封装成完整帧送给数据链路层。
图 8-1 演示了完整的封装过程及被编码的二进制比特通过 OSI 第 1 层介质传输到目的过程。

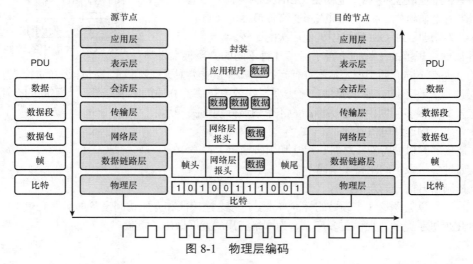

图 8-1　物理层编码

8.3.2 物理层操作

每种介质使用唯一的信号代表数据帧的比特，但由于 IP 是独立于介质的，帧在传输到下一台设备时保持不变。表8-1列出了主要介质类型及所使用的信号类型。

表 8-1　　　　　　　　　　　物理层每种介质的信号类型

介　质	信 号 类 型
铜缆	电脉冲信号
光纤	光脉冲信号
无线	无线电信号

当物理层将帧送出到介质上，它产生特定的比特或信号形式，以使接收设备识别。信号被组织以便设备可以识别帧的开始和结束。没有特定的信号形式，接收设备无从判断帧的结束，传输就会失败。数据链路层可以标识帧，但很多 OSI 第 1 层技术也在帧的开始和结束部分添加信号。

为识别帧边界，传输设备使用特定的比特模式，并仅用于表示帧的开始或结束位置。正像前面提到的，每种介质有不同的信号要求，这将在本章的后续部分介绍。

8.3.3　物理层标准

物理层执行的功能与 OSI 其他层有很大不同。上面的层次通过运行软件中的指令执行逻辑功能。他们是由软件工程师和设计 TCP/IP 协议族中的服务和协议的计算机科学家（作为 IETF 的一部分）来设计的。

与此相应，物理层（也包括一些数据链路层技术）定义了硬件的规范，包括电子电路，介质和连接器。物理层规范是由电气和通信工程组织定义的而不是软件工程师。这些组织包括：

- 国际标准化组织（ISO）；
- 电气电子工程师协会（IEEE）；
- 美国国家标准学会（ANSI）；
- 国际电信联盟（ITU）；
- 电子工业联盟/电信工业协会（EIA/TIA）；
- 国有电信机构，例如美国联邦通信委员会（FCC）。

图 8-2 为物理层和 OSI 模型中其他层次的比较。

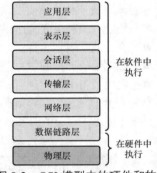

图 8-2　OSI 模型中的硬件和软件

设计物理层规范的工程师不得不考虑几种不同的介质标准以完成传输。如在不同介质类型上信号如何运行？哪种介质类型更高效和实用？什么介质特性会提高或降低信号质量？在不同介质上哪种信号类型工作效率更高？介质的限制是什么？不同的介质如何互联？这些及其他很多问题由物理层标准的 4 个领域分别解决：

- 介质的物理和电气特性；
- 连接器的机械特性（材料、尺寸和引脚输出）；
- 通过信号表示的比特（编码）；
- 控制信息信号的定义。

生产厂商可以遵照这 4 个领域的标准来设计电缆、连接器和介质访问设备如网卡（NIC）。这些部件的标准化促进了竞争，提供更多产品，为网络应用的发展做出了贡献。

8.3.4　物理层的基本原则

物理层通信涉及物理元件，它将编码的数据作为信号发送到介质上。下列第 1 层通信的第 3 个要素是理解物理层功能的关键：

- 物理组件；
- 编码；
- 信号。

人类的通信活动与物理层的过程有相似的地方。在简单的通信模型中，当一个人和另一个人通信时，他将抽象的思想组织成语言，然后将其编码成声音，通过空气介质发送。在另一端，接收者对声音信号进行解释，识别不同的声音模式，表示为单词，然后将这些单词组织为原来的思想。

更进一步的分析可以发现，人类的通信也是介质无关的，可以不通过空气而使用其他介质传输。灯光下的不同手势，用墨水和纸写信。每种介质都有自己唯一的方法将通信的内容组织成特定模式以标识通信的开始和结束。

物理层的通信也是这样。物理元件以可靠的、一致的方法运载信息以使接收者可以获得被传送的信息。

编码是物理层的另一项重要功能。封装在数据链路层帧中的比特被第 1 层设备以特定的方式分成组，或叫编码。完成传输后，第 1 层的接收设备解码，将帧传给数据链路层。

编码的另一个重要功能是控制信息。就像人的谈话使用停顿来表明一个句子的开始和结束那样，物理层插入控制代码来指示帧的开始和结束。控制代码是添加在编码帧的尾部的特定 1 和 0 序列。在本章的后续部分"编码：比特分组"你将会学到更详细的内容。

在帧和控制信息被编码为二进制数字串后，比特被转换为运载到目的地的信号。信号是物理层的另一重要功能。信号过程涉及如何在介质上表示比特。如：如果介质为铜缆，信号为正负电压的形式。

图 8-3 显示了二层帧的编码、转换为信号及放置在介质上的过程。

编码和信号过程完成数据传输的准备工作。物理层在某一时刻将信号发送到介质上，这些信号被接收端获取并解码，有几种不同的表示二进制位的方法，在下一节详细介绍。

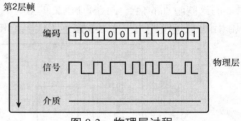

图 8-3 物理层过程

8.4 物理层信号和编码：表示比特

在计算机通信中，传送的消息都为二进制代码形式的数字逻辑。物理层的任务之一就是将逻辑信息转换为物理能量的形式，当在物理介质上传输时信号用来表示二进制代码。

8.4.1 用于介质的信号比特

利用信号在物理介质上表示二进制位有几种不同的方法。每种方法都有在称为比特时间的特定时间内转换为能量脉冲的方法。比特时间是指 OSI 第 2 层网卡产生一个比特的数据并将其作为信号送到介质上的时间。对接收者而言，在比特时间内信号一直存在并显示为一个比特值。比特时间内的信号类型依赖于所使用的信号方法。

实际的比特时间有赖于 NIC 的速度。越快的 NIC 有更短的比特时间。比特是按次序被阅读的，由于不同的设备比特时间不同，因此在发送和接收单元间必须同步。同步意味着发送和接收单元间有一致的信号时间。信号的同步保证了比特的次序并可被接收 NIC 正确解释。在本地网络中，每台设备保持自己的时钟，有些信号方法在信号中包含预定义的转换从而提供同步。

不同的信号方法有不同的在比特时间内表示比特的方式。三种信号特征可以表示被编码的比特：

- 幅度；
- 频率；
- 相位。

如幅度是信号周期的一个特征变量。幅度的峰值可以表示 1，幅度的谷底可以代表 0。图 8-4 演示了如何在一个比特时间分别改变三种特性：

不同的信号方法有不同的优点及执行标准，但最基本的是网络上所有设备要使用相同的方法才使得发送设备信息可以被接收设备读取。信号方法可能很复杂，更深入的学习已经超出了本书的范围，但我们可以更进一步观察两种方法——不归零（NRZ）和曼彻斯特编码，以对物理层的功能有一个基本的了解。

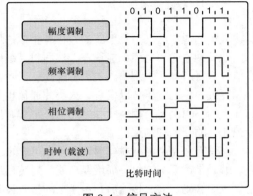

图 8-4　信号方法

一、不归零

被称为不归零的信号方法在一个比特时间内抽样电压值。此方法定义了哪种电压值代表 1 或 0，低电压值代表 0，而高电压值代表 1。实际电压值依据标准而不同。

NRZ，正像它的名字所指出的，没有恒定的零电压，所以有时为了与其他设备同步要有附加的信号。而这些附加的信号限制了 NRZ 的效率，如果有电磁干扰存在也容易发生畸变。效率不高的 NRZ 只能用于低速链路上。图 8-5 描述了代表 1 和 0 的 NRZ 信号。

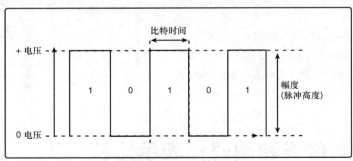

图 8-5　NRZ 编码

二、曼彻斯特编码

曼彻斯特编码是一种在每个比特时间的中间寻找电压变化信号方法。在比特时间内电压值从低到高的跳变表示 1。相反的，电压值从高到低表示 0。当有重复的比特值，也即连续的 1 或 0 时，转换将在比特时间的边界发生，重复的升高或降低发生在比特时间的中间。

图 8-6 演示了曼彻斯特编码在比特时间中间的电压改变，也包括比特时间边界的重复比特转换。

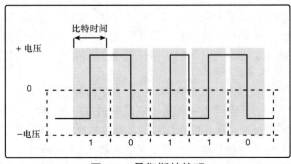

图 8-6　曼彻斯特编码

曼彻斯特编码是 10BASE-T 以太网的信号标准（10Mbit/s）。更高速的链路需要其他标准。

8.4.2 编码：比特分组

当有几台设备向几个目的发送信号时会使网络中的介质变得非常繁忙。在没有系统确认消息时，通信会变得更加困难。想象一个挤满了人的房间，每个人的电话都设置了相同的铃声，当有一个电话打进来，所有人都停止工作来接电话，但实际只有一个人应答。这浪费了忙碌的人们的时间，因此人们寻找解决此问题的方案。一个简单的办法是每个电话用户都设置一个自己唯一的铃声。他可以忽略掉打给其他人的电话，只接自己的电话。

网络中利用比特分组的信号编码解决相同的问题。当有很多的电信号沿数据线传输时，就需要一种方法定义物理层信号使接收设备能确认哪些信号是重要的、需要引起注意的。添加信号模式来标明重要的信号传输是物理层的解决方案。就像设置唯一的铃声一样，信号模式让设备可以忽略介质上不重要的信号、只注意重要的信号，从而使工作效率更高。

作为信号在第 1 层传输的每一个帧，用信号模式编码，通知接收设备帧的开始和结束以及帧的哪一部分要送到 OSI 的第 2 层。图 8-7 显示了在介质上信号如何被隔离并识别出来。

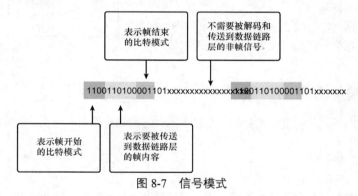

图 8-7 信号模式

信号模式只是物理层编码的一个特定用途。代码组和其他的编码方法可以提高网络效率和信号的可靠性。

在高速网络中，代码组变得更加重要，因为这些网络更易出错。*代码组*是预定义的一组比特用来表示一组更大的数据比特。代码组是编码过程的一部分，发生在信号送到介质之前。

图 8-8 演示了如何在介质上作为信号被编码之前利用符号来表示比特。

代码组可以帮助解决在高速网络中普遍存在的可靠性问题。它可以在 4 个方面提升高速网络的性能：

- 降低比特电平错误；
- 限制传输到介质中的效能；
- 帮助甄别数据比特和控制比特；
- 更有效地检测介质错误。

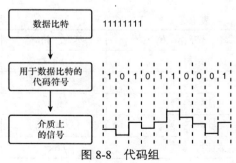

图 8-8 代码组

通过设计，代码组可以确保几个 1 和 0 之间的转换。正像前面所述，这些转换可以用于同步，可以提供比特时间抽样的可靠性。没有代码组，可能就不会产生足够的转换以确保同步质量和比特错误的纠正。

信号中 1 和 0 的平衡通过防止组件的过载也可降低错误率。一些信号方法用能量的存在代表 1，如激光或电压，而没有能量时代表 0。在速度很高时，太多的连续 1 将会使组件过热，引起信号损坏或敏感的光学元件的损坏，导致比特率错误。

因为代码组符号为已知的模式，可以改进错误检测。如果在传输中出现太多的连续 1 或 0，则意味着可能发生了错误，因为代码组避免了连续模式。

编码帮助接收设备识别传输中的帧和数据。代码组通过使用如下三种不同的符号模式来提供信号的识别能力：

- 数据符号——从物理层传送的数据；
- 控制符号——一层的特定代码，表示真的开始和结束；
- 无效符号——不允许在介质上出现的模式符号，指明帧的错误。

代码组的一个简单例子是 4B/5B 组。在这种技术中，4 比特数据被转换成 5 比特代码符号。看起来似乎是产生了更多的开销和额外的比特，但请记住额外的比特是用于同步和控制机制的。

图 8-9 为 4B/5B 符号例子。

请注意用于数据的符号模式确保了 1 和 0 的平衡。有一些特定符号表示数据流的开始和结束，这可以提供效率。

数据代码		控制码和无效代码	
4B代码	16 Symbol	45 Code	16 Symbol
0000	11110	空闲	11111
0001	01001	帧首	11000
0010	10100	帧首	10001
0011	10101	帧尾	01101
0100	01010	帧尾	00111
0101	01011	传输错误	01111
0110	01110	无效	00000
0111	01111	无效	00001
1000	10010	无效	00010
1001	10011	无效	00011
1010	10110	无效	00100
1011	10111	无效	00101
1100	11010	无效	00110
1101	11011	无效	01000
1110	11100	无效	10000
1111	11101	无效	11001

图 8-9 4B/5B 代码组

8.4.3 数据传输能力

每种物理介质以不同的速度传输数据。有以下三种方式测量数据在介质上的传输：

- 理论上的带宽；
- 实际的吞吐量；
- 质量方面的实际吞吐量。

虽然每个项目测量了数据传输的不同方面，但都是通过每秒钟的比特数来测量的。

带宽是指在给定时间内介质传输数据的能力。带宽的标准度量单位为 bit/s。随着这些年技术的进步，带宽更实用的单位为 kbit/s 和 Mbit/s。带宽的度量单位要考虑介质的物理特性及所使用的信号方法。表 8-2 列出常用的 4 种带宽单位及每种的当量值。

表 8-2 带宽的测量单位

带宽单位	英文符号	当量
比特每秒	bit/s	1bit/s=1bit/s=带宽的基本单位
千比特每秒	kbit/s	1kbit/s=1 000bit/s=10^3bit/s
兆比特每秒	Mbit/s	1Mbit/s=1 000 000bit/s=10^6bit/s
吉比特每秒	Gbit/s	1Gbit/s=1 000 000 000bit/s=10^9bit/s
太比特每秒	Tbit/s	1Tbit/s=1 000 000 000 000bit/s=10^{12}bit/s

吞吐量是在一段时间内通过介质的实际数据传输量。带宽是传输数据的能力，但由于干扰和错误等因素的影响很难获得全部能力。围绕期望的吞吐量和实际的速率规划网络比按照理论上的带宽值设计更实用。吞吐量，类似于带宽也以每秒比特为度量单位。

很多因素影响吞吐量，包括：

- 流量；
- 数据流的类型；
- 网络中规划的网络设备的数量。

在多路访问的拓扑中如以太网，节点争用介质。所以每个节点的吞吐量随着介质使用的增加而降低。

在有多个网段的 Internet 络中，吞吐量不可能快于从源到目的的链路中的最慢速的链路。即使所有或大部分网段具有很高带宽，只有一个网段处于较低的吞吐量，也会使整个网络的吞吐量产生瓶颈。

实际吞吐量 传输实际可用数据的速度，实际吞吐量是除掉协议开销、错误检查和重传请求后的数据吞吐量。根据网络连接和设备的质量，实际吞吐量和吞吐量有很大区别。

吞吐量度量的是传输的比特而不是传输的数据。实际吞吐量是吞吐量减去用于建立会话、确认和封装的流量开销。

例如，假设 LAN 上的两台主机正在传输文件。LAN 的带宽为 100Mbit/s。由于存在共享和介质开销，两台计算机之间的吞吐量仅为 60Mbit/s。包括封装处理 TCP/IP 协议族的开销，目的计算机接收数据的实际速率（即实际吞吐量）只有 40Mbit/s。

图 8-10 描述了吞吐量和实际吞吐量之前的区别。在这个例子中，吞吐量度量网络性能而实际吞吐量度量传输应用层数据的速率。

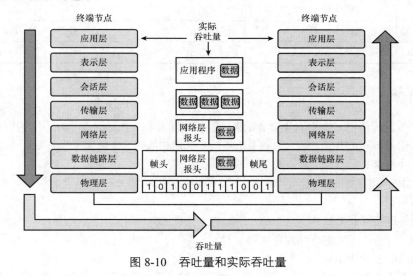

图 8-10 吞吐量和实际吞吐量

8.5 物理介质：连接通信

物理层与网络介质和信号有关。该层按电压、射频或光脉冲表示和组织比特。各种标准组织从不同数据通信可用介质的物理属性、电气属性和机械属性等几个方面对介质进行了定义。这些规定可以保证电缆和连接器在不同的数据链路层物理实施中都能按预期工作。

8.5.1 物理介质的类型

物理层定义了网络的物理元件如铜缆和光纤及他们所使用的连接器的标准,同时也定义了以电压、光脉冲和无线电信号表示比特的方法。物理层的设计与上层不同，在物理层处理的是介质的物理和电气属性而不是逻辑过程。

本节讨论铜缆、光纤和无线介质。表 8-3 列出了以太网使用的几种不同铜缆和光纤介质。

表 8-3　　　　　　　　　　　　　　　以太网介质

	介　质	最大网段长度	拓　扑	连　接　器
10BASE-T	EIA/TIA 3、4 或 5 类 UTP，4 对	100m（328 英尺）	星型	ISO 8877
100BASE-TX	EIA/TIA 5 类 UTP，2 对	100m（328 英尺）	星型	—
100BASE-FX	5.0/62.5 微米多模光纤	2km（6562 英尺）	星型	ISO 8877（RJ-45）
100BASE-CX	STP	25m（82 英尺）	星型	ISO 8877（RJ-45）
1000BASE-T	EIA/TIA 5 类（或更高）UTP，4 对	100m（328 英尺）	星型	
1000BASE-SX	5.0/62.5 微米多模光纤	最长 550m（1804 英尺），依赖于所使用的光纤	星型	
1000BASE-LX	5.0/62.5 微米多模光纤或 9 微米单模光纤	550m 多模光纤，10km 单模光纤	星型	
1000BASE-ZX	单模光纤	近似 70km	星型	
10GBASE-ZR	单模光纤	最大 80km	星型	

8.5.2　铜介质

本地网络数据传输中最常用的介质是铜缆，铜缆的标准和技术已经有了几十年的历史，但依然是网络设备互联的最常用的介质。铜介质将主机连接到如路由器、交换机和集线器等 LAN 内的设备。铜介质定义了如下标准：

- 所使用的铜缆类型；
- 通信带宽；
- 所用的连接器类型；
- 连接到介质的引脚输出和颜色代码；
- 介质的最远传输距离。

由于铜可以很好的传导电信号，所以是一种高效的介质。数据以电压脉冲的形式在铜缆上传输。电压很低，因此易受外界干扰产生畸变和信号衰减。**衰减**是指信号在长距离传输中能量的损失。这些信号的定时及电压值很容易受到外界通信系统的干扰和**噪声**影响。这些不期望的信号会使铜缆上传输的数据信号产生畸变和破坏。无线电波和电磁设备，如荧光灯、电动机和其他的设备都是潜在的噪音源。

通过降低线上噪音和信号衰减可以进一步提高数据传输速率。但提高电缆设计仅是解决干扰问题的一个方面。新的建筑物的结构设计可以避免网络设备遭受建筑系统及电磁干扰的影响。布线人员可以使用高质量的电缆提供物理层的质量，并选择适用于环境的电缆类型来确保最佳的可用性。

为适应不同的网络需要而设计了几种不同类型的电缆。最常用的是非屏蔽电缆（UTP），用于以太网。其他的铜缆有同轴电缆和屏蔽双绞线。以下各节将详细描述。

一、非屏蔽双绞线（UTP）

使用最普遍的铜介质是非屏蔽双绞线（UTP）。以太网 UTP 由 8 根电线组成，分成有颜色标记的

4 对，由外皮包裹。有颜色的线对标识终端连接的正确次序。图 8-11 是电缆护套内的双绞线对。

UTP 电缆的双绞线对是电缆工程设计的一部分。当电线中有电流流过，会产生电磁场，这会对电缆中的其他线对产生干扰。由于在线对中的每根电线的电流相反，让他们紧密排列可以使线对的电磁场相互抵消。电缆内部线对间的电磁干扰称为串扰。每个线对的双绞密度不同，以使串扰降到最低。

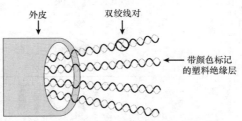

图 8-11　非屏蔽双绞线（UTP）电缆

计算机设备的生产厂商建立了设备标准以使不同系统间具有互操作性。局域网中的电缆和连接器也必须要遵守这些标准。前面提到的 TIA/EIA 工程组织定义了如下 UTP 电缆的安装标准：

- 电缆类型；
- 电缆长度；
- 连接器；
- 电缆端接；
- 测试电缆的方法。

物理层电缆的安装和连接必须要遵守如下工业标准。网络性能不好的很重要原因是由于使用了不好的电缆。

有几类 UTP 电缆。每类电缆与 IEEE 所定义的带宽性能水平相一致。电缆类别从 3 类（Cat3）到 5 类（Cat5），则允许 100MB 的传输。1999 年，5 类标准提高到超 5 类（Cat5e），则在 UTP 电缆上允许全双工的快速吉比特以太网的传输。

在 2002 年，定义了 6 类缆（Cat6）。Cat6 有更严格的生产和端接标准，可以有更高的性能和更少的串扰。Cat5e 在大多数 LAN 中都是可接受的，但考虑到未来 LAN 性能的发展，Cat6 是目前吉比特连接和新布线网络的推荐标准，Cat6 与以前的各类缆向后兼容。

用得最多的 UTP 电缆连接器是 *RJ-45* 连接器。大部分计算机使用 RJ-45 连接器将电缆插入网卡，在另一端接入集线器、交换机设备中。RJ-45 很容易与电话插座混淆，但 RJ-45 的插座大。图 8-12 显示了 UTP 电缆末端的 RJ-45 连接器。

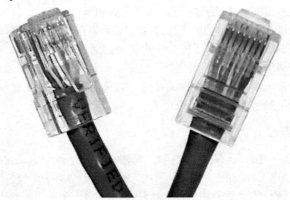

图 8-12　RJ-45 连接器

插入 RJ-45 连接器的电线有不同的次序，连接器所需要的线序称为引脚次序（*pinout*），根据电缆在网络中的使用地点不同而不同。引脚次序是由 TIA/EIA 的 568A 和 568B 定义的。每种设备的连接需要特定的引脚次序确保电线一端发送的信号被另一端的接收电路正确接收。

图 8-13 显示了 TIA/EIA 568A 和 568B 引脚次序的颜色编码。正像在图中所见，568A 和 568B 的不

同仅为第 2 和第 3 对线的次序交换。

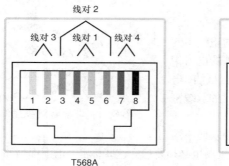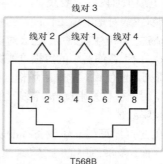

图 8-13　RJ-45 连接器上 568A 和 568B 的引脚次序

同时，568A 和 568B 适用于不同的地理区域。整个网络使用相同的标准是最重要的。

本书中描述了三种 UTP 电缆类型。表 8-4 每种电缆的规范和用途。

表 8-4　　　　　　　　　　　　　UTP 电缆类型

电缆类型	TIA/EIA 标准	电缆应用
直通电缆	两端相同，均为 568A 或 568B	网络主机与集线器和交换机的连接
交叉电缆	一端 568A，另一端为 568B。哪端接到哪个设备没有限制	设备的直接相连。如两台主机，两台交换机或两台路由器。也用于主机和路由器的直接连接
全反电缆（也称为思科电缆）	思科专用	将工作站的串口与思科设备的控制台口的连接

　　这些电缆类型不能互换，这也是很普遍的一种错误。如果用错了交叉电缆或直通电缆，会使发送和接收信号相反，不能建立连接。这种错误会损坏设备，但没有正确的电缆类型，就不能正常连通。在布线时，如果设备没有连接成功，第一步要做的工作就是检查电缆类型。

　　以下的步骤可以快速确定电缆是直通线还是交叉线。

第 1 步　将电缆的两端互相靠近，并使接插的卡子向下。

第 2 步　仔细观察电缆中颜色模式。如果颜色匹配，则是直通线。通过检查是否与 568A 或 568B 可以进一步校验结构是否正确。

第 3 步　如果颜色不匹配，确定是否是第 1 和第 3 对线对调。如果是，则是交叉线。通过检查电缆一端是否为 568A 另一端是否为 568B，来进一步校验交叉线对。

第 4 步　如果颜色相反，则为全反线。

二、其他类型的铜缆

　　在 LAN 中使用的第一种铜介质是同轴电缆。**同轴电缆**，也称为 *coax*，在中心有一个铜导线，外面有一层金属网作为接地电路和屏蔽层来减少干扰。最外层为塑料的电缆外皮。同轴电缆曾经流行一时，现在已经不再作为 LAN 的介质使用，作为传统技术，用于在无线网络中连接天线和无线设备。

　　图 8-14 描述了同轴电缆的结构。

　　近些年，同轴电缆运载高频无线信号和电视信号。有线 TV 中的电缆是同轴电缆，TV 系统从单项广播系统发展为使用新的同轴电缆技术（也称为混合光纤同轴电缆（HFC））的双向通信介质。HFC 既有同轴电缆的电气属性也有光纤的优点。

　　同轴电缆利用筒形连接器连接主机的 NIC 和其他设备。有些连接器需要特殊的终端器以帮助控制线路上的干扰。

图 8-15 描述了同轴电缆的连接器。

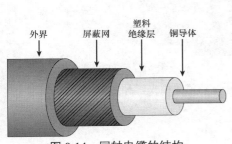

图 8-14 同轴电缆的结构

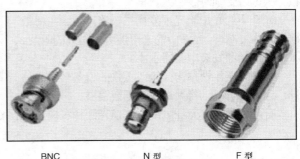

图 8-15 同轴电缆连接器

屏蔽双绞线（STP）是 LAN 中近些年不太使用的一种技术。STP 电缆是 IBM 令牌环网络技术中的标准，但令牌环技术已经被其他的以太网技术取代。

STP 电缆有两种办法减少噪声，在电缆内部每对线进行双绞，及利用金属丝网屏蔽。STP 仍然应用于电磁干扰较强的地方，但它比其他可用电缆更昂贵，因此使用有限。图 8-16 描述了 STP 电缆的结构。

三、铜介质的安全性

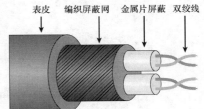

图 8-16 屏蔽双绞线电缆（STP）

由于铜缆利用电流进行传输，因此使用时有潜在的风险。电缆标准及建筑物规范解决了有关配线间和电缆长度规范问题，但是一些缺陷设备发出的电信号依然有可能损坏其他设备，有时会伤害用户。

另一个潜在的威胁是建筑物和楼层电缆的扩展。当用过长的电缆连接不同接地点的两个区域时，有可能短路危及用户。建筑物间的电缆还会受到闪电的影响，这会使网络设备不可用。在建筑物间和楼层间使用光纤和无线连接可以减少这些风险。

生产电缆的材料是易燃物。有些建筑物有通风管道和电缆的专用空间，着火时会产生有毒气体。很多建筑物对通风管道中的电缆有特殊的结构要求。

8.5.3 光纤介质

在物理层，不同的技术可完成数据传输的相同任务。光纤不同于铜缆，但都可在网络上传输数据。

铜缆用电压表示电线上的数据，光纤用特殊的玻璃传导光脉冲而传输数据。光缆尽可能纯净以确保光信号沿介质的可靠传输。类似于铜介质，光纤的标准和性能也在不断提高。

光纤相比于铜缆有很多优势，但在网络中安装光纤也具有挑战性。如光纤可提供更高的带宽、不需信号中继可传输更远，但光纤和连接器有更高的成本，对安装人员也需要特殊培训，对特殊场合的使用有限制。光纤比铜缆需要更多的处理。

光纤可以解决前面提到的长铜缆的安全问题。因为光纤不传输电压和电缆，也没有接地问题和闪电的影响。由于比铜缆更安全、可传输更远的距离，光纤通常是大型建筑物内楼层和配线间以及园区网中建筑物间的骨干连接的最佳选择。

光纤，外面是覆层，可防止光线反射进入纤芯的特殊材料。再外层是保护和加强纤芯免受潮湿等危害的加强材料。图 8-17 是光纤的截面图。

光纤中的光仅能沿一个方向传输，因此光纤电缆中通常包括一对光纤。这可以允许全双工传输，在一根电缆上同时收、发数据。

光纤中的光由激光或发光二极管产生，它将数据转换为光脉冲。光纤中的光可能会损伤人的眼睛，所以在排错和安装中要特别小心。

在接收端，被称为光敏二极管的设备转换光信号，对比特解码，将其送到数据链路层。

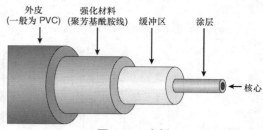

图 8-17 光纤

有两种类型的光纤电缆：单模光纤和多模光纤。图 8-18 显示了单模光纤和多模光纤。

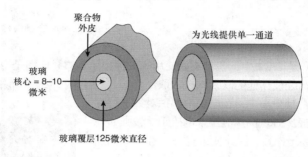

图 8-18 单模和多模光纤

表 8-5 描述了单模和多模光纤的区别。

表 8-5　　　　　　　　　　　　单模和多模光纤

单　　模	多　　模
较小的核心：8～10μm	较大的核心：50+μm，可以是玻璃或塑料
较少的光色散	较大的色散（损失光能）
更远的距离：可达 100km	较近的距离：可达 2km
用激光做光源	用 LED 做光源，较近的范围运行

光信号的色散意味着它传输中光的分离。由于覆层将激光限制在更小的核心中，所有单模光纤可以传输更远的距离。在多模光纤中色散率更高，信号不能传输得很远。

光纤在长距离，高速，点到点的骨干中有很好的经济性，但目前并不是很适用与在主机和其他网络设备间的本地连接。

8.5.4 无线介质

第3种物理层技术是无线。无线介质传输代表数据链路帧二进制数据的无线电信号。无线技术通过开放的空气发送和接收信号，使得利用铜缆和光纤连接的用户获得解放。

无线连接技术非常适合开放环境。但是，在建筑物中，一些物体如墙、金属管道和楼层、机械等会产生干扰。此外，无线电可能会由于一些小型设备、某些类型的荧光灯、微波炉和其他家用无线设备如电话、蓝牙设备等而使信号衰减。

虽然无线网络有优点，但使用它也有一些缺点。无线连接通常比有线连接慢，而且由于无线介质对任何无线接收设备都是开放的，因此比其他介质有更多安全隐患。

用于无线数据通信的 IEEE 和电信工业标准覆盖了数据链路层和物理层。4 种常用数据通信标准可适用于无线介质：

- 标准 IEEE 802.11-通常也称为 Wi-Fi，是一种无线 LAN（WLAN）技术，它采用载波侦听多路访问/冲突避免（CSMA/CA）介质访问过程使用竞争或非确定系统；
- 标准 IEEE 802.15-无线个域网（WPAN）标准，通常称为"蓝牙"，采用装置配对过程进行通信，距离为 1 到 100m；
- 标准 IEEE 802.16-通常称为 WiMAX（微波接入全球互通），采用点到多点拓扑结构，提供无线带宽接入；
- 全球移动通信系统（GSM）-包括可启用第 2 层通用分组无线业务（GPRS）协议的物理层规范，提供通过移动电话网络的数据传输。

其他诸如卫星通信之类的无线技术，则在无法使用其他连接的地方提供数据网络连通性。包括 GPRS 在内的协议能使数据在地面基站和卫星链路间传输。

在上述各例中，物理层规范适用的领域包括：数据到无线信号编码、传输频率和功率、信号接收和解码要求、以及天线设计和结构。

无线 LAN

常用的无线数据实施方案为能使设备通过以无线方式连接为 LAN。通常，无线 LAN 要求具备下列网络设备：

- 无线接入点（AP）——集中用户的无线信号，并常常使用铜缆连接到现有基于铜介质的网络基础架构，如以太网；
- 无线 NIC 适配器——能够为每台网络主机提供无线通信。

随着技术的发展，许多以太网 WLAN 标准应运而生。在购买无线设备时要格外小心，必须确保它的兼容性和互操作性。

表 8-6 描述了所使用的 4 个基本 802.11 标准。每个标准的物理层规范包括无线电信号、数据编码和传输信号的频率和功率。

表 8-6　　　　　　　　　　　802.11 无线 LAN 标准

IEEE 标准	描述
IEEE 802.11a	- 运行于 5GHz 频带 - 速度达 54Mbit/s - 范围小 - 与 802.11b 和 802.11g 不兼容

续表

IEEE 标准	描述
IEEE 802.11b	■ 运行于 2.4GHz 频带 ■ 速度达 11Mbit/s ■ 比 802.11a 的设备具有更远的距离和更好的穿透建筑物的能力
IEEE 802.11g	■ 运行于 2.4GHz 频带 ■ 速度达 11Mbit/s ■ 与 802.11b 相同与 802.11a 不同的范围和无线电频率
IEEE 802.11n	■ 起草中的标准 ■ 建议为 2.4GHz 和 5GHz 频率 ■ 预期速度为 100Mbit/s 至 210Mbit/s，距离范围为 70m

无线 LAN 的主要好处是节约成本和方便接入，但要特别注意网络安全问题。

简单的无线 LAN 模型（8.3.7.4） 在本实验活动中，你可以用一台无线路由器连接到 Internet 服务供应商（ISP），建立典型的家用或小型商务公司的连接。也鼓励建立自己的模型，与其他无线设备联网。利用本书所带的 CD-ROM 上的 el-8374.pka 完成这一实践活动。

8.5.5 介质连接器

就像一条锁链的强度应以最弱的连接处衡量一样，网络也是这样。NIC 和配线间中集线器、交换机间的连接器很轻松就会到 6 个，两个用于从 PC 机到墙上的插座，两个用于墙上插座到配线面板，以及从培训面板到交换机。在网络安装时，所有这些连接器都是手工压线的。

每次电缆被端接，都可能使信号损失、对通信电路产生噪声。以太网布线规范保证了计算机与网络中间设备间的布线要求。不正确的端接，使得每根电缆都成为损坏物理层实现的潜在危险。所有铜介质高质量的端接是确保目前及未来网络技术实现最佳性能的基本。图 8-19 描述了两个 RJ-45 连接器，一个是带有未双绞部分的电缆，另一个则是没有暴露和未双绞线对的正确连接器。

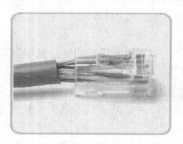
品质不好的连接器-过长的解开的电线

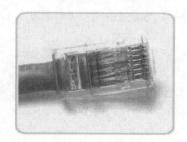
品质良好的连接器-解开的电线刚好可以满足连接器的要求

图 8-19 RJ-45 终端器

每种介质类型——铜缆、光纤和无线——都有自己的连接器，所有连接器都已制定了用于生产和安装的标准。

正像前面看到的，连接器看起来都类似，只是引脚输出不同。例如：不仔细检查电缆末端的电线模式，就不能知道非屏蔽双绞线是直通线、交叉线、全反线或其他特殊用途的电缆。

使用的大部分电缆都是经机器检测过的、通用长度的工厂生产的电缆。购买标准的跳线比现场制作要便宜，但每个电缆的安装和压线仍需熟练的技术。图 8-20 为电缆墙上插座的前、后图片及用于连接墙上插座和配线间设备的配线模块。

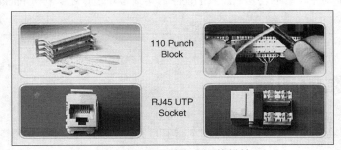

图 8-20 铜缆插座和配线模块

光纤比铜缆更专业，安装和修复需要更多配线和设备。光纤的主要问题如下：
- 未对准；
- 光纤没有完全结合有缝隙；
- 不良端接导致不透光。

在端接光纤时，最重要的是对齐，打磨以保持信号的强度及最小的色散。

光纤链路可以利用手电筒做一个最基本的测试，在一端打开手电，在另一端观察光线。如果可见，光纤就没有被破坏。但还会存在一些手电无法暴露的问题，所以要进一步分析，包括电缆内位置的错误，最佳的用于电缆测试的设备是*光纤时域反射计（OTDR）*。

光纤连接器有不同类型。直通式光纤连接器（ST）用于多模光纤，用户连接器（SC）用于单模光纤，是两种最常用的连接器。朗讯连接器（LC）也是一种广泛用于单模光纤且支持多模光纤的小型连接器。

8.6 总结

本章描述了 OSI 通信模型的物理层功能的细节。OSI 第 1 层将数据链路层的帧编码为数据比特，转换为在铜缆、光纤和无线介质上传输的信号传给下一台设备，在那进行解码，再送到数据链路层。物理层编码和信号方法包括符号，如 4B/5B，表示代码组。通过添加特定的比特位提高通信的可靠性。

铜缆、光纤和无线介质有不同的性能、优势、成本，这些决定了他们在网络基础架构中的使用。一个特性为带宽，及吞吐量和实际吞吐量，这是决定网络性能的关键因素。

物理层设备标准描述了物理介质和用于与设备连接的连接器的物理、电气、机械特性。这些标准保持不变，当有新技术出现时将被更新。

8.7 试验

 试验 8-1 介质连接器（8.4.1.1）

高效的网络故障排除要求具备凭肉眼区分直通电缆和交叉 UTP 电缆以及测试正确和错误的电缆终端的能力。

本试验提供了检查和测试 UTP 电缆的实践机会。

> 很多动手实验也包括 Packet Tracer 的实践活动，你可以利用 Packet Tracer 完成模拟实验。

8.8 检查你的理解

完成下面所有的复习题来检测一下你对于本章中的主题和概念的理解。题目的答案在附录中可以找到。

1. 铜缆和光纤用于运载通信信号_____的例子。
2. 编码的目的是什么?
   A. 标识帧中开始和结束的比特
   B. 用于表示计算机与网络介质连接所用的物理层连接器
   C. 在数据链路层控制帧放置于介质上的方法
   D. 在将数据比特送到介质上时，利用不同的电压、光模式或电磁波的表示方法
3. 用电压编码比特的两种信号方法是什么?
4. 以下哪项最好的描述了物理层的功能?
   A. 确保通过物理链路的可靠数据传输
   B. 确定两个端系统间的连通性和路径选择
   C. 实现物理地址、网络拓扑和介质接入
   D. 确定两个端系统之间链路功能规范和电气、光学和无线电信号
5. 最常用的 UTP 连接器类型是什么?
6. UTP 电缆通过哪个过程可以避免串扰?
   A. 电缆屏蔽
   B. 线对双绞
   C. 端点接地
   D. 电缆中的覆层
7. 连接器中的线序被称为什么?
8. 相比铜缆，光纤电缆有哪些优点?
   A. 铜缆更贵
   B. 不受电磁干扰
   C. 更要小心处理
   D. 更大的电缆长度
   E. 比电流更高的传输效率
   F. 更大的带宽
9. 物理介质中更难实现安全性的是_____。
10. 光纤中覆层的作用是什么?
    A. 包裹电缆
    B. 消除噪声
    C. 防止光损失
    D. EMI 防护
11. 有关直通电缆以下哪项是正确的?

A. 用于思科控制台接口
B. 可以是 568A 或 B68B
C. 用于连接主机和交换机
D. 不能连接两台交换机

12. 一个_____电缆由于用于连接思科设备也被为思科电缆。
13. 以下哪项用于测量通过介质的实际数据传输速率？
    A. 带宽
    B. 输出
    C. 吞吐量
    D. 实际吞吐量
14. 以下哪项不对？
    A. 1Gbit/s=1 000 000 000bit/s
    B. 1kbit/s=1000bit/s
    C. 1Mbit/s=100 000bit/s
    D. 1Tbit/s=1 000 000 000 000bit/s
15. 什么是同步？
    A. 在所有网络设备上保持相同的时间
    B. 传输数据时，设备所使用的时间机制
    C. 设备以相同的速度将比特传输到数据链路层
    D. 整个网络一致的比特时间
16. 关于比特时间哪项是正确的？
    A. 将应用数据封装为比特分段的时间
    B. 网卡将一个比特从数据链路层传到一层介质上的时间
    C. IEEE 标准约定，所有网卡都相同
    D. 沿铜缆或光缆传输一个字节的时间

8.9 挑战问题和实践

这些问题和实践活动需要对本章涉及的内容有更深入的了解。在附录中可以找到答案。

1. 两个直连的主机建立了点到点网络。为加入第三台主机，用户安装了集线器并添加了两根直通电缆，这样每个用户都连到集线器上。网络这样升级的结果是什么？
    A. 所有三台主机将连到集线器
    B. 两台主机连接集线器
    C. 一台主机连接集线器
    D. 没有主机连接集线器

2. 一个木制品生产公司的网络管理员所管理的附楼有一个吞吐量问题。所有附楼中的设备都相同，也似乎工作正常，但 A 座的吞吐量下降。订单在增涨，生产机器在满负荷运转。管理员感受到将吞吐量提高到可接受的速度的压力。为研究这一问题，她决定将以下事实列出来。其中的哪三个更可能导致网络性能的下降？
    A. A 座有最多的接入网络的用户
    B. A 座的看门人每周三 4:00pm 清洁楼梯，而其他楼都是晚上 9:00

C. A座的雇员在他们的工作场所添加了冰箱、微波炉
D. A座的计算机网络已经3年了，而其他的4年了
E. A座主机更靠近生产车间
F. A座为5类电缆，而其他的是无线和Cat5

8.10 知识拓展

以下问题鼓励你对本章讨论的主题进行思考。

1. 在你的网络学院，是如何使用铜缆、光纤和无线介质进行网络接入的。现在使用什么网络介质，今后呢？
2. 请讨论：可能会限制无线网络应用的因素。如何克服这些限制。

第 9 章

以太网

9.1 学习目标

完成本章的学习，你应能回答以下问题：

- 以太网是如何发展的？
- 以太网帧中的字段有何作用？
- 以太网协议所使用的介质访问控制方法的作用和特点是什么？
- 以太网数据链路层的特性是什么？
- 以太网集线器和交换机有何不同？
- 地址解析协议（ARP）的作用是什么？它是如何运行的？

9.2 关键术语

本章使用如下关键术语。你可以在术语表中找到定义：

定界符	转发	存储转发
吉比特以太网	主机组	MAC 地址表
城域网（MAN）	带冲突检测的载波监听多路访问技术（CSMA/CD）	交换表
粗缆		透明网桥
细缆	拥塞信号	桥接表
集线器	冲突域	网桥
快速以太网	扩展星型	桥接
VoIP	延迟	泛洪
虚拟局域网（VLAN）	异步	过滤
填充	同步	ARP 表
组织唯一代码（OUI）	碰撞槽时间	ARP 缓存
烧制地址（BIA）	帧间隙	代理 ARP
只读存储器（ROM）	残帧	ARP 欺骗
随机访问存储器（RAM）	以太网 PHY	ARP 中毒
全球管理地址（UAA）	脉冲幅度调制（PAM）	
本地管理地址（LAA）	选择性转发	

本章之前的每一章着重论述了 OSI 和 TCP/IP 模型各层的不同功能，并且介绍了如何使用协议来支持网络通信。制订上层协议标准的组织不同于定义以太网的组织。

Internet 工程任务组（IETF）维护上层协议族的功能性协议和服务。不过，OSI 数据链路层和物理层的功能性协议与服务由不同的工程组织（IEEE、ANSI、ITU）或私人企业（私有协议）规范。

由于以太网由这些较下层的标准组成，因此可能是 OSI 模型中最容易理解的。OSI 模型将数据链路层的编址、封装成帧和访问介质功能与介质的物理层标准分隔开来。以太网标准定义第 2 层协议和第 1 层技术。虽然以太网规范支持不同的介质、带宽以及第 1 层和第 2 层的其他变体，但所有以太网变体的基本帧格式和地址方案是相同的。

以太网已经从一种共享介质、基于争用的数据通信技术发展成为今天的高带宽、全双工技术，本章将分析它的特性和运行。以太网是目前占主导地位的 LAN 技术。

9.3 以太网概述

以太网是由 IEEE 标准描述的局域网（LAN）产品的一个家族系列。有很多有优势的技术。然而，以太网标准也经历了一系列的发展。

以太网的介质类型在不断发展，速度不断提升。以下各节将介绍以太网的发展及不同的以太网标准和规范。

9.3.1 以太网：标准和实施

相比于其他计算机和网络技术，以太网已经发展了很长时间。第一个 LAN 技术是以太网的原始版本。Robert Metcalfe 与其在 Xerox 公司的同事 30 多年前设计出了它。1980 年第一个以太网标准由数据设备公司（Digital Equipment Corporation）、Intel 和 Xerox（DIX）协会发布。Metcalfe 希望以太网成为一个人人受益的共享标准，于是将其作为一个开放的标准进行发布。按照以太网标准开发的第一批产品在 20 世纪 80 年代初开始销售。

1985 年，本地和城域网的电气电子工程师协会（IEEE）标准委员会发布了 LAN 标准。这些标准以数字 802 开头，以太网标准是 802.3。IEEE 希望其标准能够与国际标准化组织（ISO）的标准以及 OSI 模型兼容。为确保兼容，IEEE 802.3 标准必须解决 OSI 模型第 1 层以及第 2 层下半层的需求。因此，对 802.3 中的原始以太网标准进行了小幅的修改。如标准允许吉比特以太网可以对小于最小长度的帧添加一个可变长的无数据扩展域。

9.3.2 以太网：第 1 层和第 2 层

OSI 模型为以太网提供了参考。但如图 9-1 所示，以太网实际上仅实现了数据链路层的下半层（即介质访问控制（MAC）子层）和物理层。

以太网定义了如下第 1 层元素：

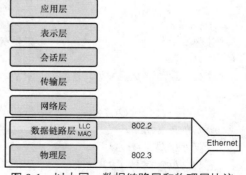

图 9-1 以太网：数据链路层和物理层协议

- 信号；
- 介质上传输的比特流；
- 将信号放到介质上的物理元件；
- 不同的拓扑。

以太网的第 1 层在两台设备间的通信中起到了很关键的作用。但两台通信的主机间还需要第 2 层的功能。以太网的数据链路层寻址需要：

- 提供与上层协议联系的接口；
- 提供标志设备的接口；
- 利用封装成帧将比特流组织为有意义的分组；
- 控制从源来的数据传输。

以太网使用数据链路子层进一步定义这些功能。OSI 模型中的数据链路层功能可以分解为逻辑链路控制（LLC）和 MAC 子层。这些子层的使用可以确保不同终端设备间的兼容性。

MAC 子层与用于通信的物理元件有关并准备介质上传输的数据和信息。LLC 子层独立于物理设备。

9.3.3 逻辑链路控制：连接上层

对以太网，IEEE802.2 标准描述了 LLC 子层功能，802.3 描述了 MAC 子层及物理层功能呢。LLC 处理上层的网络软件与下层（通常是硬件）之间的通信。这两套标准，802.2 和 802.3 描述了以太网的功能。LLC 子层获取网络协议数据（通常是 IPv4 数据包）并加入控制信息，帮助将数据包传送到目的节点。第 2 层通过 LLC 与上层通信。

LLC 在软件中实现，并且它的实现不受物理设备影响。在计算机中，可将 LLC 视为网卡（NIC）的驱动程序软件。网卡驱动程序是一个直接与网卡中硬件交互，以在介质与介质访问控制子层之间传送数据的程序。

9.3.4 MAC：获取送到介质的数据

介质访问控制（MAC）是数据链路层以太网子层的下半层，由硬件（通常是计算机网卡）实现。

以太网 MAC 子层主要有两项职责：

- 数据封装；
- 介质访问控制 MAC。

这两个数据链路层过程与以太网的不同版本有关。虽然 MAC 子层的数据封装保持不变，但 MAC 与不同的物理层实现方法有关。下面将讨论这两个功能。

一、数据封装

数据链路层的封装是为网络层 PDU 建立和添加头和尾的过程。数据封装提供三项主要功能：

- 帧定界；
- 编址；
- 错误检测。

数据封装过程包括发送前的帧组装和收到帧时的帧解析。在构建帧时，MAC 层会向第 3 层 PDU 添加帧头和帧尾。帧的使用有助于接收节点对比特的解释。将分组的比特放在介质上可使接收节点更易于确定有用信息。

封装成帧过程提供重要的***定界符***，用于标志组成帧的一组比特。此过程会对发送节点与接收节点进行同步。这些定界符指明帧的开始和结束。两个定界符之间的所有比特属于同一个帧。

封装过程还提供数据链路层编址。帧中加入的每个以太网帧头都含有物理地址（MAC 地址），以指明帧应传送到目的节点。以太网帧中还包括源 MAC 地址，指明发送这个帧的节点的物理地址。

数据封装的另一项功能是错误检测。每个以太网帧都包含帧尾，其中含有帧内容的循环冗余校验(CRC)。在收到帧后，接收节点将会创建一个 CRC，与帧中的 CRC 进行比较。如果两个 CRC 的计算一致，就可以相信已正确无误地收到该帧。被确认的帧将会被进一步处理，收到的坏帧、不匹配的 CRC 将被丢弃。

二、MAC

MAC 子层控制帧在介质中的放置以及从介质中删除帧。顾名思义，其功能是管理节点如何节合适访问介质，包括启动帧的发送以及从冲突引起的发送故障中恢复。

LAN 技术中所使用的逻辑拓扑影响 MAC 的类型。以太网的底层逻辑拓扑为多路访问总线拓扑，这表示该网段的所有节点（设备）共用介质，并且该网段中的所有节点都会接收其中任一节点发送的所有帧。因为所有节点将接收所有帧，所以每个节点都必须确定其是否接受并处理收到的帧。这就需要检查帧中由 MAC 地址提供的编址。

以太网提供了一种用于确定节点如何共享介质访问的方法。传统以太网的介质访问控制方法是载波侦听多路访问/冲突检测（CSMA/CD）。此方法将在本章"CSMA/CD：过程"一节具体介绍。

目前以太网的典型实施方案为使用 LAN 交换机，它可以提供点到点的逻辑拓扑。在这样的网络中，不再需要传统的 MAC 方法 CSMA/CD。使用交换机的以太网实现会在本章后续部分介绍。

9.3.5 以太网的物理层实现

Internet 中的大多数通信都开始于以太网也结束于以太网。自从 20 世纪 70 年代问世以来，以太网就在不断发展，以满足高速 LAN 不断增长的要求。光纤介质推出后，以太网采用了这种新技术，以利用光纤的卓越带宽和低错误率优点。初期只能以 3Mbit/s 速度传输数据的协议，今天的数据传输速度可以达到 10Gbit/s。吉比特以太网的出现扩展了原始 LAN 技术的距离，可以作为城域网（MAN）和 WAN 标准。

以太网的成功源于以下因素：
- 维护的简便性；
- 整合新技术的功能；
- 可靠性；
- 安装和升级的低成本。

作为一项与物理层相关的技术，以太网支持广泛的电缆和连接器规格。以太网协议定义了很多编码和解码方案，使帧比特以信号形式通过介质传送。

在当今的网络中，以太网使用非屏蔽双绞线（UTP）和光缆通过集线器和交换机等中间设备连接网络设备。在以太网支持的所有不同类型的介质中，以太网帧在其所有物理实现中都保持一致的结构。正是基于这种原因使它能够适应今天网络不断发展的要求。

9.4 以太网：通过 LAN 通信

以太网技术基础最早起步于 1970 年，是在一个叫做 Alohanet 的计划中提出来的。Alohanet 是一个数字无线电网络,用于通过夏威夷群岛之间共享的无线电频率发送信息。Alohanet 要求所有电台都遵循一个协议,该协定规定,未经确认的发送在短时间等待后需要重新发送。以这种方式共用介质的技术后来通过以太网的形式应用到有线 LAN 技术领域。

下面,介绍不同以太网的出现,包括以太网历史、传统以太网、目前的以太网及发展中的以太网实现。

9.4.1 以太网历史

以太网最初设计为多台计算机互联为总线拓扑。第一个以太网版本使用同轴电缆将计算机连接为总线拓扑。每台计算机直接连至骨干。这一版本融入了载波侦听多路访问/冲突检测(CSMA/CD)的介质访问方法。CSMA/CD 负责管理多台设备通过一个共享物理介质通信时产生的问题。以太网的早期版本被称为粗缆网络(10BASE5)和细缆网络(10BASE2)。

10BASE5(或粗缆网络)使用同轴电缆,这可使信号在被中继之前传输 500m 距离。10BASE2(细缆网络)使用比粗缆直径更小、更柔软的细同轴电缆,这种电缆的距离为 185m。最初的细缆和粗缆被早期的 UTP 电缆取代。与同轴电缆相比,UTP 使用更简便、更轻、成本也更低。

早期的以太网部署在低带宽 LAN 环境中,利用 CSMA(后来是 CSMA/CD)管理对共享介质的访问。如图 9-2 所示,除了数据链路层的逻辑总线拓扑,以太网还使用物理总线拓扑。随着 LAN 的逐渐扩大和 LAN 服务对于基础设施的要求不断提高,这种拓扑面临的问题越来越难解决。这导致了下一代以太网的产生。

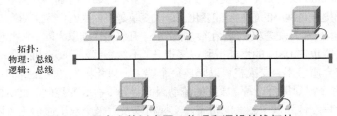

图 9-2 历史上的以太网:物理和逻辑总线拓扑

过去的以太网使用共享的、基于竞争的介质。随着技术的改变,现在大多数以太网在设备间使用无介质争用的、专用链路。

9.4.2 传统以太网

随着以太网的介质变为 UTP,下一代以太网诞生了。10BASE-T 以太网使用集线器作为网段中心点的物理拓扑。如图 9-3 所示,新的物理拓扑为星型。然而,这种网络共享介质,逻辑上为总线型。集线器为物理网段的中心设备,集中所有连接。换句话说,形成了一组节点,而网络会把它们看成一个独立单元。当代表某个帧的信号到达一个端口时,会被复制到其他端口,使 LAN 中的所有网段都接收该帧。由于共享介质,在某一时刻只有一台工作站可以成功发送。这种连接类型被描述为半双工通信。

在共享介质环境中,所有节点共享介质,对介质的访问是争用的。介质争用使用和上一代以太网相同的 CSMA/CD 的 MAC 方法。网段上的设备也共享介质带宽。

随着个人计算机的增长和网络介质成本的降低,以太网的发展不断适应使用计算机网络的高速需求。网段上的设备越来越多,也对吞吐量和可靠性有更高的要求。

随着更多的设备加入以太网,不仅降低了带宽,而且帧的冲突量大幅增加。当通信活动少时,偶尔发生的冲突可由 CSMA/CD 管理,因此影响很少甚至不会受到影响。但是,当设备数量和随之而来的数据流量增加时,冲突的上升就会给用户体验带来明显的负面影响。

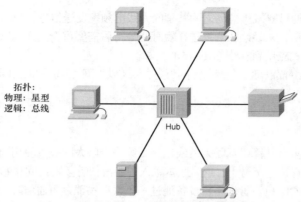

图 9-3 传统以太网:物理星型和逻辑总线

在物理拓扑中使用集线器相比于早期以太网提高了可靠性,任何一条电缆故障都不会中断整个网络。然而,网段仍为逻辑总线,将帧复制到所有其他端口并没有解决冲突的问题。

9.4.3 当前的以太网

为满足数据网络的发展需要,不断开发出新的技术以提高以太网的性能。以太网最主要的两次发展是从 10Mbit/s 到 100Mbit/s 以及 LAN 交换机的出现。这两次发展几乎同时发生,是现在以太网的基础。

介质速度的 10 倍提升是网络的最主要的变化。这次变革是将以太网作为实际的 LAN 标准的一个转折点。100Mbit/s 以太网也被称为*快速以太网*。在很多情况下,升级为快速以太网不需要替换现有的网络电缆。

交换机取代集线器也使 LAN 的性能得到很多提升。不像集线器,交换机为每个连接的节点提供介质的全部带宽,没有介质争用。交换机可以隔离每个端口,只将帧发送到正确的目的地(如果目的地已知),而不是发送每个帧到每台设备,数据的流动因而得到了有效的控制。交换机减少了接收每个的设备数量,从而最大程度地降低了冲突的机率。交换机以及后来全双工通信(可以同时发送和接收信号的连接)的出现,促进了 1Gbit/s 和更高速度的以太网的发展。如图 9-4 所示,当前的以太网使用物理星型拓扑和逻辑点到点拓扑。

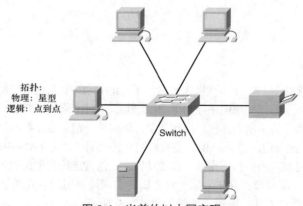

图 9-4 当前的以太网实现

9.4.4 发展到 1Gbit/s 及以上速度

LAN 性能的提高导致了新一代以网络作为设计平台的计算机的产生。现在计算机的硬件、操作系统和应用都依赖于 LAN 进行设计。网络链路上每天的应用流量如此巨大，即使是最强大的网络也不堪重负。例如，IP 语音（VoIP）使用和多媒体服务的日益增长，需要速度超过 100Mbit/s 以太网的连接。这些需求要求开发出更高带宽的网络。

这导致了吉比特以太网的出现。吉比特以太网提供 1000Mbit/s 或更高的带宽。这种功能建立在全双工功能以及早期以太网的 UTP 和光纤介质技术基础上。当潜在吞吐量从 100Mbit/s 增长到 1Gbit/s 及以上时，网络性能的提高非常明显。

升级到 1Gbit/s 以太网并不一定意味着必须完全取代电缆和交换机的现有网络基础架构。一些设计和安装都很优秀的现代网络，其设备和电缆可能只需要略加升级，便能以更高的速度运行。这种功能具有降低网络成本的优点。

在以太网中使用光缆后，电缆连接距离大幅延长，使 LAN 与 WAN 之间的差异没那么明显了。以太网最初局限于单一建筑物中的 LAN 电缆系统，后来扩展到建筑物之间，而现在可以在 MAN）覆盖一个城市。

9.5 以太网帧

类似于所有数据链路层标准，以太网协议描述了帧格式。以太网从最初的实现发展到目前及未来的网络，其不断更新的能量就源于不变的第 2 层帧结构。虽然物理介质和 MAC 不断发展，但以太网的帧头和帧尾一直保持不变。

了解以太网帧中每个字段的作用对理解以太网的运行是很重要的。这些字段中最重要的两个是源和目的 MAC 地址。由于 MAC 地址用十六进制数表示，你需要理解这种数制系统。此外，还要理解第 2 层和第 3 层地址的不同。下面将阐述这些主题。

9.5.1 帧：封装数据包

以太网帧结构向第 3 层 PDU 添加帧头和帧尾来封装所发送的报文。以太网帧头和帧尾具有多个信息区域，供以太网协议使用。帧的每个区域都称为一个*字段*。以太网帧有两种样式：IEEE 802.3（原始）和修订后的 IEEE 802.3（Ethernet）。

帧样式之间的差异很小。IEEE 802.3（原始）与修订后的 IEEE 802.3 之间最大的差异是后者增加了帧首定界符（SFD），并且"类型"字段略有变动，加入了"长度"。

原始以太网标准将最小的帧定义为 64 个字节，最大的帧定义为 1518 个字节。包括从"目的 MAC 地址"字段到"帧校验序列（FCS）"字段的所有字节。在描述帧的大小时，不包含"前导码"和"帧首定界符"字段。

1998 年发布的 IEEE 802.3ac 标准将允许的最大帧扩展到 1522 个字节。帧大小的增加是为了支持一种称为*虚拟局域网（VLAN）*的技术。

如果接收的帧小于最小值或者大于最大值，则认为该帧被损坏。接收设备将丢弃被损坏的帧。这些帧的产生多是由于冲突或有其他多余信号。

图 9-5 显示了以下以太网帧的每个字段。

前导码和帧首定界符字段："前导码"（7 个字节）和"帧首定界符（SFD）"（1 个字节）字段用于同步发送设备与接收设备。帧的这前八个字节用于引起接收节点的注意。前几个字节的实质作用是告知接收方准备接收新帧。

目的地址："目的 MAC 地址"字段（6 个字节）是预定接收节点的标识符。正像以前所讲，第 2

层地址用来确定帧是否是发送给自己的。设备将自己的地址与帧中的地址比较。如果匹配，设备就接受该帧。交换机也使用此地址确定转发帧的送出接口。

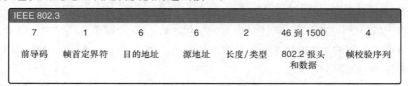

图 9-5　以太网帧

源地址："源 MAC 地址"字段（6 个字节）标志帧的源网卡或接口。交换机也使用此地址来添加其查询表。

长度/类型："长度/类型"字段（2 个字节）定义帧的数据字段的准确长度。此字段后来被用作 FCS 的一部分，用来确认是否正确收到报文。既可以是长度也可以是类型。但在指定的实现中只能使用二者之一。如果字段用于指定类型，则"类型"字段将说明执行哪个协议。"长度/类型"字段在早期的 IEEE 版本中名为"长度"，在 DIX 版本中名为"类型"。该字段的这两个用途在后来的 IEEE 版本中正式合并，因为两者的用途是相通的。

"以太网 II 类型"字段已并入当前的 802.3 帧定义中。以太网 II 是 TCP/IP 网络中使用的以太网帧格式。当某个节点接收帧时，必须检查"长度/类型"字段以确定存在的高层协议。如果两个二进制 8 位数值等于或大于 0x0600 十六进制值或 1536 十进制值，则数据字段的内容将根据指定的协议进行解码。

数据和填充位："数据"和"填充位"字段（46-1500 个字节）包含来自较高层次的封装数据，一般是第 3 层 PDU 或更常见的 IPv4 数据包。所有帧至少必须有 64 个字节。如果封装的是小数据包，则帧使用填充位增大到最小值。

帧校验序列（FCS）："帧校验序列（FCS）"字段（4 个字节）使用 CRC 检测帧中的错误。发送设备在帧的 FCS 字段中包含 CRC 的结果。接收设备将接收帧，并从接收的帧内容生成 CRC。如果计算匹配，就不会发生错误。计算不匹配则表明数据已经改变，帧可能会被丢弃。代表比特的电信号被破坏可能会导致数据改变。

9.5.2　以太网 MAC 地址

在以太网一节已提过，过去的以太网作为逻辑总线拓扑。每台网络设备接收从共享介质来的所有帧。这就产生了一个问题如何确定接收的帧是给某个节点的。

第 2 层编址解决了这个问题。每台设备用 MAC 地址进行标志，每个帧中包含目的 MAC 地址。在以太网络中唯一的 MAC 地址标志了源和目的设备。无论使用哪种以太网，都在 OSI 模型低层提供了标志设备的命名方法。

前面曾经讲过，MAC 编址将作为第 2 层 PDU 的一部分添加上去。以太网 MAC 地址是一种表示为 12 个十六进制数字的 48 位二进制值。下一节将讲述 MAC 地址结构及如何使用它来标志网络设备。

一、MAC 地址结构

MAC 地址用于确定是否将消息是否传送到上层。MAC 地址基于 IEEE 为厂商制定的强制规则而分配，以确保每台以太网设备使用全球唯一地址。如图 9-6 所示，这些规则由 IEEE 制定，要求销售以太网设备的任何厂商都要向 IEEE 注册。IEEE 为厂商分配了一个 3

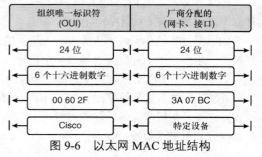

图 9-6　以太网 MAC 地址结构

字节的代码，称为*组织唯一标识符*（*OUI*）。

IEEE 要求厂商遵守两条简单的规定：
- 分配给网卡或其他以太网设备的所有 MAC 地址都必须使用厂商分配的 OUI 作为前 3 个字节；
- OUI 相同的所有 MAC 地址的最后 3 个字节必须是唯一的值（厂商代码或序列号）。

MAC 地址通常称为*烧录地址*（*BIA*），因为它被烧录到网卡的 *ROM*（*只读存储器*）中。这意味着该地址会永久编码到 ROM 芯片中，软件无法更改。但是，当计算机启动时，网卡会将该地址复制到*随机访问存储器*（*RAM*）中。在检查帧时，将使用 RAM 中的地址作为源地址与目的地址进行比对。

BIA 有时也称为全球管理地址（UAA）。替代 UAA 地址，设备有时也可配置区域管理地址（LAA）。由于可以为设备配置一个特定的 MAC 值，所以 LAA 地址便于进行网络管理。这意味着你可以不改变地址而替换 NIC 或另一台设备。

这允许你可以用新的 NIC 或替换设备也能满足任何基于 MAC 地址所设置的安全规则。一个例子是：可以更换一台连接到 Internet 服务提供商（ISP）的本地设备，它是用 MAC 地址进行标识和验证的。

另一个选择使用 LAA 的场合是当 LAN 交换机仅允许某一特定 MAC 地址进行连接时。在这中情况下可以配置 LAA 地址以满足交换机的安全要求。

二、网络设备

在共享环境的以太网上，当源设备正在转发消息时，帧头将包含目的 MAC 地址。网段上的每一个 NIC 都会检查帧头中的信息，看 MAC 地址是否与其物理地址匹配。如果不匹配，设备就会丢弃该帧。当帧到达与帧头中的目的 MAC 地址匹配的网卡时，此网卡将帧向上传送到 OSI 的上层而且进行解封处理。

MAC 地址被分配给工作站、服务器、打印机、交换机和路由器，即那些必须要通过网络发送和/或接收数据的任何设备。所有连接到以太网 LAN 的设备接口都有 48 位的 MAC 地址的接口。但当你检查 MAC 地址时，你会发现操作系统是用十六进制格式表示 MAC 地址的。不同的操作系统和软件可以以不同的十六进制格式表示 MAC 地址，可能类似于：
- 00-05-9A-3C-78-00；
- 00:05:9A:3C:78:00；
- 0005.9A3C.7800。

9.5.3 十六进制计数和编址

十六进制是二进制值的一种便利表示方式。就像十进制是以 10 为基数的计数系统一样，二进制是以 2 为基数的计数系统，十六进制是以 16 为基数的计数系统。

以 16 为基数的计数系统使用数字 0 到 9 和字母 A 到 F。表 9-1 显示了 0000 到 1111 这些二进制数的十进制和十六进制值。使用一个十六进制数字取代四位二进制数字，可以让我们更方便地表达值。

表 9-1　　　　　　　　　　　十六进制数

十进制	二进制	十六进制	十进制	二进制	十六进制
0	0000	0	3	0011	3
1	0001	1	4	0100	4
2	0010	2	5	0101	5

续表

十进制	二进制	十六进制	十进制	二进制	十六进制
6	0110	6	11	1011	B
7	0111	7	12	1100	C
8	1000	8	13	1101	D
9	1001	9	14	1110	E
10	1010	A	15	1111	F

一、理解字节

8 位（1 个字节）是一种常用的二进制组，从 00000000 到 11111111 的二进制数可表示为从 00 到 FF 的十六进制数。前导零始终都会显示，以完整的 8 位表示。例如，二进制值数 0000 1010 以十六进制表示为 0A。

二、表示十六进制值

区分十六进制值与十进制值非常重要。如：73 可能是十六进制数也可能是十进制数。十六进制通常以下标 16 表示。但是，由于下标文字在命令行或编程环境中无法识别，因此十六进制的技术表示法以"0x"（零 X）为前导。因此，以上示例可表示为 0x0A 和 0x73。也可以后跟 H 来表示十六进制数，如 73H，但使用较少。

十六进制用于表示以太网 MAC 地址和 IPv6 地址。在课程实验中，你已经在 Wireshark 的 Packets Byte（数据包字节）窗格见过十六进制，在那里十六进制用于表示帧和数据包中的二进制值。

三、十六进制的转换

十进制与十六进制值之间的数字可以直接转换，但快速除以或乘以 16 不一定很方便。如果需要进行这种转换，通常比较容易的方法是：先将十进制或十六进制值转换为二进制值，然后将二进制值转换为适当的十进制或十六进制值。通过实践，可以识别与十进制及十六进制值匹配的二进制位模式。

将二进制转换为 16 进制时，你只需要转换 4 位二进制数。这些位置代表这些值：

2^3 2^2 2^1 2^0

8   4   2   1

对于二进制-十进制间的转换，将所有数位上为 1 的那些位置上的值相加。

如：二进制数 10101000 转换为 0x8A。

第一个 4 位序列，1010，做如下转换：

$1 \times 8 = 8$

$0 \times 4 = 0$

$1 \times 2 = 2$

$0 \times 1 = 0$

$8 + 0 + 2 + 0 = 10$，或十六进制 A。

低 4 位，1000，做如下转换：

$1 \times 8 = 8$

$0 \times 4 = 0$

$0 \times 2 = 0$

$0 \times 1 = 0$

$8 + 0 + 0 + 0 = 8$，或十六进制 8

所以 10101000 以十六进制的表示为 A8。（0xA8）

四、查看 MAC 地址

查看计算机的 MAC 地址，可以用 ipconfig /all 或 ifconfig 命令。在例 9-1 中，请注意该计算机的 MAC 地址是作为物理地址显示的。如果您有访问权限，可以在自己的计算机上试一下。

例 9-1　Viewing the MAC Address of a Computer

```
C:\> ipconfig /all

Windows IP Configuration

        Host Name . . . . . . . . . . . . : mark-wxp2
        Primary Dns Suffix  . . . . . . . : amer.cisco.com
        Node Type . . . . . . . . . . . . : Hybrid
        IP Routing Enabled. . . . . . . . : No
        WINS Proxy Enabled. . . . . . . . : No
        DNS Suffix Search List. . . . . . : cisco.com

Ethernet adapter Wireless Network Connection:

        Connection-specific DNS Suffix  . : cisco.com
        Description . . . . . . . . . . . : Cisco/Wireless PCM350
        Physical Address. . . . . . . . . : 00-0A-BA-47-E6-12
        Dhcp Enabled. . . . . . . . . . . : No
        IP Address. . . . . . . . . . . . : 192.168.254.9
        Subnet Mask . . . . . . . . . . . : 255.255.255.0
        Default Gateway . . . . . . . . . : 192.168.254.1
        DNS Servers . . . . . . . . . . . : 192.168.254.196
                                            192.168.254.162
C:\>
```

9.5.4　另一层的地址

网络的运行需要不同的地址。这些地址的用途经常被混淆。尤其是对第 2 层和第 3 层地址的理解。总的来说，他们都用于标志终端设备。但用于不同目的。本节将比较第 2 层和第 3 层地址的用途。这些用途如下：

- 数据链路层地址使数据包通过各网段上的本地介质运载；
- 网络层地址让设备将数据包发往其目的设备。

一、数据链路层

OSI 数据链路层（第 2 层）物理编址，是作为以太网 MAC 地址实现的，用于通过本地介质传输帧。物理地址虽然提供唯一的主机地址，但是不分层。它们与特定的设备相关，而不受其位置或所连网络的影响。

这些第 2 层地址在本地网络介质以外没有任何意义。第 3 层数据包在到达其目的地之前，可能 LAN 和 WAN 中许多不同的数据链路层技术。因此，源设备并不知道中间和目的网络中使用的技术，也不知道它们的第 2 层编址和帧结构。

二、网络层

网络层（第 3 层）地址，如 IPv4 地址，用于将数据包从源主机运送到最终目的主机时的逻辑编址。而沿路径传输时，数据包会被不同的数据链路层协议封装成帧，因此第 2 层地址只应用于路径中及其介质的本地部分。

9.5.5　以太网单播、多播和广播

以太网中，第 2 层单播、多播和广播通信会使用不同的 MAC 地址。下面将详细讨论这些地址。

一、单播

单播 MAC 地址是帧从一台发送设备发送到一台目的设备时使用的唯一地址。

如图 9-7 中所显示的例子，IP 地址为 192.168.1.5 的源主机向 IP 地址为 192.168.1.200 的服务器请求网页。要传送和接收单播数据包，目的 IP 地址必须包含于 IP 数据包头中。相应的目的 MAC 地址也必须出现于以太网帧帧头中。只有 IP 地址和 MAC 地址相结合，才能将数据传送到特定的目的主机。

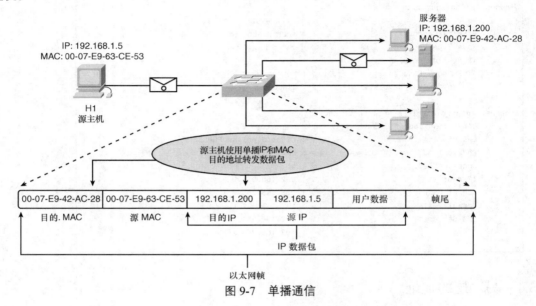

图 9-7 单播通信

二、广播

第 2 层广播使用一个特殊的地址，它可以让所有节点接收和处理帧。以太网中，广播 MAC 地址是 48 个 1，十六进制表示为 FF-FF-FF-FF-FF-FF。

进行第 3 层广播，数据包使用主机部分全为 1 的目的 IP 地址。这种地址表示本地网络（广播域）中的所有主机都将接收和处理该数据包。很多情况下，第 3 层广播要使用帧中的第 2 层广播地址。这在应用或服务需要与网络中的所有主机通信时发生。

有时，数据链路层的广播不需要第 3 层广播地址。当应用或服务已知主机的第 3 层地址但不知 MAC 地址时，又需要与之通信时就会这样。如：地址解析协议使用第 2 层广播发现 IP 包头主机中的 MAC 地址。ARP 如何利用广播完成第 2 层和第 3 层地址间的映射将在本章"地址解析协议（ARP）"一节中论述。

如图 9-8 所示，在以太网帧中一个广播 IP 地址有相应的广播 MAC 地址。

三、多播

我们回顾一下，多播地址允许源设备向一组设备发送数据包。属于某一多播组的设备都被分配了该多播组 IP 地址。多播地址的范围为 224.0.0.0 到 239.255.255.255。由于多播地址代表一组主机（有时称为*主机组*），因此只能用作数据包的目的地址。源地址始终为 IPv4 单播地址。

当主机想要加入多播组时，利用应用程序或服务实现。允许第 3 层处理这个地址的数据包。如同单播和广播地址一样，多播 IPv4 地址也需要相应的多播 MAC 地址才能在本地网络中实际传送帧。多播 MAC 地址是一个特殊的十六进制数值，以 01-00-5E 开头。然后将 IP 多播组地址的低 23 位换算成以太网地址中剩余的 6 个十六进制字符，作为多播 MAC 地址的结尾。MAC 地址剩余的位始终为 "0"。

让 NIC 处理包含特定多播地址的帧，此地址必须存储在 NIC 的 RAM 中，方式类似于 LAA。此地址，及 BIA 和 MAC 广播地址可以与每个进入帧的 MC 地址比较。

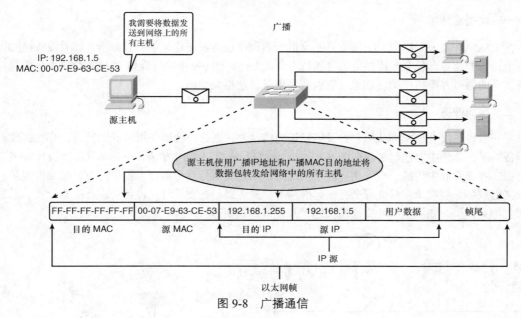

图 9-8　广播通信

9.6　以太网 MAC

以太网中的 MAC 根据实现类型而不同。传统以太网使用共享介质并需要一种方法管理设备对介质的访问。这种方法是：载波侦听多路访问/冲突检测（CSMA/CD）。

在当前以太网的实现中，交换机为每个独立的设备提供专用介质。在这种网络中，不需要 CSMA/CD。

9.6.1　以太网中的 MAC

在共享介质环境中，所有设备都确保可以访问介质，但它们没有确定优先顺序。如果多台设备同时发送，物理信号就会发生冲突，网络必须恢复才能继续通信。在共享介质的以太网中，冲突是为了降低与每次发送相关的系统开销而付出的代价。

9.6.2　CSMA/CD：过程

历史上，以太网使用载波侦听多路访问/冲突检测（CSMA/CD）检测和处理冲突，并管理通信的恢复。由于所有共享逻辑总线的设备在同样的介质上发送报文，CSMA 用于检测电缆上的电信号活动。当设备检测到没有其他计算机在传送帧或载波信号时，就会发送其要发送的内容。

下面介绍 CSMA/CD 的过程：

- 发送前监听；
- 检测冲突；
- 拥塞信号和随机回退。

并阐述集线器是如何影响冲突的。

一、发送前监听

在 CSMA/CD 访问方法中，要发送报文的所有网络设备在发送之前必须侦听。如果设备检测到来自其他设备的信号，就会等待指定的时间后再尝试发送。图 9-9 中的计算机 C 检测介质上是否有其他设备发送的信号并等待传输。如果没有检测到流量，它将发送帧。

二、检测冲突

当一台设备没有检测到从第二台设备发送的信号时，则第一台设备可以开始发送。那么，现有两台设备同时在介质中发送信号。在图 9-10 中，计算机 A 和 D 同时发送，在共享介质上发生冲突。它们的报文将在介质中传播，直到相互碰撞。此时，两者的信号就会混合，发生冲突，报文被毁坏。虽然报文已损坏，但剩余信号会混杂在一起继续沿介质传播。在发送时，设备一直监听着介质，以确定是否有冲突发生。如果没有冲突被检测到，则设备回到侦听状态。

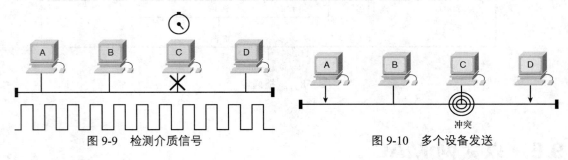

图 9-9　检测介质信号　　　　　图 9-10　多个设备发送

三、拥塞信号和随机回退

如果发生冲突，检测到冲突的发送设备，将持续传输一个特定的时段，以保证网络上所有的设备测到冲突。这称为拥塞信号。拥塞信号用于通知其他设备发生了冲突，以便它们调用回退算法。回退算法将使所有设备停止发送一端随机时间，以让冲突消除并使介质恢复。

图 9-11 中，主机检测冲突传送拥塞信号。之后，所有看到冲突的设备有一个随机回退计时器。

设备上的延迟到期后，该设备将恢复"发送前侦听"模式。随机回退时间可确保涉及冲突的设备不会再同时尝试发送数据流，以免再现整个冲突过程。但这也意味着，在两台涉及冲突的设备重新发送之前，第三台设备可能会先行发送。

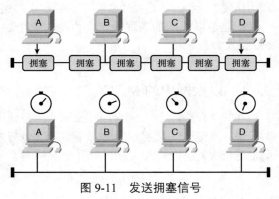

图 9-11　发送拥塞信号

四、集线器和冲突域

在任何共享介质的拓扑中都可能会发生冲突，即使采用 CSMA/CD 也一样，因此我们需要找出可能导致冲突增加的条件。这些条件包括：

- 越来越多的设备连接到网络；

- 设备对网络介质的访问越来越频繁；
- 设备之间的距离越来越长。

前面讲过，集线器是作为中间网络设备而存在的，可让更多节点连接到共享介质。集线器也称为多端口中继器，它将收到的数据信号重新发送到所有连接的设备（向集线器发送信号的设备除外）。集线器不能实现更高层次的网络功能如基于地址发送数据或过滤数据。

集线器和中继器都可延伸以太网电缆可以到达的距离。由于集线器在物理层运行，只处理介质中的信号，因此它们连接的设备之间以及集线器本身内部可能会发生冲突。另外，因为介质带宽是固定的，但共享它的设备越来越多，因此通过集线器让更多用户接入网络会降低每个用户的性能。

通过一台集线器或一系列直接相连的集线器访问公共介质的相连设备称为*冲突域*。冲突域也称为*网段*。集线器和中继器因此会使冲突域增长。

如图 9-12 所示，集线器互连成一个称为"*扩展星型*"的物理拓扑。扩展星型可以极大地扩展冲突域。

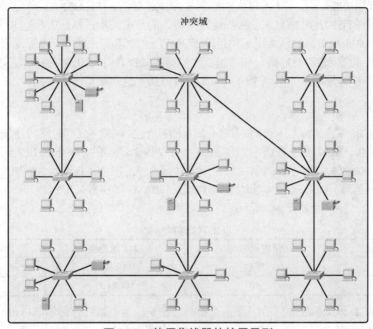

图 9-12 使用集线器的扩展星型

冲突数量的上升会降低网络的效率，让用户烦恼。虽然 CSMA/CD 是一种 MACF 方法是一个帧域管理系统，但它只能管理有限数量的设备的冲突，以及用量较少的网络上的冲突。因此，如果大量用户需要访问并且需要更多活动的网络访问，则必须采用其他机制。你将在本章"以太网：使用交换机"一节学习到使用交换机替代集线器来解决这一问题。

 观察在共享介质网络中冲突的影响（9.4.2.3） 在 Packet Tracer 实践活动中，你将构建一个大的冲突域以观察它对数据传输和网络运行的影响。利用本书附带的 CD-ROM 上的文件 e1-9423.pka 来完成这一实践活动。

9.6.3 以太网定时

传输速率越高，信号在介质上的时间越少。这些速度较快的以太网物理层实现方法的出现，使冲突的管理更加复杂。

一、延时

如前所述,每台要发送的设备必须先"侦听"介质,检查其中是否有流量。如果没有流量,该站点将立即开始发送。发送的电信号需要一定的时间(*延时*)传播(传送)到电缆。信号路径中的每台集线器或中继器在将比特从一个端口转发到下一个端口时,都会增加延时时间。

这种累加的延时将会增大冲突发生的几率,因为侦听节点可能会在集线器或中继器处理报文时跳变成发送信号。由于此节点在侦听时信号尚未到达,所以它会认为介质可以使用。这种情况通常导致冲突。

二、定时和同步

在半双工模式中,如果冲突没有发生,发送设备将会发送 64 的定时同步信息,称为"前导码"。然后,发送设备将发送整个帧。

吞吐量速度为 10Mbit/s 及以下的以太网通信是*异步通信*。这种环境下的异步通信意味着,每台接收设备将使用 8 个字节的定时信息来使接收电路与传入的数据同步,然后丢弃这 8 个字节。

吞吐量为 100Mbit/s 更高的以太网通信是*同步通信*。这种环境下的同步通信表示不需要定时信息。但是,由于兼容性的原因,"前导码"和"帧首定界符(SFD)"字段仍然存在。这些高速以太网使用的信号方法包含同步传输和接收节两个节点间的时钟方法。这可使每个比特同步。

三、比特时间

不管介质速度如何,将比特发送到介质并在介质上侦听到它都需要一定的时间。这段时间称为*比特时间*。在 10Mbit/s 以太网中,MAC 层上发送一个比特需要 100 纳秒(ns);在 100Mbit/s 以太网中,发送相同比特需要 10ns;而在 1000Mbit/s 中,只需要 1ns。出于粗略估计,人们常使用每纳秒 20.3 厘米(8 英寸)来计算 UTP 电缆中的传播延时。结果是:100 米的 UTP 电缆,10BASE-T 信号在 5 个比特时间内可以传输完。

常用以太网的比特时间如表 9-2 所示。

表 9-2　　　　　　　　　　　　　　以太网比特时间

以太网速度	比特时间(ns)	以太网速度	比特时间(ns)
10Mbit/s	100	1Gbit/s	1
100Mbit/s	10	10Gbit/s	0.1

为使 CSMA/CD 以太网正常工作,发送设备必须在完成最小帧的传输前可以获知冲突。速度为 100Mbit/s 时,设备定时几乎不能支持 100 米的电缆。速度为 1000Mbit/s 时,需要进行特殊调整,因为在第一个比特到达第一个 100 米 UTP 电缆之前,最小帧应该已经全部发送。也正是基于此原因,10 吉以太网不支持半双工模式。

这些定时参数将应用于帧间隙和回退时间,这样才能确保设备发送其下一个帧时,冲突的风险降至最低。帧间隙和回退时间将在"帧间隙和回退"一节中论述。

四、碰撞槽时间

在半双工以太网中,数据每次只能朝一个方向传送,因此*碰撞槽时间*是一个确定有多少设备可以共享网络的重要参数。网络碰撞槽时间是需要检测冲突的最大时间。这个时间相当于网络中距离最远的两台工作站之间信号传输时间的两倍。这可以确保发送 NIC 完成发送之前所有设备开始接收。

碰撞槽时间用于建立:

- 以太网最小帧;
- 网段最大范围的限制。

这两个因素是相互关联的。碰撞槽确保当冲突发生时,将可在最小帧传输时间内检测到。最小帧越大、碰撞槽时间越长、冲突域的直径也越大。最小帧越小、碰撞槽时间越端、冲突域的直径也越小。

确定碰撞槽时间时会平衡考虑以下两方面的需要：减小冲突恢复影响的需要（回退和重新发送时间），以及网络距离必须足以支持合理网络大小的需要。折衷方案是选择最大的网络直径，然后设置足以确保检测到所有冲突的最小帧长。

标准规定帧的最小传输时间至少为一个碰撞槽时间，而冲突传播到网络上所有工作站的时间至少为一个碰撞槽时间。10Mbit/s 和 100Mbit/s 以太网的碰撞槽时间为 512 个比特时间或 64 个二进制 8 位数。1000Mbit/s 以太网的碰撞槽时间为 4096 个比特时间或 512 个二进制 8 位数。如表 9-3 所示。

表 9-3　　　　　　　　　　以太网碰撞槽时间

以太网速度	碰撞槽时间	以太网速度	碰撞槽时间
10Mbit/s	512 比特时间	1Gbit/s	4096 比特时间
100Mbit/s	512 比特时间	10Gbit/s	—（不支持共享介质）

碰撞槽时间确保工作站在检测冲突时持续发送帧。如果发生了冲突，将在第一个 64 字节（512 个比特），对吉比特以太网为 512 字节（4096 个比特）内便可检测到。这简化了发生冲突后对帧的重传处理。

碰撞槽时间包括信号沿电缆和集线器传输的时间。碰撞槽时间用于定义网络电缆的最大长度和共享介质以太网网段所能使用的集线器个数。如果共享以太网网段的构建超越了标准的要求，就会使得碰撞槽时间太长。因此产生迟冲突。这种冲突在 CSMA/CD 管理和检测到的时间太迟。要将被传输的帧将被丢弃，这需要应用软件检测丢失的数据和重传。

9.6.4　帧间隙和回退

一个节点发送完成后，需要延迟一段再开始下次传送。这种延迟将使介质上的信号有一个消失的时间。无论帧的发送成功与否，这段安静的时间都是必要的。成功发送帧后的这段时间称为*帧间隙*。冲突后的延迟称为*回退*。

一、帧间隙

以太网标准要求两个非冲突帧之间有最小的间隙。这样，介质在发送上一个帧后将获得稳定的时间，设备也获得了处理帧的时间。*帧间隙*的长度是从一个帧的 FCS 字段最后一位到下一个帧的"前导码"第一位。

当一个帧发送之后，10Mbit/s 以太网中的所有设备都必须等待至少 96 个比特时间（9.6 微秒），然后才可以发送下一个帧。在速度更快的以太网中，间隙保持不变（96 个比特时间）但帧间隙时间会相应地变短。

设备之间的同步延迟可能会丢失部分帧前导码比特。当集线器和中继器在每个帧转发之初重新生成全部 64 位定时信息（前导码和 SFD）时，这又可能会稍微缩短帧间隙。在速度更快的以太网中，有时灵敏的设备可能无法识别个别帧，从而导致通信失败。

二、拥塞信号

前面曾经讲过，以太网让所有设备竞争发送时间。当两台设备同时发送时，网络 CSMA/CD 将尝试解决这一问题。只要一检测到冲突，发送设备就会发送一个 32 位"拥塞"信号以强调该冲突。这可确保 LAN 中的所有设备都能检测到冲突。

千万不能将堵塞信号检测为有效的帧，否则无法识别冲突。堵塞信号最常见的数据样式是简单地重复 1, 0, 1, 0 样式，与前导码相同。已经损坏、有部分发送的报文通常称为冲突碎片或*残帧*。正常冲突的长度小于 64 个八位组，因此不满足最小长度和 FCS 这两项测试，使其非常容易识别。

三、回退时间

冲突发生后，所有设备都让电缆变成空闲（各自等待一个完整的帧间隙），发送有冲突的设备必须再等待一段时间，然后才可以重新发送冲突的帧，这段等待时间会逐渐增长。等待时间特意设计为长短随机，这样两个站点在重新发送之前的延迟时间就不会相同，避免了更多冲突。这一点有时通过延长每次重传时选择的随机重传时间间隔来实现。等待时间用碰撞槽时间参数的增量来衡量。

如果介质拥塞导致MAC层在16次尝试后仍无法发送帧，它就会放弃尝试并生成错误发送到网络层。这种情况在正常运行的网络中很少出现，一般只发生在网络负荷极重或网络存在物理故障的环境中。

本节所述的方法可让以太网根据集线器的使用在共享介质拓扑中提供更好的服务。本章"以太网：使用交换机"一节将会介绍交换机的使用如何让CSMA/CD的需求开始减少甚至完全消除。

9.7 以太网物理层

标准以太网、快速以太网、吉比特以太网与10吉以太网之间的差异在于物理层，通常称作以太网PHY。以太网遵守IEEE 802.3标准。目前为通过光缆和双绞线电缆的运行定义了4种数据速率：

- 10Mbit/s – 10Base-T 以太网；
- 100Mbit/s – 快速以太网；
- 1000Mbit/s – 吉比特以太网；
- 10Gbit/s – 10吉以太网。

虽然这些不同的数据速率的以太网会有许多不同的实现方法，但此处只介绍较常用的。表 9-4 显示一些以太网 PHY 特性：

表 9-4   以太网 PHY 特性

以太网类型	带 宽	电缆类型	最长距离（米）
10BASE5	10Mbit/s	粗同轴电缆	500
10BASE2	10Mbit/s	细同轴电缆	185
10BASE-T	10Mbit/s	Cat3/Cat5 UTP	100
100BASE-TX	100Mbit/s	Cat5 UTP	100
100BASE-FX	100Mbit/s	多模/单模光纤	400/2000
1000BASE-T	1Gbit/s	Cat5e UTP	100
1000BASE-TX	1Gbit/s	Cat6 UTP	100
1000BASE-SX	1Gbit/s	多模光纤	550
1000BASE-LX	1Gbit/s	单模光纤	2000
10GBASE-T	10Gbit/s	Cat6a/Cat7 UTP	100
10GBASE-LX4	10Gbit/s	多模光纤	300
10GBASE-LX4	10Gbit/s	单模光纤	10,000

本节将讨论在物理层运行的以太网部分，先从 10Base-T 开始，直到 10Gbit/s 的各种以太网。

9.7.1 10Mbit/s 和 100Mbit/s 以太网

主要的 10Mbit/s 以太网包括：

- 使用同轴粗缆的 10BASE5；

- 使用同轴细缆的 10BASE2；
- 使用 3 类/5 类非屏蔽双绞线电缆的 10BASE-T。

早期的以太网 10BASE5 和 10BASE2 在物理总线中使用同轴电缆。这些实现方法现在已不再使用，新版 802.3 标准也不再支持它们。

一、10Mbit/s 以太网：10BASE-T

10BASE-T 被认为是传统以太网，使用物理星型拓扑。10BASE-T 以太网链路长度在 100 米以内都不需要集线器或中继器。10BASE-T 采用曼彻斯特编码，通过两条非屏蔽双绞线电缆传送。

10BASE-T 使用两对四线对电缆，并且在每个终端以 8 引脚 RJ-45 连接器端接。连接到引脚 1 和 2 的线对用于发送，连接到引脚 3 和 6 的线对用于接收。早期的 10BASE-T 使用 3 类电缆。但现在一般使用 5 类或更高规格的电缆。

新的 LAN 一般不选择 10BASE-T。但目前仍然存在许多 10BASE-T 以太网。10BASE-T 网络中的集线器替换为交换机后，极大地增加了网络的吞吐量，延长了传统以太网的寿命。连接到交换机的 10BASE-T 链路支持半双工或全双工运行。

二、100Mbit/s：快速以太网

20 世纪 90 年代中后期建立了几个新的 802.3 标准，用于规范通过以太网介质以 100Mbit/s 速度发送数据的方法。这些标准使用不同的编码要求来实现更高的数据速率。100Mbit/s 以太网也称为快速以太网，可以使用双绞线铜缆或光纤介质来实现。最流行的 100Mbit/s 以太网有：

- 使用 5 类或更高规格 UTP 电缆的 100BASE-TX；
- 使用光缆的 100BASE-FX。

由于快速以太网使用的较高频率的信号更易于产生噪声，因此 100Mbit/s 以太网采用两步独立的编码来增强信号的完整性。

1. 100BASE-TX

100BASE-TX 支持通过两对 5 类 UTP 铜线或两股光缆进行传输。100BASE-TX 与 10BASE-T 一样，也使用两个线对和 UTP 引脚。但 100BASE-TX 要求使用 5 类或更高规格的 UTP，并且采用 4B/5B 编码。

类似于 10BASE-T，100Base-TX 也是以物理星型拓扑连接。但与 10BASE-T 不同的是，100BASE-TX 网络一般在星型的中心使用交换机而不是集线器。几乎在 100BASE-TX 技术成为主流技术的同时，LAN 交换机也得到广泛采用。共同的发展使它们自然而然地融入了 100BASE-TX 网络设计。

2. 100BASE-FX

100BASE-FX 与 100BASE-TX 使用相同的信号过程，但它是通过光纤介质而不是 UTP 铜缆来传送。这两种介质虽然编码、解码和时钟恢复步骤都相同，但信号发送不同-铜缆是电子脉冲，而光缆是光脉冲。100BASE-FX 使用低成本光纤接口连接器（通常称为双工 SC 连接器）。

光纤是点对点连接，即用于连接两台设备。这些连接可能是在两台计算机之间或两台交换机之间，也可能是在一台计算机与一台交换机之间。

9.7.2 吉比特以太网

吉比特以太网标准的开发产生了 UTP 铜缆、单模光缆和多模光缆的规范。在吉比特以太网中，传送相同比特的数据所需的时间，是 100Mbit/s 网络和 10Mbit/s 网络的几分之一。由于信号传送的时间更短，比特流更容易产生杂信，因此定时非常关键。性能问题取决于网络适配器或接口改变电平的速度，以及 100 米外的接收网卡或接口检测电压改变的可靠程度。

在这些速度更快的以太网中,数据的编码和解码更为复杂。吉比特以太网采用两个单独的编码步骤。当代码用于表示二进制比特流时,数据传送的效率更高。对数据进行编码可以实现同步、提高带宽利用效率以及改进信噪比特征等。

一、1000BASE-T 以太网

1000BASE-T 以太网使用全部四对 5 类或更高规格的 UTP 电缆提供全双工发送。使用铜线的吉比特以太网可使每个线对的速度从 100Mbit/s 上升到 125Mbit/s,四个线对的总速度将升到 500Mbit/s。又由于每个线对的信号都是全双工,因此 500Mbit/s 再度翻番而上升到 1000Mbit/s。

1000BASE-T 使用 4D-PAM5 线路编码来获取 1Gbit/s 的数据吞吐量。这种编码方案可让四个线对同时发送信号。它将 8 位字节的数据转换为 4 个代码符号(4D),在介质上作为 5 级脉冲幅度调制(PAM5)信号同时发送,每个线对发送一个。这意味着每个符号对应两位数据。因为信息同时通过两条路径传输,所以电路必须在传送方分割帧,然后在接收方重新组合。

1000BASE-T 可以在同一条线路上同时双方向发送和接收数据。这一通信流会在线对上产生永久冲突。这些冲突将导致复杂的电压模式。检测信号的混合电路使用先进的技术,例如回音抵消、第 1 层前向纠错(FEC)和电平审慎选择等。利用这些技术,系统可以实现 1 吉比特的吞吐量。

为了帮助同步,物理层使用帧首定界符和帧尾定界符封装每个帧。循环定时由帧间隙期间每个线对上发送的连续 IDLE 符号流维护。

大部分数字信号中通常只有少数几个不连续的电平,而 1000BASE-T 不同,它使用许多电平。即使在空闲期间,电缆中也有 9 个电平;在数据发送期间,电缆中最多可以找到 17 个电平。大量的状态加上杂信的影响,使线路中的信号看起来更像模拟信号,而不是数字信号。像模拟系统一样,1000BASE-T 容易出现电缆和端接问题带来的杂信。

二、使用光纤的 1000BASE-SX 和 1000BASE-LX 以太网

与 UTP 相比,光纤吉比特以太网-1000BASE-SX 和 1000BASE-LX 有以下优势:
- 无噪声;
- 体积小;
- 无需中继的距离远;
- 带宽高。

所有 1000BASE-SX 和 1000BASE-LX 版本都支持通过两股光缆以 1250Mbit/s 的速度进行全双工二进制发送。发送编码基于 8B/10B 编码方案。这种编码的开销大,所以数据传输速度仍为 1000Mbit/s。

在发送之前,每个数据帧都将在物理层进行封装,链路同步通过在帧间隙期间发送 IDLE 代码组的连续流来维护。

1000BASE-SX 与 1000BASE-LX 光纤版本之间的主要差异在于链路介质、连接器和光信号的波长。

9.7.3 以太网:未来的选择

IEEE 802.3ae 标准经过改编,纳入了 10Gbit/s 通过光缆进行的全双工传输。802.3ae 标准和原始以太网的 802.3 标准非常类似。10 吉比特以太网(10GbE)在不断发展,不仅用于 LAN,而且用于 WAN 和 MAN。

由于帧格式及其他以太网第 2 层规格与之前的标准兼容,因此 10GbE 可以为那些能与现有网络基础架构交互操作的网络提供更高的带宽。

10Gbit/s 在以下方面能与以太网的其他变体相比拟:
- 帧格式相同,支持传统、快速、吉比特及 10 吉以太网之间的交互操作,无需重新成帧或进行

协议转换；
- 比特时间目前为 0.1ns，所有其他时间也按相应的比例变化；
- 由于只使用全双工光纤连接，因此无需介质竞争和 CSMA/CD；
- OSI 第 1 层和第 2 层中的 IEEE 802.3 子层基本被保留，只是稍作增改以支持 40 公里光纤链路并可与其他光纤技术交互操作。

10Gbit/s 以太网，使灵活、高效、可靠、低成本的端到端以太网成为可能。吉比特以太网现已得到广泛采用，10 吉产品也在不断增加，但 IEEE 和 10 吉以太网联盟仍未继续研究 40、100 甚至 160Gbit/s 的标准。技术的采用取决于多方面的因素，包括技术和标准的成熟速度、市场应用速度和推出新兴产品的成本。

9.8 集线器和交换机

在前面的章节中介绍了共享介质以太网实现。这些拓扑是以集线器为网段中心节点的。下面将描述交换机是如何提高网络性能的。

9.8.1 传统以太网：使用集线器

传统以太网使用共享介质和基于竞争的 MAC。在 LAN 中利用集线器互联节点。集线器不执行任何过滤，而是将所有比特转发到其连接的每台设备。这会迫使 LAN 中的所有设备共享介质带宽。

此外，这种传统的以太网经常导致 LAN 中出现大量的冲突。由于上述性能问题，使用集线器的以太网 LAN 在当今的网络中已经很少见了，一般只有小型 LAN 或带宽要求低的 LAN 还在使用。

设备共享介质会随着网络的扩大而产生严重的问题。这些问题包括：
- 缺乏可扩展性；
- 延时增长；
- 更多的网络故障；
- 更多的冲突。

一、有限的可扩展性

在集线器网络中，设备可以共享的带宽有限。随着一台台设备不断加入，每台设备可用的平均带宽在逐渐减少。因此，随着介质中设备数量的增加，性能逐渐降低。

二、增长的延时

网络延时是指其信号到达介质上所有目的地需要耗费的时间。为避免冲突，集线器网络中的每个节点必须等待发送机会。当两个节点之间的距离延长时，延时会明显增加。信号在介质中的延迟以及由于处理通过集线器和中继器的信号所增加的延迟，也会影响延时。另外，介质的延长，或者网段连接的集线器和中继器数量增加，也会增加延时。延时越长，节点收不到初始信号的机率越大，网络中的冲突也就越多。

三、更多的网络故障

由于传统网络共享介质，因此网络中的任何设备都有给其他设备造成问题的潜在可能。如果连接到集线器的任何设备生成了有害的流量，则会妨碍介质中所有设备的通信。这种有害的流量可能是由于网卡上的速度或全双工设置不正确造成的。

四、更多的冲突

根据 CSMA/CD，只要网络上有通信，节点就不能发送数据包。如果两个节点同时发送数据包，将会发生冲突并导致数据包丢失，然后两个节点都发送拥塞信号，等待随机的时间后再重新发送其数据包。从两个或更多节点发出的数据包有可能相互干扰的网络范围，被视为一个冲突域。一个网段具有较多节点的网络会形成一个较大的冲突域，通常有更多的流量。随着网络流量的增加，冲突的几率也会增大。

9.8.2 以太网：使用交换机

交换机提供传统以太网竞争环境中的另一个选择。在过去几年中，交换机迅速成为大多数网络的基本组成部分。交换机可以将 LAN 细分为多个单独的冲突域，其每个端口都代表一个单独的冲突域，并为该端口连接的节点提供完全的介质带宽。由于每个冲突域中的节点减少了，各个节点可用的平均带宽就增多了，冲突也随之减少。

LAN 可以用一台中心交换机连接到仍然为节点提供连通性的集线器，另一方面，也可以直接将所有节点连接到交换机。如图 9-13 所示，LAN 中集线器连接到交换机的端口，仍会共享带宽，这可能在集线器的共享环境中造成冲突。但交换机将会隔离网段，将冲突限制于集线器端口之间的通信。

图 9-13 显示了两个冲突域，每个共享介质的网段连到交换机的端口。

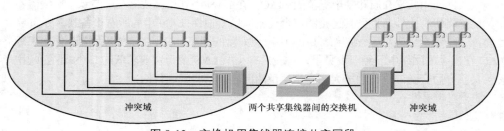

图 9-13 交换机用集线器连接共享网段

一、直连的节点

在所有节点直接连接到交换机的 LAN 中，如图 9-14，网络的吞吐量大幅增加。每台计算机连接到交换机的独立端口，是一个独立的冲突域并拥有全部带宽。这种增加主要缘于三个原因：

- 每个端口有专用的带宽；
- 没有冲突的环境；
- 全双工操作。

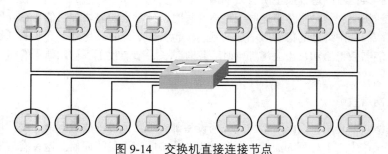

图 9-14 交换机直接连接节点

这些物理星型拓扑实质上是点到点链路。

1. 专用带宽

在设备和交换机之间，每台设备都有一个专用的点到点连接。每个节点在节点与交换机的连接中都有全部介质带宽可供使用。

例如，比较一下各有 10 个节点的两个 100Mbit/s LAN。在网段 A 中，10 个节点连接到一台集线器，所有节点共享可用的 100Mbit/s 带宽，因此每个节点的平均带宽为 10Mbit/s。在网段 B 中，10 个节点连接到一台交换机，所有 10 个节点都能使用全部 100Mbit/s 带宽。

即使是在这样的小型网络中，带宽的增加也非常可观。当节点数量增加时，两种以太网中可用带宽的差距将会形成天壤之别。

2. 无冲突的环境

与交换机之间的专用点到点连接同时也消除了设备之间的介质竞争，使节点很少甚至不会发生冲突。在使用集线器的传统网络中，一个中等规模的网络大约有 40%到 50%的带宽用于冲突恢复；而在几乎没有冲突的交换以太网中，基本上没有任何开销用于冲突恢复。因此，交换网络的吞吐量速率远远优于传统网络。

3. 全双工操作

交换还使网络运行于全双工以太网环境中。在引入交换机之前，以太网只支持半双工模式。这意味着，在任何指定时间，某个点要么发送，要么接收。而交换型以太网中启用全双工后，直接连接到交换机端口的设备可以使用全部介质带宽同时发送和接收。

设备与交换机之间的连接没有冲突。与半双工相比，这种安排将发送速度有效地提高了一倍。例如，如果网络速度为 100Mbit/s，则每个节点在以 100Mbit/s 的速度发送帧的同时，又能以 100Mbit/s 的速度接收帧。

二、用交换机取代集线器

大多数现代以太网都使用交换机来连接终端设备，并以全双工模式运行。既然交换机提供的吞吐量远胜集线器，性能也强得多，那么您可能要问：为什么不在每个以太网 LAN 中都使用交换机？集线器仍在应用的原因有三个。

- 可用性：LAN 交换机在 20 世纪 90 年代初期才开发出来，90 年代中期才开始推广。早期的以太网使用 UTP 集线器，时至今天，其中许多网络还在运行。
- 经济：交换机刚推出时非常昂贵。随着交换机价格的下降，集线器的使用逐渐减少，成本不再是部署决策要考虑的重要因素了。
- 需求：早期的 LAN 网络只是用来交换文件和共享打印机的简单网络。如今，许多地方的早期网络已演变到融合网络，导致个别用户对高带宽的需求急剧增加。但在有些环境中，共享介质集线器仍然能满足要求，所以这些产品还有市场。

下一节将分析交换机的基本工作原理，以及交换机如何达到当今网络要求的高性能。

从集线器到交换机（9.6.2.3） 在 Packet Tracer 活动中，我们提供一个模型，用于比较集线网络中的冲突与交换机的无冲突行为。请使用本书中附带的 CD-ROM 上的 e1-9623.pka 文件来完成这一活动。

9.8.3 交换：选择性转发

以太网交换机选择性地将个别某个帧从接收端口转发到连接目的节点的端口。这一*选择性转发*过程可被视为在发送节点与接收节点之间建立临时的点到点连接。在此期间，两个节点之间的连接可以使用全部带宽，连接长度只够转发一个帧。

在交换型以太网中，目的 MAC 地址还有一个功能。用于完成瞬间的点到点连接。除了接收节点用它来判断此帧是否是自己的外，交换机也用目的 MAC 地址确定帧应从哪个接口转发出去。出口则作为瞬时点到点连接的另外一端。

为确保技术上的精确，两个节点之间不会同时建立这种临时连接。点到点的连接是这样的：源主机和交换机之间有一个连接；目的主机和交换机之间有另一个连接。实际上，在全双工模式下运行的任何节点都可以随时发送其拥有的帧，而无需考虑接收节点的可用性。因为 LAN 交换机将会缓冲收到的帧，等到适当的端口空闲时再转发给它。此过程称为*存储转发*。

通过存储转发交换，交换机将接收整个帧，检查 FSC 是否有错误，然后将帧转发到适当的目的节点端口。因为节点无需等待介质空闲，所以节点能够以介质全速发送和接收，而不会有冲突引起的损失，也不会产生与管理冲突相关的开销。

一、基于目的 MAC 转发

交换机维护着一个表，称为 **MAC 表**。该表将目的 MAC 地址与连接该节点的端口进行映射。对于每个收到的帧，交换机都会将帧头中的 MAC 地址与 MAC 表中的地址列表进行比对。如果找到匹配项，表中与 MAC 地址配对的端口号将用作帧的送出端口。

MAC 表可能有许多不同的名称，通常称为*交换表*。因为交换源自一种称为*透明桥接*的早期技术，所以该表有时也称为*网桥表*。基于此原因，LAN 交换机执行的许多处理名称中可能含有*网桥或桥接*字样。

网桥是 LAN 早期较为常用的设备，用于连接或桥接两个物理网段。交换机不仅可以执行此操作，还可让终端设备连接到 LAN。围绕 LAN 交换还开发了许多其他的技术，后面的课程中介绍很多这方面的技术。网桥在无线网络中比较盛行，我们通常使用无线网桥来连接两个无线网段。因此，您可能会发现网络行业中经常使用两个术语–*交换和桥接*。

如图 9-15 所示，帧从计算机 A 经交换机发送到计算机 C。A 发送含有目的 MAC 地址为 0C 的帧。交换机接收此帧并检查 MAC 表以确定 0C 连在交换机的哪个接口，由于发现了匹配项，交换机将此帧从 6 口送出给计算机 C。此帧不会从交换机的其他接口送出。

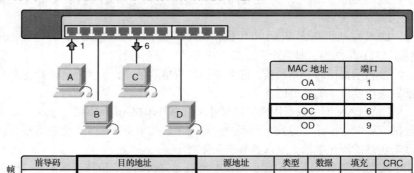

图 9-15 交换机基于 MAC 地址的转发

二、交换机的操作

以太网 LAN 交换机采用 5 种基本操作来实现其用途：
- 学习；
- 过期；
- 泛洪；
- 选择性转发；

■ 过滤。

1. 学习

MAC 表中必须填入 MAC 地址及其对应的端口。学习过程使交换机在正常运行期间动态获取这些映射。

当每个帧进入交换机时，交换机将会检查源 MAC 地址。通过查询过程，交换机将确定表中是否已经包含该 MAC 地址的条目。如果未包含，交换机将使用源 MAC 地址在 MAC 表中新建一个条目，然后将地址与条目到达的端口进行配对。现在，交换机可以使用此映射将帧转发到该节点。

2. 过期

通过学习过程获取的 MAC 表条目具有时间戳。时间戳用于从 MAC 表中删除旧条目。当某个条目在 MAC 表中创建之后，就会使用其时间戳作为起始值开始递减计数。值计数到 0 后，表中此条目过期，并从 MAC 表中删除。当交换机下一次在相同端口又从该节点接收帧时，此计时器重置。重置计时器会阻止 MAC 条目的删除。如，计时器设置为 300 秒。如果在 300 秒内没有从节点收到帧，此条目从 MAC 表中删除。

3. 泛洪

如果交换机的 MAC 地址表中没有与收到帧的目的 MAC 地址的匹配项，将会泛洪此帧。*泛洪*指将帧发送到除帧进入接口之外的所有接口。交换机之所以不将帧转发到接收该帧的端口，是因为该网段的所有目的都已经收到了帧。泛洪还用于发送到广播 MAC 地址的帧。

4. 选择性转发

*选择性转发*是检查帧的目的 MAC 地址后将帧从适当的端口转发出去的过程。这是交换机的核心功能。当节点发送帧到交换机时，如果交换机知道该节点的 MAC 地址，交换机会将此地址与 MAC 表中的条目比对，然后将帧转发到相应的端口。此时交换机不是将帧泛洪到所有端口，而是通过其指定端口发送到目的节点。此操作称为*转发*。

5. 过滤

在某些情况下，帧不会被转发。此过程称为*帧过滤*。前面已经描述了过滤的一次使用：交换机不会将帧转发到接收帧的端口。另外，交换机还会丢弃损坏的帧。如果帧没有通过 CRC 检查，就会被丢弃。对帧进行过滤的另一个原因是安全。交换机具有安全设置，用于阻挡发往和/或来自选定 MAC 地址或特定端口的帧。

 交换机运行（9.6.4.2） 在 Packet Tracer 活动中，你将有机会感受网络中交换机的运行。请使用本书中附带的 CD-ROM 上的 e1-96423.pka 文件来完成这一活动。

9.9 地址解析协议（ARP）

ARP 协议具有两项基本功能：
■ 将 IPv4 地址解析为 MAC 地址；
■ 维护映射的缓存。

9.9.1 将 IPv4 地址解析为 MAC 地址

要将一个帧放到 LAN 介质上，帧中必须包含目的 MAC 地址。当数据包传送到数据链路层，封装成帧时，设备必须将目的 IPv4 地址映射为数据链路层地址。为发现 MAC 地址，节点将参照其内存中的表（称为 ARP 表或 ARP 缓存）。

ARP 表的每个条目或每一行都有一对值：IP 地址和 MAC 地址。我们将这两个值之间的关系称为**映射**。映射可以使节点定位表中 IP 地址并发现对应的 MAC 地址。ARP 表将缓存本地 LAN 上设备的映射。

起初，发送节点尝试到 ARP 表中查找映射至 IPv4 目的地址的 MAC 地址。如果此映射已经缓存在表中，节点将用找到的 MAC 地址作为帧中的目的 MAC 来封装 IPv4 数据包，然后将帧编码并放入网络介质。

图 9-16 中，计算机 A 发送数据到计算机 C（10.10.0.3）。为此，IPv4 数据包必须封装成帧，发送到计算机 C 的 MAC 地址。计算机 A 的 ARP 缓存中没有 10.10.0.3 的条目。所以，它建立 ARP 请求并将它广播的网段上。因为这个请求是第 2 层广播，网段上的所有节点接收此帧。在检查 ARP 请求中的 IPv4 地址后，只有计算机 C 确定自己的地址匹配。所以只有 C 相应 ARP 请求。

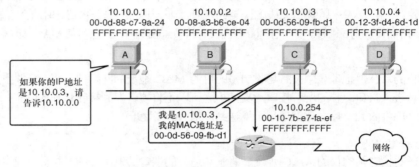

图 9-16 目的主机为本地的 MAC 地址解析

当计算机 A 收到 ARP 响应后，会在 ARP 缓存中建立条目。现在可以建立帧，将数据包发送给主机 C 了。

9.9.2 维护映射缓存

为提供 IP 地址到 MAC 地址的映射，ARP 有几个不同的过程，如：

- 向 ARP 表添加条目；
- 获得帧的映射；
- 目的主机在本网之外的映射；
- 从 ARP 表中删除地址映射。

下面详细讲述。

一、向 ARP 表添加条目

ARP 表动态维护。设备收集 MAC 地址有两种方法。一种是监控本地网段中发生的通信。当节点从介质收到帧时，可将源 IP 和 MAC 地址记录为 ARP 表中的映射。当帧在网络中发送时，设备会用地址对填充 ARP 表。

设备获取地址对的另一种方法是广播 ARP 请求。ARP 发送第 2 层广播到以太网 LAN 中的所有设备。帧包含的 ARP 请求数据包中有目的主机的 IP 地址。接收帧的节点将 ARP 回复数据包作为单播帧发回发送方，以将 IP 地址标识为自己的响应。此响应然后用于在 ARP 表中创建新条目。

MAC 表中的边些动态条目都会加上时间戳，加时间戳的方式与交换机中的 MAC 表条目非常类似。如果设备在时间戳到期时没有从特定设备收到帧，此设备的条目将会从 ARP 表中删除。

此外，也可以在 ARP 表中输入静态映射条目，但这种情况很少见。静态 ARP 表条目也有到期时间，但必须手动删除。

二、获取帧的映射

节点需要创建帧而 ARP 缓存中又没有 IP 地址到目的 MAC 地址的映射时，将如何操作？当 ARP 收到将 IPv4 地址映射到 MAC 地址的请求时，它会在其 ARP 表中查找缓存的映射。如果没有找到所需的条目，IPv4 数据包的封装就会失败，第 2 层进程将告知 ARP 需要映射。

然后 ARP 进程发出 ARP 请求数据包，查找本地网络上目的设备的 MAC 地址。如果收到请求的设备具有该目的 IP 地址，就会以 ARP 回复响应。这样 ARP 表中即会创建一个映射。该 IPv4 地址的数据包现在便可封装在帧中。

如果没有设备响应 ARP 请求，就无法创建帧，所以会丢弃数据包。此封装失败将会报告给设备的上层。如果该设备是中间设备（如路由器），上层可能会选择以 ICMPv4 的错误消息来响应源主机。

三、目的主机在本网之外的映射

帧不能穿过路由器到另外的网络。因此，帧只能传送到本网段上的节点。如果目的 IPv4 主机在本地网络上，帧将使用此设备的 MAC 地址作为目的 MAC 地址。

如果目的 IPv4 主机不在本地网络上，则源节点需要将帧传送到作为网关的路由器接口，或用于到达该目的地的下一跳。为此，源节点将使用网关的 MAC 地址作为帧（其中含有发往其他网络上主机的 IPv4 数据包）的目的地址。

路由器接口的网关地址存储在主机的 IPv4 配置中。当主机创建通往某台目的主机的数据包时，会将目的 IP 地址与其自己的 IP 地址进行比较，以确定两个 IP 地址是否位于相同的第 3 层网络上。如果接收主机不在同一网络上，源主机将使用 ARP 过程来确定网关路由器接口的 MAC 地址。

如图 9-17，计算机 A 需要将数据包发送到主机 172.16.0.10。A 首先确定目的主机在外网上。由于目的主机在本网之外，计算机需要建立帧，并通过本地网络将帧送给缺省网关。

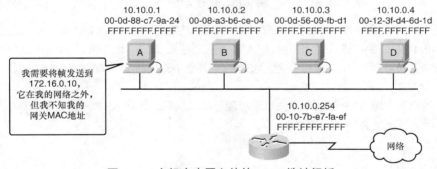

图 9-17 主机在本网之外的 MAC 地址解析

再检查 ARP 缓存后，没有发现网关的 IPv4 地址。因此，计算机 A 将使用 ARP 获取缺省网关 MAC 地址。ARP 请求使用第 2 层广播地址（FF-FF-FF-FF-FF-FF）作为请求 10.10.0.254（缺省网关地址）帧中目的 MAC 地址。网关用自己的 MAC 地址 00-10-7b-e7-fa-ef 做应答。计算机 A 将 00-10-7b-e7-fa-ef 做目的 MAC 地址，将 IPv4 数据包送出。

当帧到达路由器时，路由器解封装检查目的 IPv4 地址。然后查看路由表，以确定转发到 172.16.0.10 的适当路由。路由确定后，路由的下一跳地址将用于建立新帧时确定第 2 层地址。新帧通过正确的接口类型传输此数据包。

另一个可以帮助数据包传送到本网之外的协议是代理 ARP。有时，主机可能会发送 ARP 请求，要求映射本地网络范围以外的 IPv4 地址。在这种情况下，设备发送 ARP 请求是想获取不在本地网络中的 IPv4 地址，而不是请求与网关的 IPv4 地址关联的 MAC 地址。为了向这些主机提供 MAC 地址，路由器接口可能会使用代理 ARP 代表这些远程主机进行响应。这意味着，请求设备的 ARP 缓存中将会包含映射至本地网络以外任何 IP 地址的网关的 MAC 地址。使用 ARP 代理时，就好像路由器接口是具有 ARP 所请求的 IPv4 地址的主机一样。路由器通过"仿造"身份，承担了将数据包路由到"真正"目的设备的职责。

当旧版的 IPv4 无法确定目的主机是否与源主机在同一逻辑网络上时，就会发生使用 ARP 代理的过程。在这种情况下，ARP 始终会发送 ARP 请求，要求获取目的 IPv4 地址。但如果路由器接口禁用了代理 ARP，这些主机便无法将请求传出本地网络。

另一种使用代理 ARP 的情况是：主机认为它已经直接连接到目的主机所在的逻辑网络。如果主机配置了错误的掩码，通常会发生这种情况。

如图 9-18 所示，主机 A 配置了错误的子网掩码/16。此主机认为它已经直接连接到所有的 172.16.0.0/16 网络，而不是 172.16.10.0 /24 子网。

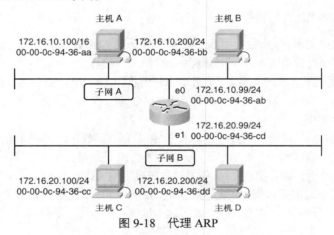

图 9-18 代理 ARP

结果，当主机 A 尝试与 172.16.0.1 到 172.16.255.254 范围内的任何 IPv4 主机通信时，将会发送 ARP 请求，要求获取该 IPv4 地址。路由器可能会使用代理 ARP 响应对主机 C（172.16.20.100）和主机 D（172.16.20.200）的 IPv4 地址的请求。随后，主机 A 将使这些地址的条目映射到路由器（00-00-0c-94-36-ab）中 e0 接口的 MAC 地址。

还有一种使用代理 ARP 的情况是主机没有配置默认网关。代理 ARP 可以帮助网络中的设备到达远程子网，而无需配置路由或默认网关。

9.9.3 删除地址映射

每台设备使用 ARP 缓存定时器删除在指定时间内未使用的 ARP 条目。具体时间取决于设备及其操作系统。例如，有些 Windows 操作系统存储 ARP 缓存条目的时间为 2 分钟。如果条目在此时间内被重新使用，该条目的 ARP 定时器将延长至 10 分钟。

也可以使用命令来手动删除 ARP 表中的全部或部分条目。当条目被删除之后，要想在 ARP 表中输入映射，必须重复一次发送 ARP 请求和接收 ARP 应答的过程。

在 Windows 操作系统中，使用 arp 命令查看和清除计算机 ARP 缓存中的内容。请注意，此命令虽然名为 arp，但并不会以任何方式调用地址解析协议（ARP）的执行，而只是用于显示、添加或删除 ARP 表的条目。ARP 服务集成在 IPv4 协议中，由设备实现。其操作对于上层应用程序和用户都是透明的。

> 注　释　ARP 是 IPv4 协议族中的一个协议。其他网络层协议也提供第 3 层到第 2 层地址的解析方法。如 IPv6LAN 中，邻居发现协议用于将 128 位的 IPv6 地址解析为 48 位硬件地址。

9.9.4 ARP 广播问题

由于 ARP 使用广播，像其他广播通信一样都会有相同的问题。广播会影响网络性能并带来安全问题。

一、介质开销

作为广播帧，本地网络上的每台设备都会收到并处理 ARP 请求。在一般的商业网络中，这些广播对网络性能的影响可能微不足道。但如果大量设备都已启动，并且同时开始使用网络服务，网络性能可能会有短时间的下降。例如，如果一个实验室中的所有学生同时登录教室的计算机并且访问 Internet，就可能会发生延迟。不过，在设备发出初始 ARP 广播并获取必要的 MAC 地址之后，网络受到的影响将会降至最小。

二、安全性

有时，使用 ARP 可能会造成潜在的安全风险。**ARP 欺骗**或 **ARP 毒化**是攻击者使用的一种攻击手法，通过发出伪造的 ARP 请求将错误的 MAC 地址关联加入网络。攻击者伪造设备的 MAC 地址，然后帧就可能发送到错误的目的地。

手动配置静态 ARP 关联是预防 ARP 欺骗的方法之一。在某些网络设备上可以配置授权的 MAC 地址，只允许列出的设备访问网络。

9.10 总结

以太网是一种高效并且得到广泛采用的 TCP/IP 网络访问协议。其常用的帧结构已经通过一系列介质技术（包括铜缆和光缆）得到实现，成为当今最普及的 LAN 协议。

作为 IEEE 802.2/3 标准的一种实现形式，以太网帧提供 MAC 编址和错误检测功能。早期的以太网采用共享介质技术，必须通过 CSMA/CD 机制来管理多台设备对介质的使用。本地网络中的集线器换成交换机后，半双工链路中的帧冲突机率明显减少。但当前及未来的以太网版本在本质上是全双工通信链路，不需要如此细致地管理介质竞争。

以太网提供的第 2 层编址支持单播、多播和广播通信。以太网使用地址解析协议来确定目的设备的 MAC 地址，并针对已知的网络层地址映射它们。

9.11 试验

试验 9-1 地址解析协议（ARP）（9.8.1.1）
本实验使用 Windows arp 实用程序命令来检查和更改主机计算机上的 ARP 缓存条目，然后使用 Wireshark 来捕获和分析网络设备之间的 ARP 交换。

试验 9-2 检查思科交换机 MAC 地址表（9.8.2.1）
在本实验中，您将通过 Telnet 会话连接到交换机、进行登录，然后使用必要的操作系统命令来检查存储 MAC 地址及其与交换机端口的关联。

试验 9-3 中间设备用作终端设备（9.8.3.1）
本实验使用 Wireshark 来捕获和分析帧，以确定这些帧来自哪些网络节点。然后捕获和分析主机计算机与交换机之间的 Telnet 会话的帧内容。

> Packet Tracer
> ☐ Challenge
> 很多动手实验也包括 Packet Tracer 的实践活动，你可以利用 Packet Tracer 完成模拟实验。

9.12 检查你的理解

完成下面所有的复习题来检测一下你对于本章中的主题和概念的理解。题目的答案在附录中可以找到。

1. 说出两个数据链路的子层并列出其用途。
2. 以下哪项描述了传统以太网技术的局限？
   A. 缺乏可扩展性
   B. 介质昂贵
   C. 无冲突
   D. 与当前以太网帧格式不兼容
3. 以太网帧中的哪个字段用于错误检测？
   A. 类型
   B. 前导码
   C. 帧校验序列
   D. 目的 MAC 地址
4. 以太网 MAC 地址有多少位？
   A. 12
   B. 32
   C. 48
   D. 256
5. 第 2 层为什么需要 MAC 地址？
6. 以下哪个地址是用于以太网广播帧的目的地址的？
   A. 0.0.0.0
   B. 255.255.255.255
   C. FF-FF-FF-FF-FF-FF
   D. 0C-FA-94-24-EF-00
7. 在 CSMA/CD 中拥塞信号的目的是什么？
   A. 允许介质恢复
   B. 确保所有节点看到冲突
   C. 向其他节点通报这个节点将要发送
   D. 标识帧的长度
8. 描述以太网冲突域
9. 历史上和传统的以太网的共同特点是什么？
   A. 相同的电缆类型
   B. 相同的网段长度
   C. 同样的逻辑拓扑
   D. 同样的安装成本
10. 以下哪项描述了到交换机接口的连接？

A. 隔离广播
B. 分割冲突域
C. 使用交换机的 MAC 地址作为目的
D. 交换机的每个接口重新生成比特

11. 哪项是以太网交换机建立 MAC 地址表条目的运行阶段？
    A. 过期
    B. 过滤
    C. 泛洪
    D. 学习

12. 如果到达交换机的帧中包含的源 MAC 地址没有列在 MAC 地址表中，将如何处理？
    A. 过期
    B. 过滤
    C. 泛洪
    D. 学习

13. 何时网络主机需要广播 ARP 请求？

14. 如果到达交换机的帧中包含的目的 MAC 地址没有列在 MAC 地址表中，将如何处理？
    A. 过期
    B. 过滤
    C. 泛洪
    D. 学习

15. 为什么高速以太网更容易产生噪声？
    A. 更多冲突
    B. 更短的比特时间
    C. 全双工运行
    D. UTP 取代光纤

9.13 挑战问题和实践

这些问题和实践活动需要对本章涉及的内容有更深入的了解。在附录中可以找到答案。
1. 讨论以太网为什么保持了相同的帧格式，如果帧格式发生变化会有什么影响？
2. 讨论使用 LAN 交换机提高网络安全性的原因。

9.14 知识拓展

以下问题鼓励你对本章讨论的主题进行思考。
1. 论述以太网从 LAN 技术发展到城域和广域技术的过程。是什么促成了这种发展？
2. 以太网最初只是用于数据通信网络，而现在还用于实际工业控制网络。请论述以太网全面应用于此领域所必须克服的物理和操作性挑战。

第 10 章

网络规划和布线

10.1 学习目标

完成本章的学习，你应能回答以下问题：

- 建立 LAN 连接所需的基本网络介质是什么？
- LAN 中的中间设备和终端设备连接的类型有什么？
- 直通电缆和交叉电缆适用的引脚配置是什么？
- 用于 WAN 连接的不同布线类型、标准和端口有什么？
- 在使用 Cisco 设备时，设备管理连接的作用是什么？
- 如何为网际网络设计编址方案，以及为主机、网络设备和路由器接口分配地址范围？
- 为什么网络设计如此重要？

10.2 关键术语

本章使用如下关键术语。你可以在术语表中找到定义：

光纤
电磁干扰（EMI）
无线电频率干扰（RFI）
介质独立接口（MDI）
介质独立接口，交叉（MDIX）
信道服务单元/数据服务单元（CSU/DSU）
Winchester 连接器
数据通信设备（DCE）
数据终端设备（DTE）
终端模拟器
控制台接口

在使用 IP 电话、访问即时消息或通过数据网络进行其他交互之前，我们必须使用电缆或无线介质连接终端设备来构建工作网络。这种网络为人们在以人为本的网络中交流提供支持。

本课程到目前为止，已经介绍了数据网络为以人为本的网络提供的服务，阐明了 OSI 模型各层的功能和 TCP/IP 协议族的工作原理，并详细探讨了常用 LAN 技术—以太网。下一步，我们要介绍如何将这些要素组合成能够正常运行的网络。

本章将介绍各种不同的介质及所连设备各自的作用。你将认识成功建立 LAN 和 WAN 连接所需的电缆，并学习如何使用设备管理连接。

10.3 LAN：进行物理连接

构成 LAN 的主要网络设备是路由器、交换机和集线器。下面将观察建立 LAN 的不同设备间的物理连接。在确定 LAN 中使用哪种网络设备时要考虑几种因素，本节将揭示不同的可能性。

10.3.1 选择正确的 LAN 设备

每个 LAN 都有一台路由器作为连接该 LAN 与其他网络的网关。在 LAN 内部，则使用一台或多台集线器或交换机将终端设备连接到 LAN。

就本书而言，选择要部署哪种路由器取决于以太网接口，这些接口与 LAN 中心交换机的技术相匹配。需要着重注意的是：路由器为 LAN 提供的服务和功能非常多。我们将在更高级的课程中介绍这些服务和功能。

一、网间设备

路由器是用于连接不同网络的主要设备。路由器上的每个端口都连接到一个不同的网络，并且在网络之间路由数据包。路由器可以分隔广播域和冲突域。

路由器还用于连接使用不同技术的网络。它们可能同时拥有 LAN 和 WAN 接口。

路由器的 LAN 接口用于将路由器连接到 LAN 介质。这种介质通常是 UTP 电缆，但也可以添加模块以使用*光纤*。路由器可能有多种连接 LAN 和 WAN 电缆的接口类型，具体需视路由器的系列或型号而定。用路由器进行网间互联的例子如图 10-1 所示。

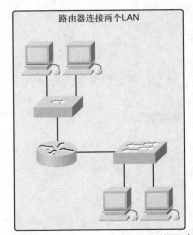 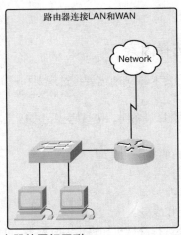

图 10-1　使用路由器的网间互联

二、网内设备

要创建 LAN，需要选择适当的设备将终端设备连接到网络。最常用的两种设备是集线器和交换机。

集线器接收信号，再重新生成信号，然后通过所有端口发送该信号。使用集线器就形成了一个逻辑总线，也就是说，LAN 使用的是多路访问介质。端口使用的是共享带宽的方式，因此经常会由于冲突和恢复而导致 LAN 性能下降。尽管多台集线器可以相互连接，但它们构成的仍然是一个冲突域。

相比交换机而言，集线器的价格较低。小型 LAN、吞吐量要求低或财务预算有限的公司通常选择集线器作为 LAN 中间设备。

交换机接收帧，然后在相应的目的端口上重新生成帧的每个比特。你可用此设备将网段分为多个冲突域。与集线器不同，交换机能减少 LAN 中的冲突。交换机上的每个端口都会形成一个独立的冲突域，这就与每个端口上的设备形成了一个点对点逻辑拓扑结构。此外，交换机还为每个端口提供专用带宽，从而提高了 LAN 的性能。LAN 交换机也可用于连接速度不同的多个网段。

总之，在将设备连接到 LAN 时，通常选择交换机。虽然交换机比集线器贵，但性能和可靠性高，反而更具成本效益。目前可以选择的交换机非常多，具有各种功能，可以在典型的企业 LAN 环境中实现多台计算机互连。

图 10-2 显示小型 LAN 中集线器和交换机的使用。

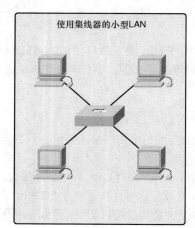
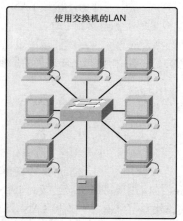

图 10-2 网内连接

10.3.2 设备选择因素

为了满足用户要求，LAN 需要经过规划和设计。规划过程要确保适当考虑了所有要求、成本因素和可选部署方案。

为特定 LAN 选择设备时，需要考虑诸多因素。这些因素包括：
- 成本；
- 端口/接口的速度和类型；
- 可扩展性；
- 易于管理性；
- 其他功能和服务。

下一节将描述选择交换机和路由器时要考虑的因素。

一、选择交换机

尽管选择交换机时必须考虑的因素很多，但本节只探讨其中的两个：成本和接口特性。

交换机的购买成本取决于其性能和功能。交换机的性能包括可用的端口数量和类型以及交换速度。影响成本的其他因素包括网络管理功能、内嵌的安全技术、可选的高级交换技术。

经过简单的"成本/端口"计算，最初可能得到在中心位置部署一台大型交换机是最佳选择的结论。但在这种方案中，LAN 内的每台设备都要通过较长的电缆连接到那一台中心交换机，这显然会增加电缆成本。所以，应该拿这种方案和下面这种方案进行成本比较：部署若干台小型交换机，然后用几根长电缆将它们连接到中心交换机。

另一个成本考虑因素是在冗余方面的投资。如果一台中心交换机有问题，整个物理网络的运作都会受到影响。冗余系统的目标是使物理网络既使出现设备故障也能持续运行。提供冗余功能的方式非常多。我们可以提供备用的中心交换机，与首选中心交换机同时运行。也可以通过另行添加电缆在交换机之间提供多条互连路径。

图 10-3 显示了在 LAN 交换机选择中的冗余概念。

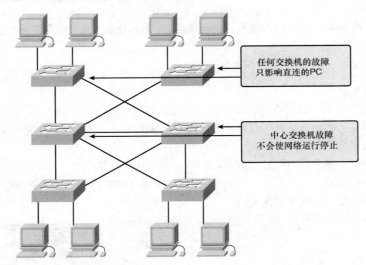

两台具有冗余包含的交换机

图 10-3　确定 LAN 交换机时的冗余

在 LAN 环境中，速度是始终不渝的追求。现在，内置 10/100/1000Mbit/s 网卡的新型计算机已经面市。如果选择的第 2 层设备可以满足速度增长需求，则无需更换中心设备即可对网络进行升级。

在选择交换机时，请考虑以下标准。
- 充足的端口：了解现在网络所需的端口数量，并考虑今后需要的更多的端口。
- 各种 UTP 速度：请考虑有多少端口需要 1Gbit/s 的速度，有多少仅需 10/100Mbit/s 的带宽。
- UTP 和光纤端口：请考虑需要有多少 UTP 端口和光纤端口。

图 10-4 揭示了不同端口速度、类型和扩展性的考虑。在图的顶部显示了两种网络的不同需求。一个 LAN 仅需不同的接口速度，10Mbit/s 和 100Mbit/s。另一个 LAN 需要有不同的速度和介质。有两种铜介质（用于 10Mbit/s 和 100Mbit/s 速度），及光纤（用于 1000Mbit/s 速度）。图中也显示了可能的不同的交换机类型。

二、选择路由器

选择路由器时，需要将路由器的特性与其用途进行对比。与选择交换机相似，同样要考虑成本以及接口的类型和速度。此外，选择路由器还应考虑以下因素：

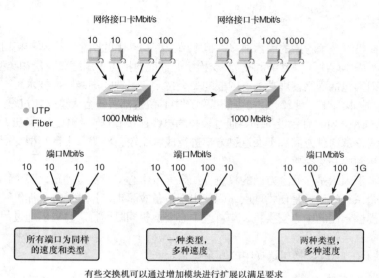

图 10-4 决定 LAN 交换机的选择因素：端口速度、类型和可扩展性

- 可扩展性；
- 介质；
- 操作系统的功能。

路由器和交换机之类网络设备的物理配置有固定式和模块化两种。固定式配置具有固定的端口/接口数量和类型。模块化设备具有扩展槽，可以随着需求的提高而新增模块。大多数模块化设备都有一定数量的基本固定端口以及扩展槽。

由于路由器可用于连接不同数量和类型的网络，因此必须慎重选择每种介质适用的相应模块和接口。另行添加的一些模块（如光纤）可能会增加成本。因此选择的路由器应确保能支持连接路由器所使用的介质，而不需要另外购买其他模块。

根据操作系统的版本，路由器可以支持特定的功能和服务，例如：

- 安全性；
- 服务质量（QoS）；
- IP 语音（VoIP）；
- 路由多个第 3 层协议；
- 网络地址转换（NAT）和动态主机配置协议（DHCP）等特殊服务。

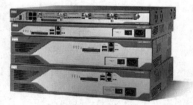

图 10-5 思科路由器

10.4 设备互连

在下一节，你将会看到不同的电缆标准和要求。并研究 LAN 和 WAN 的连接。

10.4.1 LAN 和 WAN：实现连接

在规划安装 LAN 布线时，需考虑 4 个物理区域：

- 工作区域；
- 电信机房，也称分布层设备间；
- 主干布线，也称垂直布线；
- 分布式布线，也称水平布线。

图 10-6 显示了 LAN 布线区域的互联。

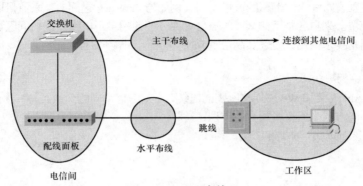

图 10-6 LAN 布线区

LAN 布线区的互联有一些要求，如介质类型、电缆长度、成本及工作区、带宽等。本节将讨论这些要求和不同的解决方案。

一、工作区域

*工作区域*是个人用户使用的终端设备所在的地点。每个工作区域至少有两个插孔，用于将单台设备连接到网络。跳线也是电缆，用于将一台设备与另一台设备连接（接入）。跳线为便于区别有不同的颜色，相对比较短，通常不会比 6 英寸长。你可以用跳线将单台设备连接到墙壁插孔。EIA/TIA 标准规定，用于连接设备和墙壁插孔的 UTP 接插线最大长度为 10 米。

直通电缆是工作区域中最常用的电缆。此类电缆用于将计算机等终端设备连接到网络。但当集线器或交换机位于工作区域中时，通常会使用交叉电缆来连接该设备与墙壁插孔。

二、电信间

*电信间*是连接中间设备的地点。这些机房配备了集线器、交换机、路由器和数据服务单元（DSU）等将网络连接到一起的中间设备。此类设备在主干布线和水平布线之间提供转换。

在电信机房内部，水平电缆端接的配线面板与中间设备之间通过跳线建立连接。这些中间设备也使用接插线相互连接。

电子工业联盟/电信工业协会（EIA/TIA）标准指定了两种不同类型的 UTP 电缆。一种是最长 5 米的接插线，用于连接电信机房中的设备和配线面板。另一种电缆类型最长 5 米，用于将设备连接到墙上的端接点。

这些机房通常有多种用途。在许多组织中，除了配备有中间设备外，电信机房还包括网络使用的服务器。

三、水平布线

*水平布线*指的是连接电信机房与工作区域的电缆。从电信机房的端接点到工作区插座上的端接，其间的电缆最大长度不得超过 90 米。这段最长 90 米的水平布线距离称为*永久链路*，因为它固定安装于建筑物结构内。水平介质从电信机房的配线面板延伸到每个工作区域中的墙壁插孔。然后，使用电缆连接到设备。

四、主干布线

*主干布线*指的是用于连接电信机房与通常安放服务器的设备房的电缆。整个设施内多个电信机房之间也通过主干布线相互连接。还用于建筑物间的 LAN 之间的连接。这些电缆有时还布设到建筑物外部的 WAN 连接或 ISP。

主干布线，或垂直布线，供汇聚的流量使用，例如与 Internet 之间的往来流量以及某个远程位置访问企业资源的流量。来自各个工作区域的流量大部分要使用主干电缆才能访问区域外或设施外的资源。因此，主干通常要求采用光缆之类高带宽介质。

五、介质类型

要成功建立 LAN 连接和 WAN 连接所需的电缆，必须考虑不同的介质类型。我们学过，物理层部署可以采用许多不同方式来支持多种介质类型：

- UTP（5 类、5e 类、6 类和 7 类）；
- 光纤；
- 无线介质。

图 10-7 显示了几种不同类型的介质。

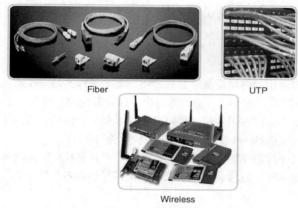

图 10-7 介质类型

每种介质类型各有利弊。需要考虑的因素包括以下几种。

- 电缆长度：电缆需要覆盖一个房间还是跨接不同建筑。
- 成本：预算是否支持使用比较昂贵的介质类型。
- 带宽：介质采用的技术所能提供的带宽。
- 安装的难易程度：能够由实施小组安装电缆还是需要厂商安装。
- 抗电磁干扰/无线电频率干扰（EMI/RFI）的能力：本地环境的干扰信号。

下面详细讨论这些因素。

1. 电缆长度

连接设备所需的电缆总长要将从工作区终端设备到电信机房中间设备（通常是交换机）的所有电缆都计算在内。这包括从设备到墙壁插孔的电缆、从墙壁插孔通过建筑物到交叉连接点或配线面板的电缆以及从配线面板到交换机的电缆。如果交换机所在的电信机房位于建筑物的其他楼层或位于另一栋建筑中，这些点之间的电缆也必须计入总长。

对 UTP 安装，ANSI/TIA/EIA-568-B 标准规定四个区域的电缆总长限制为 100 米。标准还规定配线面板间的跳线最长 5 米。从墙上的电缆端点到电话或计算机的电缆最长 5 米。

衰减是信号沿介质传输时发生的强度下降。介质越长，衰减对信号的影响越大。某些点其至检测不到信号。布线距离是影响数据信号性能的重要因素。信号的衰减以及可能存在的干扰对它的影响都会随着电缆长度的增加而加剧。

例如，以太网使用 UTP 电缆时，为避免信号衰减，水平（即固定）布线的长度需要保持在建议的最大距离 90 米之内。光缆允许更长的布线距离，最长可达 500 米到几千米，具体长度取决于采用的技术。但是当距离达到这些限度时，光缆也会受到衰减的影响。

2. 成本

与 LAN 布线相关的成本会因介质类型而异，但决策者可能意识不到这点对预算的影响。按照理想设置，预算应该允许用光缆连接 LAN 中的每台设备。不过，光纤的带宽虽然比 UTP 高，但其材料和安装成本也昂贵得多。实际上，这种性能水平通常并没有必要，不符合大多数环境的合理预期。因此，网络设计师必须综合考虑用户的性能需求与设备和布线的成本，只有二者相符才能达到最佳性价比。

3. 带宽

网络中的设备具有不同带宽要求。为每个连接选择介质时，应仔细考虑其带宽要求。

例如，服务器需要的带宽通常高于个人用户专用的计算机。对于服务器连接，应该考虑能提供高带宽、并且可扩展以满足更高带宽要求和新型技术的介质。因此，光缆可能是服务器连接的合理选择。

在目前的各种 LAN 介质选择中，光纤介质所采用的技术能提供最高可用带宽。鉴于光缆的可用带宽几乎不受限制，LAN 有望大幅提高速度。无线介质也能支持带宽的大幅提高（目前 IEEE802.11n 协议可达 248Mbit/s），但在距离和电源消耗方面存在限制。

表 10-1　　　　　　　　介质标准，电缆长度和带宽

以太网类型	带　　宽	电 缆 类 型	最 远 距 离
10BASE-T	10Mbit/s	Cat3/Cat5 UTP	100m
100BASE-TX	100Mbit/s	Cat5 UTP	100m
100BASE-TX	200Mbit/s	Cat5 UTP	100m
100BASE-FX	100Mbit/s	Multimode fiber	400m
100BASE-FX	200Mbit/s	Multimode fiber	2km
1000BASE-T	1Gbit/s	Cat5e UTP	100m
1000BASE-TX	1Gbit/s	Cat6 UTP	100m
1000BASE-SX	1Gbit/s	Multimode fiber	550m
1000BASE-LX	1Gbit/s	Single-mode fiber	2km
10GBASE-T	10Gbit/s	Cat6a/Cat7 UTP	100m
10GBASE-LX4	10Gbit/s	Multimode fiber	300m
10GBASE-LX4	10Gbit/s	Single-mode fiber	10km

4. 安装的难易

电缆安装的难易程度因电缆类型和建筑物的结构而异。是否要接入地板或屋顶以及电缆的物理大小和属性都会影响在不同建筑物内安装电缆的难易。建筑物内的电缆通常安装在线槽中。

如图 10-8 所示，线槽是用于封装和保护电缆的外壳或管子。线槽还能保持布线整洁并易于通过。

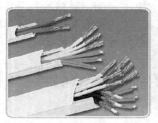 

UTP 电缆槽　　　　　　　　　光缆槽

图 10-8　电缆线槽

UTP 电缆比较轻便灵活且直径小，适用于空间较小的地方。其插头是 RJ-45 水晶头，相对而言更易于安装，而且是所有以太网设备的标准连接器。

许多光缆包含细玻璃纤维。这就造成了光缆的弯曲范围问题。卷曲或锐弯都可能折断光纤。电缆连接器（ST，SC，MT-RJ）端接的安装难度要大得多，而且还需要特殊设备。

无线网络要求在布线的某些点，如接入点，将设备连接到有线 LAN。由于无线网络中所需的电缆较少，因此无线安装通常比 UTP 或光纤安装更加容易。但是，无线 LAN 对规划和测试的要求更高。如，无线 LAN 的运行使用无线电频率，不同的频道内传输数据，所以要特别小心频道不能相互重叠。不像有线网络，无线 LAN 中距离无线接入点的距离也会影响带宽，这也需要仔细规划和测试以确保覆盖范围。而且，许多外部因素也会影响到它的运行，比如其他的无线射频设备和建筑物结构等因素。

5. 电磁干扰（EMI）/射频干扰（RFI）

选择 LAN 的介质类型时，必须将*电磁干扰（EMI）和射频干扰（RFI）*纳入考虑范围。如果使用的电缆不正确，运行环境中的 EMI/RFI 会严重影响数据通信。

电机、照明设备和其他通信设备，包括计算机和无线电设备，都可能产生干扰。例如，假设某次安装要连接分别位于两栋独立建筑物中的设备。用于连接两栋建筑的介质可能会遭受雷击。此外，这两栋建筑可能相距很远。因此，光缆是此安装的最佳选择。

无线介质最易受到 RFI 干扰。在使用无线技术前，必须确定可能存在的干扰源并尽可能将其减至最少。

10.4.2　进行 LAN 连接

EIA/TIA 对 UTP 电缆连接做出了规定。

RJ-45 水晶头是压接在电缆末端的插头组件。从正面看，如图 10-9 所示，引脚序号是 8 到 1。面朝弹片俯视时，引脚序号从左至右为 1 到 8。辨别电缆时，必须记住此方向。

利用 EIA/TIA T568A 和 T568B 端接标准，也可制造几种跳线。依据所连接口类型（MDI 或 MDIX；见下节），你可能需要直通线也可能是交叉线。下面将详细讨论。

接口类型

在以太网 LAN 中，设备使用两种 UTP 接口类型，即*介质相关接口（MDI）或介质相关接口，交叉（MDIX）*。

MDI 使用正常的以太网线序。引脚 1 和 2 用于发射而引脚 3 和 6 用于接收。计算机、服务器或路由器等设备都使用 MDI 连接。

提供 LAN 连接的设备（一般是集线器或交换机）通常使用 MDIX（交叉配置介质相关接口）连接。MDIX 电缆内调换了发射线对。通过这种调换，终端设备就可以使用直通电缆连接到集线器或交换机。

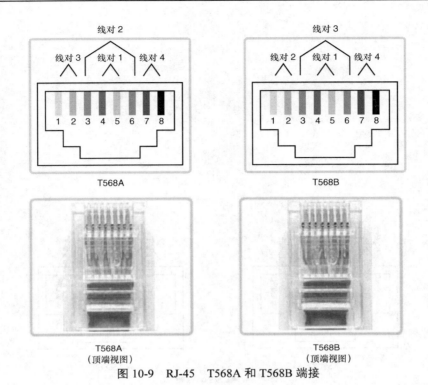

图 10-9　RJ-45　T568A 和 T568B 端接

在连接不同类型(一个 MDI 和一个 MDIX)的设备时,通常使用直通电缆。而在连接同类设备(MDI 到 MDI 或 MDIX 到 MDIX)时,则使用交叉电缆。

很多设备允许以太接口设置 MDI 或 MDIX。根据设备不同的特性,可有以下三种方法。

- 有些设备,接口可以对发送和接收线对进行电扫描,通过此种机制,端口可以从 MDI 更改为 MDIX。
- 作为配置的一部分,某些设备支持选择端口作为 MDI 或 MDIX 运行。
- 许多新型设备具有自动交叉功能。通过此功能,设备可以检测所需的电缆类型并相应地配置接口。有些设备默认执行此自动检测。其他设备则需通过接口配置命令来启用 MDIX 自动检测功能。

1. 直通 UTP 电缆

直通电缆两端的连接器依照 T568A 标准或 T568B 标准端接同一种连接器。图 10-10 显示了直通电缆的引脚。

辨别使用的电缆标准可以确定安装的电缆是否正确。更重要的原因在于,一般在整个 LAN 中会使用同一种颜色编码来确保文档记录中的一致性。

以下连接应使用直通电缆:

- 交换机到路由器以太网端口;
- 计算机到交换机;
- 计算机到集线器。

2. 交叉 UTP 电缆

如果两台设备要通过直接连接彼此的电缆通信,则一台设备的发射端需要连接到另一台设备的接收端。端接电缆时,必须将发射引脚 Tx(负责从位于一端的设备 A 接收信号)连接到设备 B 上的接收引脚 Rx。同理,设备 B 的 Tx 引脚必须连接到设备 A 的 Rx 引脚。如果设备上的 Tx 引脚序号为 1 而 Rx 引脚序号为 2,则电缆应连接一端的引脚 1 与另一端的引脚 2。正是引脚的这种"交叉"连接使此类电缆得名交叉电缆。

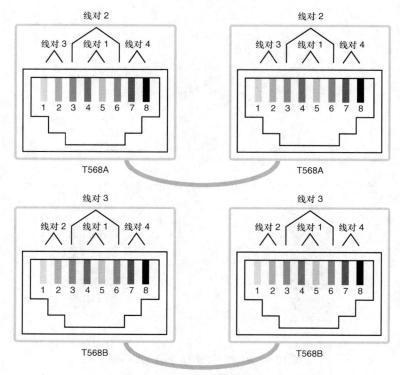

图 10-10 直通电缆

UTP 电缆要实现此类连接，一端必须按照 EIA/TIA T568A 线序端接，另一端必须按照 T568B 线序端接。图 10-11 显示了交叉电缆的引脚，用 TP0、TP1、TP2、TP3 来代表引脚/线对。

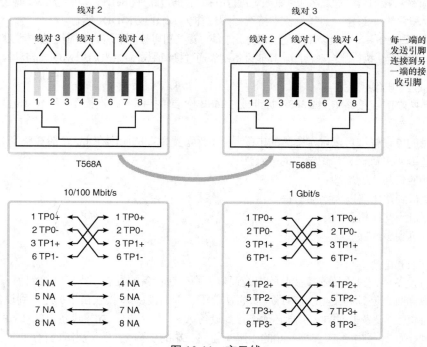

图 10-11 交叉线

总之，交叉电缆用于直接连接 LAN 中的下列设备：

- 交换机到交换机；
- 交换机到集线器；
- 集线器到集线器；
- 路由器到路由器的以太网端口连接；
- 计算机到计算机；
- 计算机到路由器的以太网端口。

图 10-12 显示了在不同网络连接中正确使用 UTP 电缆类型。

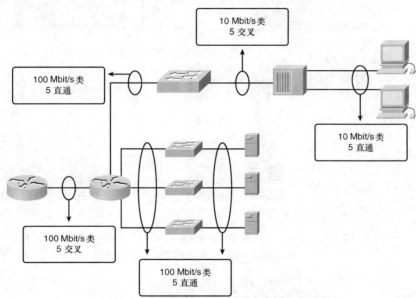

图 10-12　在网络中使用直通和交叉电缆

10.4.3　进行 WAN 连接

根据定义，WAN 链路可以覆盖非常长的距离。这些距离可能跨越全球，它们提供的通信链路正是我们在管理电子邮件账户、查看网页或与客户召开电话会议时使用的链路。

网络之间的广域连接有多种形式，其中包括：

- 电话线 RJ11 接口，用于拨号连接或数字用户线路（DSL）连接；
- 60 针串行连接。

在本课程的实验中，您可能会用到其中一种物理串口电缆连接 Cisco 路由器。两种电缆的网络端都使用较大的 Winchester 15 针连接器。这种电缆的末端用于与信道服务单元/数据服务单元（CSU/DSU）等物理层设备之间的 V.35 连接。

第一种电缆类型为一端是 Cisco 的 DB-60 插头，网络端为公头 Winchester 连接器。第二种类型是此类电缆中更加小巧的型号，在 Cisco 设备端有一个 Smart 串行接口。必须学会识别两种不同类型才能成功连接到路由器。图 10-13 显示了这些连接器。

图 10-14 显示了串行 WAN 连接的使用。

图 10-15 显示了用于 DSL WAN 连接类型。

下面两节将讨论通过 WAN 将两个 LAN 互联的设备类型。你还将看到在实验室与实际运行环境中的区别。

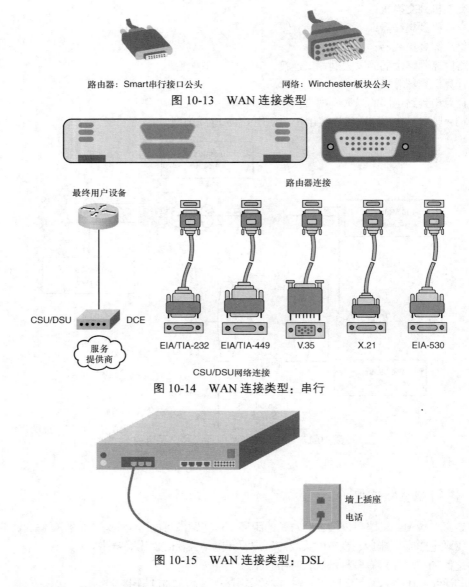

图 10-13　WAN 连接类型

图 10-14　WAN 连接类型：串行

图 10-15　WAN 连接类型：DSL

一、数据通信设备和数据终端设备

下列术语描述了用于维护发送设备和接收设备之间链路的设备类型。

- **数据通信设备（DCE）**——为其他设备提供时钟服务的设备。此设备通常位于链路的 WAN 接入提供商端。
- **数据终端设备（DTE）**——从其他设备接收时钟服务并做相应调整的设备。此设备通常位于链路的 WAN 客户端或用户端。

如果路由器使用串行连接直接连接到服务提供商或提供信号同步服务的设备，如通道服务单元/数据服务单元（CSU/DSU），则视该路由器为数据终端设备（DTE）并对其使用 DTE 串口电缆。如图 10-16 所示。

请注意，有时候，特别是在实验环境中，需要本地路由器提供时钟频率，因此会使用数据通信设备（DCE）电缆。

图 10-16 串行 DCE 和 DTE WAN 连接

DCE 和 DTE 用于 WAN 连接中。提供发送设备和接收设备双方均可接受的时钟频率来维持通过 WAN 连接实现的通信。大多数情况下由电信运营商或 ISP 提供用于同步传输信号的时钟服务。

例如，如果通过 WAN 链路连接的设备以 1.544Mbit/s 的传输率发送信号，则每台接收设备都必须使用时钟，每 1/1 544 000 秒发出一个采样信号。本例中的时间非常短。设备必须非常迅速地与发送和接收的信号同步。

对路由器指定时钟频率即可设置该时间。这样，路由器可以调整其通信操作的速度，从而与连接的设备同步。

二、在实验室中建立 WAN 连接

在实验环境下建立两台路由器之间的 WAN 连接时，使用串口电缆连接两台路由器，来模拟一个点对点 WAN 链路。在此情况下，要确定控制时钟的路由器。路由器在默认情况下是 DTE 设备，但也可配置为 DCE 设备，因此可以提供时钟。

V35 电缆有 DTE 和 DCE 两种型号。要在两台路由器之间创建点对点串行连接，需要将 DTE 电缆和 DCE 电缆连接到一起。每根电缆都带有一个连接器，用于插接其互补型号。这些连接器经过如此配置后，不可能错误地将两根 DCE 电缆或两根 DTE 电缆进行连接。

图 10-17 显示如何使用 DTE 和 DCE 电缆形成交叉连接。

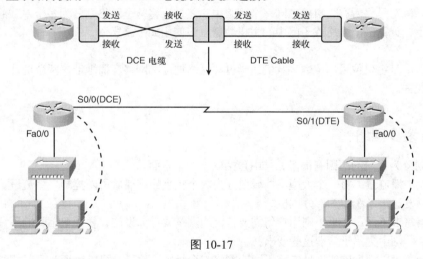

图 10-17

Packet Tracer Activity　　用不同介质连接设备（10.2.3.4）　　在本实验活动中，你将利用 Packet Tracer 进行互联，练习重要的网络技能。可以使用本书附带的 CD-ROM 上的文件 e1-10234.pka 来完成实验活动。

10.5　制定编址方案

下面，你会看到如何确定所需的主机和网络数量。学习有关设计网络地址的标准。

10.5.1 网络上有多少主机？

要制定网络的编址方案，首先要确定主机总数。考虑现在和将来需要 IP 地址的每台设备。

需要 IP 地址的终端设备包括：
- 用户计算机；
- 管理员计算机；
- 服务器；
- 其他终端设备，如打印机、IP 电话和 IP 相机。

需要 IP 地址的网络设备包括：
- 路由器 LAN 接口；
- 路由器 WAN（串行）接口。

需要 IP 地址进行管理的网络设备包括：
- 交换机；
- 无线接入点。

网络中可能还有其他设备也需要 IP 地址。请将其添加到此清单中，然后估算需要多少地址才能解决新增设备时的网络发展？

确定了当前和未来的主机总数后，再考虑可用的地址范围及其在给定网络地址中的适当位置。请记住，在第 6 章 "网络编址：IPv4" 中学习到的，这些地址可以是私有 IP 地址或被分配的公有地址。

接下来，确定是将所有主机放在同一个网络中，还是应将整个网络划分为多个单独的子网。

回忆一下，计算一个网络或子网中的主机数量应该使用如下公式：

$2n–2$

公式中，n 是主机位可用位数。我们还学过，网络地址和网络广播地址这两个地址，不能分配给主机，应该减去。

10.5.2 有多少网络？

将网络划分为子网的原因有很多，其中包括以下 3 个方面。
- **管理广播流量**：将一个大型广播域划分为数个较小的广播域可以控制广播流量。每个广播报文只发送给系统中的部分主机。
- **网络需求不同**：如果不同用户组需要特定的网络或计算设施，将要求相同的用户全部集中到一个子网中更易于管理这些要求。
- **安全**：可以根据网络地址实施不同的网络安全级别。这样就可以管理对不同网络和数据服务的访问。

在确定你需要有多少网络之后，应标志每个网络。下面将描述这一过程。

一、计算子网

作为物理网段，每个子网都需要一个路由器接口作为该子网的网关。此外，路由器之间的每个连接也是一个单独的子网。

图 10-18 显示了网络中有 5 个不同子网。

计算一个网络中的子网数量还可以使用公式 2^n，其中，n 是从给定的 IP 网络地址"借用"以创建子网的位数。

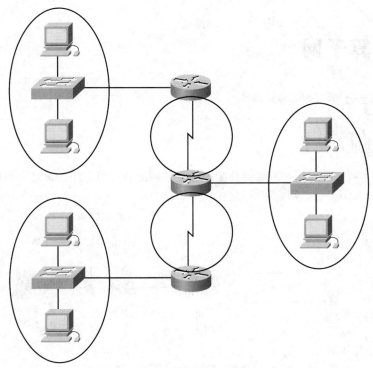

图 10-18　五个子网

二、子网掩码

确定所需的主机和子网数量后，下一步是将一个子网掩码应用于整个网络，然后计算下列值：
- 每个物理网段的唯一子网和子网掩码；
- 每个子网的可用主机地址范围。

10.5.3　设计网络地址的标准

为便于排除故障，加快向网络添加新主机的速度，所有子网中使用的地址应该采取同一种模式。下列不同设备类型中的每种类型应该分配到网络地址范围内的一个逻辑地址块中。

主机的不同类别包括：
- 一般用户；
- 特殊用户；
- 网络资源；
- 路由器 LAN 接口；
- 路由器 WAN 链路；
- 管理访问。

例如，在为充当 LAN 网关的路由器接口分配 IP 地址时，一般使用子网范围内的第一个（最小）或最后一个（最大）地址。这种统一做法有助于进行配置和故障排除。

同样，在为管理其他设备的设备分配地址时，在子网中使用统一的模式更易于识别这些地址。

此外，务必要以书面形式记录下 IP 编址方案。这对以后的故障排除和网络发展非常重要。

10.6 计算子网

通过下面两个例子学习如何计算地址。

10.6.1 计算地址：例 1

本节利用图 10-19 中的拓扑来练习分配地址。从网络管理员分配的地址和前缀（子网掩码）172.16.0.0 255.255.252.0 开始，建立网络文档。

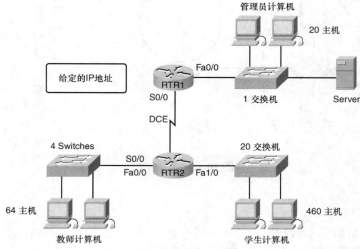

图 10-19 网络拓扑

主机分成几个组：学生 LAN，教师 LAN，管理员 LAN 和 WAN。学生组的主机数如下所示。
- 学生计算机：460
- 路由器（LAN 网关）：1
- 交换机（管理）：20
- 学生子网合计：481

教师 LAN 需要的主机数如下所示。
- 教师计算机：64
- 路由器（LAN 网关）：1
- 交换机（管理）：4
- 教师子网合计：69

管理员 LAN 需要的主机数如下所示。
- 管理员计算机：20
- 服务器：1
- 路由器（LAN 网关）：1
- 交换机（管理）：1
- 管理员子网合计：23

WAN 需要的主机数如下所示。

- 路由器间的 WAN：2
- WAN 合计：2

一、分配方法

有两种方法可用于为网际网络分配地址。你可以使用可变长子网掩码（VLSM），即根据每个网络中的主机数量指定该网络的前缀和主机位。或者，可使用非 VLSM 方法，即所有子网使用相同的前缀长度和相同的主机位数。

下面将演示这两种方法。

二、不使用 VLSM 计算和分配地址

使用非 VLSM 方法分配地址时，分配给所有子网的地址数量相同。为了给每个网络提供足够的地址数量，我们根据最大网络的地址要求决定所有网络的地址数量。

在例 1 中，学生 LAN 是最大的网络，需要 481 个地址。我们将使用此公式计算主机数量：

可用主机数量 = $2^n - 2$

因为 2 的 9 次方是第一个大于 481 的 2 的幂，所以用 9 作为 n 的值。借用 9 个位作为主机部分得出以下计算结果：

$2^9 = 512$

$512 - 2 = 510$ 个可用主机地址

此数量符合至少 481 个地址的当前要求，并有少量余地可供未来发展所需。这也保留了 23 个网络位（总共 32 个位 - 9 个主机位）。

由于此网际网络中有 4 个网络，因此需要各有 512 个地址的 4 个地址块，共计 2048 个地址。我们将使用地址块 172.16.0.0 /23，它可提供从 172.16.0.0 到 172.16.7.255 范围内的地址。

下面来分析网络的地址计算。

地址：172.16.0.0

二进制表示：

10101100.00010000.00000000.00000000

掩码：255.255.254.0

以二进制表示 23 个位：

11111111.11111111.11111110.00000000

此掩码提供的 4 个地址范围如图 10-20 所示。

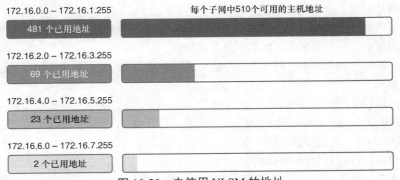

图 10-20　未使用 VLSM 的地址

学生网络地址块的值应为：172.16.0.1 到 172.16.1.254，广播地址为 172.16.1.255。

管理员网络总共需要 66 个地址。此地址块 512 个地址中的其余地址将不会使用。管理员网络的值

为：172.16.2.1 到 172.16.3.254，广播地址为 172.16.3.255。

教师 LAN 将地址块 172.16.4.0 /23.分配给教师 LAN，分配的地址范围是：172.16.4.1 到 172.16.5.254，广播地址为 172.16.5.255。教师 LAN 的 512 个地址中，实际使用的只有 23 个。

在 WAN 中，两台路由器之间存在一个点对点连接。此网络只需要两个 IPv4 地址，分配给此串行链路中的路由器。图 10-20 显示，将此地址块分配给 WAN 链路浪费了 508 个地址。

在此网际网络中使用 VLSM 可以节省地址空间，但使用 VLSM 需要更加细致的规划。下一节演示了与使用 VLSM 相关的规划过程。

表 10-2 显示 4 个不同网络及他们的 IP 地址范围。

表 10-2		未使用 VLSM 的子网地址范围	
网　络	子 网 地 址	主机地址范围	广 播 地 址
学生	172.16.0.0/23	172.16.0.1–172.16.1.254	172.16.1.255
教师	172.16.2.0/23	172.16.2.1–172.16.2.254	172.16.2.255
管理员	172.16.4.0/23	172.16.4.1–172.16.4.254	172.16.4.255
WAN	172.16.6.0/23	172.16.6.1–172.16.6.254	172.16.6.255

三、使用 VLSM 计算和分配地址

使用 VLSM 分配方法可以按照需要为每个网络分配更小的地址块，如图 10-21 所示。

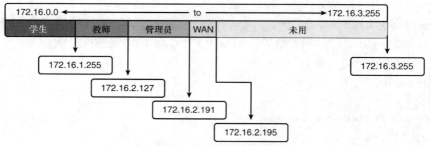

图 10-21　使用 VLSM 的地址

地址块 172.16.0.0/22（子网掩码 255.255.252.0）已经分配给整个网际网络。十位将用于定义主机地址和子网。所得结果是 1024 个 IPv4 本地地址，范围从 172.16.0.0 到 172.16.3.0。

最大的子网是需要 460 个地址的学生 LAN。

使用公式可用主机数量=2^n-2，借用 9 个位作为主机部分，得出 512-2=510 个可用主机地址。此数量符合当前的要求，并有少量余地可供未来发展所需。

使用 9 个主机位还留下 1 个位可用于局部定义子网地址。我们使用最小的可用地址，得出子网地址 172.16.0.0 /23。

地址 172.16.0.0 的二进制表示：
10101100.00010000.00000000.00000000
掩码 255.255.254.0 以二进制表示 23 位：
11111111.11111111.11111110.00000000

在学生网络中，IPv4 主机地址范围是：172.16.0.1 到 172.16.1.254，广播地址为 172.16.1.255。

由于这些地址已经分配给学生 LAN，因此就不能再分配给其余子网：教师 LAN、管理员 LAN 和 WAN。尚可分配的地址是 172.16.2.0 到 172.16.3.255 范围内的地址。

第二大网络是教师 LAN。此网络至少需要 66 个地址。如果在 2 的幂公式中使用 6 为指数，则

2^6−2 只能提供 62 个可用地址。因此，必须使用有 7 个主机位的地址块。计算 2^7−2 可以得出有 126 个地址的地址块。这样就留下 25 个位可分配给网络地址。同样大小的下一个可用地址块是 172.16.2.0/25 网络。

地址 172.16.2.0 二进制表示：
10101100.00010000.0000010.00000000
掩码 255.255.255.128 以二进制表示 25 个位：
11111111.11111111.1111111.10000000
如此提供的 IPv4 主机地址范围是：172.16.2.1 到 172.16.2.126，广播地址为 172.16.2.127。

从原始地址块 172.16.0.0 /22 中分配出地址 172.16.0.0 到 172.16.2.127。剩下的可分配地址为 172.16.2.128 到 172.16.3.255。

管理员 LAN 需要支持 23 台主机。因此，需要 6 个主机位并使用算式：2^6−2。可以支持这些主机的下一个可用地址块是 172.16.2.128/26 地址块。

地址 172.16.2.128 二进制表示：
10101100.00010000.0000010.10000000
掩码 255.255.255.192 以二进制表示 26 个位：
11111111.11111111.1111111.11000000
如此提供的 IPv4 主机地址范围是：172.16.2.129 到 172.16.2.190，广播地址为 172.16.2.191。所得结果即为管理员 LAN 的 62 个唯一 IPv4 地址。

最后一个网段是 WAN 连接，需要 2 个主机地址。只需 2 个主机位即可支持 WAN 链路。2^2−2=2。这样就留下 8 个位用于定义本地子网地址。下一个可用地址块是 172.16.2.192/30。

地址 172.16.2.192 二进制表示：
10101100.00010000.0000010.11000000
掩码 255.255.255.252 以二进制表示 30 个位：
11111111.11111111.1111111.11111100
如此提供的 IPv4 主机地址范围是：172.16.2.193 到 172.16.2.194，广播地址为 172.16.2.195。

至此，使用 VLSM 为例 1 分配地址的过程已完成。如果将来需要通过调整支持网络的发展，还可以使用 172.16.2.196 到 172.16.3.255 范围内的地址。

表 10-3 显示了 4 个不同网络及它们的地址范围。

表 10-3　　　　　　　　　　使用 VLSM 子网地址范围

网　　络	子 网 地 址	主机地址范围	广 播 地 址
学生	172.16.0.0/23	172.16.0.1–172.16.1.254	172.16.1.255
教师	172.16.2.0/25	172.16.2.1–172.16.2.126	172.16.2.127
管理员	172.16.2.128/26	172.16.2.129–172.16.2.190	172.16.2.191
WAN	172.16.2.192/30	172.16.2.193–172.16.2.194	172.16.2.195
未用	—	172.16.2.197–172.16.3.254	

10.6.2　计算地址：例 2

例 2 提出的挑战是既要将网际网络划分为子网，又要限制浪费的主机和子网数量。图 10-22 中所示为 5 个不同子网，每个子网的主机要求各不相同。给定的 IP 地址是 192.168.1.0/24。

主机要求如下：

- 网络 A–14 台主机；
- 网络 B–28 台主机；
- 网络 C–2 台主机；
- 网络 D–7 台主机；
- 网络 E–28 台主机。

图 10-22　根据主机需求计算地址

与例 1 相同，计算过程首先要以为主机要求最高的网络划分子网开始。在本例中，要求最高的是网络 B 和网络 E，各包含 28 台主机。

运用公式：可用主机数量=2^n-2。网络 B 和 E 从主机部分借用了 5 位，算式为 $2^5=32-2$。因为要保留 2 个地址，只能提供 30 个可用主机地址。借用个位虽然符合要求，但为将来发展所留的余地太小。

因此，可以考虑借用 3 位代表子网，留下 5 位代表主机。这样可提供各包含 30 台主机的 8 个子网。首先为网络 B 和网络 E 分配地址。

- 网络 B 将使用子网 0：192.168.1.0/27，主机地址范围从 1 到 30。
- 网络 E 将使用子网 1：192.168.1.32/27，主机地址范围从 33 到 62。

剩下的网络中，主机要求最高的是网络 A，其次是网络 D。

再借用一个位并将网络地址 192.168.1.64 划分为子网，所得主机地址范围如下。

- 网络 A 将使用子网 0：192.168.1.64/28，主机地址范围从 65 到 78。
- 网络 D 将使用子网 1：192.168.1.80/28，主机地址范围从 81 到 94。

此分配支持每个子网包含 14 台主机，因此符合要求。

网络 C 只有两台主机。借用两个位即可满足此要求。从 192.168.1.96 着手并再借用 2 个位，得到子网 192.168.1.96/30。网络 C 将使用子网 1：192.168.1.96/30 主机地址范围从 97 到 98。

在例 2 中，我们满足了所有要求，而且没有浪费过多的潜在子网和可用地址。本例从已经划分子网的地址借用主机位。这种方法我们在前面的章节中已经学过，称为可变长子网掩码，即 VLSM。

10.7　设备互连

大多数网络设备，如路由器和交换机，都有 2 中和 4 中不同的接口。下面逐一叙述每种接口的特性及它们是如何连接的。

10.7.1　设备接口

了解 Cisco 设备、路由器和交换机有多种接口非常重要。实验中已经使用过这些接口。这些接口通常也称为端口，是电缆与设备的连接点。图 10-23 显示了几种接口示例。

- 快速以太口；
- 串口；
- 控制台接口；
- 辅助接口。

下面描述每种接口类型。

一、以太网接口

以太网接口用于连接与计算机和交换机等 LAN 设备端接的电缆。此接口还可用于路由器之间的相互连接。

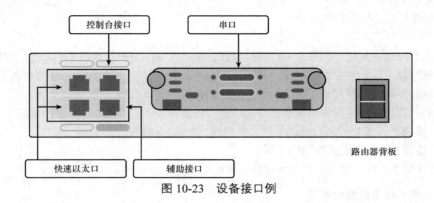

图 10-23　设备接口例

常见的几种以太网接口命名规范包括 AUI（使用收发器的旧 Cisco 设备）、Ethernet、FastEthernet 和 Fa 0/0。使用的名称取决于设备的类型和型号。

二、WAN 接口—串行接口

串行 WAN 接口用于将 WAN 设备连接到 CSU/DSU。CSU/DSU 是在数据网络和 WAN 提供商的电路之间建立物理连接的设备。出于实验目的，我们使用串口电缆在两台路由器之间建立背对背连接，并在一个接口上设置时钟频率。

你可能还需要在路由器上配置其他的数据链路层参数和物理层参数。要通过远程 WAN 中的控制台与路由器建立通信，需要为 WAN 接口分配第 3 层地址（IPv4 地址）。

三、控制台接口

控制台接口是对 Cisco 路由器或交换机执行初始配置的主接口，也是排除故障的重要手段。需要着重注意的是：未授权的人通过实际接触路由器的控制台接口可以中断或破坏网络通信。因此，网络设备的物理安全极为重要。

四、辅助（AUX）接口

此接口用于路由器的远程管理。通常将一台调制解调器连接到 AUX 接口来提供拨号接入。出于安全考虑，如果启用远程连接网络设备的选项，就要承担相应的责任，警惕设备管理。

10.7.2　进行设备的管理连接

通常，网络设备没有自己的显示器、键盘或者轨迹球和鼠标之类输入设备。访问网络设备进行配置、验证或故障排除，需要通过设备与计算机之间的连接完成。为了实现此连接，计算机要运行一种程序，称为**终端仿真程序**。

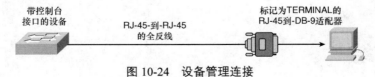

图 10-24　设备管理连接

使用终端仿真程序要完成以下几点。
- PC 机需要 RJ-45 到 DB-9 或 RJ-45 到 DB-25 的转换器。

- COM 口设置为：9600 bit/s，8 数据位，无奇偶校验，1 个停止位，无流量控制。
- 这种连接称为带外控制台接入。
- AUX 接口可用于建立 modem 控制台。

终端仿真程序是一种软件程序，一台计算机通过它可以访问另一台设备上的功能。这样，人们使用一台计算机的显示器和键盘就可以操作其他设备，如同使用直接连接到该设备的键盘和显示器一样。运行终端仿真程序的计算机与该设备之间一般通过串行接口建立电缆连接。

要使用终端仿真程序连接到路由器或交换机进行设备管理，应遵照以下步骤操作：

步骤 1 使用控制台电缆将计算机连接到控制台端口；
步骤 2 正确设置终端仿真程序；
步骤 3 使用终端仿真程序软件登录路由器。

一、第一步：使用控制台电缆

使用控制台电缆将计算机连接到控制台端口。每台 Cisco 路由器和交换机都随附有控制台电缆，其一端为 DB-9 插头，另一端为 RJ-45 水晶头。（较早的 Cisco 设备随附 RJ-45 to DB-9 适配器。此适配器与两端均为 RJ-45 水晶头的全反电缆配合使用。）

将 DB-9 插头插入计算机上的可用 EIA/TIA 232 串行端口即可与控制台建立连接。需要着重记住的是：如果有多个串行端口，应该记录下用于控制台连接的端口号。与计算机建立串行连接后，将电缆的 RJ-45 端直接连接到路由器上的控制台接口中。

许多新型计算机没有 EIA/TIA 232 串行接口。如果计算机只有 USB 接口，应该使用 USB 转串口电缆接入控制台端口。将转换电缆连接到计算机上的 USB 端口，然后将控制台电缆或 RJ-45 转 DB-9 适配器连接到此电缆。

二、第二步：配置终端仿真软件

通过电缆直接连接设备后，使用正确设置来配置终端仿真程序。配置终端仿真程序的精确步骤取决于具体的仿真程序。在本课程中，我们通常会使用 HyperTerminal，因为装有此程序的各种 Windows 最多。在**开始>所有程序>附件>通讯**下可以找到此程序。选择**超级终端**。

打开 HyperTerminal，确认所选的串行端口号，然后使用以下设置配置该端口。

- 每秒位数：9600bit/s
- 数据位：8
- 奇偶位：无
- 停止位：1
- 流量控制：无

三、第三步：使用超级终端登录

使用终端仿真程序软件登录路由器。如果所有设置和电缆连接均已正确完成，就可以按键盘上的 Enter 键访问路由器。

10.8 总结

本章论述的规划和设计流程有助于成功安装运营网络。

我们必须考虑各种 LAN 和 WAN 介质类型及其相关联的电缆和连接器，才能做出最恰当的设备互连决定。

我们既要确定网络目前需要的主机和子网数量,同时又要规划未来的发展,这样才能确保以成本和性能的最佳组合提供数据通信。

同样,要确保网络运行良好并做好按照需要伸缩的准备,合理规划和统一实施的编址方案是一项重要因素。此类编址方案还能简化配置和故障排除。

对路由器和交换机的终端访问是在这些设备上配置地址和网络功能的一种方式。

10.9 试验

试验 10-1 有多少子网?(10.3.2.2)

本实验中你将确定给定拓扑的网络数量并设计正确的编址方案。划分子网后,检查可用地址空间的使用情况。

试验 10-2 建立小型实验网络(10.6.1.1)

在本实验中,您将建立一个小型网络,需要连接网络设备并配置和校验主机的基本网络连接。

试验 10-3 使用 HyperTerminal 建立控制台会话(10.6.2.1)

Cisco 路由器和交换机都是使用 IOS 设备。通过计算机上的模拟终端来访问 IOS 的命令行界面(CLI)。

本实验介绍两种基于 Windows 的终端仿真程序,即 HyperTerminal 和 TeraTerm。使用这两种程序,可以将计算机的串行(COM)端口连接到运行 IOS 的 Cisco 设备的控制台端口。

试验 10-4 用 Minicom 建立控制台连接(10.6.3.1)

本实验介绍基于 Linux 的终端仿真程序 Minicom,使用它可以将计算机的串行端口连接到运行 IOS 的 Cisco 设备的控制台端口。

很多动手实验也包括 Packet Tracer 的实践活动,你可以利用 Packet Tracer 完成模拟实验。

10.10 检查你的理解

完成下面所有的复习题来检测一下你对于本章中的主题和概念的理解。题目的答案在附录中可以找到。

1. 图 10-25 中的 DCE 设备的作用?

图 10-25

A. 数据传输
B. 数据接收
C. 提供同步链路的时钟
D. 消除传输数据的噪声

2. 给定网络 178.5.0.0/16，请建立尽可能多的子网，每个子网至少 100 台主机。使用什么样的掩码？
   A. 255.255.255.128
   B. 255.255.255.192
   C. 255.255.255.0
   D. 255.255.254.0

3. 如果需要尽可能多的子网同时每个子网 32 台主机，应使用哪个子网？
   A. 255.255.255.240
   B. 255.255.255.0
   C. 255.255.255.224
   D. 255.255.255.192

4. 子网 154.65.128.0 255.255.248.0 的有效地址范围是什么？
   A. 154.65.128.1 – 154.65.128.255
   B. 154.65.128.1 – 154.65.135.254
   C. 154.65.120.1 – 154.65.135.255
   D. 154.65.0.1 – 154.65.255.254

5. 100BASE-FX 使用光纤并支持全双工，其距离可达_____米？
   A. 100
   B. 1000
   C. 200
   D. 2000

6. 对或错：T568A 电缆的 1、2 引脚为绿色线对。
7. 在连接网络设备时，列出使用直通 UTP 电缆的场合。
8. 在连接网络设备时，列出使用交叉 UTP 电缆的场合。
9. 描述 DCE 和 DTE WAN 串行电缆和设备的作用和区别。
10. 列出为 LAN 选择交换机时要考虑的关键因素。
11. 请给出需要 IP 地址的主机和网络设备的不同类型。
12. 列出划分子网的三个理由。
13. 在 LAN 中选择物理介质时要考虑的 5 个因素。

10.11 挑战问题和实践

这些问题和实践活动需要对本章涉及的内容有更深入的了解并与 CCNA 认证考试的题型类似。

1. 当给定掩码为 255.255.255.248 时，哪些地址是有效的主机地址？
   A. 192.168.200.87
   B. 194.10.10.104
   C. 223.168.210.100

D. 220.100.100.154

E. 200.152.2.160

F. 196.123.142.190

2. 图 10-26 中主机 A 的 IP 地址为 10.118.197.55/20。可以有多少网络设备添加到同一个子网中？

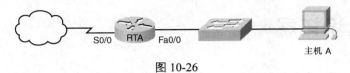

图 10-26

A. 253

B. 509

C. 1021

D. 2045

E. 4093

3. 图 10-27 中，设备从网络 192.168.102.0 中分配了静态 IP 地址。所有主机可以相互通信而不能与服务器通信。会是什么问题？

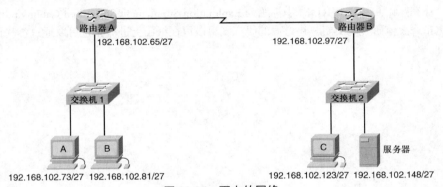

图 10-27 更大的网络

A. 分配给服务器的 IP 地址在子网之外

B. 分配给服务器的 IP 地址是广播地址

C. 分配给服务器的 IP 地址是网络地址

D. 服务器所连接的交换机没有分配地址

E. 连接 192.168.102.96 网络的路由器配置为 192.168.102.64 网络

4. 承包商为医院网络安全电缆。电缆要求能防止 EMI 并支持 1000Mbit/s 带宽。哪种电缆可满足要求？

A. 粗同轴电缆

B. 细同轴电缆

C. 5 类 UTP 电缆

D. 5 类 STP 电缆

E. 光纤

5. Cisco 路由器初始配置需要哪两项？

A. 交叉电缆

B. 全反电缆

C. J-15-到-DB-9 适配器

D. 终端模拟软件
E. 路由器 VTY 接口
6. 列出 Cisco 路由器和交换机上 4 种接口类型及其作用。

10.12 知识拓展

　　结构化布线是任何网络专业人才都必须掌握的重要技能。结构化布线要创建一个物理拓扑，根据标准将电信线路组织成分层式的端接和互连结构。之所以使用词语*电信*一词表示除了铜缆和光纤两种网络介质外，还必须处理电源线、电话线和有线电视同轴电缆。

　　结构化布线属于 OSI 的第 1 层。如果没有第 1 层的连接，就不可能有第 2 层的交换过程和第 3 层的路由过程，也就无法通过大型网络传输数据。特别是对于网络工作的新手而言，结构化布线是日常工作的主要内容。

　　人们使用许多不同的标准来定义结构化布线的规则。世界各地的标准各不相同。在结构化布线方面，最重要的三项标准为 ANSI TIA/EIA-568-B、ISO/IEC 11801 和 IEEE 802.x。

　　这部分补充知识（在 CD-ROM 中标题为 Exploration Supplement Structured Cabling.pdf）提供一个学习结构化布线案例研究的契机。这方面的研究既可以只在纸面上进行，也可以通过结构化布线项目的实践进行。

第 11 章

配置和测试网络

11.1 学习目标

完成本章的学习,你应能回答以下问题:
- IOS 的作用是什么?
- 配置文件的作用是什么?
- 内嵌 IOS 的设备有哪几类?
- 影响设备可使用的 IOS 命令集的因素有哪些?
- IOS 工作模式是什么?
- 基本 IOS 命令有哪些?
- 如何使用基本 show 命令?

11.2 关键术语

本章使用如下关键术语。你可以在术语表中找到定义:

闪存
虚拟电传接口(vty)
安全外壳(SSH)
非易失性 RAM(NVRAM)
全局配置模式
用户执行(EXEC)模式

关键字
参数
强壮口令
网络基线
Ping 扫描

本章讲述在以太网 LAN 中连接并配置计算机、交换机和路由器的过程。你将学习到 Cisco 网络设备的基本配置规程。在这些规程中需要用到思科 Internet 操作系统 Cisco Internetwork Operating System（IOS）和适用于中间设备的相关配置文件。

了解使用 IOS 进行配置的过程是网络管理员和网络技术人员必须要具备的一项基本要求。

11.3 配置 Cisco 设备：IOS 基础

类似于个人计算机，路由器和交换机也需要操作系统才能运行。如果没有操作系统的话，硬件什么事都作不了。Cisco IOS 就是为 Cisco 设备配备的系统软件。它是 Cisco 的一项核心技术，应用于 Cisco 的大多数产品系列。大多数 Cisco 设备，无论其大小和种类如何，都离不开 Cisco IOS。例如路由器、局域网交换机、小型无线接入点、具有几十个接口的大型路由器以及许多其他设备。

下面将定义思科 IOS 并查看访问 IOS 的方法和不同的配置文件。在利用配置文件工作时，你不仅要熟悉 IOS 的模式也要熟悉基本 IOS 的命令结构和用于修改配置文件的命令行界面（CLI）。

11.3.1 Cisco IOS

Cisco IOS 可为设备提供下列网络服务：
- 基本的路由和交换功能；
- 安全可靠地访问网络资源；
- 网络可扩展性。

IOS 的工作细节因具体网间设备的用途和功能集而有所变化。

Cisco IOS 提供的服务通常通过命令行界面（CLI）来访问。可通过 CLI 访问的功能取决于 IOS 的版本和设备的类型。

IOS 文件本身大小为几兆字节，它存储在称为*闪存*的半永久存储器区域中。闪存可提供非易失性存储。这意味着这种存储器中的内容不会在设备断电时丢失。尽管内容不会丢失，但在需要时可以更改或覆盖。

通过使用闪存，可以将 IOS 升级到新版本或为其添加新功能。在许多路由器架构中，设备通电时将 IOS 复制到内存中，这样，在设备工作过程中，IOS 从内存中运行。此功能增强了设备的性能。

11.3.2 访问方法

人们可以通过多种方法访问 CLI 环境。最常用的方法有：
- 控制台；
- Telnet 或 SSH；
- 辅助端口。

不同的连接方法如图 11-1 所示。

一、控制台

CLI 可通过控制台会话访问，这种控制台会话又称为 CTY 行。控制台使用低速串行连接将计算机或终端直接连接到路由器或交换机的控制台端口。

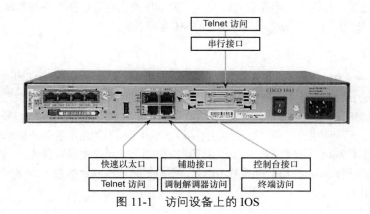

图 11-1 访问设备上的 IOS

控制台端口是一种管理端口,可通过该端口对路由器进行带外访问。甚至当该设备上未配置网络服务时也可访问该端口。所以,控制台端口经常用于在网络服务未启动或发生故障时访问设备。

控制台的用途举例如下:
- 初次配置网络设备;
- 在远程访问不可行时进行灾难恢复和故障排除;
- 口令恢复规程。

当初次部署路由器准备使用时,尚未配置网络参数。因此,路由器无法通过网络进行通信。为准备初次启动和配置,需要将运行终端模拟软件的计算机连接到该设备的控制台端口。设置路由器的配置命令可通过该计算机输入。

在工作过程中,如果无法远程访问路由器,则可在路由器的控制台端口连接一台计算机,从而确定路由器的状态。默认情况下,控制台传达设备的启动、调试和错误消息。

对于很多 IOS 设备来说,默认情况下,控制台访问无需任何形式的安全措施。不过,若要防止未经授权的人员访问设备,应该为控制台配置口令。如果口令遗失,可通过一套特别规程来绕过口令访问设备。应该将设备安放在上锁的房间或设备机架内以防止未经授权的物理接入。

二、Telnet 和 SSH

通过 Telnet 连接到路由器是远程访问 CLI 会话的方法之一。Telnet 会话需要使用设备上的活动网络服务,这一点与控制台不同。该网络设备必须至少具有一个活动接口,且该接口必须配置有诸如 IPv4 地址之类的第 3 层地址。Cisco IOS 设备配有一个 Telnet 服务器进程,该进程在设备启动时启动。IOS 还包含一个 Telnet 客户端。

运行 Telnet 客户端的主机可以访问 Cisco 设备上运行的*虚拟电传接口*(*VTY*)会话。出于安全考虑,IOS 要求 Telnet 会话使用口令,以作为一种最低的身份验证手段。建立登录名和口令的方法将在本章"限制设备访问:配置口令和横幅"一节讨论。

安全外壳(*SSH*)协议是一种更安全的远程设备访问方法。此协议提供与 Telnet 相似的远程登录结构,但使用更安全的网络服务。

SSH 提供比 Telnet 更严格的口令身份验证,并在传输会话数据时采用加密手段。SSH 会话会将客户端与 IOS 设备之间的所有通信加密。这可使用户 ID、口令和管理会话的详细信息保持私密。作为一种最佳实践,只要可能,就应该采用 SSH 替代 Telnet。

大多数新版 IOS 包含 SSH 服务器。在某些设备中,此服务默认启用。还有些设备需要启用 SSH 服务器才能启用此服务。

IOS 设备还配备了 SSH 客户端,该客户端可用于与其他设备建立 SSH 会话。同理,也可以使用运行 SSH 客户端的远程计算机来启动安全 CLI 会话。并非所有的计算机操作系统都默认提供 SSH 客户端软件。你可能需要为计算机获取、安装并配置 SSH 客户端软件。

三、AUX 接口

还可以通过另一种方法建立远程 CLI 会话：使用路由器的辅助端口（AUX）上连接的调制解调器通过电话拨号连接建立会话。此方法不需要在设备上配置或提供任何网络服务，这一点与控制台连接相似。

AUX 接口连接还有一点与控制台连接相似：也可以通过运行终端模拟程序的计算机直接连接到辅助端口以从本地使用。配置路由器时必须使用控制台端口，但并非所有的路由器都具有辅助端口。排除故障时也应优先使用控制台端口而非辅助端口，因为控制台端口默认显示路由器的启动、调试和错误消息。

总之，只有在使用控制台端口有问题时（例如，不清楚某些控制台参数），才需要从本地使用辅助端口替代控制台端口。

11.3.3 配置文件

网络设备依靠下列两类软件才能运行：操作系统和配置文件。与任何一台计算机的操作系统一样，网络设备的操作系统有助于设备硬件组件的基本运行。

配置文件包含 Cisco IOS 软件命令，这些命令用于自定义 Cisco 设备的功能。当系统（从 startup-config 文件）启动时或在配置模式下从 CLI 输入命令时，就会通过 Cisco IOS 软件解析（解释并执行）这些命令。图 11-2 显示了两个配置文件间的关系。

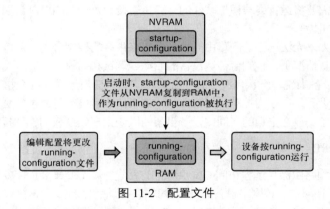

图 11-2　配置文件

网络管理员通过创建配置文件来定义所需的 Cisco 设备功能。通常配置文件的大小为几百到几千字节。

每台 Cisco 网络设备包含两个配置文件：
- 运行配置文件 running configuration——用于设备的当前工作过程中；
- 启动配置文件 startup configuration——用作备份配置，在设备启动时加载。

配置文件还可以存储在远程服务器上进行备份。

一、启动配置文件

启动配置文件（startup-config）用于在系统启动过程中配置设备。启动配置文件（即 startup-config 文件）存储在**非易失性 RAM（NVRAM）**中。因为 NVRAM 具有非易失性，所以当 Cisco 设备关闭后，文件仍保持完好。每次路由器启动或重新加载时，都会将 startup-config 文件加载到内存中。该配置文件一旦加载到内存中，就被视为运行配置文件（即 running-config）。

二、运行配置文件

此配置文件一旦加载到内存中，即被用于运行网络设备。当网络管理员配置设备时，运行配置文件即被修改。修改运行配置文件会立即影响 Cisco 设备的运行。修改之后，管理员可以选择将更改保存到 startup-config 文件中，下次重启设备时将会使用修改后的配置。

因为运行配置文件存储在内存中，所以当您关闭设备电源或重新启动设备时，该配置文件会丢失。如果在设备关闭前，没有把对 running-config 文件的更改保存到 startup-config 文件中，那些更改也将会丢失。

11.3.4 介绍 Cisco IOS 模式

Cisco IOS 设计为模式化操作系统。术语*模式*表示操作系统具有多种工作模式，每种模式有各自的工作领域。对于这些模式，CLI 采用了层次结构。

从上到下，主要的模式有以下几种。

- **用户执行模式**：是一种受限模式，仅允许一些基本的查看类型的 IOS 命令。
- **特权执行模式**：类似于 UNIX 中的 "root"，或 Windows 中的 "管理员" 模式，允许登录到特权执行模式以访问整个 IOS 命令。
- **全局配置模式**：此模式下的命令可影响整台路由器。
- **其他特定配置模式**：例如，在路由模式下执行的命令将仅影响特定的路由过程。

每种模式用于完成特定任务，并具有可在该模式下使用的特定命令集。例如，要配置某个路由器接口，用户必须进入接口配置模式。在接口配置模式下输入的所有配置仅应用到该接口。

表 11-1 总结了主要的模式。

表 11-1　　　　　　　　　　　　　IOS 主要模式

模　式	描　述	提　示　符
用户执行模式	路由器受限检查。远程访问	Router>
特权执行模式	路由器的详细检查：调试和测试。文件处理，远程访问	Router#
全局配置模式	全局配置命令	Router(config)#
其他配置模式	特定的服务和接口配置	Router(config-mode)#

某些命令可供所有用户使用，还有些命令仅在用户进入提供该命令的模式后才可执行。每种模式以不同的提示符区别，且只有相应模式下的命令才能执行。

可配置分层次的模式化结构以提供安全性。每种层次的模式可能需要不同的身份验证。这样网络工作人员授予的权限级别得到保证。

有主要的两种工作模式：

- 用户执行模式；
- 特权执行模式。

作为一项安全功能，Cisco IOS 软件将执行会话分为两种权限模式。这两种主要的权限模式用在 Cisco CLI 层次结构中。两种模式具有相似的命令。只不过特权执行模式具有更高的执行权限级别。

在详细介绍用户执行和特权执行模式之前，先接收命令提示符。

一、命令提示符

当使用 CLI 时，每种模式由该模式独有的命令提示符来标志。命令提示符位于命令行输入区的左侧，由词语和符号组成。单词"**提示符**"的含义是因为系统正在提示你输入。

默认情况下，每个提示符都以设备名称开头。设备名称后的部分用于表明模式。例如，某个路由器上全局配置模式的默认提示符可能是：

```
Router(config)#
```

当执行完命令且模式改变后，提示符会相应改变以反映出当前上下文。例如，下面显示在用户执行模式下，执行 ping 命令：

```
Router> ping 192.168.10.5s
```

下面一个 CLI 命令在终端上显示运行文件的内容：

```
Router# show running-config
```

下面这个命令在特权模式下执行，将允许你输入可以改变运行配置文件的命令：

```
Router# config terminal
```

下面的 CLI 命令将使你进入特定的接口配置模式：

```
Router(config)# Interface FastEthernet 0/1
```

下面的 CLI 命令为特定接口配置 IP 地址和子网掩码：

```
Router(config-if)# ip address 192.168.10.1 255.255.255.0
```

二、用户执行模式

用户执行模式（EXEC）功能有限，但可用于有效执行某些基本操作。用户执行模式处于模式化层次结构的顶部。此模式是 IOS 路由器 CLI 的第一个入口。

用户执行模式仅允许数量有限的基本监控命令。它常称为仅**查看模式**。用户执行级别不允许执行任何可能改变设备配置的命令。

默认情况下，从控制台访问用户执行模式时无需身份验证。一种好的做法是确保在初始配置期间配置了身份验证。

用户执行模式由采用>符号结尾的 CLI 提示符标志。下例所示的提示符即包含>符号：

```
Switch>
```

三、特权执行模式

管理员若要执行配置和管理命令，需要使用特权执行模式或处于其下级的特定模式。
特权执行模式由采用#符号结尾的提示符标志，如：

```
Switch#
```

默认情况下，特权执行不要求身份验证。好的做法应确保配置身份验证。
全局配置模式和其他所有的具体配置模式只能通过特权执行模式访问。

四、在用户执行模式和特权执行模式间转换

enable 和 disable 命令用于使 CLI 在用户执行模式和特权执行模式间转换。
要访问特权执行模式，请使用 enable 命令。特权执行模式有时称为使能模式。
用于输入 enable 命令的语法为：

```
Router> enable
```

此命令无需参数或关键字。一旦按下<Enter>键，路由器提示符即变为：

```
Router#
```
提示符结尾处的#表明该路由器现在处于特权执行模式。
如果为特权执行模式配置了身份验证口令，则 IOS 会提示您输入口令。例如：

```
Router> enable
Password:
Router#
```

disable 命令用于从特权执行模式返回到用户执行模式。例如：

```
Router# disable
Router>
```

11.3.5 基本 IOS 命令结构

每个 IOS 命令都具有特定的格式或语法，并在相应的提示符下执行。命令大小写不敏感。常规命令语法为命令字后接相应的关键字和参数。

关键字和**参数**可提供额外功能并用于向命令解释程序描述特定参数。如：show 命令用于显示设备信息，有一些可用的关键字来设定你想查看的特定信息。如下所示，可以在 show 命令后跟关键字 running-config。此关键字指明输出显示运行配置文件：

```
Switch# show running-config
```

有些命令不需要参数。参数一般不是预定义的词，这一点与关键字不同。参数是由用户定义的值或变量。例如，要使用 description 命令为接口应用描述，可输入类似下列的命令行：

```
Switch(config-if)# description MainHQ Office Switch
```

命令为：description。参数为：MainHQ Office Switch。该参数由用户定义。对于此命令，参数可以是长度不超出 80 个字符的任意文本字符串。

输入命令，包括关键字和参数之后，按<Enter>键将该命令提交给命令解释程序。命令字后是空格和关键字或参数。图 11-3 显示了基本 IOS 命令结构。

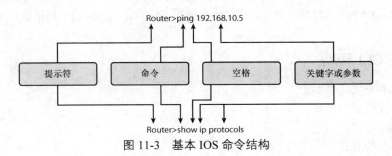

图 11-3　基本 IOS 命令结构

IOS 约定

表 11-2 显示了 IOS 命令文档中的一些约定。
本例中斜体字表示输入正确的 IP 地址，必须由配置路由器的人提供。
ping 命令的语法格式如下：

```
Router> ping IP 地址
```

表 11-2　　　　　　　　　　　　　　　IOS 约定

约　定	说　明
黑体字	表示命令和关键字，精确显示输入内容
斜体字	斜体字表示参数由用户输入值
[X]	方括号中包含可选内容（关键字或参数）
|	垂直线表示在可选的或必填的关键字或参数中进行选择
[X | Y]	方括号中以垂直线分割关键字或参数表示可选的选择
{X | Y}	大括号中以垂直线分割关键字或参数表示必填的选项

填上参数的例子：

`Router> ping 10.10.10.5`

此例中命令为 ping，参数则为 IP 地址。

同理，输入 traceroute 命令的语法格式为：

`Switch> traceroute IP 地址`

填上参数的例子：

`Switch> traceroute 192.168.254.254`

此例中命令为 traceroute，参数则为 IP 地址。

命令用于执行操作，关键字则用于确定执行命令的位置或方式。

另一个例子，description 命令如下：

`Router(config-if)# description 字符串`

填上参数的例子：

`Switch(config-if)# description Interface to Building a LAN`

此例中命令为 description，应用到该接口的参数则为文本字符串 Interface to Building a LAN。Description 命令是一个基本的标记命令，将显示在配置文件中，用来帮助文档记录和排错。

11.3.6　使用 CLI 帮助

IOS 提供多种形式的帮助：
- 对上下文敏感的帮助；
- 命令语法检查；
- 热键和快捷方式。

下面描述每一种帮助功能。

一、对上下文敏感的帮助

对上下文敏感的帮助在当前模式的上下文范围内提供一个命令列表，该列表列有一系列命令及其相关参数。要访问对上下文敏感的帮助，请在任何提示符后输入一个问号（?）。系统会立即响应，无需您按<Enter>键。

对上下文敏感的帮助的用处之一就是获取可用命令的列表。当您不确定某个命令的名称时，或您想知道 IOS 在特定模式下是否支持特定命令时，它就可以派上用场了。例如，要列出用户执行级别下可用的命令，请在 Router>提示符后键入一个问号（?）。

```
Router> ?
```

上下文相关的帮助的另一个用处是显示以特定字符或字符组开头的命令或关键字的列表。输入一个字符序列后，如果紧接着输入问号（不带空格），则 IOS 将显示一个命令或关键字列表，列表中的命令或关键字可在此上下文环境中使用且以所输入的字符开头。例如，输入 sh?可获取一个命令列表，该列表中的命令都以字符序列 sh 开头。

最后，还有一类上下文相关的帮助用于确定哪些选项、关键字或参数可与特定命令匹配。当输入命令时，输入一个空格，紧接着再输入一个问号（?）可确定随后可以或应该输入的内容。

在例 11-1 中，利用 clock 命令让你仔细观察 CLI 的帮助是如何工作的。

例 11-1　clock Command

```
Router# cl?

clear   clock
Router# clock ? set Set the time and date
Router# clock set
Router#clock set ?

  hh:mm:ss current time
Router# clock set 19:50:00
Router# clock set 19:50:00 ?

<1-31> Day of the month
MONTH Month of the year
Router# clock set 19:50:00 25 6
Router# clock set 19:50:00 25 June
Router#clock set 19:50:00 25 June ?

<1993-2035> Year
Router# clock set 19:50:00 25 June 2007

Cisco#
```

二、命令语法检查

当通过按 <Enter> 键提交命令后，命令行解释程序从左向右解析该命令，以确定用户要求执行的操作。如果解释程序可以理解该命令，则用户要求执行的操作将被执行，且 CLI 将返回到相应的提示符。然而，如果解释程序无法理解用户输入的命令，它将提供反馈，说明该命令存在的问题。

错误消息分为三类：
- 命令不明确；
- 命令不完整；
- 命令不正确（无效输入）。

IOS 返回不明确消息表明输入的字符不足，命令解释器无法识别该命令。如：

```
Switch# c

%Ambiguous command: 'c'
```

IOS 返回不完整错误消息，指明命令行尾需要关键字或参数，如下：

```
Switch# clock set
```

```
%Incomplete command
Switch# clock set 19:50:00

%Incomplete command
```

IOS 返回（^）符号指明命令解释器不能解释此命令，如下：

```
Switch# clock set 19:50:00 25 6

%Invalid input detected at |^| marker.
```

表 11-3 显示了命令语法检查帮助。

表 11-3　　　　　　　　　　　　命令语法检查帮助

错 误 消 息	含　义	示　例	获取帮助的方法
%Ambiguous command: 'command'	输入的字符不足，致使 IOS 无法识别该命令	Switch# c %Ambiguous command: 'c'	重新输入该命令，后跟问号（？），命令与问号之间不留空格。使用该命令可输入的所有关键字都会显示
%Incomplete command.	未输入必填的全部关键字或参数	Switch# clock set %Incomplete command	重新输入该命令，后跟问号（？），最后一个字后留一个空格。此时会显示必填的关键字或参数
%Invalid input detected at |^|marker	命令输入不正确。显示插入标讯（^）的位置出现了该错误	Switch# clock set 19:50:00 25 6 |^| %Invalid input detected at |^| marker	在"^"标记所指的位置重新输入该命令，后跟问号（？）。可能还需要删除最后的关键字或参数

三、热键和快捷方式

IOS CLI 提供热键和快捷方式，以便配置、监控和排除故障。表 11-4 列出大多数快捷方式。表被分成三个部分。第一部分是 CLI 的编辑快捷键。第二部分为：当你在终端机上看到—More—提示符时可用的快捷方式（当一条命令的输出在一屏显示不下时，屏幕底端会出现此符号）。最后一部分是用来终止命令序列的控制键。

表 11-4　　　　　　　　　　　　热键和快捷方式

CLI 行编辑	
快 捷 键	说　明
Tab	补全部分输入的命令项
Backspace	删除光标左边的字符
Ctrl-D	删除光标所在的字符
Ctrl-K	删除从光标到命令行尾的所有字符
Esc D	删除从光标到词尾的所有字符
Ctrl-U 或 Ctrl-X	删除从光标到命令行首的所有字符
Ctrl-W	删除光标左边的单字

续表

CLI 行编辑

快 捷 键	说 明
Ctrl-A	将光标移至行首
左键 或 Ctrl-B	将光标左移一个字符
Esc F	将光标左移一个单词
右键或 Ctrl-F	将光标右移一个字符
Ctrl-E	将光标移至行尾
向上箭头或 Ctrl-P	调出历史记录缓冲区的命令,从最近输入的命令开始
Ctrl-R, Ctrl-I, 或 Ctrl-L	收到控制台命令后重新显示系统提示符和命令行

—More—提示符

快 捷 键	说 明
Enter 键	显示下一行
空格键	显示下一屏
其他任何字母键	返回 EXEC 模式

终 止 键

快 捷 键	说 明
Ctrl-C	在任何配置模式下,结束该配置模式并返回特权执行模式。在设置模式下,放弃并返回命令提示符
Ctrl-Z	处于任何配置模式下,结束配置模式返回到特权 EXEC 模式
Ctrl-Shift-6	全能终止命令序列。用于终止 DNS lookups, traceroutes, ping 命令

注 释 终端仿真程序不能识别 delete 键(用于删除光标右边字符的键)。

使用控制键,按下并保持 Ctrl 键,再按其他字母键。对 escape 序列命令,按下 Esc 键再释放,按其他字母键。

下面仔细描述几个特别有用的快捷方式。

1. Tab

Tab 键用于补全缩写命令或参数。当已输入足够字符,可以唯一确定命令或关键字时,请按 Tab 键,CLI 即会显示该命令或参数剩下的部分。

此技巧在您的学习过程中很有用,因为它可以让您看到命令或关键字的完整词语。

2. Ctrl-R

按 Ctrl-R 键来重新显示命令行。例如,IOS 可能会在您键入命令行的过程中向 CLI 返回一条消息。您可使用 Ctrl-R 来刷新该行,这样无需重新键入该行。

在此例中,在您输入命令的过程中返回了一条与接口故障相关的消息。

```
Switch# show mac-

16w4d:%LINK-5-CHANGED:Interface FastEthernet0/10, changed state to down
16w4d:%LINEPROTO-5-UPDOWN:Line protocol on Interface FastEthernet0/10, changed state to down
```

要重新显示您刚才正在键入的行，请使用 Ctrl-R：

```
Switch# show mac-
```

3. Ctrl-Z

退出配置模式并返回特权执行模式，请使用 Ctrl-Z。因为 IOS 具有分层次的模式结构，有时您可能发现自己处于很下层的层次中。要想返回处于顶层的特权执行提示符，您无需逐级退出，只要使用 Ctrl-Z 即可直接返回顶级的 EXEC 模式。

4. 向上和向下箭头

Cisco IOS 软件将用户之前键入的几个命令和字符保存在缓冲区中，以供用户重新调出。缓冲区可重复键入命令而无需重新输入。使用特定的按键序列可以在这些保存在缓冲区中的命令间滚动。向上箭头键（Ctrl-P）用于显示输入过的前一个命令。每次按这个键时，将依次显示较早输入的一个命令。向下箭头键（Ctrl-N）用于依次显示命令历史记录中较晚输入的一个命令。

5. Ctrl-Shift-6

当从 CLI 启动一个 IOS 进程（例如 ping 或 traceroute）后，该命令会运行到完成或被中断为止。当该进程正在运行时，CLI 无响应。要中断输出并与 CLI 交互，请按 Ctrl-Shift-6，再按 X 键。

6. Ctrl-C

按 Ctrl-C 键，终止命令的输出并退出配置模式时。当你正在输入命令，但决定取消该命令并退出配置模式时，可使用此快捷方式。

7. 缩写命令或关键字

命令和关键字可缩写为可唯一确定该命令或关键字的最短字符数。例如，configure 命令可缩写为 conf，因为 configure 是唯一一个以 conf 开头的命令。不能缩写为 con，因为以 con 开头的命令不止一个。关键字也可缩写。

又例如，show interfaces 可以缩写为：

```
Router# show interfaces
Router# show int
```

你还可以同时缩写命令和关键字，例如：

```
Router# sh int
```

11.3.7 IOS 检查命令

若要验证网络是否正常工作并排除故障，必须检查设备的工作情况。show 是基本的检查命令。此命令有许多不同的变体。随着使用 IOS 的技能逐步提升，你将学习使用 show 命令并解释其输出。您可使用 show? 命令来获得可在当前上下文或模式下使用的命令的列表。

图 11-4 中展示了典型 show 命令可以提供的关于 Cisco 路由器各部分的配置、运行和状态信息。图中将 show 命令分成（a）用于 IOS（存储在 RAM 中），（b）用于存储在 NVRAM 中的备份配置文件或（c）用于闪存及特定接口。

一些 show 命令如下。

- **show arp**：显示设备的 arp 表。
- **show mac-address-table**：（只用于交换机）显示交换机的 MAC 表。
- **show startup-config**：显示 NVRAM 中存储的配置文件。

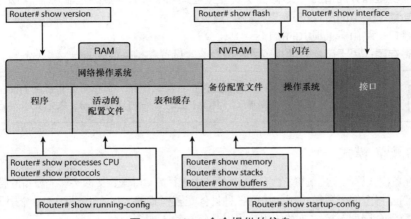

图 11-4 show 命令提供的信息

- **show running-config**：显示当前运行的配置文件或特定接口、map class 的配置信息。
- **show ip interfaces**：显示路由器上所有接口的统计信息。要查看某个接口的信息，在 show ip interfaces 命令后跟接口的插槽/端口号。此命令的另一重要形式是 show ip interface brief。这可以获得接口及其运行状态的摘要信息，如例 11-2 所示。

例 11-2　Output of the show IP interface brief Command

```
Router# show ip interface brief

Interface        IP-Address       OK? Method Status Protocol
FastEthernet0/0  172.16.255.254   YES manual up     up
FastEthernet0/1  unassigned       YES unset  down   down
Serial0/0/0      10.10.10.5       YES manual up     up
Serial0/0/1      unassigned       YES unset  down   down
```

下面介绍最常用的 show 命令：
- Show interfaces；
- Show version。

一、Show interfaces 命令

Show interfaces 命令用于显示设备上所有接口的统计信息。要查看某个具体接口的统计信息，请输入 show interfaces 命令，后接具体的接口插槽号/端口号。例如：

```
Router# show interfaces serial 0/1
```

二、show version 命令

show version 命令用于显示当前加载的软件版本以及硬件和设备相关的信息。此命令显示的部分信息如下。

- **软件版本**：IOS 软件版本（存储在闪存中）。
- **Bootstrap 版本**：Bootstrap 版本（存储在引导 ROM 中）。
- **系统持续运行时间**：自上次重新启动以来的时间。
- **系统重新启动信息**：重新启动方法（例如，重新通电或崩溃）。
- **软件映像名称**：存储在闪存中的 IOS 文件名。
- **路由器类型和处理器类型**：型号和处理器类型。

- **存储器类型和分配情况（共享/主）**：主处理器内存和共享数据包输入/输出缓冲区。
- **软件功能**：支持的协议/功能集。
- **硬件接口**：路由器上提供的接口。
- **配置寄存器**：用于确定启动规范、控制台速度设置和相关参数。

研究常用的 IOS show 命令（11.1.6.3） 本实验中，你可利用 Packet Tracer 来研究 IOS show 命令。可使用本书附带 CD-ROM 上的文件 e1-11163.pka 来完成本实验活动。

11.3.8 IOS 配置模式

最主要的配置模式称为全局配置。在全局配置模式中进行的 CLI 配置更改会影响设备的整体工作情况。

另外，我们还将全局配置模式用作访问各种具体配置模式的入口。下列 CLI 命令用于将设备从特权执行模式转换到全局配置模式，并使用户可以从终端输入配置命令：

```
Router# configure terminal
```

一旦该命令被执行，提示符会发生变化，以表明路由器处于全局配置模式。

```
Router(config)#
```

从全局配置模式可进入多种不同的配置模式。其中的每种模式可用于配置 IOS 设备的特定部分或特定功能。下面列出了这些模式中的一小部分。

- **接口模式**：用于配置一个网络接口（Fa0/0、S0/0/0 等）。
- **线路模式**：用于配置一条线路（实际线路或虚拟线路）（例如控制台、AUX 或 VTY 等）。
- **路由器模式**：用于配置一个路由协议的参数。

要退出具体的配置模式并返回全局配置模式，请在提示符后输入 exit。要完全离开配置模式并返回到特权执行模式，请输入 end 或使用快捷键 Ctrl-Z。

一旦在全局配置模式下作出了更改，比较好的做法是将更改保存到 NVRAM 内的启动配置文件中。这样可防止所作的更改在电源故障或蓄意重新启动时丢失。用于将运行配置文件保存到启动配置文件的命令为：

```
Router# copy running-config startup-config
```

IOS 配置模式（11.1.7.2） 本实验中，你可利用 Packet Tracer 来练习访问 IOS 配置模式。可使用本书附带 CD-ROM 上的文件 e1-11172.pka 来完成本实验活动。

11.4 利用 Cisco IOS 进行基本配置

现在你要准备在思科路由器和交换机上使用基本 IOS 命令建立配置文件了。下面将提供有关为思科设备命名、用口令和登录横幅管理访问、管理配置文件和配置设备接口的知识。

11.4.1 命名设备

CLI 提示符中会使用主机名。如果未明确配置主机名，则路由器会使用出厂时默认的主机名"Router"。交换机的出厂默认主机名为"Switch"。想象一下，如果网际网络中的多个路由器都采用默认名称"Router",将会在网络配置和维护时造成多大的混乱。

当使用 Telnet 或 SSH 访问远程设备时,必须确认已向正确的设备进行了连接。如果所有设备都采用其默认名称,我们就无法确定连接的是不是正确的设备。

通过谨慎的选择并记录名称,就容易记住、讨论和识别网络设备。要采用一致有效的方式命名设备,需要在整个公司(或至少在整个机房内)建立统一的命名约定。比较好的做法是在建立编址方案的同时建立命名约定,以在整个组织内保持良好的连续性。

在命名设备时,有这样一些规则:

- 以字母开头;
- 不包含空格;
- 以字母或数字结尾;
- 仅由字母、数字和短划线组成;
- 长度不超过 63 个字符。

IOS 设备中所用的主机名会保留字母的大小写状态。因此,您可以像平常那样采用大写字母表示名称。这与大多数 Internet 命名方案不同,这些 Internet 命名方案不区分大小写字母。RFC 1178 "为你的计算机选择名称"提供了一个规则可作为设备命名的参考。作为设备配置的一部分,应该为每台设备配置一个特有的主机名。

图 11-5 显示了连接三个不同城市(Atlanta,Phoenix 和 Corpus)的三台路由器。

要创建路由器的命名约定,请考虑将地点和设备用途。询问自己下列类似的问题:这些路由器属于某个公司总部内的设备吗?每个路由器的用途是否各不相同?例如,位于 Atlanta 的路由器是网络中的主交汇点还是仅仅是交汇点之一?

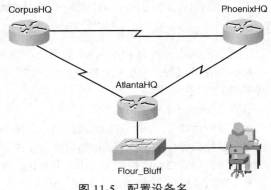

图 11-5 配置设备名

在本例中,我们将每个路由器确定为分处各个城市的分公司总部的主路由器。因此可相应命名为 AtlantaHQ、PhoenixHQ 和 CorpusHQ。如果每个路由器只是连续网链中的一个交汇点,则可相应命名为 AtlantaJunction1、PhoenixJunction2 和 CorpusJunction3。我们可以将这些名称及其来由记入网络文档,以在添加设备时确保命名约定的连贯性。

一旦确定命名约定后,接下来的步骤就是使用 CLI 将名称应用到路由器。本例说明位于 Atlanta 的路由器的命名过程。

从特权执行模式中输入 configure terminal 命令进入全局配置模式:

`Router# configure terminal`

命令执行后,提示符会变为:

`Router(config)#`

在全局配置模式下,输入主机名:

`Router(config)# hostname AtlantaHQ`

命令执行后,提示符会变为:

```
AtlantaHQ(config)#
```

请注意，该主机名出现在提示符中。要退出全局配置模式，请使用 exit 命令。

每次添加或修改设备时，请确保更新相关文档。请在文档中通过地点、用途和地址来标志设备。

要消除命令的影响，请在该命令前面添加 no 关键字。

例如，要删除某设备的名称，请使用：

```
AtlantaHQ(config)# no hostname
Router(config)#
```

请注意，no hostname 命令使该路由器恢复到其默认主机名 "Router"。

> **Packet Tracer Activity** **在路由器和交换机上配置主机名（11.2.1.3）** 本实验中，你可利用 Packet Tracer 在路由器和交换机上配置主机名。可使用本书附带 CD-ROM 上的文件 e1-11213.pka 来完成本实验活动。

11.4.2 限制设备访问：配置口令和标语

使用机柜和上锁的机架物理上限制人员实际接触网络设备是不错的做法，但口令仍是防范未经授权的人员访问网络设备的主要手段。必须从本地为每台设备配置口令以限制访问。

IOS 使用分层模式来提高设备安全性。作为此安全措施的一部分，IOS 可以通过不同的口令来提供不同的设备访问权限。

在此介绍的口令有以下几种。

- **控制台口令**：用于限制通过控制台连接的访问。
- **使能口令**：用于限制访问特权执行模式。
- **使能加密口令**：经加密，用于限制访问特权执行模式。
- **VTY 口令**：限制通过 Telnet 的访问。

好的做法应该为这些权限级别分别采用不同的身份验证口令。尽管使用多个不同的口令登录不太方便，但这是防范未经授权的人员访问网络基础设施的必要预防措施。

此外，应使用不容易猜到的 *强口令*。使用弱口令或容易猜到的口令一直是商业世界中无处不在的安全隐患。

选择口令时请考虑下列关键因素。

- 口令长度应大于 8 个字符。
- 在口令中组合使用小写字母、大写字母和数字序列。
- 避免为所有设备使用同一个口令。
- 避免使用常用词语，如 password 或 administrator，因为这些词语容易被猜到。

> **注 释** 在大多数实验中，我们会使用诸如 cisco 或 class 等简单口令。这些口令为弱口令而且容易被猜到，在实际生产环境中应避免使用。我们只在课堂环境中为便利起见使用这些口令。

如图 11-6 所示，当提示用户输入口令时，不会将用户输入的口令显示出来。换句话说，你键入口令时，口令字符不会出现。这么做是出于安全考虑，很多口令都是因遭偷窥而泄漏的。

一、控制台口令

Cisco IOS 设备的控制台端口具有特别权限。作为最低限度的安全措施，必须为所有网络设备的控制台端口配置强口令。这可降低未经授权的人员将电缆插入设备来访问设备的风险。

可在全局配置模式下使用下列命令来为控制台线路设置口令：

```
Switch(config)# line console 0
Switch(config-line)# password password
Switch(config-line)# login
```

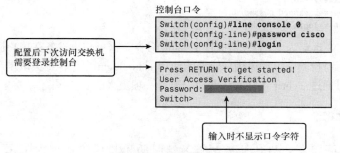

图 11-6　限制设备访问：配置控制台口令

命令 line console 0 用于从全局配置模式进入控制台线路配置模式。零（0）用于代表路由器的第一个（而且在大多数情况下是唯一的一个）控制台接口。

第二个命令 password *password* 用于为一条线路指定口令。

login 命令用于将路由器配置为在用户登录时要求身份验证。当启用了登录且设置了口令后，设备将提示用户输入口令。

一旦这三个命令执行完成后，每次用户尝试访问控制台端口时，都会出现要求输入口令的提示。

二、Enable 口令和 Enable 加密口令

enable password 命令或 enable secret 命令可提供更多的安全性。这两个口令都可用于在用户访问特权执行模式（使能模式）前进行身份验证。

请尽可能使用 enable secret 命令，而不要使用较老版本的 enable password 命令。enable secret 命令可提供更强的安全性，因为使用此命令设置的口令会被加密。enable password 命令仅在尚未使用 enable secret 命令设置口令时才能使用。

如果设备使用的 Cisco IOS 软件版本较旧，无法识别 enable secret 命令，则可使用 enable password 命令。

以下命令用于设置口令：

```
Router(config)# enable password password
Router(config)# enable secret password
```

> **注　释**　如果 enable password 或 enable secret 均未设置，则 IOS 将不允许用户通过 Telnet 会话访问特权 EXEC 模式。

若未设置 enable password，Telnet 会话将作出如下响应：

```
Switch> enable

% No password set
Switch>
```

三、VTY 口令

VTY 线路使用户可通过 Telnet 访问路由器。许多 Cisco 设备默认支持 5 条 VTY 线路，这些线路编号为从 0 到 4。所有可用的 VTY 线路均需要设置口令。可为所有连接设置同一个口令。然而，理想

的做法是为其中的一条线路设置不同的口令,这样可以为管理员提供一条保留通道,当其他连接均被使用时,管理员可以通过此保留通道访问设备以进行管理工作。

下列命令用于为 VTY 线路设置口令:

```
Router(config)# line vty 0 4
Router(config-line)# password password
Router(config-line)# login
```

默认情况下,IOS 自动为 VTY 线路执行了 login 命令。这可防止设备在用户通过 Telnet 访问设备时不事先要求其进行身份验证。如果用户错误的使用了 no login 命令,则会取消身份验证要求,这样未经授权的人员就可通过 Telnet 连接到该线路。这是一项重大的安全风险。

四、口令显示加密

另一个很有用的命令,可在显示配置文件时防止将口令显示为明文。此命令是 service password-encryption。

它可在用户配置口令后使口令加密显示。service password-encryption 命令对所有未加密的口令进行弱加密。当通过介质发送口令时,此加密手段不适用,它仅适用于配置文件中的口令。此命令的用途在于防止未经授权的人员查看配置文件中的口令。

如果您在尚未执行 service password-encryption 命令时执行 show running-config 或 show startup-config 命令,则可在配置输出中看到未加密的口令。然后可执行 service password-encryption 命令,执行完成后,口令即被加密。口令一旦加密,即使取消加密服务,也不会消除加密效果。

五、标语消息

尽管要求用户输入口令是防止未经授权的人员进入网络的有效方法,但同时必须向试图访问设备的人员声明仅授权人员才可访问设备。出于此目的,可向设备输出中加入一条标语。

当控告某人侵入设备时,标语可在诉讼程序中起到重要作用。某些法律体系规定,若不事先通知用户,则既不允许起诉该用户,甚至连对该用户进行监控都不允许。

标语的确切内容或措辞取决于当地法律和企业政策。下面列举几例可用在标语中的信息:

- 仅授权人员才可使用设备(Use of the device is specifically for authorized personnel);
- 活动可能被监控(Activity may be monitored);
- 未经授权擅自使用设备将招致诉讼(Legal action will be pursued for any unauthorized use)。

因为任何试图登录的人员均可看到标语,因此标语消息应该谨慎措辞。任何暗含"欢迎登录"或"邀请登录"意味的词语都不合适。如果标语有邀请意味,则当某人未经授权进入网络并进行破坏后,会很难举证。

标语应清楚说明仅允许授权人员访问设备。此外,标语可以涉及影响所有网络用户的信息,例如系统关机安排和其他信息。

IOS 提供多种类型的标语。当日消息(MOTD)就是其中常用的一种。它常用于发布法律通知,因为它会向连接的所有终端显示。

MOTD 在全局配置模式下通过输入 banner motd 命令来配置。

```
Switch(config)# banner motd # message #
```

一旦命令执行完毕,系统将向之后访问设备的所有用户显示该标语,直到该标语被删除为止。

设置口令和标语的 IOS 命令(11.2.2.4) 本实验中,你可利用 Packet Tracer 在路由器和交换机上配置主机名。可使用本书附带 CD-ROM 上的文件 e1-11224.pka 来完成本实验活动。

11.4.3 管理配置文件

修改运行配置文件会立即影响设备的运行。下面讲述用于管理配置文件的一些命令。例如，更改该配置后，可考虑选择下列后续步骤：
- 使更改后的配置成为新的启动配置；
- 使设备恢复为其原始配置；
- 脱机备份配置文件；
- 删除设备中的所有配置；
- 利用文本捕获（HyperTerminal 或 TeraTerm）备份配置文件；
- 恢复文本配置。

一、使更改后的配置成为新的启动配置

请记住，因为运行配置文件存储在内存中，所以它仅临时在 Cisco 设备运行（保持通电）期间有效。如果路由器断电或重新启动，除非事前保存过，否则所有配置都会丢失。通过将运行配置保存到 NVRAM 内的启动配置文件中，可将配置更改存入新的启动配置文件中。

在提交更改前，请使用适当的 show 命令验证设备的运行情况。可使用 show running-config 命令查看运行配置文件。

当验证表明更改正确后，请在特权执行模式提示符后使用 copy running-config startup-config 命令。命令示例如下：

```
Switch# copy running-config startup-config
```

命令一旦执行完成，运行配置文件就会取代启动配置文件。

二、使设备恢复为其原始配置

如果更改运行配置未能实现预期的效果，可能有必要将设备恢复到之前的配置。假设我们尚未使用更改覆盖启动配置，则可使用启动配置来取代运行配置。这最好通过重新启动设备来完成，要重新启动，请在特权执行模式提示符后使用 reload 命令。

当开始重新加载时，IOS 会检测到用户对运行配置的更改尚未保存到启动配置中。因此，它将显示一则提示消息，询问用户是否保存所作的更改。要放弃更改，请输入 n 或 no。

此时将出现另一提示，请用户确认重新加载。要确认，请按 Enter 键。按其他任何键将中止该过程。

例 11-3　reload Command

```
Router# reload

System configuration has been modified. Save? [yes/no]: n
Proceed with reload? [confirm]
*Apr 13 01:34:15.758: %SYS-5-RELOAD: Reload requested by console. Reload Reason:
  Reload Command.
System Bootstrap, Version 12.3(8r)T8, RELEASE SOFTWARE (fc1)
Technical Support: http://www.cisco.com/techsupport
Copyright  2004 by cisco Systems, Inc.
PLD version 0x10
GIO ASIC version 0x127
c1841 processor with 131072 Kbytes of main memory
Main memory is configured to 64 bit mode with parity disabled
```

三、脱机备份配置文件

当出现问题时，应将配置文件存储为备份文件。配置文件可存储到简单文件传输协议（TFTP）服务器、CD、USB 记忆棒或妥善保管的软盘中。还应将配置文件记录到网络文档中。

在 TFTP 服务器备份是指将运行配置或启动配置保存到 TFTP 服务器。使用 copy running-config tftp 或 copy startup-config tftp 命令，并按照下列步骤执行：

1. 输入 copy running-config tftp 命令；
2. 输入要存储配置文件的主机的 IP 地址；
3. 输入要为配置文件指定的名称；
4. 回答 yes 以确认每次选择。

例 11-4 显示了此过程。

例 11-4　Copy to TFTP Server

```
Router# copy running-config tftp

Remote host []? 131.108.2.155
Name of configuration file to write [Tokyo-config]?tokyo.w
Write file tokyo.2 to 131.108.2.155? [confirm]y
Writing tokyo.2 !!!!!! [OK]
```

四、删除所有配置

如果将不理想的更改保存到了启动配置中，可能有必要清除所有配置。这需要删除启动配置并重新启动设备。

启动配置通过 erase startup-config 命令来删除。要删除启动配置文件，请在特权执行模式提示符后使用 erase NVRAM:startup-config 或 erase startup-config 命令：

```
Router# erase startup-config
```

提交命令后，路由器将提示你确认：

```
Erasing the nvram filesystem will remove all configuration files!Continue?[confirm]
```

Confirm 是默认回答。要确认并删除启动配置文件，请按〈Enter〉键。按其他任何键将中止该过程。

> **注 意**　使用删除命令时要小心。此命令可用于删除设备上的任何文件。错误使用此命令可删除 IOS 自身或其他重要文件。

从 NVRAM 中删除启动配置后，请重新加载设备以从内存中清除当前的运行配置文件。然后，设备会将出厂默认的启动配置加载到运行配置中。

五、通过文本捕获备份配置文件（HyperTerminal 或 TeraTerm）

可将配置文件保存/存档到文本文档。这一系列步骤可确保获取当前配置文件的一份副本以供稍后编辑或重新使用。

使用超级终端时，步骤如下：

1. 选择 Transfer>Capture Text；
2. 选择位置；
3. 单击启动 start 开始捕获文本；
4. 一旦开始捕获后，马上在特权执行提示符后执行 show running-config 或 show startup-config 命令，终端窗口中显示的文本将保存到所选的文件中；

5. 查看输出确认其未损坏。

图 11-7 中提供了这一过程。

使用 TeraTerm 保存文本文件。步骤如下：

1. 选择 **File>Log**；
2. 选择位置，TeraTerm 将开始捕获文本；
3. 一旦开始捕获后，马上在特权执行提示符后执行 show running-config 或 show startup-config 命令，终端窗口中显示的文本将保存到所选的文件中；

图 11-7 在 HyperTerminal 中保存文本文件

4. 捕获完成后，在 TeraTerm：log window 窗口中点击 Close；
5. 查看输出确认其未损坏。

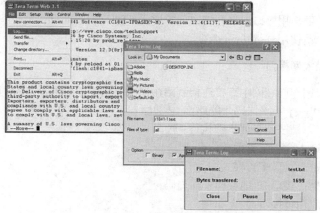

图 11-8 在 TeraTerm 中保存文本文件

六、恢复文本配置

可将配置文件从存储器复制到设备。在复制到终端后，IOS 会将配置文本的每一行作为一个命令执行。这意味着需要对该文件进行编辑，以确保将加密的口令转换为明文，还应删除诸如"--More--"之类的非命令文本以及 IOS 消息。

此外，还必须在 CLI 中将设备设置为全局配置模式，以接收来自正被复制的文本文件的命令。

使用超级终端时的步骤如下：

第 1 步　找到要复制到设备的文本文档并打开；
第 2 步　复制所有文本；
第 3 步　选择 **Edit>Paste to Host**。

使用 TeraTerm 时的步骤如下：

1. 选择 **File > Send File**；
2. 找到要复制到设备的文件并单击打开；
3. TeraTerm 会将该文件粘贴到设备中。

文件中的文本将作为 CLI 中的命令应用，并成为设备上的运行配置。这是手动配置路由器的一种便利方法。

设置口令和标语的 IOS 命令（11.2.2.4）　本实验中，你可利用 Packet Tracer 练习 IOS 配置管理。可使用本书附带 CD-ROM 上的文件 e1-11235.pka 来完成本实验活动。

11.4.4 配置接口

在本章的前述部分中，我们讨论了 IOS 设备通用的命令。有些配置适用于特定类型的设备。其中一种就是路由器的接口配置。

出于设备管理的目的，大多数中间网络设备具有 IP 地址。某些设备，例如交换机和无线接入点无需 IP 地址也可工作。

因为路由器的用途是在不同的网络之间提供互连，因此路由器的每个端口都有自己唯一的 IPv4 地址。分配给每个接口的地址处于此接口相连的网络地址范围内。

你可以为路由器接口配置许多参数。下面将讨论最基本的接口命令。

一、启用接口

接口默认被禁用。要启用接口，请在接口配置模式下输入 no shutdown 命令。如果因维护或故障排除而需要禁用接口，请使用 shutdown 命令。

二、配置路由器以太网接口

路由器以太网接口用作局域网中直接连接到路由器的网络中的终端设备的网关。每个以太网接口必须拥有一个 IP 地址和一个子网掩码才能路由 IP 数据包。

要配置以太网接口，请按照下列步骤执行：

第 1 步　进入全局配置模式；
第 2 步　进入接口配置模式；
第 3 步　指定接口 IP 地址和子网掩码；
第 4 步　启用该接口。

使用下列命令配置以太网接口的 IP 地址：

```
Router(config)# interface FastEthernet 0/0
Router(config-if)# ip address IP 地址 子网掩码
Router(config-if)# no shutdown
```

三、配置路由器串行接口

串行接口用于通过广域网连接到远程站点或 ISP 处的路由器。要配置串行接口，请按照下列步骤执行。

第 1 步　进入全局配置模式。
第 2 步　进入接口配置模式。
第 3 步　指定接口 IP 地址和子网掩码。
第 4 步　如果连接了 DCE 电缆，则请设置时钟频率；如果连接了 DTE 电缆，则请跳过此步骤。
第 5 步　启动该接口。

连接的每个串行接口必须拥有一个 IP 地址和一个子网掩码才能路由 IP 数据包。使用下列命令配置 IP 地址：

```
Router(config)# interface Serial 0/0/0
Router(config-if)# ip address ip_address netmask
```

串行接口需要时钟信号来控制通信定时。在大多数环境中，诸如 CSU/DSU 之类的 DCE 设备会提供时钟。默认情况下，Cisco 路由器是 DTE 设备，但它们可被配置为 DCE 设备。

在直接互连的串行链路上，例如在我们的实验环境中，其中一端必须作为 DCE 提供时钟信号。时钟功能的启用及其速度是使用 clock rate 命令来设定的。特定串行接口可能不提供某些比特率。这取决于特定接口的性能。在实验中，如果需要为确定为 DCE 的接口设置始终频率，请使用 56 000 的时钟频率。

用于设置时钟频率以及启用串行接口的命令为：

```
Router(config)# interface Serial 0/0/0
Router(config-if)# clock rate 56000
Router(config-if)# no shutdown
```

一旦更改了路由器配置后，请记得使用 show 命令验证更改的准确性，然后将更改后的配置保存为启动配置。

四、接口描述

正如主机名可帮助在网络中标识设备一样，接口描述用于说明接口的用途。应该在配置每个接口的过程中描述接口的作用以及接口连接的位置。此描述有助于排除故障。

接口描述会出现在下列命令的输出中：show startup-config、show running-config 和 show interfaces。下面的例子提供与接口用途相关的有用信息：

This interface is the gateway for the administration LAN（此接口是用于管理局域网的网关）。

接口描述还可帮助确定该接口所连接的设备或位置。以下为另一个示例：

Interface F0/0 is connected to the main switch in the administration building（接口 F0/0 连接到管理楼的主交换机）。

如果支持人员可以轻易确定接口或其连接的设备的用途，他们就更容易理解问题的范围，从而可更快解决问题。

接口描述中还可包括电路和触点信息。下列串行接口描述可帮助管理员确定是否需要测试广域网电路。此描述说明了电路的终止位置、电路 ID 以及电路提供商的电话号码：

```
FR to GAD1 circuit ID:AA.HCGN.556460 DLCI 511 - support# 555.1212
```

要创建接口描述，请使用 description 命令。本例所示为创建快速以太网接口描述的命令：

```
HQ-switch1# configure terminal
HQ-switch1(config)# interface fa0/0
HQ-switch1(config-if)# description Connects to main switch in Building A
```

一旦将描述应用到接口后，请使用 show interfaces 命令来确认描述正确。

五、配置交换机接口

LAN 交换机是一种中间设备，用于为网络中各个网段提供互连。因此，交换机上的物理接口没有 IP 地址。路由器上的物理接口连接到不同的网络，而交换机上的物理接口则不同，它们连接网络内的设备。

交换机接口是默认启用的。如例 11-5 中所示，你可以指定描述，但不必启用接口。

例 11-5　Switch Interface Descriptions

```
Switch# configure terminal
Switch(config)# interface FastEthernet 0/0
Switch(config-if)# description To TAM switch
Switch(config-if)# exit
Switch(config)# hostname Flour_Bluff
Flour_Bluff(config)# exit
Flour_Bluff#
```

要管理交换机，需要为其分配地址。为交换机分配 IP 地址后，它就像主机设备。一旦分配好地址后，就可通过 Telnet、ssh 或 Web 服务访问该交换机。

交换机的地址被分配给称为虚拟局域网接口（VLAN）的虚拟接口。大多数情况下，该接口为 VLAN 1。在例 11-6 中，为 VLAN 1 接口分配了一个 IP 地址。此接口与路由器的物理接口相似，我们也必须通过 no shutdown 命令启用此接口。

例 11-6 Switch Interface: VLAN1

```
Switch# configure terminal
Enter configuration commands, one per line. End with CNTL/Z.
Switch(config)# interface vlan 1
Switch(config-if)# ip address 192.168.1.2 255.255.255.0
Switch(config-if)# no shutdown
Switch(config-if)# exit
Switch(config)# ip default-gateway 192.168.1.1
Switch(config)# exit
Switch#
```

交换机与其他任何主机一样，也需要一个网关地址才能与本地网络之外的设备通信。如例 11-6 中所示，我们使用 ip default-gateway 命令分配了此网关。

Packet Tracer Activity **配置接口（11.2.4.5）** 本实验中，你可利用 Packet Tracer 练习 IOS 配置接口的命令。可使用本书附带 CD-ROM 上的文件 e1-11245.pka 来完成本实验活动。

11.5 校验连通性

现在你已经知道了一些有关路由器和交换机的基本配置，如何验证网络的连通性呢？下面将讲述这一主题。你将会学到 ping 实用程序，查验接口和缺省网关及 Trace 命令。

11.5.1 验证协议族

验证连通性，第一步就是测试 TCP/IP 协议族。要确保连接网络所用的协议工作正常。下面讨论完成此项任务的方法。

一、系列测试中使用 ping 命令

使用 ping 命令是测试连通性的有效方法。该测试通常称为测试协议族，因为 ping 命令从 OSI 模型的第 3 层移到第 2 层，然后再到第 1 层。ping 命令使用 Internet 控制消息协议（ICMP）协议来检查连通性。

在本节中，我们将使用路由器 IOS ping 命令通过一系列计划好的步骤来建立有效连接，连接从单个设备开始，然后延伸到局域网，并最终连接到远程网络。通过在这个有序的序列中使用 ping 命令，可以将问题分隔开来。ping 命令并不总能精确确定问题的本质，但可帮助确定问题的来源，这是排除网络故障时重要的第一步。

ping 命令提供了一种检查主机的协议族和 IPv4 地址配置的方法。还有一些工具可以提供比 ping 命令更详细的信息，例如 Telnet 或 Trace，我们将在后续学习中详细讨论。

从 IOS 发出的一个 ping 命令将为发送的每个 ICMP 响应生成一个指示符。最常见的指示符有：

- ！（感叹号）：表示收到一个 ICMP 应答，"！"（感叹号）表示 ping 成功完成，同时也验证了第 3 层连通性良好。

- .：表示等待答复时超时。它表示存在通信问题。表示网络路径中某处可能存在连通性问题。也可能表示沿途的某个路由器没有通往目的地的路由或未发送 ICMP 目的地无法到达报文。它还可能表示 ping 命令被设备安全功能阻止。
- U：表示收到了一个 ICMP 无法到达报文。"U"表示沿途的某个路由器没有通往目的地址的路由并发回了一个 ICMP 无法到达报文。

二、测试环回

测试序列的第一步是使用 ping 命令来验证本地主机的内部 IP 配置。该测试通过对一个保留地址使用 ping 命令来完成，该保留地址称为 loopback 地址（127.0.0.1）。这将验证从网络层到物理层再返回网络层的协议族是否工作正常，而不会向网络介质发送任何信号。

在命令行中输入 ping 命令，如例 11-7 所示。

例 11-7 Ping Loopback Output

```
C:\> ping 127.0.0.1

Reply from 127.0.0.1: bytes=32 time<1ms TTL=128
Reply from 127.0.0.1: bytes=32 time<1ms TTL=128
Reply from 127.0.0.1: bytes=32 time<1ms TTL=128
Reply from 127.0.0.1: bytes=32 time<1ms TTL=128
Ping statistics for 127.0.0.1:
Packets: Sent = 4, Received = 4, Lost = 0 (0% loss),
Approximate round trip times in milli-seconds:
Minimum = 0ms, Maximum = 0ms, Average = 0ms
```

结果表示发送了 4 个测试数据包，每个包的大小为 32 个字节，并都在 1ms 内从主机 127.0.0.1 返回了。TTL 代表生存时间，用于定义数据包在被丢弃前所剩下的跳数。

测试协议族（11.3.1.2）   本实验中，你可利用 Packet Tracer 使用 IOS ping 命令来确定 IP 连接是否工作正常。可使用本书附带 CD-ROM 上的文件 e1-11312.pka 来完成本实验活动。

11.5.2 测试接口

你使用命令和工具来验证主机配置，同样，也可使用命令来验证中间设备的接口。IOS 提供了用于验证路由器接口和交换机接口工作情况的命令。

下面讲述校验路由器和交换机配置及网络连通性的方法。

一、验证路由器接口

show ip interface brief 是最常用的命令之一。它提供的输出比 show ip interface 命令的输出更简捷。它可提供所有接口的重要信息摘要。

请看图 11-9 和例 11-8 中所示，此输出显示出路由器上的所有接口、每个接口的 IP 地址（如果已分配）以及每个接口的工作状态。

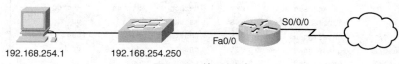

图 11-9 接口测试

例 11-8　show ip interface brief Command

```
Router1# show ip interface brief

Interface        IP-Address       OK?  Method  Status                 Protocol
FastEthernet0/0  192.168.254.254  YES  NVRAM   up                     up
FastEthernet0/1/0 unassigned      YES  unset   down                   down
Serial0/0/0      172.16.0.254     YES  NVRAM   up                     up
Serial0/0/1      unassigned       YES  unset   administratively down  down
```

请看 FastEthernet 0/0 接口所在的行，其 IP 地址为 192.168.254.254。请看最后的两列，可以看到该接口的第 1 层状态和第 2 层状态。Status（状态）列中的 up（工作）表明此接口在第 1 层工作正常。Protocol（协议）列中的 up（工作）表明第 2 层协议工作正常。

在图 11-9 中，也可看到 Serial 0/0/1 接口未被启用。这通过 Status（状态）列中的 administratively down（管理性关闭）来表示。可通过 no shutdown 命令启用此接口。

二、测试路由器连通性

与终端设备相似，可以使用 ping 和 Traceroute 命令验证第 3 层的连通性。在例 11-9 和例 11-10 中，可看到发送到本地 LAN 中的一台主机的 ping 命令的输出示例以及向广域网中的一台远程主机发出的 traceroute 命令的输出示例。

例 11-9　ping Command

```
Router1# ping 192.168.254.1

Type escape sequence to abort.
Sending 5, 100-byte ICMP Echos to 192.168.254.1, timeout is 2 seconds:
!!!!!
Success rate is 100 percent (5/5), round-trip min/avg/max = 1/2/4 ms
```

例 11-10　traceroute Command

```
Router1# traceroute 192.168.0.1

Type escape sequence to abort.
Tracing the route to 192.168.0.1
 1 172.16.0.253 8 msec 4 msec 8 msec
 2 10.0.0.254 16 msec 16 msec 8 msec
 3 192.168.0.1 16 msec * 20 msec
```

三、验证交换机接口

请看例 11-11，使用了 show ip interface 命令来验证交换机接口的状况。如前所述，交换机的 IP 地址被应用到一个 VLAN 接口。在本例中，Vlan1 接口被分配了 IP 地址 192.168.254.250。我们还可看到，此接口已启用且工作正常。

例 11-11　show ip interface brief Command

```
Switch1# show ip interface brief

Interface        IP-Address       OK?  Method  Status  Protocol
Vlan1            192.168.254.250  YES  manual  up      up
FastEthernet0/1  unassigned       YES  unset   down    down
FastEthernet0/2  unassigned       YES  unset   up      up
FastEthernet0/3  unassigned       YES  unset   up      up
<output omitted>
```

检查 FastEthernet0/1 接口，可看到此接口未工作。这表示该接口未连接设备或该接口所连接的设备的网络接口工作不正常。

相反，FastEthernet0/2 接口和 FastEthernet0/3 接口的输出工作正常。这通过 Status（状态）列和 Protocol（协议）列中的 up（工作）来表明。

四、测试交换机连通性

与其他主机相似，交换机也可通过 ping 和 traceroute 命令来测试其第 3 层连通性。列 11-12 和例 11-13 也显示了向本地主机发出的一个 ping 命令以及向远程主机发出的一个 traceroute 命令。

例 11-12　ping Command on a Switch

```
Switch1# ping 192.168.254.1

Type escape sequence to abort.
Sending 5, 100-byte ICMP Echos to 192.168.254.1, timeout is 2 seconds:
!!!!!
Success rate is 100 percent {5/5}, round-trip min/avg/max = 1/2/4 ms
```

例 11-13　traceroute Command on a Switch

```
Switch1# traceroute 192.168.0.1
Type escape sequence to abort.
Tracing the route to 192.168.0.1
1 192.168.254.254 4 msec 2 msec 3 msec
2 172.16.0.253 8 msec 4 msec 8 msec
3 10.0.0.254 16 msec 16 msec 8 msec
4 192.168.0.1 16 msec * 20 msec
```

有两个重要事项必须记住：
- 交换机无需 IP 地址即可进行其帧转发工作；
- 交换机需要网关才能与本地网络外的设备通信。

当由于管理和排错的目的需要远程访问交换机时，交换机需要 IP 地址和缺省网关。

测试序列中的下一步是验证网卡地址是否已与 IPv4 地址绑定以及网卡是否已准备好通过介质传输信号。

例 11-14 中，分配给网卡的 IPv4 地址为 10.0.0.5。

例 11-14　ping command on a Local NIC

```
C:\> ping 10.0.0.5

Reply from 10.0.0.5: bytes=32 time<1ms TTL=128
Reply from 10.0.0.5: bytes=32 time<1ms TTL=128
Reply from 10.0.0.5: bytes=32 time<1ms TTL=128
Reply from 10.0.0.5: bytes=32 time<1ms TTL=128
Ping statistics for 10.0.0.5:
Packets: Sent = 4, Received = 4, Lost = 0 (0% loss),
Approximate round trip times in milli-seconds:
Minimum = 0ms, Maximum = 0ms, Average = 0ms
```

此测试验证表明网卡驱动程序和网卡的大部分硬件工作正常。它还验证表明该 IP 地址已正确绑定到该网卡，但实际上并未将信号发送到介质上。

如果此测试失败，则很可能网卡的硬件或驱动软件或同时存在问题，可能需要重新安装。此过程取决于主机的类型及其操作系统。

利用 ping 命令测试接口响应（11.3.2.3） 本实验中，你可利用 Packet Tracer 测试接口响应。可使用本书附带 CD-ROM 上的文件 e1-11323.pka 来完成本实验活动。

11.5.3 测试本地网络

在测试序列中下一步是测试本地局域网中的主机。如果 ping 成功，则可验证本地主机（本例中的路由器）和远程主机都配置正确。本测试通过逐一 ping 局域网中的每个主机来完成。图 11-10 显示了一个例子。

如果某个主机的回应为目的地不可达消息，请记下未成功的地址，然后继续 ping 局域网中的其他主机。

另一种失败消息是请求超时。这表示在默认的时段内，ping 命令未获响应，说明网络的延时可能存在问题。

为检查网络延时，IOS 提供了 ping 命令的"扩展"模式。可通过在特权执行模式下的 CLI 提示符后键入不带目的地 IP 地址的 ping 命令来进入此模式。系统随即显示一系列提示，如例 11-15 所示。按 Enter 键可接受默认值。

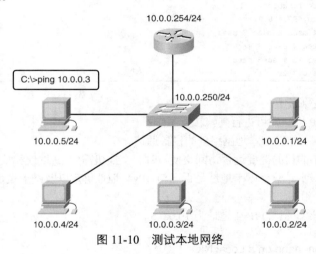

图 11-10 测试本地网络

例 11-15 Extended ping Command
```
Router# ping

Protocol [ip]:
Target IP address:10.0.0.1
Repeat count [5]:
Datagram size [100]:
Timeout in seconds [2]:5
Extended commands [n]: n
```

输入一个比默认值长的超时时长可以检测可能的延时问题。如果使用较长的值时 ping 测试成功，则说明该主机之间存在连接，但网络的延时可能存在问题。

请注意，在"Extended commands"（扩展命令）提示后输入"y"（是）可提供更多选项，这些选项有助于排除故障，你将在实验和 Packet Tracer 练习中深入了解这些选项。

测试到本地主机的连通性（11.3.3.2） 本实验中，你可利用 Packet Tracer 确定路由器通过本地网络的通信是否有效。可使用本书附带 CD-ROM 上的文件 e1-11332.pka 来完成本实验活动。

11.5.4 测试网关和远端的连通性

测试序列中的下一步是使用 ping 命令来验证本地主机是否能与网关地址连接。这一点非常重要，因为网关是主机通向外部网络的出入口。如果 ping 命令返回了成功的响应，则验证了主机与网关之间的连通性。

要开始测试，请选择一个站点作为源设备。在本例中，我们选择 10.0.0.1，如图 11-11 所示。使用 ping 命令测试网关地址（本例中为 10.0.0.254）。

```
c:\> ping 10.0.0.254
```

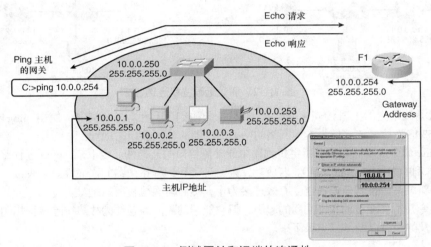

图 11-11 测试网关和远端的连通性

网关 IPv4 地址应该能够随时在网络文档中查到，但如果查不到，请使用 ipconfig 命令来查找网关 IP 地址。

如果网关测试失败，在测试序列中回退一步，测试本网络中的其他主机来校验是否是源主机的问题。然后在与网管员确认网关地址来确保测试地址的正确性。

一、测试路由下一跳

在路由器上，使用 IOS 测试每个路由的下一跳。如前所述，每个路由的下一跳都在路由表中列出。要确定下一跳，请在 show ip route 命令的输出中检查路由表。尽管携有数据包的帧的最终目的是路由表中列出的目的网络，但首先它将被发送到代表下一跳的设备。如果无法到达下一跳，该数据包将被丢弃。要测试下一跳，请确定通向目的地的适当路由，然后尝试 ping 路由表中该路由所对应的默认网关或相应的下一跳。如果 ping 失败，则表明可能存在配置问题或硬件问题。然而，也可能是 ping 命令被设备的安全功能禁止。

如果所有设备均配置正确，请检查物理线缆以确保其连接妥当。精确记录为验证连通性所作的尝试。这将有助于解决目前甚至将来的问题。

二、测试远程主机

一旦本地局域网和网关验证完成，即可继续进行序列中的下一步，测试远程主机。

图 11-12 所示为一种简单的网络拓扑。局域网中有 3 台主机，一个路由器（充当网关），该路由器连接的另一台路由器则充当一个远程局域网的网关，该远程局域网中有 3 台主机。验证测试应该从本地网络开始，逐步进行到远程设备。

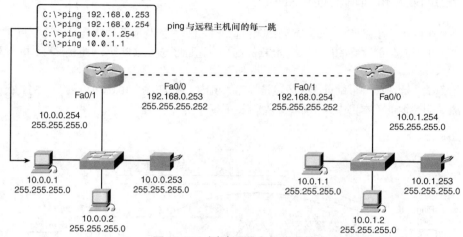

图 11-12　测试远程主机连通性

我们从测试路由器上直接连接到远程网络的外侧接口开始。在本例中，使用 ping 命令测试到 192.168.0.253 的连接，该地址是本地网络的网关路由器的外侧接口的地址。

如果 ping 命令成功，则验证了主机到路由器外侧接口的连通性。接下来，ping 远程路由器的外侧 IP 地址（本例中为 192.168.0.254）。若成功，则验证了到远程路由器的连通性。若失败，则请尝试隔离问题。重新测试，直到与设备建立有效连接为止，然后再次检查所有地址。

ping 命令并不总能帮助找出问题的起因，但它能帮助隔离问题并为故障排除流程指明方向。将每个测试、涉及的设备以及结果记录下来。

三、检查路由器的远程连通性

路由器通过在网络之间转发数据包来连接网络。要在任何两个网络之间转发数据包，路由器既必须能够与源网络通信，还必须能够与目的网络通信。因此它的路由表中必须存在分别通向源网络和目的网络的路由。

要测试与远程网络的通信情况，可以 ping 该网络中的一台已知主机。如果您从路由器 ping 远程网络中的该主机无法成功，则首先应检查路由表，找出一条通向该远程网络的适当路由。问题根源可能在于路由器尝试连接目的网络时使用的是默认路由。如果没有路由通向该网络，您需要确定为什么路由不存在。此外，每次您都必须排除 ping 命令被管理员禁止的可能。

 校验通过网络的通信（11.3.4.3）　本实验中，你可利用 Packet Tracer 校验本地主机是否可以跨越网络与远端主机通信并确认引起测试失败的原因。可使用本书附带 CD-ROM 上的文件 e1-11343.pka 来完成本实验活动。

11.5.5　trace 命令和解释 trace 命令的结果

测试序列中的下一步是进行追踪（trace）。追踪可用于返回数据包在网络中传输时沿途经过的跳的列表。该命令的形式取决于发出命令的位置。若从 Windows 计算机上执行追踪，请使用 tracert。若从路由器 CLI 中执行追踪，请使用 traceroute 命令。

一、Ping 和 Trace

可共同使用 ping 和 trace 命令来诊断问题。假设主机 1 和路由器 A 之间成功地建立了连接，如图 11-13 和例 11-16 所示。

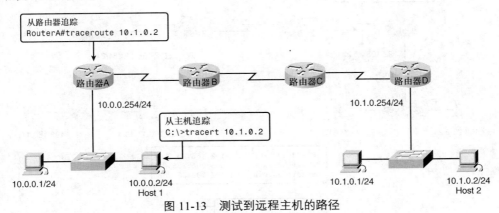

图 11-13　测试到远程主机的路径

例 11-16　Ping Failure

```
C:\> ping 10.1.0.2

Pinging 10.1.0.2 with 32 bytes of data:
Request timed out.
Request timed out.
Request timed out.
Request timed out.
Ping statistics for 10.1.0.2:
Packets: Sent = 4, Received = 0, Lost = 4 (100% loss)
```

ping 测试失败。本测试所测试的是与本地网络外的远程设备的通信情况。因为本地网关有回应，但本地网络外的主机没有回应，所以看起来问题出在本地网络之外。下一步需要将问题隔离在本地网络外的特定网络中。trace 命令可以显示最后一次成功通信的路径。

二、追踪到远程主机

与 ping 命令相似，trace 命令也在命令行中输入并采用 IP 地址作为参数。假设命令从 Windows 计算机上发出，则使用 tracert 命令，如例 11-17 所示。

例 11-17　Trace to Host

```
C:\> tracert 10.1.0.2

Tracing route to 10.1.0.2 over a maximum of 30 hops
1  2 ms  2 ms  2 ms  10.0.0.254
2  *  *  *  Request timed out.
3  *  *  *  Request timed out.
4  ^C
```

仅路由器 A 上的网关响应成功，通向下一跳的追踪请求超时，表明下一跳未响应。因此，追踪结果表明问题出在 LAN 外的网际网络中。

三、测试序列:综合

使用图 11-14 再举一例复习整个测试序列。

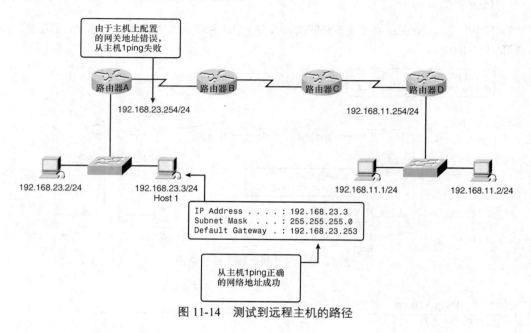

图 11-14 测试到远程主机的路径

例 11-18 显示了成功的环回测试

例 11-18　Test 1: Local Loopback—Successful

```
C:\> ping 127.0.0.1

Pinging 127.0.0.1 with 32 bytes of data:
Reply from 127.0.0.1: bytes=32 time<1ms TTL=128
Reply from 127.0.0.1: bytes=32 time<1ms TTL=128
Reply from 127.0.0.1: bytes=32 time<1ms TTL=128
Reply from 127.0.0.1: bytes=32 time<1ms TTL=128
Ping statistics for 127.0.0.1:
    Packets: Sent = 4, Received = 4, Lost = 0 (0% loss),
Approximate round trip times in milli-seconds:
    Minimum = 0ms, Maximum = 0ms, Average = 0ms
```

主机 1 的 IP 协议族配置正确。

例 11-19 显示成功的本地 NIC 测试。

例 11-19　Test 2: Local NIC—Successful

```
C:\> ping 192.168.23.3

Pinging 192.168.23.3 with 32 bytes of data:
Reply from 192.168.23.3: bytes=32 time<1ms TTL=128
Reply from 192.168.23.3: bytes=32 time<1ms TTL=128
Reply from 192.168.23.3: bytes=32 time<1ms TTL=128
Reply from 192.168.23.3: bytes=32 time<1ms TTL=128
Ping statistics for 192.168.23.3:
    Packets: Sent = 4, Received = 4, Lost = 0 (0% loss),Approximate round trip times
     in milli-seconds:
    Minimum = 0ms, Maximum = 0ms, Average = 0ms
```

已经正确地分配了网卡 IP 地址，且网卡中的电子元件向该 IP 地址作出了响应。
第三步测试成功 ping 通本地网关。如例 11-20 所示。

例 11-20   Test 3: Ping Local Gateway—Successful

```
C:\> ping 192.168.23.254

Pinging 192.168.23.254 with 32 bytes of data:
Reply from 192.168.23.254: bytes=32 time<1ms TTL=128
Reply from 192.168.23.254: bytes=32 time<1ms TTL=128
Reply from 192.168.23.254: bytes=32 time<1ms TTL=128
Reply from 192.168.23.254: bytes=32 time<1ms TTL=128
Ping statistics for 192.168.23.254:
    Packets: Sent = 4, Received = 4, Lost = 0 (0% loss),
    Approximate round trip times in milli-seconds:
    Minimum = 0ms, Maximum = 0ms, Average = 0ms
```

默认网关工作正常。这也验证了本地网络工作正常。
例 11-21 显示 ping 远程主机失败。

例 11-21   Test 4: Ping Remote Host—Failure

```
C:\> ping 192.168.11.1

Pinging 192.168.11.1 with 32 bytes of data:
Request timed out.
Request timed out.
Request timed out.
Request timed out.
Ping statistics for 192.168.11.1:
    Packets: Sent = 4, Received = 0, Lost = 4 (100% loss)
```

本测试所测试的是与本地网络外的设备的通信情况。因为网关有回应，但本地网络外的主机没有回应，所以看起来问题出在本地网络之外。
例 11-22 显示追踪远程主机

例 11-22   Test 5: Traceroute to Remote Host—Failure at First Hop

```
C:\> tracert 192.168.11.1

Tracing route to 192.168.11.1 over a maximum of 30 hops
  1  *  *  *  Request timed out.
  2  *  *  *  Request timed out.
  3  ^C
```

结果好像存在冲突。默认网关有响应，说明主机 1 和网关之间可以通信。另一方面，网关好像并未回应 traceroute。一个可能的原因是本地主机配置不正确，未将 192.168.23.254 用作默认网关。要确认这一问题，我们检查了主机 1 的配置，如图 11-23 所示。

例 11-23   Test 6: Examine Host Configuration for Proper Local Gateway—Incorrect

```
C:\> ipconfig

Windows IP Configuration
Ethernet adapter Local Area Connection:
        IP Address. . . . . . . . . . . . : 192.168.23. 3
        Subnet Mask . . . . . . . . . . . : 255.255.255.0
        Default Gateway . . . . . . . . . : 192.168.23.253
```

从 ipconfig 命令的输出中可确定主机上的网关配置不正确。这解释了造成"问题在本地网络之外"

假象的原因。尽管 192.168.23.254 有响应，但它并未配置成主机 1 的网关地址。

因为无法创建帧，所以主机 1 丢弃了数据包。因此，本例中向远程主机发出的追踪命令无响应。

> **Packet Tracer Activity**
>
> **用 ping 命令测试主机的连通性（11.3.5.3）** 本实验中，你可利用不同的 ping 命令验证网络连通性问题。可使用本书附带 CD-ROM 上的文件 e1-11353.pka 来完成本实验活动。

> **Packet Tracer Activity**
>
> **用 traceroute 命令测试主机的连通性（11.3.5.4）** 本实验中，你可利用 tracert 命令和 traceroute 命令观察通过网络的传输路径。可使用本书附带 CD-ROM 上的文件 e1-11354.pka 来完成本实验活动。

11.6 监控和记录网络

现在你已经学习了如何配置基本网络、如何校验连通性。下面将介绍监控和记录网络的步骤。

11.6.1 网络基线

监控网络和排除网络故障的最有效的工具之一就是建立***网络基线***。基线是一个过程，用于定期研究网络以确保网络的工作情况符合设计意图。它远非记录特定时间点的网络健康状态的一个报告那么简单。创建一条有效的网络性能基线需要一段较长的时间才能完成。在不同时间以及各种负载下测量网络性能有助于建立更准确的网络整体性能概貌。

网络命令的输出可为网络基线提供数据。

开始基线的方法之一就是将 ping、trace 或其他相关命令的执行结果复制并粘贴到文本文件中。然后为这些文本文件加上时间戳并保存到档案中以备将来检索。

所存储的信息的一个有效用途就是比较结果随时间的变化情况。需考虑的项目包括错误消息以及主机之间的响应时间。如果响应时间增加较大，则表示可能有延时问题需要解决。

创建文档的重要性不言而喻。验证主机之间的连通性和延时问题，并解决所发现的问题，网络管理员就可以尽量提高网络的工作效率。

企业网络应该制备详尽的基线，覆盖内容要远比本书中所述全面得多。可选用专业的软件工具来存储和维护基线信息。

一、主机捕获

用于捕获基线信息的一个常用方法就是从命令行窗口复制输出并粘贴到文本文件中。要捕获 ping 命令的输出，首先在命令行中执行类似下列的命令。请换用您的网络中的一个有效的 IP 地址。

```
C:\> ping 10.66.254.159
```

命令下将出现回应。

当输出显示在命令窗口中时，按照下列步骤操作：

> **How To**
>
> **第 1 步** 右击该命令提示符窗口，然后选择 select all；

第 2 步　按 Ctrl-C 复制输出；
第 3 步　打开一个文本编辑器；
第 4 步　按 Ctrl-V 粘贴文本；
第 5 步　保存该文本文件，将日期和时间记入文件名中。

几天内重复进行相同的测试并保存每次获得的数据。检查这些文件即可开始揭示网络性能的变化模式，并为日后排除故障提供基线。

从命令窗口选择文本时，可使用全选命令（select all）复制窗口中的所有文本，还可使用标记（mark）命令选择一部分文本。

二、IOS 捕获

捕获 ping 命令的输出还可在 IOS 提示符下完成。下列步骤描述了捕获输出并保存为文本文件的方法。

使用超级终端（HyperTerminal）进行访问时的步骤如下：

第 1 步　选择 Transfer > Capture Text；
第 2 步　选择浏览（browse）以定位要保存的文件，也可以键入该文件的名称；
第 3 步　单击启动（Start）开始捕获文本；
第 4 步　在用户执行模式或特权执行模式的提示符下执行 ping 命令，路由器会将显示的文本保存到终端上您所选的位置；
第 5 步　查看输出确认其未损坏；
第 6 步　选择 Transfer > Capture Text，然后再单击停止捕获（Stop Capture）。

在计算机提示符下生成的数据以及在路由器提示符下生成的数据均可作为基线数据。

11.6.2 捕获和解释 trace 信息

如前所述，可使用 trace 命令来追踪主机间的步骤，即"跳"。如果追踪请求到达了预期目的地，输出将显示数据包经过的每个路由器。可以捕获此输出并像 ping 命令的输出一样使用。

有时，目标网络上的安全设置将阻止 trace 命令到达其最终目的地。然而，您仍可以捕获沿途各跳的基线。

请不要忘记，用于 Windows 主机的追踪命令的形式为 tracert。例 11-24 为从您的计算机追踪到 www.cisco.com 的输出信息。

例 11-24　tracert Sample Output

```
C:\> tracert..www.cisco.com

Tracing route to WWW.CISCO.COM
1    1 ms      <1 ms     < 1 ms    192.168.0.1
2    20 ms     20 ms     20 ms     nexthop.wa.ii.net [203.59.14.16]
3    20 ms     19 ms     20 ms     gi2-4.per-qvl-bdr1.ii.net [2003.215.4.32]
4    79 ms     78 ms     78 ms     gi0-14-0-0.syd-ult-core1.ii.net [203.215.20.2]
5    79 ms     81 ms     79 ms     202.139.19.33
6    227 ms    228 ms    227 ms    203.0208.148.17
7    227 ms    227 ms    227 ms    203.208.149.34
8    225 ms    225 ms    226 ms    208.30.205.145
9    236 ms    249 ms    233 ms    s1-bb23-ana-8-0-0.sprintlink.net [144.232.9.23]
10   241 ms    244 ms    240 ms    s1-bb25-sj-9-0.sprintlink.net[144.232.20.159]
11   238 ms    238 ms    239 ms    s1-gw8-sj-10-0.spritlink.net [144.232.3.114]
12   238 ms    239 ms    240 ms    144.228.44.14
13   240 ms    242 ms    248 ms    sjce-dmzbb-gw1.cisco.com [128.107.239.89]
```

保存 trace 命令输出的步骤和保存 ping 命令输出的步骤相同：从命令窗口复制文本并粘贴到文本文件中。

可将来自 trace 命令的数据添加到来自 ping 命令的数据上，以提供网络性能的综合概貌。例如，如果 ping 命令的速度随时间减慢，则可比较相同时段内的 trace 命令的输出。逐跳检查并比较响应时间可能揭示出响应时间较长的特定点。此延迟可能是由该跳处的拥塞形成网络瓶颈而造成的。

另外的例子可能显示通向目的地的跳路径随时间而变化，因为路由器为 trace 数据包选择了不同的最佳路径。这些变数所显示出来的变化模式可能非常有助于安排站点间的大数据量传输。

捕获 traceroute 输出还可在路由器提示符下完成。下列步骤描述了捕获输出并保存为文件的方法。请不要忘记，用于路由器 CLI 的追踪命令的形式为 traceroute。

使用超级终端（HyperTerminal）时的步骤如下：

第 1 步 选择 Transfer>Capture Text；

第 2 步 选择"浏览"（Browse）以定位要保存的文件，或键入文件名；

第 3 步 单击启动（Start）开始捕获文本；

第 4 步 在用户执行模式或特权执行模式的提示符下执行 traceroute 命令，路由器会将显示的文本保存到终端上您所选的位置；

第 5 步 查看输出确认其未损坏；

第 6 步 选择 Transfer>Capture Text，然后再单击停止捕获（Stop Capture）。

将这些测试生成的文本文件连同网络文档一起保存在安全的位置。

11.6.3 了解网络上的节点

如果存在适当的编址方案，则很容易确定网络中设备的 IPv4 地址。然而，确定物理（MAC）地址却不是那么容易的事。您需要所有设备的访问权限以及充分的时间，逐个主机查看该信息。这种做法在很多情况下并不可行，因此有另外一种方法，使用 arp 命令来识别 MAC 地址。

arp 命令在物理地址和已知的 IPv4 地址之间提供映射关系。执行 arp 命令的常用方法之一就是在命令提示符下进行。此方法会发出一个 ARP 请求。需要信息的设备会向网络发出一个广播 ARP 请求，仅符合所请求的 IP 地址的本地设备会发回 ARP 回复，该回复包含其 IP-MAC 地址对。

要执行 arp 命令，请在主机的命令提示符下输入：

```
C:\> host1>arp -a
```

如图 11-15 和例 11-25 所示，arp 命令列出了当前 ARP 缓存中的所有设备，所列出的信息包括每台设备的 IPv4 地址、物理地址和地址类型（静态/动态）。

请注意 IP 地址 10.0.0.254 与 MAC 地址 00-10-7b-e7-fa-ef 为一对，是图 11-15 中路由器接口的 MAC 地址。

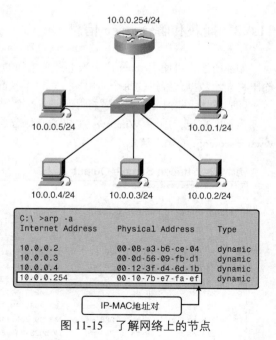

图 11-15　了解网络上的节点

例 11-25　arp Command Output

```
C:\> arp -a

Internet Address      Physical Address      Type
10.0.0.2              00-08-a3-b6-ce-04     dynamic
10.0.0.3              00-0d-56-09-fb-d1     dynamic
10.0.0.4              00-12-3f-d4-6d-1b     dynamic
10.0.0.254            00-10-7b-e7-fa-ef     dynamic
```

当网络管理员要使用更新后的信息重新填充路由器缓存时，可通过使用 arp-d 命令来清空路由器缓存。

> **注　意**　系统仅使用最近访问过的设备的信息填充 ARP 缓存。要确保填充 ARP 缓存，请 ping 一台设备以使该设备对应的条目出现在 ARP 表中。

一、ping 扫描

收集 MAC 地址的另一个方法是使用 ping 扫描来扫描一系列 IP 地址。ping 扫描是一种扫描方法，可在命令行下执行，也可通过使用网络管理工具来执行。这些工具提供了一种使用一个命令来 ping 指定的一系列主机的方法。

使用 ping 扫描能以两种方式生成网络数据。首先，许多 ping 扫描工具都会构建一个有响应的主机的表格。这些表格通常按照 IP 地址和 MAC 地址列出各台主机。这就提供了扫描时活动主机的列表。

其次，当尝试 ping 每个地址的同时，工具会发出一个 ARP 请求以获取 ARP 缓存中的 IP 地址。这通过最近的访问激活了每台主机，从而确保 ARP 表是最新的。如前所述，arp 命令可以返回 MAC 地址表，而且现在我们有充分理由相信 ARP 表是最新的。

二、交换机连接

还有一个有用工具是主机与交换机之间的连接方式映射。要获得此映射，可使用 showmac-address-table 命令。

在交换机的命令行界面中输入 show 命令，并加上 mac-address-table 参数：

```
Sw1-2950# show mac-address-table
```

请看例 11-26 的输出示例。

例 11-26　show mac-address-table Output

```
Sw1-2950# show mac-address-table

Mac Address Table

Vlan      Mac Address          Type         Ports
----      -----------          ----         -----
All       0014.a8a8.8780       STATIC       CPU
All       0100.0ccc.cccc       STATIC       CPU
ALL       0010.0ccc.cccd       STATIC       CPU
All       0100.0cdd.dddd       STATIC       CPU
1         0001.e640.3b4b       DYNAMIC      Fa0/23
1         0002.fde1.6acb       DYNAMIC      Fa0/14
1         0006.5b88.dfc4       DYNAMIC      Gi0/2
1         0006.5bdd.6fee       DYNAMIC      Fa0/23
1         0006.5bdd.7035       DYNAMIC      Fa0/23
1         0006.5bdd.72fd       DYNAMIC      Fa0/23
```

（待续）

1	0006.5bdd.73b0	DYNAMIC	Fa0/23
1	000e.0cb6.2b51	DYNAMIC	Fa0/2
1	000f.8f28.b7b5	DYNAMIC	Fa0/18
1	0011.1165.8acf	DYNAMIC	Fa0/1
1	0013.720b.40c3	DYNAMIC	Fa0/19

例中表格列出了此交换机所连接的主机的 MAC 地址。与命令窗口中的其他输出类似，此信息也可被复制并粘贴到文件中。还可将数据粘贴至电子表格中，以便稍后处理。

分析此表可知 Fa0/23 接口要么是一个共享段，要么连接到了另一个交换机。多个 MAC 地址表示存在多个节点。这表明端口连接到了另一个中间设备，如集线器、无线接入点或另一个交换机。

11.7 总结

本章介绍了连接和配置计算机、交换机及路由器以组成以太局域网时需考虑的问题。其中介绍了 Cisco Internetwork Operating System（IOS）软件以及用于路由器和交换机的配置文件。这包括访问并使用 IOS CLI 模式和配置过程，以及理解提示符的意义和帮助功能。

管理 IOS 配置文件并使用井然有序的方法测试和记录网络连通性是网络管理员与网络技术人员的重要技能。

IOS 功能和命令总结：

用户执行模式：

enable——用于进入特权执行模式

特权执行模式：

copy running-config startup-config——用于将活动配置复制到 NVRAM；

copy startup-config running-config——用于将 NVRAM 中的配置复制到内存；

erase startup-configuration——用于删除 NVRAM 中的配置；

pingIP 地址——用于 ping 该地址；

tracerouteIP 地址——用于追踪通向该地址的每个跳；

show interfaces——用于显示设备上所有接口的统计信息；

show clock——用于显示路由器中设置的时间；

show version——用于显示当前加载的 IOS 版本以及硬件和设备信息；

show arp——用于显示设备的 ARP 表；

show startup-config——用于显示保存在 NVRAM 中的配置；

show running-config——用于显示当前的运行配置文件的内容；

show ip interface——用于显示路由器上的所有接口 IP 统计信息；

configure terminal——用于进入终端配置模式。

终端配置模式：

hostname *hostname*——用于为设备分配主机名；

enable password *password*——用于设置未加密的使能口令；

enable secret *password*——用于设置强加密的使能口令；

service password-encryption——用于加密显示除使能加密口令外的所有口令；

banner motd# *message*#——用于设置当日消息标语；

line console 0——用于进入控制台线路配置模式；

line vty 0 4——用于进入虚拟终端（Telnet）线路配置模式；

interface *interface_name*—用于进入接口配置模式。
线路配置模式：
login—用于启用登录时的口令检查；
password *password*—用于设置线路口令。
接口配置模式：
ip address *ip_address netmask*—用于设置接口 IP 地址和子网掩码；
description *description*—用于设置接口描述；
clock rate *value*—用于设置 DCE 设备的时钟频率；
no shutdown—用于打开接口；
shutdown—出于管理目的关闭接口。

11.8 试验

试验 11-1 用 ping 记录网络延时（11.4.3.3）
本实验中你将使用 ping 命令记录网络延时。并计算 ping 捕获输出的各种统计数据及大数据包对延时的影响。

试验 11-2 基本 Cisco 设备配置（11.5.1）
在本实验中，您将对 Cisco 路由器和交换机进行基本配置。

试验 11-3 管理设备配置（11.5.2）
本实验中在 Cisco 路由器上进行基本配置，并将配置文件保存到 TFTP 服务器上，再从 TFTP 服务器恢复配置。

试验 11-4 配置 IP 网络的主机（11.5.3）
本实验中，你将建立连接网络设备的小型网络并进行主机的基本网络配置。本实验的附录是网络逻辑配置的参考。

试验 11-5 网络测试（11.5.4）
本实验中，你将建立连接网络设备的小型网络并进行主机的基本网络配置。子网 A 和 B 是目前需要的网络。子网 C、D、E、F 是预先设置好的网络，但还没有连接。

试验 11-6 利用实用命令记录网络（11.5.5）
网络文档是非常重要的网络管理工具。完善的网络文档可帮助网络工程师在排除故障和规划未来的网络扩容时节省大量时间。
在本实验中，您将建立一个小型网络，需要连接网络设备并配置主机计算机的基本网络连通性设置。SubnetA 和 SubnetB 是当前需要的子网。SubnetC 是预计的子网，尚未连接到网络。

试验 11-7 案例研究：用 wireshark 分析数据包（11.5.6）
完成本实验，你将会了解 TCP 数据分段如何建立并可解释每个数据分段中的域。也会了解到数据包的建立和数据包中字段的用途。及以太网帧的建立和帧字段的功能。和 ARP 请求及响应的内容。

> 很多动手实验也包括 Packet Tracer 的实践活动,你可以利用 Packet Tracer 完成模拟实验。

11.9 检查你的理解

完成下面所有的复习题来检测一下你对于本章中的主题和概念的理解。题目的答案在附录 A 中可以找到。

1. 哪条命令打开路由器接口?
   A. Router(config-if)#**enable**
   B. Router(config-if)#**no down**
   C. Router(config-if)#**s0 active**
   D. Router(config-if)#**interface up**
   E. Router(config-if)#**no shutdown**

2. IOS enable secret 命令的作用是什么?
   A. 对 Telnet 会话设置口令保护
   B. 对控制台终端设置口令保护
   C. 允许用户访问用户模式
   D. 允许用户输入加密口令

3. 哪条命令可以显示路由器上所有接口的统计信息?
   A. **list interfaces**
   B. **show interfaces**
   C. **show processes**
   D. **show statistics**

4. 哪条命令显示查看路由器状态的命令列表?
   A. Router#**?show**
   B. Router# **sh?**
   C. Router# **show ?**
   D. Router# **help**
   E. Router# **status ?**

5. 管理员配置了一台新路由器并命名为 SanJose。需要建立控制台会话连接是所需的口令。下面哪项可设置控制台口令为 CISCO?
   A. SanJose(config)#**enable password CISCO**
   B. SanJose(config)#**line con 0**
      SanJose(config-line)#**login**
      SanJose(config-line)#**enable password CISCO**
   C. SanJose(config)#**enable console password CISCO**
   D. SanJose(config)#**line con 0**
      SanJose(config-line)#**login**
      SanJose(config-line)#**password CISCO**

6. 进行路由器初始化配置时使用什么电缆？
7. 以下哪项用于控制台端口？（选三项）
   A. Debugging
   B. Password recovery
   C. Routing data between networks
   D. Troubleshooting
   E. Connecting one router to another
8. 路由器使用什么为数据包选择最佳路径？
   A. ARP 表
   B. 桥接表
   C. 路由表
   D. 交换表
9. 什么是设置（setup）模式？

11.10 挑战问题和实践

这些问题需要对本章涉及的概念有更深入的了解。

1. 终端模拟软件如超级终端，可用于配置路由器。下面哪个超级终端的选项，如图 11-16 所示，为允许访问 Cisco 路由器进行了正确设置？（选三项）
   A. Bits per second
   B. Data bits
   C. Parity
   D. Stop bits
   E. Flow control

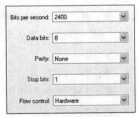

图 11-16　超级终端

2. 路由器由很多内部元件构成。哪个用于存储路由器的配置文件？
3. 选择有关路由器闪存的正确描述。
   A. 缺省情况下保持启动配置
   B. 存储思科 IOS 软件映像
   C. 缺省情况下存储路由表信息
   D. 仅路由器启动之后保存 IOS 映像的副本

11.11 知识拓展

Cisco 路由器和交换机的 IOS 功能集因设备型号不同而变化显著。本章介绍了对大多数设备通用的部分基本 IOS 命令。尽管后续 Cisco 课程涵盖了部分更高级的功能，但在日常网络管理中，可能会迫切需要其他信息。

附录

检查你的理解和挑战问题答案

第 1 章

检查你的理解

1. **C** 即时消息是唯一基于文本和实时的。
2. **B** 企业外部网络使外部的消费者可按需要访问安全的企业网络。企业内部网络用于内部用户。
3. Wikis。
4. **C** 管理数据时考虑数据流的重要性是服务质量（QoS）策略很重要的功能。网络管理员要恰当评估网络流量以确定 QoS 策略。
5. 协议。
6. **A，B** QoS 策略首先基于需要为流量分类，然后按网络拥有者不同的需要为不同类别分配不同的优先级。网络管理员可以为 E-mail，Web 流量和电影赋予不同优先级。
7. 介质。
8. **B，D** 网络结构的两个元素是可扩展性，为网络的发展而规划；容错性，包括冗余链路。其他答案描述的是网络的使用者或生产者（数据传输）。
9. 图标。
10. **B，C，E** 电路交换网络在电路失效时不能自动建立替代电路并且即使不需要传递数据时也需要在网络端点间建立电路。同时为了容错而建立多条电路成本是很高的。
11. **A，B，C** 数据包交换，无连接数据通信技术可以快速解决传输数据丢失的问题并可高效利用网络基础设施传输数据，数据包可经过多条路径同时传输。D 和 E 指建立连接，不是无连接数据通信的特性。
12. 路由器。
13. **B** QoS 为不同通信建立不同优先级别。不需要对所有网络通信设定级别，只对那些重要的设定优先级。
14. **B** 融合指将不同技术如电话、视频和文本集合到一个网络平台。
15. 数据包。
16. **B** 只有切割电缆属基础结构安全。其他则属内容安全。在网络规划中可以使用不安全的无线网络，但要注意敏感信息不要进入。

挑战性问题和实践

1. **B，D** 音乐和视频下载可能会占用更多带宽和进程，而影响会议。更好的 QoS 应为视频会议设定比下载更高的优先级而避免干扰。
2. **C** 建立连接并且独占，因此是电路交换。电路交换是面向连接的。

第 2 章

检查你的理解

1. **C** IP 地址是 OSI 网络层（第 3 层）地址。物理地址是 OSI 第 2 层地址。
2. 信道。
3. **B，C** MAC 地址是烧制在 OSI 第 2 层网卡上的物理地址。逻辑地址在 OSI 第 3 层。
4. **D** 封装为 TCP 数据分段发生在 OSI 第 4 层，下一次封装在 OSI 第 3 层，会添加源和目的的 IP 地址，转化为数据包。然后再添加物理地址，将数据转化为比特。
5. **B** 协议描述了用于通信的一组规则，包括消息格式和封装。
6. 专用。
7. **B** TCP 控制与 OSI 第 4 层相关的特性，FTP 是应用层程序（第 7 层），IP 和 TFTP 是网络层协议（第 3 层）。
8. NIC 或网络接口卡。
9. **C** 分段，发生在 OSI 第 4 层。
10. 路由器。
11. **B** 复用是正确的术语。
12. **A** IP 寻址是第 3 层功能。其他的都是第 2 层功能。
13. **B** 正确的顺序是应用层，表示层，会话层，传输层，网络层，数据链路层，物理层。
14. **B** 端到端的传输与第 4 层（传输层）相关。

挑战性问题实践

1. **B，D，F，G** OSI 表示层和会话层结合到了 TCP/IP 的应用层。OSI 的数据链路层和物理层结合为 TCP/IP 的网络接入层。传输层和网络层与 TCP/IP 相对应。
2. **C，E** LAN 通过 WAN 相互连接。WAN 通过电话服务供应商（TSP）连接网络。逻辑地址用于网络间，物理地址，或 MAC 地址，用于 LAN 内部。

第 3 章

检查你的理解

1. **D** 第 7 层是应用层，包括：应用，服务和协议。
2. **B** TCP/IP 应用层协议的作用满足 OSI 模型上三层的框架：应用、表示、会话。
3. **C** 超文本传输协议（HTTP）用于传输由万维网页面构成的文件。DNS 用于将 Internet 名解析为 IP 地址，Telent 用于提供对服务器和网络设备的远程访问。
4. **D** 邮局协议（POP）使用 UDP 端口 110。
5. **A** GET 是客户端请求。
6. **D** E-mail，最常用的网络服务，由于它的简单和快速使人们的通信发生了变革。选择 A 是不正确的，因为 HTTP 是协议而不是服务。
7. **B** 为成功传输文件，FTP 需要在客户端和服务器间建立两条连接：一条用于命令和应答，另一条用于实际的文件传输。
8. **C** 动态主机配置协议（DHCP）使得网络上的客户端可以从 DHCP 服务器获取 IP 地址和其他信息。
9. **A** Linux 和 UNIX 操作系统提供资源共享的方法，微软网络使用称为 SAMBA 的 SMB 版本。

10. C 利用 Telnet 的连接称为 VTY 会话或连接。
11. eBay 是客户端/服务器模式的应用。Web 服务器对 Web 客户端（浏览器）的请求使用 HTTP 进行响应。
12. 客户端。既使设备可同时作为客户端和服务器运行，请求服务的称为客户端，提供服务的设备被定义为服务器。
13. GET，PUT 和 POST。GET 是请求，PUT 和 POST 提供上载。
14. IP 地址的分配，子网掩码和缺省网关。协议自动分配 IP 地址，子网掩码和缺省网关及其他 IP 网络参数。
15. FTP 代表 File Transfer Protocol（文件传输协议）。用于在网络上移动文件。FTP 允许在客户端和服务器间传输文件。FTP 客户端是运行在计算机上的用于从服务器上传或下载文件的应用。

挑战性问题和实践

1. 1 用户用硬件接口输入数据。
   2 应用层准备通过数据网络传输的通信。
   3 软件和硬件将数据转换为数字格式。
   4 应用服务初始化数据传输。
   5 每层完成自己的任务，OSI 各层向下封装数据。封装后的数据沿介质传输到目的。在目的 OSI 各层将数据向上解封装。
   6 准备数据被终端设备处理。
2. 应用软件有两种形式：应用和服务。
   - 应用可以与我们交互。是用户软件。如果设备是计算机，通常应用由用户启动。虽然有下面的很多层次支持，应用软件提供人与硬件之间的接口。当用户点击发送按钮或执行类似的动作时，应用将启动数据传输过程。
   - 服务是后台程序，在数据网络中执行特定的功能。服务通常涉及设备或应用与网络的连接。如：网络服务可提供传输数据的功能或网络中数据的转换。通常，服务不能被用户直接访问或可见。它们提供应用和网络间的连接。
3. 数据通信的源可以是服务器，接收端称为客户端。客户端和服务器进程是应用层服务，提供数据网络连接的基础。

   有时，服务器和客户端执行特殊的专有的功能，如：
   - 中心的文件服务器可能包含组织的商业数据文件，雇员仅可通过客户端工作站访问；
   - 基于 Internet 的例子包括：Web 服务器和 mail 服务器，为很多用户提供服务的设备；
   - 其他情况，如通过家用网络实现文件共享，每台设备同时可作为服务器和客户端。

   服务器既是仓库也是文本文件，数据库，图片，视频或声音文件的信息源。

   客户端通过数据网络在通信的另一端允许用户提出从服务器获得数据的请求。客户端软件通常由用户启动一个程序开始。客户端软件通过发送对服务器数据的请求初始化通信数据流。服务器通过发送一个或多个给客户端的数据流进行响应。此外，对实际的数据传输，还可以包括用户认证和所传数据文件的验证。

   以下是常用的客户端/服务器服务的例子：
   - DNS（域名服务）；
   - FTP；
   - HTTP；
   - Telent（Teletype 网络服务）。
4. 客户端/服务器数据传输通常指资源集中放置在服务器上，终端作为客户端接收。

对于点到点数据传输，在同一会话内，可提供客户端和服务器服务。通信的每一端都可发起交换，在通信过程中两台设备是平等的。通信两端的设备称为对等体（peer）。

而对客户端/服务器模式，服务器是集中的仓库，可以响应很多客户端的请求，而点到点网络将数据分散。此外，通信一旦建立，两端可以直接通信，在网络中数据不会被第三台设备的应用层处理。

5. 应用层协议的功能包括以下内容。
- 发生在通信两端的过程。这包括如何处理数据，如何构建数据。
- 消息类型。包括请求、确认，数据消息，状态消息和错误消息。
- 消息语法。消息中信息（字段）的次序。
- 特定消息类型中字段的含义。含义应是不变的，这样才能根据信息的含义执行正确的动作。
- 消息对话。这将确定以什么消息应答、引入正确的服务，并开始传输数据。

6. DNS、HTTP、SMB 和 SMTP/POP 使用客户端/服务器过程。
- 域名系统（DNS）自动为用户匹配或解析源主机名和 E-mail 域与设备的数字网络地址。这项服务提供给任何与 Internet 相连的，运行应用层的应用如 Web 浏览器或 E-mail 客户端程序的用户。
- HTTP 最初是用于发布和定位 HTML 页面的，现在用于分布式的、协作的、超媒体信息系统。HTTP 通过万维网（WWW）将数据从 Web 服务器传输到 Web 客户端。
- 服务器消息块（SMB）描述了在计算机间共享网络资源的结构如目录、文件、打印机和串口等。
- 简单邮件传输协议（SMTP）将 E-mail 从客户端发送到服务器，并在 E-mail 服务器间传输信件，使得可通过 Internet 交换 E-mail。
- POP 或 POP3（邮局协议版本 3），将 E-mail 从服务器传递到客户端。

7. DNS 包括标准的请求、响应和数据格式。DNS 协议以简单的称为消息的形式通信。此种消息格式用于所有客户端请求、服务器响应，出错消息和服务器间传送的资源记录信息。

HTTP 是请求/响应协议：
- 客户端应用层的应用，通常为 Web 浏览器，向服务器发送请求消息；
- 服务器用适当的消息进行响应。

HTTP 也包括上载数据的消息，如完成在线表单时。

SMB 消息使用通用格式：
- 开始，验证和终止会话；
- 控制文件和打印机访问；
- 允许应用从其他设备接收或发送消息。

SMTP 的命令和响应与启动会话，邮件处理，转发邮件，验证邮箱名字，扩展邮件列表，打开或关闭交换。

POP 是典型的客户端/服务器协议，服务器监听客户端连接，客户端启动与服务器的连接。服务器可以传输 E-mail。

DNS，HTTP，SMB 和 SMTP/POP 使用客户端/服务器，请求/响应消息。不论用户使用的是 HTTP（Web 浏览器），SMB（文件管理），SMTP/POP（E-mail 客户端），DNS 都运行与这些应用之下，对用户来讲是透明的。

第 4 章

检查你的理解

1. B 端口 80 是 HTTP 使用的标准端口号。端口 23 用于 Telnet，20 为 FTP，110 为 POP3。

2. C 端口 25 用于 SMTP。
3. A，D TCP 是可靠的，面向连接的协议。
4. C TCP 使用流量控制避免缓存溢出。
5. D 端口 0～1023 是知名端口号。1024～49151 为注册端口号并用于主机动态分配端口号。端口号 49152～65535 是私用和动态端口号。
6. D，E 接收主机确认数据包的接收并按正确的顺序重组它们。
7. 答案可能不同，可能包括 a 源和目的主机应用间的独立会话的跟踪；b 数据分段，添加报头标识和管理每个数据分段；c 使用报头信息重置数据分段为应用数据，d 将重组的数据传递到正确的应用。
8. A TCP 头中使用序列号是因为数据分段到达的次序与发送的次序可能不同。序列号可以使接收主机按正确的次序重组它们。
9. D TCP 中，窗口值用于管理流量控制。
10. D 端口号使你可以跟踪相同主机相同 IP 地址所产生的多个会话。
11. 数据分段，根据传输层协议，当在一台计算机上同时运行多个应用时提供接收和发送数据的含义。
12. 可靠性指确保每个源发送的数据分段能被目的接收。
13. Web 浏览器，E-mail，文件传输。
14. DNS、视频流和 IP 语音（VoIP）。
15. 源和目的端口号。
16. 序列号使目的主机的传输层可以将数据分段按发送次序重组。

挑战性问题和实践

1. 7 确认号总是比收到的最后一个分段多 1。
2. D 数据分段头部设置标志，如果标志为 17，则指明为 UDP 头。
3. B 端口 53 用于 DNS。
4. netstat 列出使用的协议、本地地址和端口号，远端地址和端口号，及连接状态。netstat 也显示活动的 TCP 连接，计算机正在监听的端口，以太网状态，IP 路由表，IPv4 状态（IP、ICMP、TCP 和 UDP）及 IPv6 状态（IPv6、ICMPv6、IPv6 的 TCP 和 IPv6 的 UDP）。不使用参数，netstat 命令显示活动的 TCP 连接。
5. 在返回到源的数据分段中 TCP 使用确认号给接收者所期望接收的下一个字节。

第 5 章

检查你的理解

1. A IP 提供无连接网络层服务。TCP 是面向连接的。UDP 是无连接的，但它工作于传输层。
2. netstat –r 和 route print。
3. A，C，D 路由表包括下一跳，度量值和目的网络地址。路由器不需要用源地址、上一跳或缺省网关发现路径。
4. A，B，D 减少网络带宽、增加过载，降低主机性能是过多广播的潜在后果。其他答案是解决广播问题的方案。
5. 目的，拥有者，地理位置是划分网络的三种关键方法。
6. C，D 传输的可靠性是传输层关心的事。应用数据的分析是表示层的功能。路由，用 IP 地址编址数据包，封装和解封装是网络层的功能。
7. B，E IP 代表 Internet Protocol（网际协议），运行于 OSI 第 3 层（网络层）。IP 封装传输层的

数据分段。IP 不查看上层 PDU，所以不了解表示层数据的信息。

8. 解封装。
9. C　路由器和主机使用 IP。B 是不正确的因为 IP 使用报头中的编址信息确定数据包的最佳路径。D 不正确因为 IP 是"尽力而为"的不可靠协议。
10. A, D　网络层为数据分段封装报头，添加源和目的地的 IP 地址。网络层的封装仅发生在原始主机；其他设备可读此信息，但不会删除或修改它，直到到达目的网络。网络层将数据分段转化为数据包。
11. B, C　TCP 是可靠的、面向连接的协议。IP 是不可靠的，无连接的。IP 运行于网络层。
12. B　IP 封装 OSI 第 4 层数据。IP 可运载声音、视频和其他类型的数据，"介质无关"是指 IP 或任何其他通信，没有物理层介质（OSI 第 1 层）也可运行。
13. 传输。
14. 32，IPv4 地址有四个 8 位组。
15. C, E　动态路由增加数据包处理过程，路由器可同时使用静态和动态路由。静态路由不需要路由协议。默认路由是静态路由的一种。由于静态路由必须手工配置和更新，他们增加了管理量。

挑战性问题和实践

1. A, C　当 TTL 为 1 时，还剩一跳可传或丢弃。IP 不提供丢弃数据包的通知。目的端的 TCP 控制数据包的重传，但 TCP PDU 永远不会访问路由。
2. D　如果数据包没有到达，目的主机将发送请求。IP 是无连接的，因此协议不包含可靠性。前面的、到达目的主机的数据包带有"期望"信息。路由协议，如 RIP 由路由器使用分享路由信息；他们不涉及 TCP/IP 的可靠性。

第 6 章

检查你的理解

1. B, D　192.168.12.64/26 和 198.18.12.16/28 是网络地址。
2. B　172.31.255.128/27。
3. C　255.255.252.0。
4. B　4 个网络是.224，.228，.232 和.236。
5. 具有相同网络部分的主机。
6. IPv4 地址有 3 种类型。
- 网络地址：用于指定网络的地址。
- 广播地址：用于向网络内的所有主机发送数据。
- 主机地址：分配给网络中的终端设备的地址。
7. C　255.255.255.224 提供所需的 16 个地址。.224 提供 30 个。.240 仅提供 14 个。
8. IPv4 地址有 3 种类型：
- 网络地址：地址的主机位为 0 的、网络中最小的地址。
- 广播地址：主机为是 1 和 0 的混合。
- 主机地址：网络范围内的最高地址。主机部分全为 1。
9. IPv4 有如下 3 种通信形式：
- 单播：从一台主机向另一台主机发送数据包的过程。
- 广播：从一台主机向网络上的所有主机发送数据包的过程。
- 多播：从一台主机向一组可选的主机发送数据包的过程。
10. 私用地址允许网络管理员为那些不用访问 Internet 的主机分配这些地址。

11. A 主机使用链路本地地址。链路本地地址不能被路由。

12. 网络中的地址出于以下目的应仔细规划和归档：
- 防止地址重复；
- 控制访问；
- 监控安全和性能。

13. 管理员应该为服务器、打印机、路由器上的 LAN 网关及网络设备如交换机、无线接入点等的管理地址静态分配。

14. IPv4 地址的耗尽是开发 IPv6 的主要目的。

15. 网络设备使用子网掩码来确定 IP 地址的网络或子网地址。

16. 网络子网化可以克服位置、规模和控制问题。在设计编址时，要考虑如下因素为主机分组：
- 以通常的地址位置分组；
- 由用途来分组；
- 基于所有权来分组。

17. ping 程序的 3 个测试如下。
- ping 127.0.0.1：回环测试，测试 IP 运行。
- ping 网关地址或同一网络上的其他主机：确定本网络通信正常。
- ping 远程网络上的主机：测试设备的默认网关和其他网关。

挑战性问题和实践

1. 保留的和特殊的 IPv4 地址。
- 多播地址：IPv4 多播地址范围：224.0.0.0 到 239.255.255.255。
- 私用地址：私用地址块是
  - 10.0.0.0 到 10.255.255.255 (10.0.0.0 /8)
  - 172.16.0.0 到 172.31.255.255 (172.16.0.0 /12)
  - 192.168.0.0 到 192.168.255.255 (192.168.0.0 /16)

私用地址用于私用网络内部。使用这些地址作为源和目的的数据包不应出现在公共网络上。在这些私用网络边界上的防火墙或路由器必须转换这些地址。

- 默认路由：IPv4 默认路由是 0.0.0.0。这个地址保留了 0.0.0.0 到 0.255.255.255（0.0.0.0/8）地址块的全部地址。
- 回环地址：IPv4 的回环地址 127.0.0.1 是保留地址。地址 127.0.0.0 到 127.255.255.255 都保留用于回环测试，主机直接与自己通信。
- 链路本地地址：地址块 169.254.0.0 到 169.254.255.255 (169.254.0.0 /16)指定为链路本地地址。当没有 IP 地址提供时，这些地址被操作系统自动分配给本地主机。它可用于点到点网络或当主机不能自动从动态主机配置协议（DHCP）服务器获得地址时。
- 测试-网络地址：192.0.2.0 到 192.0.2.255 (192.0.2.0 /24)地址块用于教学目的。这些地址可用于文档和网络示例中。不像实验地址，网络设备可以在配置中使用这些地址。

2. IPv4 是不可靠的，尽力协议。ICMPv4 向源网络或主机报告数据包丢弃或拥塞等网络问题。消息包括：
- 主机确认；
- 目的或服务不可达；
- 超时；
- 路由重定向；
- 源抑制。

第 7 章

检查你的理解

1. 数据链路层通过封装帧头和帧尾形成帧为数据包通过本地介质做准备。
2. MAC 共享介质的方法如下。
   - 控制型的：每个节点有自己的数据使用介质，环形拓扑。
   - 基于竞争的：所有节点争用介质，总线拓扑。

   点到点连接的介质访问控制如下。
   - 半双工：节点在某个时间只能发送或接收。
   - 全双工：节点可同时发送和接收。
3. 在逻辑环形拓扑中，每个节点轮流接收帧。如果帧不是给这个节点的，将传给下一节点。如果没有数据传输，信号（称为令牌）可放置在介质上。只有获取令牌后，节点才能将帧放置在介质上。这称为可控的介质访问控制，也称为令牌传送。
4. 第 2 层协议包括：
   - 以太网；
   - PPP；
   - 高级数据链路控制（HDLC）；
   - 帧中继；
   - ATM。
5. 帧头字段包括。
   - 帧开始字段：表示帧的起始位置。
   - 源地址和目的地址字段：表示介质上的源节点和目的节点。
   - 优先级/服务质量字段：表示要处理的特殊通信服务类型。
   - 类型字段：表示帧中包含的上层服务。
   - 逻辑连接控制字段：用于在节点间建立逻辑连接。
   - 物理链路控制字段：用于建立介质链路。
   - 流量控制字段：用于开始和停止通过介质的流量。
   - 拥塞控制字段：表示介质中的拥塞。
6. 节点丢弃帧。CRC 提供错误检测，不纠正错误，所以 B 不正确。C 不正确，因为帧不被转发。接口不关闭，所有 D 不正确。
7. C，D　PPP 和 HDLC 是 WAN 协议。802.11 和以太网是 LAN 协议，所有 A，B 不正确。
8. B　网络层 PDU 被封装成帧。有效载荷的字节数是可变的，所以 A 不正确。C 不正确是因为第 2 层源地址包含在帧头的地址字段。应用层数据在传送到数据链路层前经过封装，所有 D 不正确。
9. B　节点争用介质。选项 A 不正确，因为在共享介质中使用介质争用。C 不正确应用受控的访问是轮流进行的。
10. B，C　LLC 是上边的子层，MAC 在下面。
11. D　虚拟链路在两台设备间建立逻辑连接提供逻辑点到点拓扑。A 不正确因为 CRC 是错误检查技术。虚拟链路不提供封装技术，所以 B 不正确。C 不正确是因为虚拟电路可以使用多种物理拓扑。
12. 头、数据和尾。
13. C　数据链路层在硬件和软件间提供连接。A 不正确，这是应用层功能。B 不正确，这是网络层功能。D 不正确，是传输层功能。
14. D　逻辑拓扑影响 MAC。逻辑拓扑可能有多种 MAC，所以 A 不正确。MAC 子层提供物理地址，因此 B 不正确。逻辑和物理拓扑不同，因此 C 不正确。

挑战性问题和实践

1. 介质对数据来讲是潜在的不安全环境。介质上的信号可能会受到干扰、畸变或丢失这都可能会改变信号所代表的比特值。为确保在目的端收到的帧的内容与源节点发送帧的内容一致，传送节点将对帧的内容产生一个逻辑的总结值。这就是帧校验序列（FCS），它被放到帧尾。

当帧到达目的节点，接收节点计算自己的逻辑总结或 FCS。将两个值进行比较。如果一致，就认为传输的帧到达，如果 FCS 值不同，帧被丢弃。

有可能出现 FCS 的结果没有问题但帧已被破坏，在计算 FCS 时错误的比特相互抵消。这时需要上层协议检测和纠正数据丢失。

2. 与第 3 层分层的逻辑地址不同，物理地址不能指明设备位于哪个网络上。如果设备被移到其他网络或子网，它依然有相同的第 2 层地址。

由于帧仅用于在本地介质的节点间传输数据，因此数据链路层地址仅用于本地传输。第 2 层地址在本网之外没有意义。与第 3 层地址比较，数据包头中的地址从源主机到目的主机，无论在路径上经过多少网络（都将保持）。

3. 逻辑点到点拓扑只连接两个节点。数据网络中的点到点拓扑，MAC 协议非常简单。介质上的所有帧只能在两个节点间传输。帧被一端的节点放到介质上，在另一端离开介质。在点到点网络中，如果数据仅在一个方向上流动，是半双工链路。如果数据可同时从每个节点送出，是全双工服务。

逻辑多路方法拓扑可使多个节点使用共享介质通信。在某一时刻仅有一个节点可将数据放到介质上。介质上的每个节点都可看到所有帧，但仅有一个地址相匹配的节点处理帧内容。由于多个节点共享介质，这就需要数据链路层的 MAC 方法来管理数据传输、减少不同信号间的冲突。

4. 如果路由器有不同的接口速度，它将缓存要传输的帧，如果没有足够缓存，数据包被丢弃。

5. 源地址用于标识源节点。在大多数情况下，不使用第 2 层源地址。通常源地址的使用是由于安全或交换机学习主机地址的需要。源地址也用于动态映射如 ARP。

ATM 和帧中继在帧头中只使用一个地址。这些技术使用一个编号来代表连接。

6. 两节点间的全双工通信可以有半双工两倍的吞吐量以及比多路访问两倍还多的吞吐量。如果低层的物理介质可以支持，两个节点可以同时发送和接收，获得完全的介质带宽。是半双工的两倍。由于多路访问可以过载访问介质，吞吐量比带宽低，有时会低很多。这就使得全双工吞吐量比多路访问两倍还多。

7. 当路由器在一个接口接收帧，将帧解封装为数据包。然后根据路由表确定数据包应从哪个端口转发。路由器再将数据包封装为适合出口所连网段大小的数据包。

第 8 章

检查你的理解

1. 物理介质。

2. D 编码是在将数据比特放到介质上时通过使用不同的电压、光模式或电磁波来表示数据比特。

3. NRZ（不归零）和曼彻斯特编码。

4. D 物理层的主要功能是定义两个端系统间链路的功能规范，及运载数据的电气、光学和无线电信号。可靠性、路径选择和介质访问是其他层的任务。

5. RJ-45。

6. B 串扰通过在 UTP（非屏蔽双绞线）中双绞电缆来减少。UTP 没有覆层，屏蔽或接地。

7. 引脚次序。

8. **BDF** 使用光纤的好处包括没有电磁干扰，更长的电缆距离，更大的带宽和解码需求，天线设计。

9. 无线。由于无线网络对任何使用无线接收器的用户都是开放的，它比铜或光纤电缆更难达到安全性要求。

10. **C** 覆层帮助阻止光的泄露。其他列出的功能不属于光纤电缆。

11. **B, C** 全反电缆用于思科控制台接口，交叉电缆连接两台交换机。

12. 全反电缆

13. **C** 吞吐量测试实际数据速率。带宽是线路的能力，实际吞吐量仅测试到达的有用的应用层数据的速率。

14. **C** 1Mbit/s=1 000 000 (10^6) bit/s。

15. **B** 两台设备间同步可以使他们知道何时帧开始和结束。

16. **B** 比特时间依赖于网卡的速度。一个比特穿越网络的时间是碰撞槽时间（以比特而不是以字节计）。

挑战性问题和实践

1. **B** 以直通电缆将两台主机连接到集线器。第三台主机用原始电缆，用于对等连接的交叉电缆将不能从主机连到集线器。

2. **A, C, E** A：连接最多的人，在电缆上可能有过载的流量，数据包可能会丢失。C：冰箱压缩机和微波炉能够引起干扰。E：由于靠近生产厂房，可能会因为生产线上产生的电磁感应现象而导致网络性能下降。

不正确的答案：B。看门人的行为是断续的，而网络问题是持续的。D 和 F：这些差异提供了更高的可靠性，而不是减低了。

第 9 章

检查你的理解

1. 数据链路层的两个子层如下。
   - 逻辑链路控制（LLC）：处理上层和下层间的通信，通常是硬件。
   - MAC：以太网 MAC 子层有如下功能：
     - 数据封装；
     - 介质访问控制；
     - 编址。

2. **A** 弱的可扩展性。

3. **C** 帧校验序列。FCS（4 字节）字段用于帧的错误检查。

4. **C** 以太网 MAC 地址是 48 位二进制数，以 12 位十六进制数表示。

5. 以太网 MAC 地址用于在本地介质上传输帧。

6. **C** 以太网广播 MAC 地址是 FF-FF-FF-FF-FF-FF。有此目的地址的帧被 LAN 网段上所有设备接收和处理。

7. **B** CSMA/CD 中拥塞信号确保所有发送节点看到冲突。

8. 连接在一起的一组设备可引起冲突称为冲突域。冲突域发生在网络参考模型的第 1 层。

9. **C** 历史的以太网和传统的以太网都使用逻辑总线拓扑。

10. **B** 是一个独立的冲突域。

11. **D** 学习。当从一个节点接收数据帧后，交换机读源 MAC 地址并将其存储到进入接口的查

12. **D** 学习。当从一个节点接收数据帧后，交换机读源 MAC 地址并将其存储到进入接口的查询表中。交换机现在知道了转发具有此地址帧的出口。

13. 当主机将数据包送往 ARP 缓存中没有映射的 IP 地址时。

14. **C** 泛洪。当交换机在查询表中没有目的 MAC 地址时，它将帧发送（泛洪）给除到达接口外的所有接口。

15. **B** 比特时间越短更易导致定时问题。

挑战性问题和实践

1. （可以不同）相同的帧格式，不同的以太网实现（PHY）可相互兼容。改变帧格式将使不同以太网不能兼容。

2. （可以不同）主要的原因是帧没有送给每台设备。如果设备接收了帧，它将检查以获得敏感信息。

第 10 章

检查你的理解

1. **C** DCE 设备的主要功能之一是为路由器提供时钟以同步。

2. **A** 要达到至少 100 台主机，你的网络必须到 128，因此应有子网 178.5.0.0/16 到 178.5.0.0/25。第 1 个网络为 178.5.0.0，第 2 个网络为 178.5.0.128，第 3 个网络为 178.5.1.0 第 4 个网络为 178.5.1.128，第 5 个网络为 178.5.2.0。

3. **D** 如果用 32 递增网络，失去两个地址（网络地址和广播地址），所有你必须用 64，相当于 128+64=192。

4. **B** 248 意味着你的网络以 8 递增（128+64=192+32=224+16=240+8=248），如果以 8 递增，你的网络应是从 154.65.128.0 到 154.65.136.0，154.65.128.0 是网络地址，154.65.128.1 到 154.65.128.254 是主机地址，154.65.128.255 是广播地址。

5. **D** 100BASE-FX 使用光纤，支持全双工，距离可达 2000 米。

6. 正确。

7. 直通 UTP 电缆用于连接这些设备：
   - 交换机到路由器；
   - PC 到交换机；
   - PC 到集线器（如果用）。

8. 交叉 UTP 电缆用于连接这些设备：
   - 交换机到交换机；
   - 交换机到集线器（如果用）；
   - 集线器到集线器（如果用）；
   - PC 到 PC；
   - PC 到路由器。

9. 术语 DCE 和 DTE 描述如下：
   - 数据通信设备（DCE）：为其他设备提供时钟的设备。通常是 WAN 接入供应商链路的末端设备。
   - 数据终端设备（DTE）：从其他设备接收时钟并调整的设备。通常是 WAN 客户或用户链路的末端设备在实验环境中,两台路由器用串行电缆连接,是点到点 WAN 链路。在此种情况下,要确定控制时钟的设备。思科路由器缺省为 DTE 设备但可配置为 DCE 设备。

10. 要考虑如下关键点:
    - 成本;
    - 电缆/无线;
    - 速度;
    - 端口;
    - 可扩展性;
    - 可管理性;
    - 性能。

11. 需要 IP 地址的最终设备包括:
    - 用户计算机;
    - 服务器;
    - 其他终端设备如打印机、IP 电话、IP 照相机。

    需要 IP 地址的网络设备包括:
    - 路由器 LAN 网关接口;
    - 路由器 WAN(串行)接口。

12. 划分子网的理由包括:
    - 管理广播地址;
    - 分类网络需求;
    - 安全性。

13. 要考虑如下 5 个因素:
    - 电缆长度;
    - 成本;
    - 带宽;
    - 安装难易;
    - 抗 EMI/RFI 能力。

挑战性问题和实践

1. **C,D,F** 255.255.255.248 意味着网络以 8 的步长递增。换句话讲,网络地址将是 0、8、16、24、32、40、48、56、64、72、80、88、96、104、112、120、128、136、144、152、160、168、176、184、192、200、208、216、224、232、240、和 248。

    A. 不正确,192.168.200.87 是网络 192.168.200.80 的广播地址。
    B. 正确,194.10.10.104 将是网络地址。
    C. 223.168.210.100 正确,是 223.168.210.96 网络上的主机。
    D. 220.100.100.154 正确,是 220.100.100.152 网络上的主机。
    E. 200.152.2.160 不正确,是网络地址。
    F. 196.123.142.190 正确,是 196.123.142.184 网络上的主机。

2. **E** /20 会提供 4096 个可能的 IP 地址,去除网络地址和广播地址,一个地址已经使用。因此为网络设备剩下 4093 个 IP 地址。

3. **A** 使用/27,网络以 32 递增。你有如下网络,图 10-27 中:192.168.102.0,192.168.102.32,192.168.102.64,192.168.102.96,192.168.102.128,192.168.102.160,192.168.102.192,和 192.168.102.224。A 选项正确,因为服务器 192.168.102.147 的地址在 192.168.102.96 网络之内。

4. E 唯一的选项是使用光纤。粗缆和细缆提供 EMI 保护但不能提供足够带宽。
5. B，D 思科路由器的初始配置必须通过控制台端口完成，需要全反线和终端模拟软件。
6. 接口的 4 种类型如下。
- 以太口：接口用于连接 LAN 设备，包括计算机和交换机，也可连接路由器。
- 串口：接口用于连接 WAN 设备到 CSU/DSU，这些接口需要时钟及分配地址。
- 控制台接口：获得初始访问和对思科交换机和路由器进行配置的主要接口，也是排错的主要方法。很重要的一点是：没有授权的人可以通过物理接入到控制台接口将可能破坏或威胁网络安全。物理安全是非常重要的。
- 辅助接口（AUX）：此接口用于远程、带外管理路由器。通常将一个 modem 连接到 AUX 接口用于拨号访问。从安全的观点来看，远程拨号访问网络设备同样需要小心管理。

第 11 章

检查你的理解

1. E 在接口提示符下，no shutdown 命令，将打开接口。enable 命令从用户模式进入特权模式。S0 active 和 interface up 不是合法的 IOS 命令。
2. D enable secret 命令用于输入从用户模式进入特权模式的口令。口令被加密。
3. B show interface 命令显示配置在路由器上所有接口状态。是列出的唯一合法命令。
4. C show 命令会提供大量命令用于检查路由器状态，? 可列出这些命令。
5. D 管理员可以正确的次序提交如下命令，格式如下：

```
SanJose(config)#line con 0
SanJose(config-line)#login
SanJose(config-line)#password CISCO
```

6. 用全反线连接计算机串口。
7. A，B，D 控制台接口可配置路由器，不能用于路由数据或连接其他设备。
8. C 路由器存储路由表，将网络地址与最佳的出口匹配。
9. setup 模式让你通过回答一系列问题配置路由器。

挑战性问题和实践

1. B，C，D 设置为 9600 比特每秒是正确的，将流控设置为 NONE 是正确的。
2. 路由器在 RAM 中存储 running-configuration（运行配置）文件。当你保存了 running-configuration（运行配置）文件后，在 NVRAM 中存储 start-up configuration（启动配置）文件。
3. B IOS 存储在 flash 中，在 RAM 中运行。其他选项都是存储在 RAM 或 NVRAM 中。

术 语 表

4B/5B
一种编码方式（称为 4B/5B 编码）。4B/5B 使用 5 位符号或代码来表示 4 位数据。4B/5B 用于 100BASE-TX 以太网。

ACK
TCP 头中的 1 个标志位，指明确认字段是有效的。

acknowledgment 确认
从一台设备向另一台设备发送的证实某个事件已经发生（如收到消息）的通知。

acknowledgment number 确认号
TCP数据分段头部的一个32位长的域，指明TCP会话中主机期望接收的下一个字节的序列号。

address pool 地址池
DHCP服务器所使用的IP地址范围。

Address Resolution Protocol (ARP) ARP地址解析协议
由IPv4网络层地址发现主机硬件地址的方法。

administratively scoped address 管理范围地址
IPv4多播地址用来限制到一个本地组。也称为有限范围地址。

AND
三个基本的二进制逻辑运算之一。与的结果如下：1 AND 1=1, 1 AND 0 = 0, 0 AND 1 = 0, 1 AND 0 =0。

argument 参数
执行命令时要提供的额外数据。在CLI中IOS命令参数在命令之后输入。

ARP cache ARP缓存
主机RAM中存储ARP条目的逻辑存储器。也称为ARP表。

ARP poisoning ARP毒化
向以太网LAN发送虚假ARP消息的一种攻击技术。这些帧包含假的MAC地址，用于"欺骗"交换机之类的网络设备。结果会导致预定发送到某一个节点的帧被错误地发送到另一个节点。亦称为ARP欺骗。

ARP spoofing ARP欺骗
亦称为ARP毒化。

ARP table ARP表
主机RAM中存储ARP条目的逻辑存储器。也称为ARP缓存。

association identity (AID) 关联标识（AID）
在802.11头中指明无线客户端和接入点间会话的数字。

asynchronous 异步
在发送者和接收者间不使用公共时钟的通信。为维护定时，要发送额外信息以使接收电路对收到的数据同步。对10Mbit/s以太网，设备不发送用于同步的电信号。

attenuation 衰减
介质上通信信号的损失。这种损失是随着时间的推移导致能量波的减少。

authentication 验证
用于校验人或过程的过程。

authoritative 授权
具有高可靠性和精确了解的信息源。

backoff algorithm 回退算法
当冲突发生时，用于CSMA/CD的重传延时。此算法要求每个发送者检测冲突，在尝试重发前等待一段随机时间。

bandwidth 带宽
网络中沿某链路传输比特的速度。是给定时间内所能传输的数据量。对数字带宽通常用比特每秒表示。

binary 二进制
二进制数字用于二进制系统中。是计算机中存储信息及通信的单位。每一位可能是0或1。

bit time 位时间
沿传输介质传输一个比特所用的时间。此时间可以用"1/速度"计算，其中速度是介质上每秒传输的比特数。

blog 博客
以杂志形式组织条目的网站。博客通过模板或修改HTML代码由用户自己创建。访问者可以留言。blog是webblog的缩写。

bridge 网桥
在OSI模型的数据链路层连接多个网段的设备。网桥是LAN交换机之前的产品。

bridge table 桥接表
交换机或网桥用于将MAC地址与出口关联的表。交换机或网桥用此表做出转发/过滤决定。也称交换表。

bridging 桥接
在交换机或网桥中将帧从一个接口转发到另一接口或从一个网段转发到另一网段的过程。

broadcast 广播
一台设备向网络中或其他网络中所有设备传输信息的方式。

broadcast address 广播地址
一种地址，旨在代表从一台设备到基于指定广播地址的所有设备的传输。以太网中，当FFFF.FFFF.FFFF地址用于目的地址时，此帧将发送给以太网LAN中所有设备。在IPv4中，每个子网有一个广播地址，通常称作子网或直接广播地址。

broadcast domain 广播域
由通过向数据链路层广播地址发送帧可以到达的所有计算机和网络设备组成的逻辑网络。

burned-in address （*BIA*） 烧录地址（*BIA*）
永久分配给网卡或NIC的MAC地址。由于被烧制到网卡的芯片中因此称为烧录地址，该地址无法更改。也称为全球管理地址。

cache 缓存
一种临时存储器，可以在其中存储经常访问的数据。数据存储到缓存中以后，将会访问缓存的副本而不再访问原始数据。缓存能够降低平均访问时间，减少过量的数据计算。

carrier 载波
用于支持数据传输的介质上的信号。数据通过调制（将数据与载波信号结合）沿介质传输。

carrier sense multiple access（*CSMA*）载波侦听多路访问（*CSMA*）
一种介质访问技术，希望传输的节点在尝试发送前必须先侦听载波。如果侦听到载波，节点会等待进行中的传输结束后再开始自己的传输。

carrier sense multiple access collision avoid（*CSMA/CA*）载波侦听多路访问/冲突避免*CSMA/CA*
一种用于规范网络介质上数据传输的机制。除发送设备先请求发送权利，以此避免冲突外与CSMA/CD类似。用于802.11WLAN中。

carrier sense multiple access collision detect（*CSMA/CD*）载波侦听多路访问/冲突检测*CSMA/CD*
用于共享介质环境中以太网设备的MAC算法。此协议对要求准备传输数据的节点在发送前首先要侦听通道上是否有载波。
如果有，则在发送前等待前面的传输完成。如果检测到冲突，发送节点在重传前要使用回退算法。

channel 通道
用于从发送者向接收者传输信息的通信路径。多通道可以复用一根电缆。

channel service unit/data service unit（*CSU/DSU*）通道服务单元/数据服务单元（*CSU/DSU*）
将WAN电路的本地数据电话回路与网络设备的串口(通常是路由器)连接的设备。CSU/DSU在WAN电路中执行物理层（第1层）信令。

classful addressing 有类编址
单播IP地址被分成三部分：网络部分、子网部分和主机部分。术语有类指分配地址、划分子网时有类网络的规则是第一位的，地址的其余部分可分为子网和主机部分。在IPv4的早期，IP地址分为5类：A、B、C、D、E类。有类编址在目前的网络中不用了。

classless addressing 无类编址
使用子网掩码的IPv4编址方案，不遵循有类编址规则。它能更加灵活地将IP地址范围划分为单独的子网。无类编址是目前网络实施的最佳方案。

client 客户端
通过接入网络来远程访问另一台计算机上的服务的网络设备称为客户端。

cloud 网云
在网络界，绘制网络图时用于代表网络而忽略细节的符号。

coaxial cable/coax 同轴电缆
电缆由外部空心的导体包围着一根金属导体构成。在同轴电缆中，有三层不同材料环绕着内导体材料：外导体、绝缘体和防护外皮。

code group 代码组
一组满足特定条件，已经规定的代码。

collaboration tool 协作工具
帮助人们合作的工具。许多人在软件环境中使用协作工具这一词汇，例如在Google Docs和Microsoft Sharepoint Server之类协作软件中。过去，协作工具指很多人使用和编辑的一张纸。

collaborative 协作
允许建立可多人同时编辑的文档的信息系统。

collision 冲突
以太网中，两个节点同时传输的结果。当每台设备发送的帧在物理介质中相遇时，它们会被损坏。

collision domain 冲突域
LAN中的一个物理或逻辑区域，在此区域中，接口（包括NIC和网络设备接口）发送的信号可能会被叠加（冲突）。在一个冲突域内，如果一台设备在网段中发送帧，同一个网段上的所有其他设备都将处理该帧。在以太网中，中继器和集线器由于传播信号而扩展冲突域的规模。LAN交换机和网桥分割冲突域。

connection-oriented 面向连接
在发送者和接收者间预先安排好的通信；否则通信失败。

connectionless 无连接
在发送者和接收者间的通信不需要预先安排。

console port 控制台接口
思科设备的一种端口，将终端或计算机与网络设备连接用于与网络设备通信和配置。

control data 控制数据
指导某一过程的数据。数据链路层的标志是控制数据的例子。

convergence 收敛
在短语"融合网络"中词根融合的另一种形式。这种网络将不同形式的数据流如语音、视频和数据集中在同一网络结构上。这一过程的常见代表是路由器的路由发生改变，路由器响应这一事件，发现当前的最佳路由。

crossover cable 交叉电缆
以太网中使用的UTP电缆，比较电缆两端RJ-45连接器中双绞线对是交叉的。10BASE-T和100BASE-T交叉线在末端的1、2引脚与另一端的3、6引脚相连。1000BASE-T的交叉线的4、5和7、8也要相连。

cyclic redundancy check（CRC）循环冗余校验（CRC）
循环冗余校验是一种哈希函数（单向加密），用于生成数据块（如数据包或计算机文件）的固定长度的、小的校验和。在传输或存储前计算和附加CRC，然后由接收方验证，从而确认在中转过程中没有发生更改。

daemon 守护程序
计算机在后台运行的一种程序，通常用于启动一个进程。守护程序常用来支持服务器进程。

data 数据
应用层协议数据单元。

data communications equipment（DCE）数据通信设备（DCE）
这些通信网络设备和连接构成了用户到网络接口的网络端。DCE提供到网络的物理连接，转发流量并提供用于同步DCE和DTE设备之间数据传输的时钟信号。调制解调器和接口卡是典型的DCE。请对照DTE。

data network 数据网络
用于在计算机间发送数据的数字网络。

data terminal equipment（DTE）数据终端设备（DTE）
作为服务的源或（和）目的的用户网络接口的设备。DTE通过DCE设备（如：modem）连接数据网络，通常使用由DCE产生的时钟。DTE包括如计算机、协议翻译器和复用器等设备。

decapsulation 解封装
终端设备在接收经介质传输的数据后的过程，在每一个更高的层次检查报头和尾，最后将数据送给正确的应用程序。

default gateway **默认网关**
提供访问其他网络的服务的网络设备。主机利用默认网关将目的地址是外网的数据包进行转发。通常路由器接口作为默认网关。当计算机需要将数据包转发到其他子网，先将其发送给默认网关。也称为默认路由器。

default route **默认路由**
在路由表中没有精确的下一跳列出时，用于发送帧的路由条目。在不存在其他已知路由的情况下，路由器用于路由到给定数据包目的地址的路由。

delimiter **定界符**
帧开始或结束的信号。

destination IP address **目的IP地址**
数据将要去哪的第3层地址。

deterministic **确定性**
指一个与某特定LAN类型相关的设备的操作是否可精确预期（确定）。例如，令牌环LAN就是确定性网络，但以太网LAN是非确定性的。

digital logic **数字逻辑**
也称为布尔代数。由AND, OR和IF运算构成。

directed broadcast **定向广播**
用于描述向某特定网络的所有主机发送IPv4数据包的术语。定向广播的单一副本被路由到指定的网络，并在那里广播到该网络中的所有终端。

directly connected network **直连网络**
与设备接口相连的网络。例如，与路由器连接的网络被称为直接连接网络。设备学习的初始IP路由即基于这些直连子网。

dispersion **色散**
由于光信号通过光纤速度不同导致的信号扩散。

distributed **分布**
在两个或更多的通过网络相连的计算机上同时运行程序的不同部分的计算机处理方法。

DNS resolver **DNS解析器**
DNS客户端-服务器机制中的客户端部分。DNS解析器通过网络向名字服务器发送请求、解释应答并向请求程序返回消息。

domain name **域名**
由DNS定义的名字，在Internet中唯一标识一台计算机。DNS服务器用特定的域名响应DNS请求的IP地址。此术语也指URL的一部分，用来标志某一公司或组织，如：ciscopress.com。

Domain Name System（***DNS***）**域名系统（DNS）**
由分级的DNS服务器构成的网际系统，存储有所有的IP地址和域名的映射，DNS服务器可将用户请求交给正确的DNS服务器以成功解析DNS名字。

dotted decimal **点分十进制**
用4个范围从0到255（包含）的十进制数书写IP地址的规则，每个8位组（十进制数）代表32为IP地址中的8位。此术语源自4个十进制数以点分割的事实。

download **下载**
从作为服务器的计算机传输数据到正在使用的客户端计算机。

Dynamic Host Configuration Protocol（***DHCP***）**动态主机配置协议（DHCP）**
用于动态的为主机进行IP配置。协议所定义的服务用于为网络主机请求和分配IP地址、缺省网络、DNS服务器地址。

dynamic or private ports **动态或私用端口**
TCP和UDP范围为49152到65535的端口，不能用于已定义的服务器应用。

dynamic routing **动态路由**
自动适应网络拓扑和流量变化的路由。

electromagnetic interference（***EMI***）**电磁干扰（EMI）**
由电流引起的磁信号产生的干扰。在传输通道中EMI可破坏数据的完整性、增加错误率。这一过程是电缆产生磁场，引起附近的电线感应产生了电流。感应电流可干扰其他电线的运行。

enable password **口令**
用于从IOS用户EXEC模式进入特权EXEC模式的未加密口令。

encapsulation **封装**
从应用层数据到最后在介质上传输的数据，添加报头和尾的过程。

encode **编码**
改变通过网络介质传输的能量水平。

encryption **加密**
使信息变得没有特定知识就不可读的过程，有时也称扰码。此过程对数据加密，用秘密的数字（称为密钥）进行数学运算。结果称为加密数

据包，发送到网络上。

end device 最终设备
最终用户使用的如台式机或移动设备等的设备。

Ethernet PHY 以太网PHY
物理接口收发器，它处理以太网的第1层（物理层，增强PHY）。

extended star 扩展星型
中心位置连接很多集线器的网络拓扑。在扩展星型中，这些互联的集线器可能会连更多的集线器。它实质上是层次拓扑，但通常画成有一中心站点，其余所有方向向外辐射的拓扑。有时也称为层次星型。

extranet 外联网
公司内部网中向公司外部用户扩展的部分（通常通过Internet）。

Fast Ethernet 快速以太网
运行于100Mbit/s的以太网技术的常用名字。

fault tolerance 容错
当硬件、软件或通信失效时网络运行不中断的设计。

fiber-optic cable 光纤电缆
使用玻璃线或塑料线来传输数据的物理介质。光缆由一束这样的线组成，每根线都能通过光波传输电信号。

fiber-optics 光纤
电缆内部的玻璃纤维，用光来编码0和1进行传输。

filtering 过滤
在以太网，网桥或交换机确定不应将帧从其他端口转发出去的过程。

FIN
TCP 报头中的一个比特，用于标记设备将终止与其他设备的会话。这通过在 TCP 数据分段中的标准字段插入 FIN 标志实现。

firewall 防火墙
设计用于保护网络设备不受外部网络用户或应用程序、文件的破坏的任何硬件设备和（或）软件程序。

flash 闪存
具有内存空间的可移动元件。常用于路由器或交换机存储压缩的操作系统映像。

flooding 泛洪
交换机或网桥转发广播或未知目的单播地址数据包的过程。网桥/交换机将这些帧转发到除了接收此帧的接口外的所有接口。

flow control 流量控制
网络中设备间的数据流量的管理。用于避免在设备处理数据前有太多的数据到达而引起的数据溢出。

forwarding 转发
在以太网中，网桥或交换机决定将帧从另一端口转发出去的执行过程。

fragmentation 分片
为满足第2层协议MTU的要求而将IP数据包分片。

frame 帧
为进行数字传输数据链路层协议对第2层PDU进行编码。有不同的帧如以太网帧和PPP帧。

full duplex 全双工
可以同时接收和传输的通信。站点可以同时传输和接收。全双工以太网传输不存在冲突。

gateway 网关
指各种不同网络设备的相对笼统的术语。历史上，创建了路由器后被称为网关。

Gigabit Ethernet 吉比特以太网
以每秒1 000 000 000比特传输数据的以太网。

global configuration mode 全局配置模式
从特权模式进入设备的全局配置模式。在全局配置模式可以配置全局参数或进入其他配置子模式如接口，路由器和线模式。

globally scoped addresses 全局范围地址
公有域地址中的唯一地址。

goodput 实际吞吐量
应用级吞吐量。它是每单位时间内从特定源地址到特定目的地址的实际传输比特数，不包含协议开销和重传的数据包。

half duplex 半双工
只可由一个站点接收而由另一站点传输的通信。

hierarchical addressing 分层编址
一种编址方案，将网络划分成多个部分，部分标识符构成每个目的地址的一部分，而目的标识符构成另一部分。

high-order bit 高位比特
二进制数的一部分，具有最高的权重，书写时离左边最远。在网络掩码中，高位比特都为1。

hop 跳
数据包在两个网络节点之间（例如，两台路由器之间）经过的距离。

host 主机
分配了IPv4地址可通过网络通信的网络设备。

host address 主机地址
网络主机的IPv4地址，在谈论主机地址时，它们是网络层地址。

host group 主机组
主机组是按 D 类地址（多播地址，范围从224.0.0.0 到 239.255.255.255）定义的组，因此主机属于多播组。具有相同多播地址的主机属于同一个主机组。

hub 集线器
在以太网中，一种在接口接收信号，解释比特，再重新生成新的比特，然后将信号从所有其他出口发送出去的设备。通常，它能提供几个接口，多是RJ-45插座。

hybrid fiber-coax（HFC） 光纤同轴电缆混合网（HFC）
结合使用光纤和同轴电缆来建立宽带网络的一种网络，通常用于有线电视公司。

Hypertext Transfer Protocol（HTTP） 超文本传输协议（HTTP）
定义了在Web服务器和Web浏览器间传输文件的命令、头和过程。

instant messaging（IM） 即时消息（IM）
两人或多人之间通过文本或其他数据进行的实时通信。文本通过连接到（如Internet）网络的计算机传送。也可以通过IM程序传输文件以实现共享文件。IM程序的典型例子是Microsoft Messenger。

Institute of Electrical and Electronics Engineers（IEEE） 电气电子工程师协会（IEEE）
与电气技术进步相关的国际的、非赢利的组织。IEEE制定了很多LAN协议。

interframe spacing 帧间隙
CSMA/CD算法所允许的两个以太网帧之间的时间间隔。换句话说，如果两个帧间没有间隙，而NIC需要要侦听到安静才可以发送帧，这样网卡永远不会听到安静，也就没有机会发送帧。

intermediary device 中间设备
将最终设备连接到网络或互连不同网络的设备。如路由器是中间设备。

International Organization for Standardization（ISO） 国际标准化组织（ISO）
制定了很多网络标准的国际化标准机构。它也创立了OSI模型。

Internet 互联网
将很多企业网、个人用户、ISP 连接成一个全球性的 IP 网络。

Internet Assigned Numbers Authority（IANA） Internet编号指派机构（IANA）
负责对TCP/IP协议族和 Internet运行至关重要的编号分配，包括全球唯一的IP地址分配的组织。

Internet backbone Internet主干
构成网络中主要通道的一条高速线路或一系列连接。Internet主干一词通常用于描述组成Internet的主要网络连接。

Internet Control Message Protocol（ICMP） Internet控制消息协议（ICMP）
TCP/IP网际层的一部分，ICMP定义了用于通知网络工程师Internet工作状况的协议消息。如：ping命令发送ICMP消息以确定主机能否将数据包送给另一主机。

Internet Engineering Task Force（IETF） Internet工程任务组（IETF）
负责开发和批准TCP/IP标准的标准机构。

Internet service provider（ISP） Internet服务供应商（ISP）
ISP指的是向个人或公司提供Internet接入服务的公司，也包括ISP之间的互联以创建到所有ISP的连接。

internetwork 网际网络
很多IP子网或网络通过使用路由器建立的联合。术语网际网络用于避免与术语网络一词混淆，因为网际网络可能包括几个IP网络。

Interpret as Command（IAC） 解释为命令（IAC）
在Telnet应用中，始终由十进制编码为255的一个字符引出命令，该字符称为Interpret as Command（IAC）字符，意思是"解释为命令"。

intranet 内部网
组织内部的系统，例如明确规定由内部员工使用的网站。可以内部访问或远程访问。

IP（Internet Protocol） IP网际协议
提供无连接网络服务的TCP/IP协议族中的

网络层协议。它提供编址、服务类型定义、分片和重组及安全性功能。RFC791中说明。

IP address IP地址

32位数,以点分十进制书写,用于IP网络中唯一标识一个接口。也用于IP头中的目的地址,及源地址,使计算机可接收数据包并知道哪个IP地址发送了响应。

IP header IP头

IP定义的头部。用于封装高层协议(如TCP)数据建立IP数据包。

jam signal 拥塞信号

在共享介质的以太网中,由检测到冲突的发送设备产生的信号。拥塞信号将持续发送一段时间以确保网络上所有设备检测到冲突。拥塞信号是CSMA/CD的一部分。

keyword 关键字

用于CLI命令后。是命令参数。用于从命令预定义的一组值中选择。

kilobits per second(kbit/s) 千比特每秒(kbit/s)

测量单位。每秒钟可传输1000比特。1kbit/s=1000bit/s

latency 延时

事件所消耗的时间。网络中,延时通常指从发送开始到其他设备接收为止的时间。

layered model 层次化模型

包含不同层次的模型,使基于模块化的技术开发和说明成为可能。这使得不同层次、不同技术可相互协作。

limited broadcast 有限广播

发送到某一网络或一系列网络的广播。

limited-scope address 有限范围地址

只能在本地组中使用的IPv4多播地址。参见管理范围地址。

link-local address 链路本地地址

从169.254.1.0到169.254.2-54.255范围内的IPv4地址。使用此地址的通信TTL为1,只能用于本地网络。

local-area network(LAN) 局域网(LAN)

在有限地理范围内,通过公司自己拥有的电缆而建立的网络。

locally administered address(LAA) 本地管理地址(LAA)

在一台设备上配置的MAC地址。LAA用于代替BIA。这意味着你可以更换网卡或使用替代设备而无需改变所使用的访问站点的地址。

Logical Link Control(LLC) 逻辑链路控制(LLC)

IEEE802.2标准(另一LAN标准)定义的以太网第2层上面子层规范。

logical network 逻辑网络

与层次编址结构相关的一组设备。同一逻辑网络中的设备共享3层地址的网络部分。

logical topology 逻辑拓扑

描述网络中的设备及其如何相互通信的图。

loopback 环回

一个特殊的保留IPv4地址127.0.0.1,用于测试TCP/IP应用。计算机向127.0.0.1发送数据包,此数据包不会离开计算机甚至不需要一个工作的网卡。相反,数据包在最低层处理后,沿TCP/IP协议族送到同一个计算机的其他应用程序。

low-order bit 低位比特

在二进制数中表示为0。在IP子网掩码中,低位比特代表主机部分。有时称为比特的主机部分。

MAC table MAC表

交换机中,列出所有已知MAC地址,和帧应该转发出去的网桥/交换机端口的列表。

Mail User Agent(MUA) 邮件用户代理(MUA)

用于下载和发送E-mail的程序。E-mail客户端使用POP3接收E-mail并使用SMTP发送E-mail。参见E-mail客户端。

Manchester encoding 曼彻斯特编码

一种线路编码,至少以一次电压电平跳变来表示数据的每个比特。

maximum transmission unit(MTU) 最大传输单位(MTU)

特定接口所允许发送的最大IP数据包尺寸。以太网接口缺省的MTU是1500,这时因为以太网帧的数据字段被限制为1500字节,而IP数据包在以太网帧的数据字段内。

Media Access Control(MAC) 介质访问控制(MAC)

以太网IEEE标准的两个子层中较低的子层。它也是有IEEE802.3分委员会定义的子层的名字。

media independent 介质无关

网络层的过程不受所用介质的影响。以太网中，这时从数据链路层的LLC子层向上的所有层次。

***media-dependent interface*（MDI）介质相关接口（MDI）**
集线器上以太端口的正常运行方式。在此模式下，hub端口的线对次序是正常配置。有些集线器提供MDI/MDI，交叉（MDI/MDIX）交换机。此交换机通常与特殊端口有关，对于正确设置的交换机，你可以用直通以太网电缆连接网络设备的相关接口而不用交叉电缆。

***media-dependent interface, crossover*（MDIX）介质相关接口，交叉（MDIX）**
MDIX是集线器以太网端口的另一种运行模式。此模式下所使用的线对次序是交叉配置的。这使你可以用直通电缆将集线器与集线器互联。

***megabits per second* 每秒兆比特（Mbit/s）**
每秒钟传输1 000 000比特的测量单位。1Mbit/s=1 000 000bit/s

***metropolitan-area network*（MAN）城域网（MAN）**
介于LAN和WAN间网络。通常是由服务提供商在主要的城市区域建立的高速网络，用户可在城市范围内享受高速服务。

***most significant bit* 最高位**
二进制数字中位值最大的位。MSB有时也称为最左边的位。

***multicast client* 多播客户端**
多播组的成员。每个组中所有多播客户端的IP地址相同。多播地址从224.*.*.*开始，到239.*.*.*结束。

***multicast group* 多播组**
多播组是接收多播传输的组。为了接收相同的传输（一对多传输），多播组成员具有相同的多播IP地址。

***multiplexing* 多路复用**
多个数字数据流组成为一个信号的过程。

***network* 网络**
1 计算机、打印机、路由器、交换机和其他通过传输介质相互通信的设备集合。2 指定与路由器直接相连的地址的命令。

***network address* 网络地址**
IPv4协议定义的代表网络和子网的点分十进制数。代表主机所在的网络。也称为网络号或网络ID。

***Network Address Translation*（NAT）网络地址翻译（NAT）**
把RFC 1918地址转换为公有域地址。由于RFC 1918 地址无法在Internet上路由，因此访问Internet的主机必须使用公有域地址。

***network baseline* 网络基线**
搜集数据，建立一段时间内网络性能和运行的参考。这些参考数据用于将来对网络运行和增长情况进行评估。

***network interface card*（NIC）网络接口卡（NIC）**
计算机硬件，通常用于LAN，让计算机与网络电缆连接。NIC可以通过电缆发送和接收数据。

***network segment* 网段**
计算机网络的一部分，其中每个设备都使用相同的物理介质。网络可用集线器或中继器扩展。

***Network Time Protocol*（NTP）网络时间协议（NTP）**
通过分组交换数据网络来同步计算机系统时钟的协议。NTP 使用UDP端口123作为其传输层。

***node* 节点**
描述连接到网络的设备的数据链路层术语。

***noise* 噪声**
网络中，描述介质中不是要传输的数据的那部分能量信号的术语。

***nonreturn to zero*（NRZ）不归零（NRZ）**
线路编码，其中1代表一个条件，0代表另一条件。

***nonvolatile RAM*（NVRAM）非易失性RAM（NVRAM）**
当计算机断电后内容不丢失的随机访问存储器。

nslookup
查找 DNS（域名系统）信息的服务或程序。

***octet* 八位组**
8个二进制比特位。类似于，但又不同于字节。计算机网络用八位组将IPv4地址分成4部分。

***Open Systems Interconnection*（OSI）开放系统互联（OSI）**
由ISO和ITU-T创建的国际标准化程序，旨在制订促进多厂商设备互操作的数据联网标准。

Optical Time Domain Reflectometer（*OTDR*）光纤时域反射计（*OTDR*）

光纤系统常用的认定方法。OTDR将光注入光纤，显示检测到的反射光线的结果。OTDR测量反射光的传输时间以计算不同事件的距离。也可以显示单位距离的损失，评估接缝和连接器及定位故障点。OTDR可以放大链路每一部分的细节图片。

Organizational Unique Identifier（*OUI*）组织唯一代码（*OUI*）

MAC地址的前面一半。厂商必须在IEEE注册获得OUI的值。此值标识生产商的以太网卡或接口。

overhead 开销

管理和运行网络的资源。开销会消耗带宽并减少通过网络传输的应用数据。

packet 数据包

使用此术语时，通常指经网络传输的用户数据及网络层头和尾。特定情况下，它是用户数据和网络层或Internet层头及所有高层的头而不包括低层的头和尾。

Packet Tracer

由Cisco Systems开发的教学工具和网络模拟程序，用于在受控的模拟程序环境中设计、配置、故障排除和直观查看网络流量。

Pad 填充位

以太网帧的一部分，填充到数据字段中以确保数据字段达到46个字节的最低大小要求。

peer 对等点

加入某种组的主机或节点。例如，点对点技术定义了共同加入同一个活动的一组对等节点，每个节点都具有服务器和客户端两部分功能。

physical address 物理地址

数据链路层地址，如MAC地址。

physical media 物理介质

用于Internet络设备的电缆和连接器。

physical network 物理网络

同一介质上连接的设备。有时物理网络也指网段。

physical topology 物理拓扑

指网络中节点的安排和他们之间的物理连接。也表示介质如何连接设备。

ping sweep ping扫描

用于找出主机IP地址的网络扫描技术。

pinout 引脚次序

定义电缆两端的连接器中每个引脚应与电缆中的哪根电线连接。如，以太网中的UTP，使用直通电缆的线序，应将一端的1号引脚与另一端的1号相连，一端的2号引脚与另一端的2号相连，等等。

plug-in 插件

在Web浏览器中，浏览器使用的、在浏览器窗口中显示某类内容的应用程序。如使用插件显示视频。

podcast 播客

播客是一个或多个数字媒体文件，通过Internet使用联合供稿方式分发，用于在便携式媒体播放器和个人计算机上播放。

port 端口

在网络界，此术语有几种用法。对以太网集线器和交换机，端口是接口的另一名字，是交换机与电缆相连的物理连接器。对TCP和UDP，端口提供唯一标识使用TCP或UDP计算机的软件进程的功能。对PC，端口可是PC上的物理连接器，如串口或USB接口。

positional notation 位置计数法

有时也叫做位值计数法，指其中每个位值都通过固定乘数与相邻位置发生关系的数制系统，这个固定乘数即公比，称为该数制系统的基数或基。

Post Office Protocol（*POP*）邮局协议（*POP*）

允许计算机从服务器获取E-mail的协议。

prefix length 前缀长度

在IP子网中，指IP地址中必须一致的一部分，以表明这些地址在相同的子网。

priority queuing 优先级队列

在接口输出队列的帧按不同特性（如数据包大小、接口类型）区分优先次序的路由功能。

private address 私有地址

RFC1918中定义，不具有全球唯一性的IP地址，这些地址仅存在于私有的IP网络中。今天私有IP地址与NAT（将私有地址转换为全球唯一的IP地址）广泛用于公司内部。

protocol 协议

定义设备或服务如何工作的书面规范。每种协议定义消息、头的形式以及这些消息为达到目的所用的规则和过程。

protocol data unit（*PDU*）协议数据单元（*PDU*）

OSI的概念，指与每个特定网络层次相关的数据、头和尾。

protocol suite 协议族
将网络协议和标准划分为不同类(即层)的描述方法。也包括哪些协议和标准可被执行以创造构建网络的产品。

proxy ARP 代理ARP
类似于正常的ARP、使用相同ARP消息的一个过程,此过程中路由器代替ARP请求的主机进行响应。当路由器看到ARP请求不能送给期望的主机时,如果路由器知道如何到达此主机,它将用自己的MAC地址对ARP进行响应。

PSH
TCP 头中的一个标志位用于请求高层立即传输数据包。

public address 公有地址
在IANA或其代理机构注册的IP地址,保证全球的唯一性。全球唯一公有IP地址可用于将数据包在Internet上传输。

pulse amplitude modulation(PAM) 脉冲幅度调制(PAM)
对消息进行一系列信号幅度编码的一种信号调制方法。它通过改变每个脉冲的幅度(如电压或能量)传输数据。现已被淘汰,由脉冲代码调制取代。

quality of service(QoS) 服务质量(QoS)
对不同用户和数据流提供不同优先级,或保证应用程序所请求的数据流的运行水平的一种控制机制。

query 请求
信息的请求。由应答来响应。

radio frequency interference(RFI) 无线电频率干扰(RFI)
是由于信息在非屏蔽的铜缆中传输而引发的噪声。

radix 基
位值数制系统用于表示数字的各个唯一数位的数字,包括零。例如,在二进制数制(基数2)中,基是2。在十进制数制(基数10)中,基是10。

random-access memory(RAM) 随机访问存储器(RAM)
也称为读写存储器,RAM可以写入新数据,存储后可以从中读取数据。RAM是CPU处理和运算的主要工作区,或临时存储区。RAM需要电源保持数据存储。如果计算机关闭电源,RAM中的所有数据丢失,除非事先存储到磁盘中。存储卡(RAM芯片)要插到母板中。

read-only memory(ROM) 只读存储器(ROM)
已经预存了数据的一种计算机存储器。当数据被写入ROM芯片后,就不能被删除,只能被读取。ROM的另一版本EEPROM可被写入。大多数计算机的基本输入/输出系统存储在EEPROM中。

real-time 实时
发生时尽可能快地显示事件或信号。

redundancy 冗余
避免单点故障导致的网络中断的一种网络结构设计。

Regional Internet Registries(RIR) 地区级Internet注册管理机构(RIR)
负责世界上特定地区内 Internet 编号资源的分配和注册的组织。美洲Internet编号注册管理机构(American Registry for Internet Numbers, ARIN)负责北美地区,RIPE网络协调中心(RIPE Network Coordination Centre, RIPE NCC)负责欧洲、中东和中亚地区,亚太网络信息中心(Asia-Pacific Network Information Centre, APNIC)负责亚洲和太平洋地区,拉丁美洲及加勒比Internet地址注册管理机构(Latin American and Caribbean Internet Address Registry, LACNIC)负责拉丁美洲和加勒比海地区,非洲网络信息中心(African Network Information Centre, AfriNIC)则负责非洲地区。

registered ports 注册端口
使用1024到49151间的数值,在概念上相当于知名端口号,但用于非授权的应用程序。

Requests for Comments(RFC) 请求注解(RFC)
RFC是一系列文档和备忘录,包括Internet技术适用的新研究、创新和方法。RFC可用作技术原理的参考。

reserved link-local addresses 保留的链路本地地址
从224.0.0.0到224.0.0.255 IPv4多播地址。这些地址用于本地网络的多播组。以此为目的地址的数据包TTL值为1。

resource records 源记录

DNS数据记录。RFC1035规定了其格式。其中重要的字段是Name, Class, Type和Data。

RJ-45
8个引脚的矩形连接器，常用于以太网电缆。

rollover cable 全反电缆
UTP电缆，其电缆一端的RJ-45连接器中的1号引脚连接电缆另一端的8号引脚。2号连接另一端的7号，3连接6，4连接5。这种电缆用做路由器和交换机的控制台电缆。

round-trip time（*RTT*） 往返时间（*RTT*）
网络PDU发送和接收及响应所需的时间。换句话说设备发送数据到同一设备接收到响应的时间。

route 路由
通过网际网络转发数据包的路径。

router 路由器
网络设备，连接LAN和WAN接口，基于目的IP地址转发数据包。

routing 路由选择
路由器接收帧，丢弃数据链路层的头和尾，基于目的IP地址做出转发决定，然后根据出口添加新的数据链路层头和尾，最后将帧从出口转发出去。

routing protocol 路由协议
路由器间使用的路由协议，可以使路由器学习路由，添加自己的路由表。

routing table 路由表
路由器保存在内存中用于决定如何转发数据包的列表。

RST
TCP头中用于请求重新连接的标志位。

runt frame 残帧
长度不足64个字节（以太网络中的最小帧大小）的任何帧。残帧是由冲突导致的，因此也称为冲突碎片。

scalability 可扩展性
协议、系统或元件适应新的需求而调整自己的能力。

scheme 方案
计划、设计或应该遵守的行动纲领。有时候，编址规划就是编址方案。

scope 范围
某个项目的范畴。例如，地址范围指的就是从起始地址到结束地址的所有地址。

Secure Shell（*SSH*） 安全外壳（*SSH*）
（安全外壳协议）提供通过TCP应用安全的远程连接主机的协议。

segment 分段
1冲突域，以网桥、路由器或交换机为边界的LAN的一部分。2使用总线拓扑的LAN，网段指一段连续的、经常用中继器连接的电路。3谈到TCP时，术语"分段"（动词）指从应用层接收的大量数据被分解为小的数据片段。作为名词时，分段指一个小的数据分片。

segmentation 分割
在TCP中，将大的数据分解为足够小的片段也适应TCP数据分段的大小而不会破坏数据分段中最大数据的规则。

selective forwarding 选择性转发
数据包的转发方式，根据下一个转发节点的情况逐跳地动态作出转发决定。

server 服务器
可以同时被几个用户使用的计算机硬件。此术语也可以指为很多用户提供服务的计算机软件。如Web服务器由运行于计算机之上的Web服务器软件组成。

Server Message Block（*SMB*） 服务器消息块（*SMB*）
是应用层网络协议，主要适用于对文件、打印机、串行端口的共享访问以及网络节点之间的各种通信。

session 会话
在两个或更多的网络设备间的一组相关通信过程。

shielded twisted-pair（*STP*）*cable* 屏蔽双绞线电缆（*STP*）
网络电缆的一种类型，包括双绞线，及其每对线外的屏蔽层和包裹在所有线对外面的屏蔽层。

signal 信号
用于通信的物理介质上的光火电的脉冲。

Simple Mail Transfer Protocol（*SMTP*） 简单邮件传输协议（*SMTP*）
典型的不是最终用户使用的应用协议。它是网络管理软件和让网络工程师监控和对网络进行排错所用的协议。

single point of failure 单点故障
一种系统或网络设计的特点：需要一个或多

个关键元件来维护运行。

slash format 斜线格式
网络前缀的一种表示方法。用斜线（/）后跟网络前缀。例如192.168.254.0 /24，/24代表24位网络前缀。

slot time 碰撞槽时间
NIC或接口可以发送完整帧的最小时间。也暗示了最小帧的大小。

source 源
PDU的起始。可以是一个过程，一台主机或一个节点，看你指的是哪个层次。

source device 源设备
PDU的发起设备。

source IP address 源IP地址
IP数据包头中的初始主机的IP地址。

spam 垃圾邮件
未请求的商业E-mail。

standards 标准
由国际组织制定的确保全世界一致性的技术规范。

static route 静态路由
由网络工程师向路由器的配置中输入路由信息而在路由表中建立的条目。

store and forward 存储转发
LAN交换机的内部过程。交换机在发送帧的第一个比特之前要先接收完整的帧。存储转发交换是思科交换机的一种方法。

straight-through cable 直通电缆
UTP电缆，指定电缆一端的RJ-45连接器中1号引脚与另一端的3号引脚相连，2号引脚连接另一端的2号，3号连3号等。以太网LAN用直通电缆连接PC与集线器和交换机。

strong password 强口令
强口令是至少有 8 个字符的复杂口令。强口令应同时使用字母和数字两种字符。

subnet 子网
具有相同的前半部分地址的一组IP地址，可以利用地址的前半部分划分组。在同一子网的IP地址通常连至相同的网络介质上并不被路由器分开。不同子网的IP地址至少被一台路由器分割。Subnet是subnetwork的缩写。

subnet mask 子网掩码
标识IP地址结构的点分十进制数。掩码用1代表与之相关的IP地址的网络和子网部分，用0代表主机部分。

subnetwork 子网
见subnet。

switch 交换机
以太网中的第2层设备，在接口接收电信号，解释比特值，做出帧的过滤或转发决定。如果转发，它发送再生信号。交换机通常有很多物理端口，常见的是RJ-45插座，传统的网桥仅有两个接口。

switch table 交换机表
交换机所用的将出口与MAC地址相关联的表。LAN网桥使用此表做出转发/过滤决定。表中列出MAC地址和帧所应转发出去到达正确目的的出口。在思科LAN交换机中也称为CAM表。参见桥接表。

symmetric switching 对称交换
在LAN交换机中，帧在转发或交换时如果入口和出口使用相同的速度则是对称交换。否则为非对称交换。

SYN
TCP 报头中用于标识初始序列号的标志位。仅在 TCP 三次握手建立连接的头两个数据分段中设置 SYN 标志。

synchronous 同步传输
使用共同的时钟信号的通信。在大多数同步通信中，一个通信设备要为电路产生时钟信号。在报头中不再需要其他时间信息。

syntax 语法
计算机语言中字母的结构和顺序。

TCP（Transmission Control Protocol） TCP 传输控制协议
TCP/IP模型中的第4层协议，TCP确保通过网络的数据传输。

TCP/IP（Transmission Control Protocol/Internet Protocol） 传输控制协议/网际协议
IETF定义的网络模型，在世界大多数计算机和网络设备上执行。

terminal emulator 终端模拟器
计算机上运行的网络应用程序，使得远程主机就像直接连接一样。

test-net addresses 实验-网络地址
从192.0.2.0到192.0.2.255（192.0.2.0 /24）的

IPv4地址块，用于教学目的。这些地址可用于文档和网络示例中。

Thicknet 粗网
10BASE5以太网的通用叫法。10BASE5电缆比10BASE2所用的同轴电缆要粗。

Thinnet 细网
10BASE2以太网的通用叫法。10BASE2电缆比10BASE5所用的同轴电缆要细。

throughput 吞吐量
在一定时间内两台计算机间实际数据传输速率。吞吐量是两台计算机间的最低链路速度，而且在一天中可能会经常变化。

Time to Live (TTL) 生存时间 (TTL)
IP报头中的字段，用于防止数据包在IP网络中无限循环。路由器每次转发数据包都会将TTL字段值减1，如果TTL为0，路由器将丢弃数据包，从而组织循环下去。

token passing 令牌传送
某些LAN技术中使用的访问方法，设备访问介质采用可控方式。这种方法使用一个称为令牌的小的帧。只有当拥有令牌时设备才能发送。

tracert (traceroute)
在很多计算机操作系统中提供的命令，可发现IP地址，主机名，网络从一台计算机发送数据包到另一台计算机所用的路由器。

transparent bridging 透明网桥
学习收到帧的源地址并添加到桥接表中。表完成后，当网桥从某接口收到帧后，将会在桥接表中查找帧的目的地址，然后将帧从相应的接口转发出去。

universally administered address (UAA) 全球管理地址 (UAA)
见烧制地址 (BIA)。

UNIX
1960s 和 1970s 年间有 AT&T BELL 实验室的雇员 Ken Thompson, Dennis Ritchie 和 Douglas McIlroy 开发的多用户、多任务的操作系统。今天，UNIX 系统有很多分支，有 AT&T 开发的，也有商业公司及非营利组织开发的。

unshielded twisted-pair (UTP) cable 非屏蔽双绞线 (UTP)
电缆常用的电缆类型，有几对双绞电线，没有屏蔽。

URG
TCP报头中的一个标志位，用于通知接收主机目的进程应进行紧急处理。

user executive (EXEC) mode 用户执行模式 (EXEC)
CLI的有限模式，其提供给用户的命令是特权模式下的一个子集。通常，用户EXEC命令仅可临时改变终端的设置、执行一些基本测试或列出系统信息。

virtual circuit 虚电路
两台设备间可供帧传输的逻辑连接。虚电路与物理结构无关，可通过多台设备建立。

virtual local-area network (VLAN) 虚拟局域网 (VLAN)
一种计算机网络，尽管网络中的计算机可能实际上位于某个 LAN 中的不同网段，但却如同连接到同一个网段一样运行。通过软件在交换机和路由器上配置 VLAN（思科路由器和交换机的IOS）。

virtual terminal line (vty) 虚拟终端 (vty)
IOS设备文本逻辑接口。可以使用Telnet或SSH访问以执行管理任务。VTY也称为virtual type terminal。

Voice over IP (VoIP) IP语音 (VoIP)
将语音数据封装在IP数据包中，这样就可以通过已经实施的IP网络传输而无需自己的网络体系结构。

well-known ports 知名端口
TCP和UDP使用，值为0到1023。这些端口有很高的权限。使用这些端口号可让所有客户端进行连接。

wiki 维基
维基指的是允许访问者添加、编辑和删除内容的网站，通常不需要注册。非常典型的一个维基站点叫做维基百科（Wikipedia），访问者可以访问该网站并向已有文章添加自己的注释或创建新的文章。

Winchester connector Winchester连接器
34引脚母座v.35串行电缆连接器。

window size 窗口值
TCP报头中的字段，在接收设备发送确认前，TCP使用窗口大小来确定发送设备发送的数据段数量。用于流量控制。

***wireless* 无线**

见无线技术。

***wireless technology* 无线技术**

能够实现通信但不需要物理连通性的技术。手机、个人数字助理（PDA）、无线接入点和无线网卡等都是典型的无线技术。